主　编　陈俊　皇甫泉生　严非男
副主编　姚兰芳　梁丽萍　许春燕　刘源

大学物理基础（下）

清华大学出版社
北京

内容简介

本书以大学物理课程教学基本要求为指导,内容由电磁学、波动与波动光学、量子物理学等构成。为使理论与实践更密切地结合,各章均安排了适当的例题和习题。

本书可用作高等院校相关工科专业大学物理课程的教材或参考书,也可供非工科专业学生和其他读者阅读。

版权所有,侵权必究。 举报:010-62782989,beiqinquan@tup.tsinghua.edu.cn。

图书在版编目(CIP)数据

大学物理基础.下/陈俊,皇甫泉生,严非男主编. —北京:清华大学出版社,2017(2023.9重印)
ISBN 978-7-302-45719-0

Ⅰ.①大… Ⅱ.①陈… ②皇… ③严… Ⅲ.①物理学－高等学校－教材 Ⅳ.①O4

中国版本图书馆 CIP 数据核字(2016)第 288791 号

责任编辑:佟丽霞
封面设计:常雪影
责任校对:赵丽敏
责任印制:杨 艳

出版发行:清华大学出版社
  网　　址:http://www.tup.com.cn,http://www.wqbook.com
  地　　址:北京清华大学学研大厦 A 座　　邮　编:100084
  社 总 机:010-83470000　　邮　购:010-62786544
  投稿与读者服务:010-62776969,c-service@tup.tsinghua.edu.cn
  质量反馈:010-62772015,zhiliang@tup.tsinghua.edu.cn
印 装 者:涿州市般润文化传播有限公司
经　　销:全国新华书店
开　　本:185mm×260mm　　印　张:19.5　　字　数:470 千字
版　　次:2017 年 5 月第 1 版　　印　次:2023 年 9 月第 6 次印刷
定　　价:55.00 元

产品编号:067776-03

前言

本书是编者在上海理工大学讲授大学物理的长期教学实践的基础上,借鉴国内外优秀教材,考虑现行的教学课时需求,编写而成的。

本书共18章,由力学、热学、电磁学、波动与波动光学、量子物理学简介组成。内容覆盖力学、相对论基础、热学、静电场、稳恒磁场、电磁感应、振动与波、波动光学、量子物理学简介,深广度适中,每章包括本章概要、基本内容、本章小结和习题,中间穿插各种阅读材料。带"*"小节为选讲内容。

本书力学部分由陈俊、严非男、皇甫泉生、刘源编写;热学部分由姚兰芳、皇甫泉生、童元伟编写;电磁学部分由皇甫泉生、李重要编写;波动部分由严非男、皇甫泉生编写;波动光学由梁丽萍、许春燕编写;量子力学简介由严非男、贾力源编写;陈俊、皇甫泉生、严非男对全书进行修改、统稿。

本书可用作高等院校相关工科专业大学物理课程的教材或参考书,也可供非工科专业学生和其他读者阅读。

在本书编写过程中,始终得到王祖源、顾铮先、刘廷禹、卜胜利老师的帮助和支持,在此向他们表示深深的谢意。同时感谢清华大学出版社的编辑和老师,感谢他们为本书出版所付出的艰辛劳动。

鉴于编者学识经验有限,书稿中疏漏之处在所难免,敬请广大读者批评指正。

编 者
2016年10月

目录
CONTENTS

第 11 章 稳恒电流的磁场 2
- 11.1 稳恒电流 2
- 11.2 磁场 磁感应强度 8
- 11.3 毕奥-萨伐尔定律 11
- 11.4 磁场的高斯定理与安培环路定理 16
- 11.5 磁场对运动电荷的作用力 24
- 11.6 磁场对电流的作用 30
- 11.7 磁场中的磁介质 36
- 11.8 铁磁质 41
- 本章小结 45
- 习题 46

第 12 章 电磁感应 电磁场理论 54
- 12.1 电磁感应 54
- 12.2 动生电动势 60
- 12.3 感生电动势 64
- 12.4 自感与互感 69
- 12.5 磁场的能量 75
- 12.6 麦克斯韦方程组 79
- 本章小结 84
- 习题 85

第 13 章 振动 92
- 13.1 简谐振动的动力学及运动学特征 92
- 13.2 旋转矢量图示法 101
- 13.3 常见的简谐振动 103
- 13.4 阻尼振动 106
- 13.5 受迫振动 共振 108
- 13.6 简谐振动的合成 111
- 13.7 振动的分解 频谱分析 118

13.8 非线性振动与混沌简介	119
13.9 电磁振荡	121
本章小结	125
习题	127

第 14 章 波动 135

14.1 机械波的形成及描述	135
14.2 平面简谐波	139
14.3 弹性介质的应变与应力	144
14.4 波动方程 波速	145
14.5 波的能量 波的强度	148
14.6 惠更斯原理 波的衍射	152
14.7 波的叠加 波的干涉 驻波	153
14.8 机械波的多普勒效应	163
14.9 声波 超声波 次声波	167
14.10 电磁波	171
本章小结	178
习题	181

第 15 章 光的干涉 189

15.1 光源 单色光 光的相干性	189
15.2 光程 光程差	194
15.3 分波阵面干涉	196
15.4 分振幅干涉（Ⅰ）——等倾干涉	200
15.5 分振幅干涉（Ⅱ）——等厚干涉	204
15.6 迈克耳孙干涉仪	210
本章小结	211
习题	214

第 16 章 光的衍射 218

16.1 光的衍射现象及分类	218
16.2 惠更斯-菲涅耳原理	220
16.3 单缝夫琅禾费衍射	221
16.4 圆孔夫琅禾费衍射 光学仪器的分辨本领	226
16.5 光栅衍射	228
16.6 X 射线的衍射	238
本章小结	240
习题	241

第 17 章 光的偏振 ·· 245

17.1 光的偏振性 ··· 245
17.2 马吕斯定律 ··· 248
17.3 反射和折射时光的偏振 ··· 250
17.4 光的双折射现象 ··· 252
本章小结 ··· 258
习题 ·· 260

第 18 章 量子物理学基础 ·· 264

18.1 黑体辐射 普朗克能量子假设 ······································ 264
18.2 光电效应 爱因斯坦光子理论 ······································ 270
18.3 康普顿效应 ··· 274
18.4 氢原子光谱 玻尔的氢原子理论 ··································· 278
18.5 德布罗意波 戴维孙-革末实验 ···································· 285
18.6 不确定关系 物质波的统计解释 ··································· 289
本章小结 ··· 292
习题 ·· 293

习题答案 ·· 298

　　这是一张美丽的极光照片。极光有时被称为北极光或南极光,其实它们本质上是一回事,只不过在北极出现的极光被称为北极光,在南极出现的极光被称为南极光。我国在北半球,所以在我国只能看到北极光。

　　我国的黑龙江省和新疆维吾尔自治区都曾经出现过极光,只是非常难得一见,甚至比海市蜃楼还不容易看到,但在南、北极的高纬度地区,极光则是司空见惯的事。极光是天空中一种奇特的自然光,是人们肉眼可见的唯一的超高层大气物理现象。在南、北极的高空,在漫长的极夜或极昼时,常会出现鲜艳的极光。

　　从物理上讲,地球像一块巨大的磁石,它的磁极在南北两极附近。从太阳射出的带电微粒流,也要受到地磁场的影响,以螺旋运动的方式趋近地磁的南北两极。所以极光大多在南北两极附近的上空出现。

第11章

稳恒电流的磁场

本章概要 在运动电荷周围,不仅存在着电场而且还存在着磁场。磁场和电场一样也是物质的一种形态。本章在介绍稳恒定电流的描述和产生的条件之后,将讨论确定稳恒电流微元所激发的磁场的基本公式——毕奥-萨伐尔定律,以及描述磁场基本性质的磁场中的高斯定理与安培环路定理,并进一步讨论运动电荷和稳恒电流在电磁场中的受力和运动规律。之后根据物质的电结构,简要说明各类磁介质磁化的微观机制,并介绍有磁介质时磁场所遵循的普遍规律。

11.1 稳恒电流

一、电流 电流密度

我们知道,导体中存在着大量的自由电子,在静电平衡条件下,导体内部的场强为零,自由电子没有宏观的定向运动。若导体内的场强不为零,自由电子将会在电场力的作用下,逆着电场方向运动。我们把导体中电荷的定向运动称为电流。当导体内部的电场不随时间变化时,驱动电荷的电场力不随时间变化,因而导体中所形成的电流将不随时间变化,这种电流称为稳恒电流(或恒定电流)。

通常规定正电荷宏观定向运动的方向为电流的方向。电流的强弱用电流强度来描述,用符号 I 表示。设在时间 Δt 内,通过任一横截面的电量是 Δq,则通过该截面的电流强度(简称电流)为

$$I = \frac{\Delta q}{\Delta t} \tag{11-1}$$

式(11-1)表示电流强度等于单位时间内通过导体任一截面的电量。如果 I 不随时间变化,这种电流称为稳恒电流,又叫直流电。

如果加在导体两端的电势差随时间变化,电流强度也随时间变化,这时需用瞬时电流($\Delta t \to 0$ 时的电流强度)来表示:

$$I = \lim_{\Delta t \to 0} \frac{\Delta q}{\Delta t} = \frac{\mathrm{d}q}{\mathrm{d}t} \tag{11-2}$$

对于稳恒电流,式(11-1)和式(11-2)是等价的。

电流强度是一个基本量,在国际单位制中的单位是安培(符号为 A),1A＝1C/s。

电流强度是标量,所谓电流的方向只表示正电荷在导体内移动的流向。

在实际生活和工作中还常常遇到在液体、气体以及大块导体中流动的电流。例如在分线盒内不同半径导线中的电流,有些地质勘探中利用的大地中的电流,电解槽内电解液中的电流,气体放电时通过气体的电流等。在这种情况下电流在导体截面上各点的分布将是不均匀的,如图 11-1 所示。为了描述导体中各处电荷定向运动的情况,引入电流密度概念。

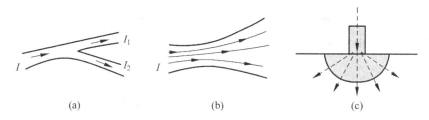

图 11-1　电流在导体截面上的分布

从微观上看,电流实际上是带电粒子的定向运动。形成电流的带电粒子统称为载流子,它们可以是电子、质子、正的或负的离子,在半导体中还可能是带正电的"空穴"。在无外加电场的情况下,载流子(金属中的电子)作无规则热运动,平均定向运动速度为零,所以不产生电流。在外加电场中,载流子(金属中的电子)将有一个平均定向运动速度,由此形成电流。这一平均定向速度叫漂移速度。

仅考虑一种最简单的、只有一种载流子的情况,如图 11-2 所示,设每个载流子带的电量都是 q,在导体内都以同一种漂移速度 v 沿同一方向运动。设想在导体内有一小面积 dS,它的正法线方向与 v 成 θ。在 dt 时间内通过 dS 面的载流子应是在底面积为 dS,斜长为 vdt

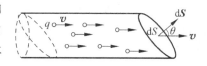

图 11-2　推导电流

的斜柱体内的所有载流子。此斜柱体的体积为 vd$t\cos\theta$dS。以 n 表示单位体积内这种载流子的数目,则单位时间内通过 dS 的电量,也就是通过 dS 的电流强度为

$$dI = \frac{qnvdt\cos\theta dS}{dt} = qnv\cos\theta dS$$

用矢量符号,上式可以写成

$$dI = qn\boldsymbol{v} \cdot d\boldsymbol{S}$$

引入矢量 $\boldsymbol{j}$,并定义

$$\boldsymbol{j} = qn\boldsymbol{v} \tag{11-3}$$

则

$$dI = \boldsymbol{j} \cdot d\boldsymbol{S}$$

如果 $\boldsymbol{j}$ 与 d$\boldsymbol{S}$ 平行,则 d$I = j$dS,或者 $j =$ d$I/$dS,即 $\boldsymbol{j}$ 的大小等于单位时间内通过该点附近的垂直正电荷运动方向单位面积上的电量,显然这样定义的 $\boldsymbol{j}$ 描述了 dS 处在导体截面上各点的电流分布情况,我们把它称为电流密度矢量。对于稳恒电流,导体内各处的电流密度矢量都不随时间变化。

有了电流密度矢量后,通过任意面积 S 的电流强度应为

$$I = \int_S \boldsymbol{j} \cdot \mathrm{d}\boldsymbol{S} = \int_S j\cos\theta \mathrm{d}S \tag{11-4}$$

式(11-4)表明,通过某一面积的电流强度,等于该面积上的电流密度的通量。

在国际单位制中,电流密度的单位为安培·米$^{-2}$(符号 A·m^{-2})。

二、电流的连续性方程

在导体内任取一闭合曲面 S,根据电荷守恒定律,单位时间由闭合曲面 S 内流出的电量,必定等于在同一时间内闭合曲面 S 所包围的电量的减少,也就是下面的关系必须成立:

$$\oiint_S \boldsymbol{j} \cdot \mathrm{d}\boldsymbol{S} = -\frac{\mathrm{d}q}{\mathrm{d}t} \tag{11-5}$$

这就是电流连续性方程的积分形式。稳恒电流就是电流场不随时间变化的电流。电流场不随时间变化,就要求电流场中的电荷分布也不随时间变化,由分布不随时间变化的电荷所激发的电场,称为稳恒电场。既然稳恒电场中电荷分布不随时间变化,那么流入某区域的电荷一定等于流出该区域的电荷,如图 11-3 所示,电流连续性方程(11-5)必定具有下面的形式:

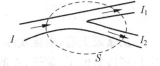

图 11-3 电流连续性

$$\oiint_S \boldsymbol{j} \cdot \mathrm{d}\boldsymbol{S} = 0 \tag{11-6}$$

稳恒电流条件表明,稳恒电流场中通过任意闭合曲面的电流必定等于零。这也表示,无论闭合曲面 S 取在何处,凡是从某一处穿入的电流线都必定从另一处穿出。所以,稳恒电流场的电流线必定是头尾相接的闭合曲线。

上面所说的稳恒电场,是由运动的而分布不随时间变化的电荷所激发的。在遵从高斯定理和环路定理方面,稳恒电场与静电场具有相同的性质,如用 E 表示稳恒电场的电场强度,同样满足环路定理 $\oint_L \boldsymbol{E} \cdot \mathrm{d}\boldsymbol{l} = 0$,所以两者统称为库仑电场。

三、电阻 欧姆定律

在电流恒定和温度一定的条件下,通过一段导体的电流强度 I 和加在导体两端的电势差 U_1-U_2 成正比,即

$$U_1 - U_2 = IR \tag{11-7}$$

这就是部分电路的欧姆定律,或称一段均匀电路的欧姆定律。R 是比例系数,它的数值是由导体自身性质和尺寸决定的,称为导体的电阻。电阻 R 的倒数称为电导,即 $G = \frac{1}{R}$。

在国际单位制中,电阻的单位为欧姆(符号 Ω),电导的单位为西门子(符号 S)。

导体电阻的大小与导体的材料、几何尺寸和温度等因素有关。对于一定材料、横截面积均匀的导体,实验证明,它的电阻 R 与其长度 l、横截面积 S 的关系为

$$R = \rho \frac{l}{S} \tag{11-8}$$

式(11-8)中，比例常数 ρ 称为电阻率。它是一个仅由导体材料性质和导体所处的条件(如温度)决定的物理量。电阻率的倒数称为电导率，即

$$\gamma = \frac{1}{\rho} \tag{11-9}$$

在国际单位制中，电阻率的单位为欧姆·米(符号 $\Omega \cdot m$)，电导率的单位为西门子·米$^{-1}$(符号 $S \cdot m^{-1}$)。

实验证明，各种材料的电阻率都随温度变化，纯金属的电阻率随温度的变化比较规律，在 0℃ 附近，温度在较小范围内变化时，电阻率与温度有线性关系，表示为

$$\rho = \rho_0 (1 + \alpha t) \tag{11-10}$$

式中，ρ_0 为 0℃ 时的电阻率，α 称为电阻温度系数，单位是 1/℃。不同材料的 α 值也不同。例如铜的 α 值为 3.9×10^{-3}/℃，铝的 α 值为 4.3×10^{-3}/℃，而锰铜合金(12% 锰、84% 铜、4% 镍)的 α 值为 1×10^{-5}/℃。这说明锰铜合金的电阻率随温度的变化特别小，用它制作电阻受温度的影响就很小，因此，常用这种材料制作标准电阻。有些金属和化合物在温度降到接近绝对零度时，它们的电阻率突然减少到零，这种现象叫超导。超导现象的研究在理论上有很重要的意义，在技术上超导也获得了很重要的应用。

由于电场强度和电压有一定的关系，所以还可以根据欧姆定律(11-7)导出电场和电流的关系，如图 11-4 所示。以 Δl 和 ΔS 分别表示一段导体的长度和截面积，它的电阻率为 ρ，其中有电流 I 沿它的长度方向流动。由于电压 $U_1 - U_2 = E\Delta l$，电流 $I = j \cdot \Delta S$，而电阻 $R = \rho \Delta l / \Delta S$，将这些量代入欧

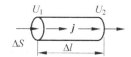

图 11-4 推导电场和电流的关系

姆定律(11-7)可以得到 $j = E/\rho = \gamma E$。实际上，在金属或电解液内，电流密度 j 的方向与电场强度 E 的方向相同。因此又可写成 $\boldsymbol{j} = \gamma \boldsymbol{E}$。这一和欧姆定律等效的关系式表示了导体中各处电流密度与电场强度的关系，可以叫做欧姆定律的微分形式。

四、电流的功和功率 焦耳定律

电流通过一段电路时，电场力移动电荷要做功。在稳恒电流的情况下，所做的功 A 可表示为

$$A = q(U_1 - U_2) = It(U_1 - U_2) \tag{11-11}$$

式中，q 为在时间 t 内通过电路的电量，U_1，U_2 分别为电路两端的电势，I 为电路中的电流强度。这个功称为电流 I 的功，简称电功，其相应的功率为

$$P = \frac{A}{t} = I(U_1 - U_2) \tag{11-12}$$

称为电流的功率，简称电功率。

在国际单位制中，电流功的单位为焦耳(符号 J)，电功率的单位为瓦特(符号 W)。

应该指出，若电路中是一阻值为 R 的纯电阻，根据欧姆定律，式(11-12)可改写为

$$P = I^2 R = \frac{(U_1 - U_2)^2}{R} \tag{11-13}$$

此处的电功率又称为热功率。当电路是纯电阻时，式(11-12)和式(11-13)是等效的，当电路中除有电阻外，还有电动机、充电的蓄电池等转换能量的电器时，式(11-12)和式(11-13)

所表示的意义就各不相同了。式(11-12)适应于计算任何电路的电功率,它具有更普遍的意义。

在某一电路中,用电器是一纯电阻 R,由能量转换与守恒定律可知,从电源输给电路的电能将全部转化为热能。因此,电流流过这段电路时所产生的热量(通常称为焦耳热)应等于电流的功。用 Q 表示电流产生的热量,则有

$$Q = I^2Rt = \frac{(U_1 - U_2)^2}{R}t \tag{11-14}$$

这一关系称为焦耳定律。它表明,当电流通过导体时,所产生的热量等于导体内电流的平方、导体的电阻以及通电时间三者的乘积。

焦耳热产生的原因,从微观上可以这样理解:自由电子在金属导体内运动时,电场力对它做功,使之动能增加,当电子与金属原子点阵相碰时,电子不断地把这部分能量传给点阵。致使原子点阵的热运动加剧,引起导体的温度升高,点阵将得到的这部分能量以热的形式释放出来。

五、电源的电动势

一般来讲,若用导线将一个带正电的导体与另一个带负电的导体连接起来,如图 11-5(a)所示。由于电场的存在,在静电力的作用下,正电荷从高电势流向低电势,负电荷从低电势流向高电势,形成电流。随着两导体上正负电荷的逐渐中和,导线内的电场强度逐渐减弱,两导体的电势将趋于平衡,电荷的定向流动也随之停止。由此可见,仅有静电力的作用,不可能长时间维持电荷的定向流动。要在导体中维持稳恒电流,必须在导体的两端保持恒定的电势差。为此,必须在电路中接上一种装置,把正电荷由低电势移向高电势,使电路两端保持一定电势差,这种装置称为电源。电源的种类很多,如各种电池、发电机等。

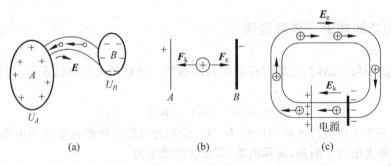

图 11-5 电源原理

电源为什么能保持电路两端的电势差呢?电源本身具有与静电力本质上不同的非静电力,如化学力(如电池)、电磁力(如发电机)等。

图 11-5(b)表示一电源内部的电路,称为内电路。假设在电源内部非静电力 F_k 使正电荷由 B 向 A 运动,于是 A 端带正电,B 端带负电,随之电源内产生一方向从 A 到 B 的静电场,因此电源内的正电荷除受到非静电力 F_k 的作用外,还受到静电力 F_e 的作用,两者方向相反。开始时 A,B 两端电荷积累不多,$F_k > F_e$,正电荷继续由 B 向 A 迁移,随着 A,B 两端正负电荷的积累增加,F_e 逐渐增大,直到 $F_k = F_e$ 时,A,B 两端的正负电荷不再增加,A,B

间的电势差达到了一定值,这就是电源的开路电压。

用导线将电源 A,B 两端接通,形成外电路,内、外电路构成闭合电路,如图 11-5(c)所示。A,B 两端的电势差在外电路的导体中产生电场,于是在外电路中出现了从 A 到 B 的电流。随着电荷在外电路中的流动,A,B 两端积累的电荷减少,电源内部的电荷受到的 F_e 又小于 F_k,于是电源内重新出现正电荷从 B 向 A 的运动。可见外电路接通后,电源内部也出现了电流,但方向是从低电势流向高电势,这正是非静电力不同于静电力的特殊作用。

在电源内部和电源外部,形成稳恒电流的起因是不同的。在电源内部,正电荷在非静电力作用下从负极流向正极形成电流,在外电路,正电荷在静电力作用下从正极流向负极形成电流。电源中的非静电力是在闭合电路中形成稳恒电流的根本原因。在电源内部、非静电力移送正电荷的过程中要克服静电力做功,从而将电源本身所具有的能量(化学能、机械能、热能等)转换为电能;因此,从能量观点看,电源就是将其他形式的能量转变成电能的装置。

为了表述不同电源转化能量的能力,人们引入了电动势这一物理量。我们用电动势来描述电源内部非静电力做功的特性。

我们定义把单位正电荷绕闭合回路一周时,非静电力所做的功为电源的电动势。若以 E_k 表示非静电场的电场强度$\left(\text{仿照静电场的方法},\text{将电荷} q \text{在电源内所受到的非静电力} F_k \text{和} q \text{的比定义为电场强度},\text{用} E_k \text{来表示},\text{即} E_k = \frac{F_k}{q}\right)$,$W$ 为非静电力所做的功,ε 表示电源电动势,那么由上述电动势的定义,有

$$\varepsilon = \frac{W}{q} = \oint E_k \cdot \mathrm{d}l \tag{11-15}$$

考虑到在闭合回路中,外电路的导线中只存在静电场,没有非静电场;非静电电场强度 E_k 只存在于电源内部,故在外电路上有 $\int_{\text{外}} E_k \cdot \mathrm{d}l = 0$。

这样,式(11-15)可改写为

$$\varepsilon = \oint_l E_k \cdot \mathrm{d}l = \int_{\text{内}} E_k \cdot \mathrm{d}l \tag{11-16}$$

式(11-16)表示电源电动势的大小等于把单位正电荷从负极经电源内部移至正极时非静电力所做的功。

电动势虽不是矢量,但为了便于判断在电流流过时非静电力是做正功还是做负功(也就是电源是放电,还是被充电),通常把电源内部电势升高的方向,即从负极经电源内部到正极的方向,规定为电动势的方向。电动势的单位和电势的单位相同。

电源电动势的大小只取决于电源本身的性质。一定的电源具有一定的电动势,而与外电路无关。

应该指出,电源内部也有电阻,叫做电源的内阻,一般用符号 R_i 表示。为简明起见,在作电路图时常将电源的电动势 ε 和内阻 R_i 表述为如图 11-6 所示的形式。

一般家用铜导线的电阻,每米约为 0.03Ω,而常用的电池,内阻约为 1Ω。所以,一般电路中导线的电阻常常是略去不计的。但是对远距离的电力

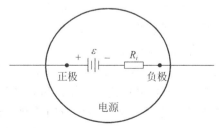

图 11-6 电源的电动势和内阻

传输线来说,其导线的电阻则是要计算的。

【例题 11-1】 (1)设每一个铜原子贡献一个自由电子,问铜导线中自由电子的数密度为多少？(2)在民用供电线路中,半径为 0.81mm 的铜导线,容许通过的电流最大值为 15A,试问在这种情况下,电子漂移速率是多少？(3)假设铜导线中电流均匀分布,此时电流密度的大小为多少？

解：(1) 铜的质量密度 $\rho = 8.95 \times 10^3 \mathrm{kg \cdot m^{-3}}$,铜的摩尔质量 $M = 63.5 \times 10^{-3} \mathrm{kg \cdot mol^{-1}}$,铜导体内自由电子的数密度为

$$n = \frac{N}{V} = \frac{N_A \rho}{M} = 8.48 \times 10^{28} (\mathrm{m^{-3}})$$

(2) 由式(9-4)可得自由电子漂移速率为

$$v_d = \frac{I}{enS} = 5.36 \times 10^{-4} \mathrm{m \cdot s^{-1}} \approx 2(\mathrm{m \cdot h^{-1}})$$

自由电子的漂移速率比蜗牛的爬行速率还要略慢一些。

(3) 电流密度则为

$$j = \frac{I}{S} = 7.28 \times 10^6 (\mathrm{A \cdot m^{-2}})$$

延伸阅读——物理学家

奥 斯 特

奥斯特(Hans Christian Oersted,1777—1851),丹麦物理学家,1777 年 8 月 14 日生于兰格朗岛鲁德乔宾的一个药剂师家庭。1794 年以优异的成绩考入哥本哈根大学,1799 年获博士学位。1801 年至 1803 年去德、法等国访问,结识了许多物理学家及化学家。1806 年起任哥本哈根大学物理学教授,1815 年起任丹麦皇家学会常务秘书。1829 年起任哥本哈根工学院院长。1851 年 3 月 9 日在哥本哈根逝世。奥斯特的主要科学成就为 1820 年发现了电流的磁效应,并凭借这一杰出发现获英国皇家学会科普利奖章,还成就了一句名言：一切机遇只偏爱那些有准备的头脑。奥斯特曾经对化学亲和力等作了研究。1822 年他精密地测定了水的压缩系数值,论证了水的可压缩性。1823 年他还对温差电进行了成功的研究。他对库仑扭秤也作了一些重要的改进。

11.2 磁场 磁感应强度

磁现象的发现要比电现象早得多。早在公元前人们就知道磁石(Fe_3O_4)能吸引铁。我国是对磁现象认识最早的国家之一,公元前 4 世纪左右成书的《管子》中就有"上有慈石者,其下有铜金"的记载,这是关于磁的最早记载。类似的记载,在其后的《吕氏春秋》中也可以找到："慈石召铁,或引之也"。11 世纪我国发明了指南针。但是,直到 19 世纪,发现了电流的磁场和磁场对电流的作用以后,人们才逐渐认识到磁现象和电现象的本质以及它们之间的联系,并扩大了磁现象的应用范围。到 20 世纪初,由于科学技术的进步和原子结构理论的建立和发展,人们进一步认识到磁现象起源于运动电荷,磁场也是物质的一种形式,磁力是运动电荷之间除静电力以外的相互作用力。

一、基本磁现象　磁场

无论是天然磁石或是人工磁铁都有吸引铁、钴、镍等物质的性质,这种性质叫做磁性。条形磁铁及其他任何形状的磁铁都有两个磁性最强的区域,叫做磁极。将一条形磁铁悬挂起来,其中指北的一极是北极(用 N 表示),指南的一极是南极(用 S 表示)。实验指出,极性相同的磁极相互排斥,极性相反的磁极相互吸引。与正负电荷可以独立存在不同,在自然界中不存在独立的 N 极和 S 极,任意一块磁铁,不管把它分割得多小,每一小块磁铁仍然具有 N 和 S 两极。近代理论认为可能有单独磁极存在,这种具有磁南极或磁北极的粒子,叫做磁单极子(magnetic monopole)。但至今尚未观察到这种粒子。

在相当长的一段时间内,人们一直把磁现象和电现象看成彼此独立无关的两类现象。直到 1820 年,奥斯特首先发现了电流的磁效应。后来安培发现放在磁铁附近的载流导线或载流线圈,也要受到力的作用而发生运动。进一步的实验还发现,磁铁与磁铁之间,电流与磁铁之间,以及电流与电流之间都有磁相互作用。上述实验现象促进了人们对"磁性本源"的研究,使人们进一步认识到磁现象起源于电荷的运动,磁现象和电现象之间有着密切的联系。一切磁现象的根源是电流。1822 年,安培由此提出了有关物质磁性本质的假说,他认为任何物质中的分子都存在回路电流,称为分子电流(molecular current),分子电流相当于一个基元磁体;物质对外显示出的磁性,就是分子电流在外界作用下趋于同一方向排列的结果。安培的假说与现代对物质磁性的理解是符合的。近代理论说明,原子核外电子绕核的运动和电子自旋等运动就构成了等效的分子电流,一切磁现象起源于电荷的运动。电荷(不论静止或运动)在其周围空间激发电场,而运动电荷在周围空间还要激发磁场;在电磁场中,静止的电荷只受到电场力的作用,而运动电荷除受到电场力作用外,还受到磁力的作用。电流或运动电荷之间相互作用的磁力是通过磁场而作用的,故磁力也称为磁场力。运动电荷或电流之间通过磁场作用的关系可以表达为

$$\text{电流(运动电荷)} \Longleftrightarrow \text{磁场} \Longleftrightarrow \text{电流(运动电荷)}$$

最后必须指明,这里所说的运动和静止都是相对观察者而言的,同一客观存在的场,它在某一参考系中表现为电场,而在另一参考系中却可能同时表现为电场和磁场。

磁场不仅对运动电荷或载流导线有力的作用,它和电场一样,也具有能量。这正是磁场物质性的表现。

二、磁感应强度

在静电学中,我们利用电场对静止电荷有电场力作用这一表现,引入电场强度 E 来定量地描述电场的性质。与此类似,我们利用磁场对运动电荷有磁力作用这一表现,引入磁感应强度 B 来定量地描述磁场的性质。其中 B 的方向表示磁场的方向,B 的大小表示磁场的强弱。

实验表明,运动电荷在磁场中所受的磁力随电荷的运动方向与磁场方向之间的夹角的改变而变化。当电荷运动方向与磁场方向一致时,它不受磁力作用。而当电荷运动方向与磁场方向垂直时,它所受磁力最大,磁力的大小正比于运动电荷的电量,正比于运动电荷的

速率,而且,作用在运动电荷上的磁力 F 的方向总是与电荷的运动方向垂直,即 $F \perp v$。

实验还表明,当正电荷的运动方向与磁场方向垂直时,它所受的最大磁力 F_m 与电荷的电量 q 和速度 v 的大小的乘积成正比,但对磁场中某一定点来说,比值 F_m/qv 是一定的。对于磁场中不同位置,这个比值有不同的确定值。因此我们把这个比值规定为磁场中某点的磁感应强度 B 的大小,即

$$B = \frac{F_m}{qv} \tag{11-17}$$

实验同时发现,磁场力 F 总是垂直于 B 和 v 所组成的平面,这样就可以根据最大磁场力 F_m 和 v 的方向确定 B 的方向,方法如下:由正电荷所受力 F_m 的方向,按右手螺旋法则,沿小于 π 的角度转向正电荷运动速度 v 的方向,这里螺旋前进的方向便是该点 B 的方向。这就是说,对正电荷而言,矢积 $F \times v$ 的方向就是矢量 B 的方向。

磁感应强度 B 在国际单位制中的单位是特斯拉(符号 T),$1T = 1N \cdot C^{-1} \cdot m^{-1} \cdot s = 1N \cdot A^{-1} \cdot m^{-1}$。

应当指出,如果磁场中某一区域内各点 B 的方向一致、大小相等,那么,该区域内的磁场就叫均匀磁场。不符合上述情况的磁场就是非均匀磁场。长直螺线管内中部的磁场是常见的均匀磁场。

地球的磁场只有 10^{-5} T,一般永磁体的磁场约为 10^{-2} T。而大型电磁铁能产生 2 T 的磁场,目前已获得的最强磁场是 31 T。超导磁体能激发高达 25 T 的磁场,某些原子核附近的磁场可达 10^4 T,而脉冲星表面的磁场更是高达 10^8 T。人体内的生物电流也可以激发出微弱的磁场,例如心电激发的磁场约为 3×10^{-10} T,测量身体内的磁场发布已成为医学中的高级诊断技术。

延伸阅读——科学发现

电流的磁效应

奥斯特早在读大学时就深受康德哲学思想的影响,认为各种自然力都来自同一根源,可以相互转化。富兰克林发现的莱顿瓶放电使钢针磁化的现象,对奥斯特启发很大,他认识到电向磁的转化不是不可能的,关键是要找出转化的具体条件。他根据电流流经直径较小的导线会发热,推测如果通电导线的直径逐步缩小,那么导线就会发光、会产生磁效应。他指出:"我们应该检验电是否以其最隐蔽的方式对磁体有所影响。"寻找这两大自然力之间联系的思想,经常盘绕在他的头脑中。1819年冬,奥斯特分析了前人在电流方向上寻找磁效应都未成功的事实,想到磁效应可能像电流通过导线产生热和光那样是向四周散射的,即是一种横向力,而不是纵向的,他让电流通过一根很细的铂丝,把一个带玻璃罩的指南针放在铂丝下面,实验并没有取得明显的效果。1820年4月的一天晚上,奥斯特在讲课中突然出现了一个想法,讲课快结束时,他说:让我把导线与磁针平行放置来试试看。当他接通电源时,发现小磁针微微动了一下。这一现象使奥斯特又惊又喜,他紧紧抓住这一现象,连续进行了3个月的实验研究,终于在1820年7月21日发表了题为《关于磁针上的电流碰撞的实验》的论文。电流磁效应的发现揭开了物理学史上的一个新纪元,还成就了一句名言:一切机遇只偏爱那些有准备的头脑。

11.3 毕奥-萨伐尔定律

一、毕奥-萨伐尔定律的内容

在静电场中,计算带电体在某点产生的电场强度 E 时,先把带电体分割成许多电荷元 dq,求出每个电荷元在该点产生的电场强度 dE,然后根据叠加原理把带电体上所有电荷元在同一点产生的 dE 叠加(即求定积分),从而得到带电体在该点产生的电场强度 E。与此类似,磁场也满足叠加原理,要计算任意载流导线在某点产生的磁感应强度 B,同样先把载流导线分割成许多电流元 Idl(电流元是矢量,它的方向是该电流元的电流方向),求出每个电流元在该点产生的磁感应强度 dB,然后利用叠加原理把该载流导线的所有电流元在同一点产生的 dB 进行叠加,从而得到载流导线在该点产生的磁感应强度 B。因为不存在孤立的电流元,所以电流元的磁感应强度公式不可能直接从实验得到。历史上,毕奥和萨伐尔两人首先用实验方法得到关于载有稳恒电流的长直导线的磁感应强度经验公式,再由拉普拉斯通过分析经验公式而得到如下公式:

$$dB = k\frac{Idl\sin\theta}{r^2}$$

上式表示稳恒电流的电流元 Idl 在真空中某点 P 所产生的磁感应强度 dB 的大小,与电流元的大小 Idl 成正比,与电流元到 P 点的距离 r 的平方成反比,而与电流元 Idl 和由电流元到 P 点的矢径 r 间的夹角 θ 的正弦成正比,电流元 Idl 的方向与电流的方向相同,矢径 r 的方向为由电流元 Idl 指向 P 点的方向,如图 11-7(a)所示。式中比例系数 k 决定于单位制的选择,在国际单位制中,k 正好等于 10^{-7} N·A^{-2},为了使从毕奥-萨伐尔定律导出的一些重要公式中不出现 4π 因子而令 $k=\frac{\mu_0}{4\pi}$,其中 $\mu_0 = 4\pi k = 4\pi \times 10^{-7}$ N·A^{-2},叫做真空中的磁导率。

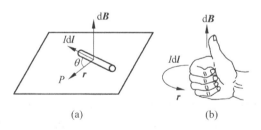

图 11-7 毕奥-萨伐尔定律

dB 的方向垂直于 Idl 和 r 所组成的平面,并沿矢积 Id$l \times r$ 的指向,即由 Idl 经小于 180°转向 r 的右手螺旋方向,如图 11-7(b)所示。若用矢量式表示,毕奥-萨伐尔定律可写成

$$dB = \frac{\mu_0}{4\pi}\frac{Idl \times r_0}{r^2} \tag{11-18}$$

式中 r_0 为 r 的单位矢量,毕奥-萨伐尔定律虽然不能由实验直接验证,但由这一定律出发而得出的一些结果都很好地和实验符合。

二、运动电荷的磁场

按经典电子理论，导体中的电流就是大量带电粒子的定向运动，且运动速度 $v \ll c$（光速）。由此，所谓电流激发磁场，实质上就是定向运动的带电粒子在其周围空间激发磁场，下面将从毕奥-萨伐尔定律出发求得低速运动电荷的磁感应强度表达式。

设在导体的单位体积内有 n 个可以自由运动的带电粒子，每个粒子所带的电荷量为 q（为了简单起见，这里讨论正电荷），以漂移速度 v 沿电流元 Idl 的方向作匀速运动而形成导体中的电流，如图 11-8 所示。如果电流元的截面为 S，那么单位时间内通过截面 S 的电荷量为 $qnvS$，即电流 $I=qnvS$，注意到 dl 和 v 的方向和相同，在电流元内 Idl 有 $dN=nSdl$ 个带电粒子以速度 v 运动着，那么 dB 就是这些运动电荷所激发的磁场，将 I 代入毕奥-萨伐尔定律并除以 dN，我们就可以得到每一个以漂移速度 v 运动的电荷在空间所激发的磁感应强度 B 为

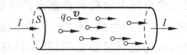

图 11-8 推导电流用图

$$B = \frac{dB}{dN} = \frac{\mu_0}{4\pi} \frac{qv \times r_0}{r^2} \tag{11-19}$$

式中 r_0 是由运动电荷所在位置指向场点位置的单位矢量，B 的方向垂直于 v 和 r_0 所组成的平面。如果运动电荷是正电荷，那么 B 的指向符合右手螺旋定则；如果运动电荷带负电荷，那么指向与之相反，如图 11-9 所示。从式(11-19)可看出这样一个事实，两个等量异号的电荷作相反方向运动时，它们所激发的磁场方向相同。因此金属导体中以正电荷运动方向作为电流的流向所激发的磁场，与金属中实际上是电子作反向运动所激发的磁场是相同的。

运动电荷除激发磁场外，同时还在其周围空间激发电场，如果电荷运动的速度 $v \ll c$（光速），则电场中点（图 11-10 中的 P 点）处的场强仍可用电荷的瞬时位置指向场点的矢量 r 表示

$$E = \frac{1}{4\pi\varepsilon_0} \frac{q}{r^2} e_r$$

由此，式(11-19)可以写成

$$B = \varepsilon_0 \mu_0 v \times E \tag{11-20}$$

式(11-20)表明，运动电荷所激发的电场和磁场是紧密相连的，磁场力实际上是一个运动电荷受另外一个运动电荷所激发的电场力的一部分。必须指出，一个运动电荷所激发的电磁场已不再是恒定场。

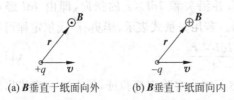

(a) B 垂直于纸面向外　　(b) B 垂直于纸面向内

图 11-9 运动电荷的磁场

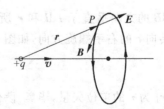

图 11-10 运动电荷所激发的电场磁场

三、毕奥-萨伐尔定律的应用

要确定任意载有稳恒电流的导线在某点的磁感应强度,根据磁场满足叠加原理,由式(11-18)对整个载流导线积分,即

$$\boldsymbol{B} = \int_L \mathrm{d}\boldsymbol{B} = \int_L \frac{\mu_0}{4\pi} \frac{I\mathrm{d}\boldsymbol{l} \times \boldsymbol{r}_0}{r^2} \tag{11-21}$$

值得注意的是,上式是矢量积分式,而实际载流导线中每一电流元在给定点产生的 d$\boldsymbol{B}$ 方向一般不相同,由于一般定积分的含义是代数和,所以求式(11-21)的积分时,应先分析各电流元在给定点所产生的 d$\boldsymbol{B}$ 的方向是否沿同一直线。如果是沿同一直线,则式(11-21)的矢量积分转化为一般积分,即

$$B = \int_L \mathrm{d}B = \int_L \frac{\mu_0}{4\pi} \frac{I\mathrm{d}l\sin\theta}{r^2}$$

如果各个 d$\boldsymbol{B}$ 方向不是沿同一直线,应先求 d$\boldsymbol{B}$ 在各坐标轴上的分量式(例如 dB_x,dB_y,dB_z),并分别对它们积分,即得 $\boldsymbol{B}$ 的各分量$\left(\text{例如 } B_x = \int_L \mathrm{d}B_x, B_y = \int_L \mathrm{d}B_y, B_z = \int_L \mathrm{d}B_z\right)$,最后再求出磁感应强度 $\boldsymbol{B} = B_x\boldsymbol{i} + B_y\boldsymbol{j} + B_z\boldsymbol{k}$。

下面应用这种方法讨论几种典型载流导线所产生的磁场。

(1) 载流直导线的磁场

设有一长为 L 的载流直导线,放在真空中,导线中电流为 I,现计算邻近该直线电流的一点 P 处的磁感应强度 $\boldsymbol{B}$。

如图 11-11 所示,在直导线上任取一电流元 $I\mathrm{d}\boldsymbol{l}$,根据毕奥-萨伐尔定律,电流元在给定点 P 所产生的磁感应强度大小为

$$\mathrm{d}B = \frac{\mu_0}{4\pi} \frac{I\mathrm{d}l\sin\theta}{r^2}$$

d$\boldsymbol{B}$ 的方向垂直于电流元 $I\mathrm{d}\boldsymbol{l}$ 与矢径 $\boldsymbol{r}$ 所决定的平面,用右手定则判断方向垂直纸面向内,由于导线上各个电流元在 P 点所产生的 d$\boldsymbol{B}$ 方向相同,因此 P 点的磁感应强度等于各电流元所产生 d$\boldsymbol{B}$ 的代数和,用积分表示,有

$$B = \int_L \mathrm{d}B = \int_L \frac{\mu_0}{4\pi} \frac{I\mathrm{d}l\sin\theta}{r^2} \tag{11-22}$$

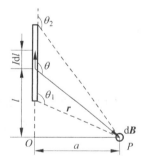

图 11-11 直线电流的磁场

进行积分运算时,应首先把 dl,r,θ 等变量,用同一参变量表示。现在取直线电流方向与矢径 r 之间的夹角 θ 为参变量。取 O 点为原点,从 O 到 $I\mathrm{d}\boldsymbol{l}$ 处的距离为 l,并以 a 表示 P 点到载流导线的距离。从图 11-11 中可以看出

$$r = a\csc\theta, \quad l = a\cot(\pi - \theta) = -a\cot\theta \quad \text{从而} \quad \mathrm{d}l = a\csc^2\theta \mathrm{d}\theta$$

把以上各关系式代入式(11-21)中,并按图 11-11 中所示,取积分下限为 θ_1,上限为 θ_2,得

$$B = \frac{\mu_0 I}{4\pi a}\int_{\theta_1}^{\theta_2}\sin\theta\mathrm{d}\theta = \frac{\mu_0 I}{4\pi a}(-\cos\theta)\Big|_{\theta_1}^{\theta_2} = \frac{\mu_0 I}{4\pi a}(\cos\theta_1 - \cos\theta_2) \tag{11-23}$$

如果载流导线是一无限长的直导线,那么可认为 $\theta_1 = 0$,$\theta_2 = \pi$,所以

$$B = \frac{\mu_0 I}{2\pi a} \tag{11-24}$$

上式是无限长载流直导线的磁感应强度,它与毕奥和萨伐尔的早期实验结果是一致的。

【思考】 一段载流直导线在其延长线上贡献的磁感应强度为多少?

(2) 圆形电流的磁场

设在真空中有一半径为 R 的圆形载流导线,通过的电流为 I,计算通过圆心并垂直于圆形导线所在平面的轴线上任意点 P 的磁感应强度 B(图 11-12)。

在圆上任取一电流元 Idl,它在 P 点产生的磁感应强度的大小为 dB,由毕奥-萨伐尔定律得

$$dB = \frac{\mu_0}{4\pi} \frac{Idl\sin\theta}{r^2}$$

由于 Idl 与 r 处处垂直,所以 $\theta = \frac{\pi}{2}$,上式可写成

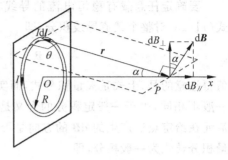

图 11-12 圆形电流的磁场

$$dB = \frac{\mu_0}{4\pi} \frac{Idl}{r^2}$$

dB 的方向垂直于电流元 Idl 和矢径 r 所组成的平面,由于圆形导线上各电流元在 P 点所产生的磁感应强度的方向不同,因先把 dB 分解,根据对称性可把 dB 分解成两个分量:平行于 x 轴的分量 $dB_{/\!/}$ 和垂直于 x 轴的分量 $dB_\perp$。在圆形导线上,由于同一直径两端的两电流元在 P 点产生的磁感应强度对 x 轴是对称的,所以它们的垂直分量 $dB_\perp$ 互相抵消,于是整个圆形电流的所有电流元在 P 点产生的磁感应强度的垂直分量 $dB_\perp$ 两两相消,所以叠加的结果只有平行于 x 轴的分量 $dB_{/\!/}$,即

$$B = B_{/\!/} = \int_L dB\sin\varphi = \int_L \frac{\mu_0}{4\pi} \frac{Idl}{r^2}\sin\varphi$$

式中 $\sin\varphi = \frac{R}{r}$,对于给定点 P,r,I 和 R 都是常量,所以

$$B = \frac{\mu_0}{4\pi} \frac{IR}{r^3} \int_0^{2\pi R} dl = \frac{\mu_0 I}{2} \frac{R^2}{(R^2 + x^2)^{\frac{3}{2}}} \tag{11-25}$$

B 的方向垂直于圆形导线所在平面,并与圆形电流组成右手螺旋关系。

上式中令 $x = 0$,得到圆心处的磁感应强度为

$$B = \frac{\mu_0 I}{2R} \tag{11-26}$$

【思考】 若考虑一段长为 l 的载流圆弧导线,它在圆心处贡献的磁感应强度为多少?

在轴线上,远离圆心即 ($x \gg R$) 处的磁感应强度为

$$B = \frac{\mu_0 IR^2}{2x^3} = \frac{\mu_0 IS}{2\pi x^3}$$

引入物理量磁矩: $\boldsymbol{P}_m = NIS\boldsymbol{n}$ 来描述载流圆形线圈,式中 N 为线圈的匝数,$S = \pi R^2$ 为圆形导线所包围面积,$\boldsymbol{n}$ 为面积 S 法线方向的单位矢量,它的方向和圆电流垂直轴线上的磁感应强度的方向一样,与圆电流成右手螺旋关系,则上式可改写成矢量式

$$\boldsymbol{B} = \frac{\mu_0 \boldsymbol{P}_m}{2\pi x^3} \tag{11-27}$$

上式表明由磁偶极子所激发的磁感应强度与磁矩成正比,与距离的三次方成反比,与电偶极子所激发的电场强度规律相似。

(3) 载流密绕直螺旋线圈内部轴线上的磁场

设有一密绕直螺旋线圈,长为 L,半径为 R,线圈上单位长匝数为 n,线圈中电流为 I,试计算线圈轴线上任一点 P 的磁感应强度。

在密绕情形下,螺旋线圈可看作由很多圆形线圈紧密排列而成。

在距 P 点为 l 的地方,取长为 $\mathrm{d}l$ 的元段,其上有 $n\mathrm{d}l$ 匝线圈,相当于内有 $\mathrm{d}I=nI\mathrm{d}l$ 的圆电流。

利用上例圆电流的结果,$\mathrm{d}I$ 在 P 点产生的磁感应强度大小为(方向见图 11-13)

$$\mathrm{d}B = \frac{\mu_0 \mathrm{d}IS}{2\pi r^3} = \frac{\mu_0 nI \mathrm{d}l}{2} \frac{R^2}{(R^2+l^2)^{\frac{3}{2}}}$$

各个元段在 P 点产生的磁感应强度方向相同,整个螺旋线圈在 P 点产生的磁感应强度为

$$B = \int \mathrm{d}B = \int_L \frac{\mu_0 nI \mathrm{d}l}{2} \frac{R^2}{(R^2+l^2)^{\frac{3}{2}}}$$

由图 11-13 中有 $R^2+l^2=R^2\csc^2\beta$,$l=R\cot\beta$;微分有 $\mathrm{d}l=-R\csc^2\beta\mathrm{d}\beta$,可得磁感应强度为

$$B = \frac{\mu_0 nI}{2} \int_{\beta_1}^{\beta_2} (-\sin\beta)\mathrm{d}\beta = \mu_0 nI \frac{\cos\beta_2 - \cos\beta_1}{2}$$

其轴线上的磁感应强度的分布曲线如图 11-14 所示。

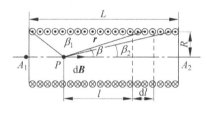

图 11-13 直螺旋线圈的磁场

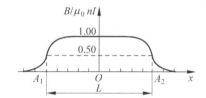

图 11-14 直螺旋线圈的磁场分布

特例:对"无限长"载流直螺旋线圈($L \gg R$),有

$$\beta_1 \to \pi, \quad \beta_2 \to 0$$

可得线圈内部轴线上的磁感应强度为

$$B = \mu_0 nI$$

以后可知,内部任一点的磁感应强度均如此。

(4) 亥姆霍兹线圈

亥姆霍兹线圈(Helmholtz coil)是一种能在小范围区域内产生均匀磁场的器件。亥姆霍兹线圈是由一对完全相同的圆形导体线圈组成,如图 11-15 所示,当它们的距离等于它们的半径时,我们来计算两线圈中心处和轴线上中点的磁感应强度。设两个线圈的半径为 R,各有 N 匝,每匝中的电流均为 I,且流向相同,如图 11-15 所示,两线圈在轴线上各点的磁场方向均沿轴线向右,在两线圈的圆心处,磁感应强度相等,大小都是

$$B_0 = \frac{\mu_0 NI}{2R} + \frac{\mu_0 NI}{2} \frac{R^2}{(R^2+R^2)^{\frac{3}{2}}} = 0.677 \frac{\mu_0 NI}{R}$$

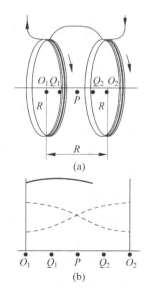

图 11-15 亥姆霍兹线圈的磁场

在两线圈间轴线上中点 P 处，磁感应强度的大小是

$$B_P = 2\frac{\mu_0 NI}{2}\frac{R^2}{\left[R^2+\left(\frac{R}{2}\right)^2\right]^{\frac{3}{2}}} = 0.716\frac{\mu_0 NI}{R}$$

此外，在 P 点两侧各 $R/4$ 处的两点的磁感应强度都等于

$$B = \frac{\mu_0 NI}{2}\frac{R^2}{\left[R^2+\left(\frac{R}{4}\right)^2\right]^{\frac{3}{2}}} + \frac{\mu_0 NI}{2}\frac{R^2}{\left[R^2+\left(\frac{3R}{4}\right)^2\right]^{\frac{3}{2}}} = 0.712\frac{\mu_0 NI}{R}$$

在线圈轴线上其他各点，磁感应强度的量值都介乎与之间。由此可见，在 P 点附近轴线上的磁场基本上是均匀的，其分布情况如图 11-15 所示，图中虚线是按式绘出的每个圆线圈在轴线上所激发的磁场分布，实线是代表两线圈所激发总磁场的分布曲线。

【例题 11-2】 如图 11-16 所示将通有电流 I 的导线在同一平面内弯成如图所示的形状，已知 a,b,I，求 D 点的磁感应强度的大小。

解：D 处的场强为空间所有载流导线所激发场的矢量和
其中 3/4 圆环在 D 处的磁感应强度

$$B_1 = 3\mu_0 I/(8a)$$

AB 段在 D 处的磁感应强度

$$B_2 = [\mu_0 I/(4\pi b)] \cdot \left(\frac{1}{2}\sqrt{2}\right)$$

BC 段在 D 处的磁感应强度

$$B_3 = [\mu_0 I/(4\pi b)] \cdot \left(\frac{1}{2}\sqrt{2}\right)$$

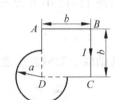

图 11-16　例题 11-2 用图

B_1,B_2,B_3 方向相同，故 D 点处总的磁感应强度为

$$B = B_1 + B_2 + B_3 = \frac{\mu_0 I}{4\pi}\left(\frac{3\pi}{2a}+\frac{\sqrt{2}}{b}\right)$$

11.4　磁场的高斯定理与安培环路定理

一、磁感线

为了形象化地描述磁场分布情况，我们像在电场中用电场线来描述电场的分布那样，用磁感线（简称 **B** 线）来描述磁场的分布：磁感线上任一点的切线方向与该点的磁感应强度 **B** 的方向一致，并用箭头标明；磁感线的疏密程度表示 **B** 的大小，即通过某点处垂直于 **B** 的单位面积上的磁感线条数等于该点处 **B** 的大小。因此，**B** 大的地方，磁感线就密集；**B** 小的地方，磁感线就稀疏。

实验上可以利用细铁粉在磁场中的取向来显示磁感线的分布。图 11-17 给出了几种不同形状的电流所产生的磁场的磁感线示意图。

从磁感线的图示，可得到磁感线的重要性质：(1)任何磁场的磁感线都是环绕电流的无头无尾的闭合线。这是磁感线与电场线的根本不同点。它说明任何磁场都是涡旋场。(2)每条磁感线都与形成磁场的电流回路互相套链着。磁感线的回转方向与电流的方向之

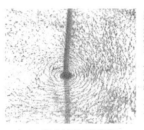

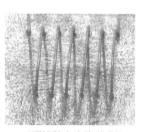

(a) 直电流的磁感线　　　　(b) 圆电流的磁感线　　　　(c) 螺线管电流的磁感线

图 11-17　几种不同形状的电流所产生的磁场的磁感线

间的关系遵从右手螺旋法则。(3)磁场中每一点都只有一个磁场方向,因此任何两条磁感线都不会相交。磁感线的这一特性和电场线是一样的。

二、磁通量　磁场的高斯定理

通过磁场中任一曲面的磁感线(B线)总条数,称为通过该曲面的磁通量,简称 B 通量,用 Φ_m 表示。磁通量是标量,但它可有正、负之分。磁通量 Φ_m 的计算方法与电通量 Φ_e 的计算方法类似。如图 11-18 所示,在磁场中任一给定曲面 S 上取面积元 dS,若 dS 的法线 n 的方向与该处磁感应强度 B 的夹角为 θ,则通过面积元 dS 的磁通量为

$$d\Phi_m = \boldsymbol{B} \cdot d\boldsymbol{S} = B\cos\theta dS \quad (11-28)$$

式中,dS 是面积元矢量,其大小等于 dS,其方向沿法线 n 的方向。通过整个曲面 S 的磁通量等于通过此面积上所有面积元磁通量的代数和,即

图 11-18　曲面的磁通量

$$\Phi_m = \iint_S \boldsymbol{B} \cdot d\boldsymbol{S} = \iint_S B\cos\theta dS \quad (11-29)$$

在国际单位制中,磁通量的单位是韦伯,符号为 Wb,

$$1\text{Wb} = 1\text{T} \cdot \text{m}^2$$

对闭合曲面来说,规定取垂直于曲面向外的指向为法线 n 的正方向。于是磁感线从闭合曲面穿出时的磁通量为正值,磁感线穿入闭合曲面时的磁通量为负值。由于磁感线是无头无尾的闭合线,所以穿入闭合曲面的磁感线数必然等于穿出闭合曲面的磁感线数。因此,通过磁场中任一闭合曲面的总磁通量是恒等于零。即

$$\oiint_S \boldsymbol{B} \cdot d\boldsymbol{S} = 0 \quad (11-30)$$

这一结论称作磁场中的高斯定理,是电磁场理论的基本方程之一。它与静电场中的高斯定理相对应,但两者在形式上明显地不对称,这反映出磁场和静电场是两种不同特性的场。在静电场中,由于自然界有独立存在的自由电荷,所以通过某一闭合曲面的电通量可以不为零,其中 $\oiint_S \boldsymbol{D} \cdot d\boldsymbol{S} = \sum q_i$,说明静电场是有源场,或者说是发散场。在磁场中,因自然界没

有单独存在的磁极,所以通过任一闭合面的磁通量必恒等于零,即$\oiint_S \boldsymbol{B} \cdot \mathrm{d}\boldsymbol{S} = 0$,说明磁场是无源场,或者说是涡旋场。

磁场的高斯定理与静电场的高斯定理的不对称其根本原因是自然界存在自由的正负电荷,而不存在单个磁极(磁单极子),但探索微观领域中是否存在磁单极子一直是物理学家感兴趣的课题。1913 年英国物理学家狄拉克(P. B. M. Dirac)曾从理论上预言可能存在磁单极子。并指出磁单极子的磁荷(用 g 表示)也是量子化的。而且最小磁荷与电子电荷的乘积为 $hc/4\pi$(h 是普朗克常量,c 是光速)。因磁单极子是否存在与基本粒子的构造、相互作用的"统一理论"以及宇宙演化的问题都有密切关系,所以近几十年来物理学家一直希望在实验中找到磁单极子。然而,从高能加速器到宇宙射线,从深海沉积物到月球岩石,人们都没有寻觅到它的踪迹。

【例题 11-3】 如图 11-19 所示,磁感应强度为 $B = 2\mathrm{T}$ 的均匀磁场,方向沿 y 轴正向。闭合面是一底面为直角三角形的三棱柱面,其中 $ab = 40\mathrm{cm}, ad = be = 30\mathrm{cm}, ae = 50\mathrm{cm}$。规定封闭曲面各处的法线方向垂直曲面向外。求:

(1) 通过 $befc$ 面的磁通量;

(2) 通过 $aefd$ 面的磁通量;

(3) 通过整个闭合面的磁通量。

解:(1) 通过 $befc$ 面的磁通量为

$$\Phi_{m1} = \iint_S \boldsymbol{B} \cdot \mathrm{d}\boldsymbol{S} = \iint B \mathrm{d}S \cos 90° = 0$$

(2) 通过 $aefd$ 面的磁通量为

$$\Phi_{m2} = \iint_S \boldsymbol{B} \cdot \mathrm{d}\boldsymbol{S} = \iint B \mathrm{d}S \cos \alpha = B S_{abcd}$$

$$= 2 \times 0.4 \times 0.3$$

$$= 0.24 (\mathrm{Wb})$$

(3) 对整个闭合面而言,利用磁场的高斯定理,有

$$\Phi_{m3} = \oiint_S \boldsymbol{B} \cdot \mathrm{d}\boldsymbol{S} = 0$$

【例题 11-4】 真空中一无限长直导线 CD,通以电流 I,若一矩形 $EFHG$ 与 CD 共面,如图 11-20 所示,并已知 a, b 和 L。求通过矩形 $EFHG$ 的面积为 S 的磁通量。

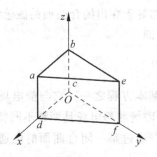

图 11-19 例题 11-3 用图

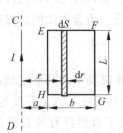

图 11-20 例题 11-4 用图

解：由于无限长直线电流在面 S 上各点所产生的磁感应强度 B 的大小随 r 不同而变化，所以计算通过面 S 的磁通量时要将矩形面积 S 划分成无限多个与直导线 CD 平行的细长条面积元 $dS=Ldr$，设其中某一面积元 dS 与 CD 相距 r，dS 上各点 B 的大小视为相等，B 的方向垂直纸面向里。取 dS 的方向（也就是矩形面积的法线方向）也垂直纸面向里，则

$$\Phi_m = \iint_S \boldsymbol{B} \cdot d\boldsymbol{S} = \iint_S B dS \cos 0° = \iint_S B dS$$

$$= \int_a^{a+b} \frac{\mu_0 I}{2\pi r} L dr = \frac{\mu_0 IL}{2\pi} \ln r \Big|_a^{a+b}$$

$$= \frac{\mu_0 IL}{2\pi} \ln \frac{a+b}{a}$$

三、安培环路定理

静电场中的电场线不是闭合曲线，电场强度沿任意闭合路径的环流恒等于零，即 $\oint_l \boldsymbol{E} \cdot d\boldsymbol{l} = 0$，这表明静电场是一个保守力场。但是在磁场中，磁感线都是环绕电流的闭合曲线，因而可预见磁感应强度的环流 $\oint_l \boldsymbol{B} \cdot d\boldsymbol{l}$ 不一定为零：如果积分路径是沿某一条磁感线，则在每一线元上的 $\boldsymbol{B} \cdot d\boldsymbol{l}$ 都是大于零，所以 $\oint_l \boldsymbol{B} \cdot d\boldsymbol{l} > 0$。这种环流可以不等于零的场叫做非保守力场，也称为涡旋场。

在真空中，各点磁感应强度 B 的大小和方向与产生该磁场的电流分布有关。可以预见环流 $\oint_l \boldsymbol{B} \cdot d\boldsymbol{l}$ 的值也与场源电流的分布有关。下面的定理将给出它们之间的定量关系。

为简单起见，下面从特例计算环流 $\oint_l \boldsymbol{B} \cdot d\boldsymbol{l}$ 的值，然后引入定理。

设真空中有一长直载流导线，它所形成的磁场的磁感线是一组以导线为轴线的同轴圆（图 11-21(a)），即圆心在导线上，圆所在的平面与导线垂直。在垂直于长直载流导线的平面内，任取一条以载流导线为圆心、半径为 r 的圆形环路 l 作为积分的闭合路径。

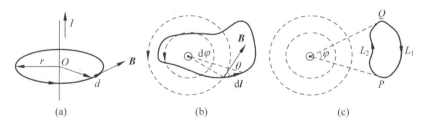

图 11-21 安培环路定理

则在该圆周路径上，磁感应强度的大小均为 $B = \frac{\mu_0 I}{2\pi r}$，其方向与圆周相切。如果积分路径的绕行方向与该条磁感线方向相同，也就是积分路径的绕行方向与包围的电流成右手螺旋关系，则 B 与 $d\boldsymbol{l}$ 之间的夹角处处为零，于是

$$\oint_l \boldsymbol{B} \cdot \mathrm{d}\boldsymbol{l} = \oint_l \frac{\mu_0 I}{2\pi r}\cos 0° \mathrm{d}l = \oint_l \frac{\mu_0 I}{2\pi r}\mathrm{d}l = \frac{\mu_0 I}{2\pi r}2\pi r = \mu_0 I$$

上式说明磁感应强度 $\boldsymbol{B}$ 的环流等于闭合路径所包围的电流与真空磁导率 μ_0 的乘积，而与积分路径的圆半径 r 无关。

如果保持积分路径的绕行方向不变，而改变上述电流的方向，由于每个线元 $\mathrm{d}\boldsymbol{l}$ 与 $\boldsymbol{B}$ 的夹角 $\theta = \pi$，则

$$\oint_l \boldsymbol{B} \cdot \mathrm{d}\boldsymbol{l} = \oint_l \frac{\mu_0 I}{2\pi r}\cos\pi \mathrm{d}l = -\oint_l \frac{\mu_0 I}{2\pi r}\mathrm{d}l = -\frac{\mu_0 I}{2\pi r}2\pi r = -\mu_0 I$$

上式说明积分路径的绕行方向与所包围的电流方向成左旋关系，可认为对该路径讲，该电流是负值。

如果在垂直于长直载流导线的平面内，任意取一条包围电流 I 的环路 l（如图 11-21(b)）作为积分的闭合路径，则由图可知，$\mathrm{d}l\cos\theta = r\mathrm{d}\varphi$，所以按图中所示的绕行方向沿这条闭合路径曲线矢量 $\boldsymbol{B}$ 的积分路径为

$$\oint_l \boldsymbol{B} \cdot \mathrm{d}\boldsymbol{l} = \oint_l B\cos\theta \mathrm{d}l = \oint_l Br\mathrm{d}\varphi = \int_0^{2\pi} \frac{\mu_0 I}{2\pi r}r\mathrm{d}\varphi = \frac{\mu_0 I}{2\pi}\int_0^{2\pi}\mathrm{d}\varphi = \mu_0 I$$

上式说明磁感应强度 $\boldsymbol{B}$ 的环流等于闭合路径所包围的电流与真空磁导率 μ_0 的乘积，而与积分路径的形状无关。

如果所选的闭合路径中没有包围定理，如图 11-21(c) 所示，此时我们从 O 点作闭合路径的两条切线 OP 与 OQ，切点 P、Q 把闭合路径分割为 L_1 和 L_2 两部分，按上面同样的分析，可以得出

$$\oint_l \boldsymbol{B} \cdot \mathrm{d}\boldsymbol{l} = \int_{L_1} \boldsymbol{B} \cdot \mathrm{d}\boldsymbol{l} + \int_{L_2} \boldsymbol{B} \cdot \mathrm{d}\boldsymbol{l} = \frac{\mu_0 I}{2\pi}\left(\int_{L_1}\mathrm{d}\varphi - \int_{L_2}\mathrm{d}\varphi\right) = 0$$

当电流未穿过以闭合路径为边界的任意曲面时，路径上各点的磁感应强度虽不为零，但磁感应强度沿该闭合路径的环流为零。

在一般情况下，设有 n 根电流为 $I_i(i=1,2,\cdots,n)$ 的载流导线穿过以闭合路径 l 为边界的任意曲面，m 根电流为 $I_j(j=1,2,\cdots,m)$ 的载流导线未穿过该曲面，利用前面的结论，并根据磁场的叠加原理，可得到该闭合路径的环流

$$\oint_l \boldsymbol{B} \cdot \mathrm{d}\boldsymbol{l} = \mu_0 \sum_{i=1}^n I_i$$

式中 $\boldsymbol{B}$ 是由 $I_i(i=1,2,\cdots,n)$、$I_j(j=1,2,\cdots,m)$、共 $n+m$ 个电流共同产生的。由此总结出真空中的安培环路定理如下：

在稳恒磁场中，磁感应强度 $\boldsymbol{B}$ 沿任何闭合路径的线积分，等于这闭合路径所包围的各个电流的代数和的 μ_0 倍。其数学表达式为

$$\oint_l \boldsymbol{B} \cdot \mathrm{d}\boldsymbol{l} = \mu_0 \sum_{i=1}^n I_i \tag{11-31}$$

安培环路定理指出：在真空中磁感应强度沿任意闭合路径的环流等于穿过以该闭合路径为边界的任意曲面的各恒定电流的代数和与真空磁导率 μ_0 的乘积，而与未穿过该曲面的电流无关。应当指出：未穿过以闭合路径为边界的任意曲面的电流虽对磁感应强度沿该闭合路径的环流无贡献，但这些电流对路径上各点磁感应强度的贡献是不容忽视的。

在图 11-22 中，电流 I_1，I_2 穿过闭合路径 l 所包围的曲面，I_1 与 l 成右旋关系，I_1 取正值；I_2 与 l 成左旋关系，I_2 取负值。I_3 未穿过闭合路径 l 所包围的曲面，所以对 B 的环流无贡献。于是磁感应强度 B 沿该闭合路径的环流为

$$\oint_l \boldsymbol{B} \cdot \mathrm{d}\boldsymbol{l} = \mu_0(I_1 - I_2)$$

图 11-22 安培环路定理

安培环路定理反映了磁场的基本规律。和静电场的环路定理 $\oint_l \boldsymbol{E} \cdot \mathrm{d}\boldsymbol{l} = 0$ 相比较，稳恒磁场中 B 的环流 $\oint_l \boldsymbol{B} \cdot \mathrm{d}\boldsymbol{l} \neq 0$，说明稳恒磁场的性质和静电场不同，静电场是保守场，稳恒磁场是非保守场，是一种涡旋场。

安培环路定理对于研究稳恒磁场有重要意义。下面我们应用安培环路定理计算几种特殊分布的稳恒电流所产生的磁场的磁感应强度。

四、安培环路定理的应用

安培环路定理是一个普遍定理，但要用它直接计算磁感应强度，只限于当电流分布具有某种对称性时，即利用安培环路定理求磁场的前提条件是：如果在某个载流导体的稳恒磁场中，可以找到一条闭合环路 l，该环路上的磁感应强度 B 大小处处相等，B 的方向和环路的绕行方向也处处同向，这样利用安培环路定理求磁感应强度 B 的问题，就转化为求环路长度，以及求环路所包围的电流代数和的问题，即

$$\oint_l \boldsymbol{B} \cdot \mathrm{d}\boldsymbol{l} = B \oint_l \mathrm{d}l = \mu_0 \sum_{i=1} I_i \quad \Rightarrow \quad B = \frac{\mu_0 \sum_i I_i}{\oint_l \mathrm{d}l}$$

所以，利用安培环路定理求磁场的适用范围是在磁场中能找到上述的环路。这取决于该磁场分布的对称性，而磁场分布的对称性又来源于电流分布的对称性。应用安培环路定理，计算一些具有一定对称性的电流分布的磁感应强度十分方便。计算时，首先用磁场叠加原理对载流体的磁场作对称性分析；然后根据磁场的对称性和特征，设法找到满足上述条件的积分路径(使 B 可提到积分号外)；最后利用定理公式求磁感应强度。举例说明如下。

1. 长直载流螺线管内的磁场

设有导线均匀密绕在圆柱面管上形成螺线管，螺线管长为 l，直径为 D，且 $l \gg D$；单位长度上的匝数为 n；导线中的电流强度为 I。由于螺线管相当长，所以管内中间部分的磁场可以看成是无限长螺线管内的磁场，根据电流分布的对称性，可确定管内的磁感线是一系列与轴线平行的直线，而且在同一磁感线上各点的 B 相同。在管的外侧，磁场很弱，可以忽略不计。

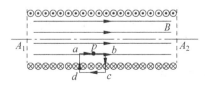

图 11-23 螺线管内的磁场

为了计算管内中间部分一点 P 的磁感应强度，可以通过点 P 作一矩形的闭合回路 $abcd$，如图 11-23 所示。在线段 cd 上，以及在线段 bc 和 da 的位于管外部分，因为在螺线管外，$B=0$；在 bc 和 da 位于管内的部分，虽然 $B \neq 0$，但 $\mathrm{d}\boldsymbol{l}$ 与 B 垂直，即 $\boldsymbol{B} \cdot \mathrm{d}\boldsymbol{l} = 0$；线段 ab

上各点磁感应强度大小相等,方向都与积分路径 dl 一致,即从 a 到 b。所以 **B** 矢量沿闭合回路 $abcd$ 的线积分为

$$\oint_l \boldsymbol{B} \cdot \mathrm{d}\boldsymbol{l} = \int_{ab} \boldsymbol{B} \cdot \mathrm{d}\boldsymbol{l} + \int_{bc} \boldsymbol{B} \cdot \mathrm{d}\boldsymbol{l} + \int_{cd} \boldsymbol{B} \cdot \mathrm{d}\boldsymbol{l} + \int_{da} \boldsymbol{B} \cdot \mathrm{d}\boldsymbol{l} = \int_{ab} B \mathrm{d}l = B\overline{ab}$$

螺线管每单位长度上有 n 匝线圈,通过每匝的电流是 I,则闭合路径所围绕的总电流为 $n \cdot \overline{ab} \cdot I$,根据右手螺旋法则,其方向是正的。由安培环路定理 $B\overline{ab} = \mu_0 n \overline{ab} I$,故得

$$B = \mu_0 n I \tag{11-32}$$

由于矩形回路是任取的,不论 ab 段在螺线管内的位置如何,式(11-32)都成立,因此,无限长的螺线管内任一点的磁感应强度的值均相等,即长直螺线管中部的磁场是一个均匀的磁场。它为在实验上建立一已知的均匀磁场提供了一种方法,正如平行板电容器提供了建立均匀电场的方法一样。

2. 环形载流螺线管(也称螺绕环)内外的磁场

均匀密绕在环形管上的圆形线圈叫做环形螺线管,设总匝数为 N(图 11-24(a)、(b))。通有电流 I 时,求环形载流螺线管内外的磁场。

根据对称性,分析环形螺线管的磁场分布。对于如图 11-24(a)所示的均匀密绕螺绕环,由于整个电流的分布具有中心轴对称性,因而其激发的磁场的分布也应具有轴对称性,且不论在螺绕环内还是螺绕环外,磁场的分布都是轴对称的。由于磁感线总是闭合曲线,所以所有磁感线只能是圆心在轴线上,并与环面平行的同轴圆。

为了计算管内某一点 P 的磁感应强度,可选择通过 P 点的磁感线 l 作为积分回路,为一个半径为 r 的圆形环路,由于回路上每一点的磁感应强度 **B** 的值相等,方向都与 dl 同向,如图 11-24(b)所示,因此磁感应强度 **B** 沿此环路的环流为

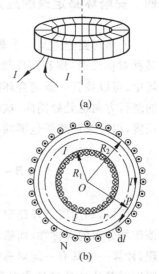

图 11-24 环形螺线管的磁场

$$\oint_l \boldsymbol{B} \cdot \mathrm{d}\boldsymbol{l} = \oint_l B\cos 0° \mathrm{d}l = B\oint_l \mathrm{d}l = 2B\pi r$$

而环路内所包围电流的代数和为 NI。根据安培环路定理,有

$$2B\pi r = \mu_0 NI$$

得

$$B = \frac{\mu_0 NI}{2\pi r} \quad (R_1 < r < R_2)$$

可见,螺绕环内任意点处的磁感应强度随到环心的距离而变,即螺绕环内的磁场是不均匀的。

当螺绕环的截面积很小,若用 R 表示螺绕环的平均半径,则有 $R \gg R_2 - R_1$,此时可近似认为环内任一与环共轴的同心圆的半径 $r \approx R$,则上式可变换为

$$B = \mu_0 \frac{N}{2\pi R} I = \mu_0 n I \quad (R_1 < r < R_2)$$

式中,$n = N/2\pi R$ 为环上单位长度所绕的匝数。因此,当螺绕环的平均半径比环的内外半径

之差大得多时,管内的磁场可视为均匀的,计算公式与长直螺线管相同。

根据同样的分析,在管的外部,也选取与环共轴的圆 L(半径为 r')作积分路径,则 $\oint_L \boldsymbol{B} \cdot \mathrm{d}\boldsymbol{l} = 2B\pi r'$。因为 L 所围电流强度代数和为零,由安培环路定理,有 $2B\pi r' = 0$,所以 $B=0$。即对均匀密绕螺绕环,由于环上的线圈绕得很密,则磁场几乎全部集中于管内,在环的外部空间,磁感应强度处处为零。

3. 长直载流圆柱体内外的磁场

在利用毕奥-萨伐尔定律计算无限长载流直导线的磁感应强度,得出式(11-24)时,该式在载流导线很细时成立,但是当 a 趋于 0 时,该式失效。实际上,导线都有一定的半径,尤其在考察导线内的磁场分布时,就不得不把导体看成圆柱体了。对于稳恒电流,在导线的横截面上,电流 I 是均匀分布的。

长直圆柱体中的电流分布关于圆柱的轴线对称,所以圆柱内、外的磁感应强度也应对轴线对称。又因磁感线总是闭合曲线,于是长直载流圆柱体内、外的磁感线分布,只能是圆心在轴线上,并与轴线垂直的同轴圆。也就是说:磁场中各点的磁感应强度方向与通过该点的同轴圆相切。由于同一磁感线上各点到轴线的距离相等,根据轴对称,同一磁感线上各点磁感应强度的大小相等。

为了计算半径为 R 的长直载流圆柱内、外,距轴线为 r 的 P、Q 两点的磁感应强度,可选择通过 P 点的磁感线 l 作为积分回路,为一个半径为 r 的圆形环路,由于回路上每一点的磁感应强度 $\boldsymbol{B}$ 的值相等,方向都与 $\mathrm{d}\boldsymbol{l}$ 同向,如图 11-25(a)所示,因此磁感应强度 $\boldsymbol{B}$ 沿此环路的环流为

$$\oint_l \boldsymbol{B} \cdot \mathrm{d}\boldsymbol{l} = \oint_l B \mathrm{d}l = B \oint_l \mathrm{d}l = 2\pi r B$$

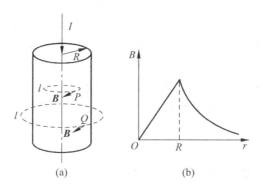

图 11-25 直载流圆柱体内外的磁感应强度分布

对导体内部的点 P,$r<R$,l 所围的电流 $I' = \dfrac{I}{\pi R^2} \pi r^2 = \dfrac{r^2}{R^2} I$,由安培环路定理,有

$$2\pi r B = \mu_0 \frac{r^2}{R^2} I$$

得

$$B = \frac{\mu_0 r I}{2\pi R^2} \quad (r<R)$$

上式表明，在导体内部，B 与 r 成正比。

对导体外部的点 Q，$r>R$，L 所围的电流即圆柱体上的总电流 I，由安培环路定理有

$$2\pi rB = \mu_0 I$$

得

$$B = \frac{\mu_0 I}{2\pi r} \quad (r>R)$$

该式表明，在导体内部，B 与 r 成反比。即长直载流圆柱体外部磁场 **B** 的分布与一无限长载流直导线的磁场 **B** 分布相同。

对圆柱体表面上的点，$r=R$，从以上两式都能得到 $B=\dfrac{\mu_0 I}{2\pi R}$。

图 11-25(b) 给出了长直载流圆柱体的磁感应强度大小 B 随 r 变化的曲线。

延伸阅读——物理方法

场 图 示 法

在法拉第之前，人们认为物体之间的万有引力、电荷之间的库仑力以及磁体之间的磁力都是一种"超距作用"，这种相互作用以无限大速度在两物体之间传递。在法拉第看来，"空的空间"其实根本不是空的，而是充斥着能使遥远的物体移动的"介质"，法拉第最早由实验证实：不相接触的物体间的相互作用不是直接传递的，而是通过中间的介质以有限的速度传递。这种形式的相互作用是"场"的概念的起源。由于法拉第早年穷困，未能接受足够的数学教育，因此他笔记本中密密麻麻的不是等式，而是一些力线的手绘图表。具有讽刺意味的是，数学训练的不足使他创造了如今任何物理课本中都可以看到的、美丽的力线图表。从科学角度来说，物理图像通常比用来对其进行描述的数学语言更为重要。

法拉第的力场曾经被视为毫无用处，力线是无所事事的随意涂鸦，但它是真实的、物质的力量，可以移动物体并产生能源。这种假想的带有方向的几何曲线不仅形象地表示了场及其分布状况，而且使场的概念变得通俗易懂。比如说，力线上每一点的切线方向与该点场强的方向一致，力场中某点力场强度的大小等于该点处的力线数密度，即该点附近垂直于力场方向的单位面积所通过的力线条数，有头有尾的力线表示有源无旋场，无头无尾的闭合的力线表示无源有旋场。线条还可以用来描述其他看不见的现象，如用光线来描述光，用电流线来描述电流等。

11.5 磁场对运动电荷的作用力

一、洛伦兹力

带电粒子在磁场中运动时，受到磁场的作用力，这种磁场对运动电荷的作用力叫做洛伦兹力。

实验发现，运动的带电粒子在磁场中某点所受到的洛伦兹力 **F** 的大小，与粒子所带电量 q 的量值、粒子运动速度 v 的大小、该点处磁感应强度 **B** 的大小以及 **B** 与 v 之间夹角 θ 的正弦成正比。在国际单位制中，洛伦兹力 **F** 的大小为

$$F = qvB\sin\theta \tag{11-33a}$$

洛伦兹力 F 的方向垂直于 v 和 B 构成的平面,其指向按右手螺旋法则、由矢积 $v \times B$ 的方向以及 q 的正负来确定,如图 11-26 所示：对于正电荷($q>0$),F 的方向与矢积 $v \times B$ 的方向相同；对于负电荷($q<0$),F 的方向与矢积 $v \times B$ 的方向相反,洛伦兹力 F 的矢量式为

$$F = qv \times B \tag{11-33b}$$

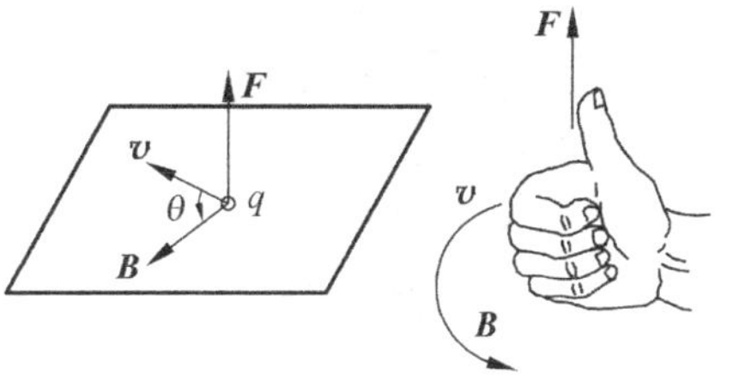

图 11-26　洛伦兹力

注意,式中的 q 本身有正负之别,这由运动粒子所带电荷的电性决定。当电荷运动方向平行于磁场时,v 与 B 之间的夹角 $\theta=0$ 或 $\theta=\pi$,则洛伦兹力 $F=0$。当电荷运动方向垂直于磁场时,v 与 B 的夹角 $\theta=\dfrac{\pi}{2}$,则运动电荷所受的洛伦兹力最大,$F=F_{max}=qvB$。这正是定义磁感应强度 B 的大小时引用的情况。

由于运动电荷在磁场中所受的洛伦兹力的方向始终与运动电荷的速度垂直,所以洛伦兹力只能改变运动电荷的速度方向,不能改变运动电荷速度的大小。也就是说洛伦兹力只能使运动电荷的运动路径发生弯曲,但对运动电荷不做功。

二、带电粒子在磁场中的运动

1. 带电粒子在均匀磁场中的运动

设有一个均匀磁场,磁感应强度为 B,一电荷量为 q、质量为 m 的粒子,以初速度 v_0 进入磁场中。如果 v_0 与 B 相互平行,很显然,作用于带电粒子的洛伦兹力等于零,带电粒子不受磁场的影响,进入磁场后仍作匀速直线运动。但如果 v_0 与 B 垂直,如图 11-27 所示,这时粒子将受到与运动方向垂直的洛伦兹力 F 作用,其大小为 $F=qv_0B$,方向始终垂直于带电粒子的运动方向,所以粒子速度的大小不变,只改变方向。带电粒子将作匀速圆周运动,而洛伦兹力起着向心力的作用,因此运动电荷所满足的动力学方程为

$$qv_0B = m\dfrac{v_0^2}{R}$$

可求得带电粒子作圆周运动的轨道半径和周期分别为

$$R = \dfrac{mv_0}{qB}, \quad T = \dfrac{2\pi m}{qB}$$

这一周期与带电粒子的运动速度无关(这一特点是后面将介绍的磁聚焦和回旋加速器的理论基础)。

如果 v_0 与 B 斜交成 θ,如图 11-28 所示,我们可把矢量 v_0 分解成两个分量：平行于 B 的分量 $v_{\parallel}=v_0\cos\theta$ 和垂直于 B 的分量 $v_{\perp}=v_0\sin\theta$。由于磁场的作用,带电粒子在垂直于磁场的平面内以 $v_{\perp}$ 作匀速圆周运动。但由于同时有平行于 B 的速度分量 $v_{\parallel}$ 不受磁场的影响,所以带电粒子合运动的轨道是一螺旋线,螺旋线的半径是 $R=\dfrac{mv_{\perp}}{qB}=\dfrac{mv_0\sin\theta}{qB}$,周期为 $T=\dfrac{2\pi m}{qB}$,螺距是 $h=v_{\parallel}T=\dfrac{2\pi mv_0\cos\theta}{qB}$,该式表明,螺距 h 只和平行于磁场的速度分量 $v_{\parallel}$ 有关,而与垂直于磁场的速度分量 $v_{\perp}$ 无关。

 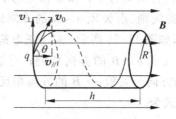

图 11-27 v_0 与 B 垂直　　　　图 11-28 带电粒子在均匀磁场中的运动

2. 带电粒子在非均匀磁场中运动

由上面分析可知,带电粒子以与 B 成斜角度的速度进入均匀磁场,绕磁感线作螺旋运动,螺旋线的半径 R 与磁感应强度成反比,所以当带电粒子在非均匀磁场中向磁场较强的方向运动时,螺旋线的半径将随着磁感应强度的增加而不断地减少;同时,此带电粒子在非均匀磁场中受到的洛伦兹力总有一指向磁场较弱的方向的分力 F_1,如图 11-29 所示,此分力阻止带电粒子向磁场较强的方向运动。这样有可能使粒子沿磁场方向的速度逐渐减少到零,从而迫使粒子反向转运动。如果在一长直圆柱形真空室中形成一个两端很强、中间较弱的磁场,那么两端较强的磁场对带电粒子的运动起着阻碍的作用,它能迫使带电粒子局限在一定的范围内往返运动。由于带电粒子在两端的这种运动好像光线遇到镜面反射一样,所以这种装置称为磁镜,如图 11-30 所示。

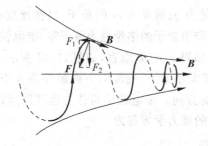 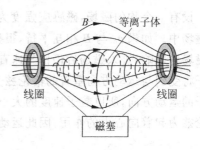

图 11-29 电粒子在非均匀磁场中的运动　　　　图 11-30 磁镜

上述磁约束的现象也存在于宇宙空间。我们都知道地球是一个大磁体,磁场在南北两极强而在赤道附近弱,由此形成了一个天然的高能带电粒子捕集器。当来自外层空间的大量带电粒子(宇宙射线)进入磁场影响范围后,粒子将绕地磁感线作螺旋运动,因为在近两极处地磁场增强,作螺旋运动的粒子将被折回,结果粒子在沿磁感线的区域来回振荡,形成范艾仑(J. A. Van Allen)辐射带(见图 11-31),此带相对地轴对称分布,在图中只绘出其中一支。有时,太阳黑子活动使宇宙中高能粒子剧增,这些高能粒子在地磁感线的引导下在地球北极和南极附近进入大气层时将使大气激发,然后辐射

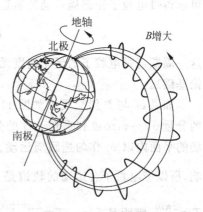

图 11-31 范艾仑辐射带

发光,从而出现光彩绚丽的极光。

在受控热核反应装置中,必须使聚变物质处于等离子状态,这需要几千万甚至几亿摄氏度的高温,在这么高的温度下怎么样才能把它们框到一个"容器"里?苏联科学家提出托卡马克(tokamak)的概念(托卡马克一词是俄语的词首),意为"磁线圈中的环形容器"。根据上述的磁约束原理,依靠等离子体电流和环形线圈产生的巨大螺旋形强磁场,带电粒子会沿磁感线作螺旋式运动,高温的等离子体就被约束在这种环形的磁场中,以此来实现核聚变反应,并最终解决人类所需的能源问题。我国是继俄、日、法之后第四个拥有超导托卡马克装置的国家,并取得了令人瞩目的领先成果。

三、带电粒子在磁场中运动和应用

如果某空间中同时存在有电场和磁场,那么以速度 v 运动的带电粒子 q 将要受到电场力和磁场力的共同作用,其所受力为

$$\boldsymbol{F} = q\boldsymbol{E} + q\boldsymbol{v} \times \boldsymbol{B} \tag{11-34}$$

式(11-34)叫做洛伦兹关系式。当粒子的速度 v 远小于光速 c 时,根据牛顿第二定律,该带电粒子的运动方程(设重力可略去不计)为

$$q\boldsymbol{E} + q\boldsymbol{v} \times \boldsymbol{B} = m\frac{\mathrm{d}\boldsymbol{v}}{\mathrm{d}t}$$

式中 m 为粒子的质量。在一般情况下,求解这一方程是比较复杂的,事实上,我们经常遇到利用电磁力来控制带电粒子运动的例子,所用的电场和磁场分布都具有某种对称性,这就使求解方程简便很多。下面我们讨论带电粒子在电磁力控制下运动的几种简单而重要的实例。

1. 磁聚焦

由带电粒子在均匀磁场中运动的一般性规律可知,若有一束速度大小近似相同且与磁感应强度 $\boldsymbol{B}$ 的夹角很小的带电粒子流从同一点出发,由于在 θ 很小的情况下,不同 θ 的正弦值差别比余弦值要小得多,所以尽管各粒子垂直于磁场的速度分量不相等而沿不同半径的螺旋线前进,但它们速度的平行磁场分量近似相等,因而螺距近似相等,而周期与带电粒子的运动速度无关。这样,各带电粒子以不同的半径绕行一周后将同时汇集到同一点,如图 11-32 所示。这和一束近轴光线经过透镜后聚焦的现象类似,所以叫做磁聚焦(magnetic focusing)。磁聚焦广泛应用于电真空器件中对电子束的聚焦,如电子显微镜(electron microscope)中。

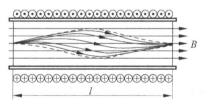

图 11-32 磁聚焦

2. 回旋加速器

回旋加速器(cyclotron)是原子核物理、高能物理等实验中获得高能粒子的一种基本设备。图 11-33 是回旋加速器的结构示意图,D_1、D_2 是封在高真空中的两个半圆形铜盒,常称为 D 形电极。这两个 D 形电极与调频振荡器连接,于是在电极之间的缝隙处就产生按一定频率变化着的交变电场,把两个 D 形电极放在电磁铁的两个磁极之间,便有一恒定的强

磁场垂直于电极板平面。如果在两盒间缝隙中央的 P 处由离子发射出带电粒子，这些粒子在电场作用下被加速而进入盒 D_1。当粒子在盒内运动时，因为盒内空间没有电场，粒子的速率将保持不变，但由于受到垂直方向恒定磁场的作用而作半径为 R 的圆周运动，由周期公式可求得，粒子在这一半盒内运动所需的时间 $t=m\pi/qB$，是一恒量，它与粒子的速度的回旋半径无关。如果振荡器的频率 $\nu=1/2t$，那么当粒子从 D_1 盒出来到达缝隙时，缝隙中的电场方向恰已反向，因而粒子将再被加速，以较大的速度进入 D_2 盒内，由于轨道半径 R 与粒子速度成正比，粒子将以相应的较大半径作圆弧运动，再经过相同的时间 t 后，又回到缝隙而再次被加速进入 D_1 盒。所以，只要加在 D 形电极上的高频振荡器的频率和粒子在 D 形盒中的旋转频率保持相等，便能保证带电粒子经过缝隙时受到电场力的加速。这样，随着加速次数的增加，轨道半径也逐渐增大，形成图 11-33(b) 中所示的螺旋形运动轨道。最后粒子以很高的速度从致偏电极引出，从而获得高能粒子束进行实验工作。

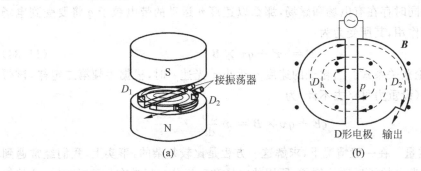

图 11-33 回旋加速器

当粒子的速度被加速到接近光速时，必须考虑到相对论效应，粒子的质量将随速度的增大而增加，粒子在半盒内运动所需的时间也增大。因此，为了使粒子每次穿过缝隙时仍能不断得到加速，必须使交变电场的频率随着粒子的加速过程而同步降低。根据这个原理设计的回旋加速器，叫做同步回旋加速器。加速器的种类很多，回旋加速器一般适用于加速质量较大的粒子，我国北京的正负电子对撞机即是一种能加速电子这样小质量粒子的高能量加速器。

3. 质谱仪

质谱仪(mass spectrometer)是用磁场和电场的各种组合来达到把电荷量相等但质量不同的粒子分离开来的一种仪器，是研究同位素的重要工具，也是测定离子比荷(specific charge)（又称荷质比(charge-to-mass ratio)）的仪器。倍恩勃立奇(Bainbridge)等创立的质谱仪结构如图 11-34 所示。从离子源产生的离子经过狭缝 S_1 与 S_2 之间的加速电场后，进入 P_1 与 P_2 两板之间的狭缝。在 P_1 和 P_2 两板之间有一均匀电场 **E**，同时还有垂直图面向外的均匀磁场 B'。当离子($q>0$)进入两板之间，它们将受到电场力 $F_e=qE$ 和磁场力 $F_m=qvB'$ 的作用，两力的方向正好相反。显然，只有速

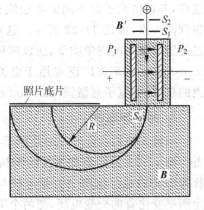

图 11-34 倍恩勃立奇质谱仪

度为 $v=E/B'$ 的离子才能满足 $qvB'=qE$ 的条件无偏转地通过两板间的狭缝、沿直线运动从狭缝 S_0 射出,对那些速度比 $v=E/B'$ 大或小的离子,都将发生偏转而落到 P_1 或 P_2 板上。这种装置叫做速度选择器。在狭缝 S_0 以外的空间没有电场,仅有磁感应强度为 B 垂直于纸面向外的均匀磁场,离子进入该磁场后,受到磁场力的作用而作匀速圆周运动,设其半径为 R,计算可得

$$R = \frac{mE}{qBB'}$$

式中 q,E,B' 和 B 均为定值,因而 R 与离子质量 m 成正比,即从狭缝 S_0 射出来的同位素离子,在磁场 B 中依质量 m 不同而作相应半径 R 的圆周运动。因此根据落到照片底片上的不同位置可算出这些离子的相应质量。所以这种仪器叫做质谱仪。它可以精确测定同位素的相对原子质量。

带电粒子的电荷量与其质量之比称作带电粒子的比荷,它是反映基本粒子特征的一个重要物理量。质谱仪可以测定不同速度下的比荷 $\frac{q}{m}=\frac{E}{RBB'}$。

实验发现,在高速情况下同一带电粒子比荷有所变化,这个变化正是带电粒子的质量按相对论质速关系 $m=\gamma m_0$ 变化引起的,而与电荷无关,这就验证了在不同的参考系下粒子的电荷是不变的,或者说带电粒子的运动不改变其电荷量的结论。

四、霍尔效应

1879 年霍尔(E. C. Hall)首先观察到,把一载流导体薄片放在磁场中时,如果磁场方向垂直于薄片平面,则在薄片上、下两侧会出现微弱的电势差,如图 11-35 所示。这一现象称为霍尔效应(Hall effect),此电势差称为霍尔电势差。实验测定,霍尔电势差的大小和电流 I 及磁感应强度 B 成正比,而与薄片沿 B 方向的厚度 d 成反比,这种现象可用载流子受到洛伦兹力来解释。

设一导体薄片宽为 b、厚为 d,把它放在磁感应强度为 B 的均匀磁场中,通以电流 I,方向如图 11-35 所示。如果载流子(金属导体中为电子)作宏观定向运动的平均速度为 v(也叫平均漂移速度,与 I 的方向相反),则每个载流子受到的平均洛伦兹力 F_m 的大小为 $F_m=qvB$,考虑到电子带负电,它所受的洛伦兹力 F_m 的方向与矢积 $v \times B$ 的方向相反,即沿图 11-35 中宽度 b 向上的方向。在

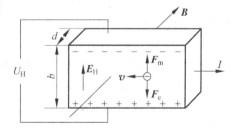

图 11-35 霍尔效应

洛伦兹力作用下,使载流子(电子)聚集于上表面,下表面因缺少载流子而积累等量异号的正电荷。随着电荷的积累,在两表面之间出现电场强度为 E_H 的横向电场,使载流子受到与洛伦兹力方向相反的电场力 $F_e=qE_H$ 的作用。达到动态平衡时,两力方向相反而大小相等。于是有 $qvB=qE_H$,所以 $E_H=vB$。由于半导体内各处,载流子的平均漂移速度相等。而且磁场是均匀磁场,所以动态平衡时,导体内出现的横向电场是均匀电场。于是霍尔电压为 $U_H=E_H \cdot b=vBb$,由于电流 $I=nqvs=nqvbd$,n 为载流子密度,上面两式消去 v,即得

$$U_H = \frac{1}{nq}\frac{IB}{d} \quad \text{或} \quad U_H = R_H \frac{IB}{d}$$

式中 $R_H = \frac{1}{nq}$ 叫做材料的霍尔系数。霍尔系数越大的材料，霍尔效应越显著。霍尔系数与载流子密度 n 成反比。在金属导体中，自由电子的浓度大，故金属导体的霍尔系数很小，相应的霍尔电势差也就很弱，即霍尔效应并不明显。而半导体中的载流子密度远比金属导体中的小，故半导体的霍尔系数比金属导体大得多，所以半导体的霍尔效应比金属导体明显得多。由于半导体的载流子有空穴（$q>0$）和电子（$q<0$），而使霍尔系数有正负之别，如果载流子是电子，霍尔系数是负值，则霍尔电压也是负值。因此可根据霍尔电压的正、负判断导电材料中的载流子是正的还是负的。这正是我们判断 P 型半导体和 N 型半导体的依据。

用半导体做成反映霍尔效应的器件叫做霍尔元件。它已广泛应用于科学研究和生产技术上。例如可用霍尔元件做成测量磁感应强度的仪器——高斯计。

利用霍尔效应，可实现磁流体发电。它是目前许多国家都在积极研制的一项高新技术。把由燃料（油、煤气或原子能反应堆）加热而产生的高温气体，以高速 v 通过用耐高温材料制成的导电管，使之电离，达到离子状态。若在垂直于 v 的方向加上磁场，则气流中的正、负离子由于受洛伦兹力的作用，将分别向垂直于 v 和 B 的两个相反方向偏转，结果在导电管两侧的电极上产生电势差（图11-36）。这种发电方式没有转动的机械部分，直接把热能转换为电能，因而损耗少，极大地提高了效率，是非常诱人、有待开发的新技术。

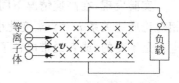

图11-36 磁流体发电

延伸阅读——拓展应用

磁悬浮列车

磁悬浮列车利用磁的"同性相斥，异性相吸"原理，让磁铁具有抗拒地心引力的能力，使车体完全脱离轨道，沿导轨漂浮于空气中，悬浮间隙一般控制在 8～12mm。车体与轨道没有直接的接触，没有旋转部件，靠磁力推进，时速可达 300 公里以上。因此磁浮列车具有高速、安全、舒适和低噪声等优点，而受到重视。目前悬浮系统的设计，可以分为常导型的电磁悬浮系统和超导型的电力悬浮系统。超导型电力悬浮系统利用超导磁体与轨道导体中所感应的电流之间的相斥使车辆浮起；常导电磁悬浮系统是一种吸力悬浮系统，不用超导磁体，用铁芯电磁铁悬浮在车体的下方，导轨为异性永磁铁，磁铁异性相吸使车体浮起。磁悬浮列车的驱动运用同步直线电动机的原理。列车速度是通过变换频率实现的，这个变换频率和电力的装置称为双向离子变频器。现有的磁悬浮列车使用常导电磁铁，如上海的磁悬浮列车，运行最高时速 437km/h，但还未达到磁悬浮的最高测试速度。目前，使磁浮列车走向实用化的技术开发已基本完成。不过，作为整个系统需要解决的问题，还要经过耐久性和可靠性的研究阶段。

11.6 磁场对电流的作用

前面我们讨论了稳恒电流所产生的磁场，这只是电流和磁场之间相互关系中的一个侧面。本节我们简单讨论一下问题的另一个侧面，即磁场对电流的作用。主要内容有：磁场对载流导线作用力的基本规律——安培定律；磁场对载流线圈作用的磁力矩；磁场对运动电荷的作用力——洛伦兹力。

一、磁场对载流导线的作用力

载流导线放在磁场中时，将受到磁力的作用。安培最早用实验方法，研究了电流和电流之间的磁力的作用，从而总结出载流导线上一小段电流元所受磁力的基本规律，称为安培定律。安培发现，放在磁场中某点处的电流元 Idl，所受到的磁场作用力 dF 的大小和该点处的磁感应强度 B 的大小、电流元的大小以及电流元 Idl 和磁感应强度 B 所成的角 θ（或用 (Idl,B) 表示）的正弦成正比，即 $dF = kBIdl\sin\theta$，dF 的方向与矢积 $Idl \times B$ 的方向相同（图 11-37）。

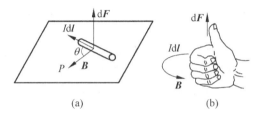

图 11-37 安培定律

在国际单位制中，$k=1$，安培定律的表达式可简化为 $dF = BIdl\sin\theta$，写成矢量式为

$$dF = Idl \times B \tag{11-35}$$

载流导线在磁场中所受的磁力，通常也叫安培力。式(11-35)表达的规律叫做安培定律。

因为安培定律给出的是载流导线上一个电流元所受的磁力，所以它不能直接用实验进行验证。但是，任何有限长的载流导线 L 在磁场中所受的磁力 F，应等于导线 L 上各个电流元所受磁力 dF 的矢量和，即

$$F = \int dF = \int_L Idl \times B \tag{11-36}$$

对于一些具体的载流导线，理论计算的结果和实验测量的结果是相符的。这就间接证明了安培定律的正确性。

式(11-36)是一个矢量积分。如果载流导线上各个电流元所受的磁力 dF 的方向都相同，则矢量积分可直接化为标量积分。如果载流导线上各个电流元所受磁力 dF 的方向各不相同，式(11-36)的矢量积分不能直接计算。这时应选取适当的坐标系，先将 dF 沿各坐标轴分解成分量，然后对各个分量进行标量积分：$F_x = \int_L dF_x$，$F_y = \int_L dF_y$，$F_z = \int_L dF_z$，最后再求出合力。在均匀磁场中任意弯曲的载流导线的磁力有简单的求解方法。

【例题 11-5】 如图 11-38 所示，一段任意弯曲的导线 MN 放在均匀磁场 B 中，通有电流 I，求磁场作用在导线上的力。

解：根据安培定律，导线 MN 所受的力为

$$F = \int dF = \int_L Idl \times B$$

由于导线上各点的电流相等,磁场也均匀,所以

$$F = \int_L I d l \times B = I \left(\int_L d l \right) \times B = I L_{MN} \times B$$

即：一段任意弯曲的载流导线放在均匀磁场中所受的磁场力,等效于弯曲导线从起点到终点的矢量在磁场中所受的力。

【思考】 一个载流线圈在均匀磁场中所受的磁力是多少?

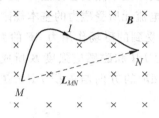
图 11-38 例题 11-5 用图

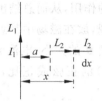
图 11-39 例题 11-6 用图

【例题 11-6】 如图 11-39 所示,已知载流长直导线 L_1 通有电流 I_1,另一载流直导线 L_2 与 L_1 共面且正交,长为 L_2,通电流 I_2。L_2 的左端与 L_1 相距为 a,求导线 L_2 所受的磁场力。

解：长直载流导线 L_1 所产生的磁感应强度 B 在 L_2 处的方向虽都是垂直纸面向内,但它的大小沿 L_2 逐点不同。要计算 L_2 所受的力,先要在 L_2 上距 L_1 为 x 处任意取一线段元 dx,在电流元 $I_2 dx$ 的微小范围内,B 可看作恒量,它的大小为 $B = \dfrac{\mu_0 I_1}{2\pi x}$。

显然任一电流元 $I_2 dx$ 都与磁感应强度 B 垂直,即 $\theta = \dfrac{\pi}{2}$,所以电流元受力的大小为

$$dF = I_2 B dx \sin \dfrac{\pi}{2} = \dfrac{\mu_0 I_1}{2\pi x} I_2 dx$$

根据矢积 $I d l \times B$ 的方向可知,电流元受力的方向垂直 L_2 沿纸面向上。由于所有电流元受力方向都相同,所以整根 L_2 所受的力 F 是各电流元受力大小的和,可用标量积分直接计算:

$$\begin{aligned} dF &= \int_L dF \\ &= \int_a^{a+L_2} \dfrac{\mu_0 I_1}{2\pi x} I_2 dx \\ &= \dfrac{\mu_0 I_1 I_2}{2\pi} \int_a^{a+L_2} \dfrac{dx}{x} \\ &= \dfrac{\mu_0 I_1 I_2}{2\pi} \ln \dfrac{a+L_2}{a} \end{aligned}$$

导体 L_2 受力的方向和电流元受力方向一样,也是垂直 L_2 沿纸面向上。

安培力有着十分广泛的应用。磁悬浮列车就是安培力应用的高科技成果之一。2003 年上海建成了世界上第一条商业运营的磁悬浮列车。车厢下部装有电磁铁,当电磁铁通电被钢轨吸引时就把列车悬浮起来了。列车上还安装了一系列不变的磁体,钢轨内侧装有两排推进线圈,线圈通有交变电流,使前方线圈的磁性对列车磁体产生一拉力(吸引力),后方线圈对列车磁体产生一推力(排斥力),这一拉一推的合力便驱使列车高速前进(图 11-40)。强大的电磁力可使列车悬浮 1~10cm,与轨道脱离接触,消除了列车运行时与轨道的摩擦阻

力,使磁悬浮列车的速度达 400km/h 以上。

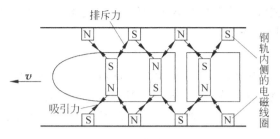

图 11-40　磁驱动力原理

二、磁场对载流线圈的作用力矩

一个刚性载流线圈放在磁场中往往要受力矩的作用,因而发生转动。这种情况在电磁仪表和电动机中经常用到。下面我们利用安培定律讨论均匀磁场对平面载流线圈作用的磁力矩。

如图 11-41 所示,在磁感应强度为 B 的均匀磁场中,有一刚性的载流线圈 $abcd$,边长分别为 L_1 和 L_2,通有电流 I。设线圈平面的法线 n 的方向(由电流 I 的方向,按右手螺旋法则定出)与磁感应强度 B 的方向所成的夹角为 φ,磁感应强度 B 的方向与线圈平面的夹角为 θ。ab 和 cd 两边与 B 垂直。由图可见,线圈平面与 B 的夹角 $\theta = \left(\dfrac{\pi}{2} - \varphi\right)$。

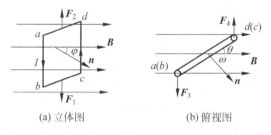

(a) 立体图　　　　(b) 俯视图

图 11-41　载流线圈在均匀磁场中受的磁力矩

根据安培定律,导线 bc 和 da 所受磁场的作用力分别为 F_1 和 F_2,其大小
$$F_1 = IBL_1\sin\theta, \quad F_2 = IBL_1\sin(\pi - \theta) = IBL_1\sin\theta$$
F_1 和 F_2 大小相等,方向相反,又都在过 bc 和 da 中点的同一直线上。所以它们的合力为零,对线圈不产生力矩。导线 ab 和 cd 所受磁场的作用力分别为 F_3 和 F_4,根据安培定律,它们的大小为
$$F_3 = F_4 = IBL_2$$
F_3 和 F_4 大小相等,方向相反,虽然合力为零,但因它们不在同一直线上,而形成一力偶,因此,均匀磁场作用在矩形线圈上的力矩 M 的大小为
$$M = F_3 L_1 \sin\varphi = IBL_1 L_2 \sin\varphi = IBS\sin\varphi$$
式中,$S = L_1 L_2$ 为矩形线圈的面积。M 的方向为沿 ac 中点和 bd 中点的连线向上。

如果线圈有 N 匝,则线圈所受力矩为 1 匝时的 N 倍,即

$$M = NIBS\sin\varphi = P_m B\sin\varphi$$

式中,$P_m = NIS$ 为载流线圈磁矩的大小,$\boldsymbol{P}_m$ 的方向就是载流线圈平面的法线 $\boldsymbol{n}$ 的方向。所以上式可以写成矢量形式,即

$$\boldsymbol{M} = \boldsymbol{P}_m \times \boldsymbol{B} \tag{11-37}$$

式(11-37)虽然是由矩形载流线圈推导出来的,但可以证明,在均匀磁场中对于任意形状的载流平面线圈所受磁力矩的计算,式(11-37)都是适用的。

任何一个载流平面线圈在均匀磁场中,虽然所受磁力的合力为零,但它还受一个磁力矩的作用。这个磁力矩 $\boldsymbol{M}$ 总是力图使线圈的磁矩 $\boldsymbol{P}_m$ 转到磁场 $\boldsymbol{B}$ 的方向上来。当 $\varphi = \dfrac{\pi}{2}$,即线圈磁矩 $\boldsymbol{P}_m$ 与磁场方向垂直,即线圈平面与磁场方向平行时,线圈所受磁力矩最大,即 $M_{\max} = P_m B$,由此也可以得到磁感应强度 $\boldsymbol{B}$ 的大小的又一个定义式,即

$$B = \frac{M_{\max}}{P_m}$$

当 $\varphi = 0$,即线圈磁矩 $\boldsymbol{P}_m$ 与磁场方向一致时,磁力矩 $M = 0$,此时线圈处于稳定平衡状态;当 $\varphi = \pi$ 时,载流线圈所受的磁力矩为零,此时线圈处于非稳定平衡状态。

如果载流线圈处在非均匀磁场中,各个电流元所受到的磁力的大小和方向一般不可能相同,因此合力和合力矩一般也不会等于零,所以线圈除转动外还会平动。

三、电流单位"安培"的定义

设有两条平行的载流直导线 AB 和 CD,两者的垂直距离为 a,电流分别为 I_1 和 I_2,方向相同,如图 11-42 所示,距离 a 和导线长度相比很小,因此两导线可视为"无限长"导线。在 CD 上任取一电流元 $I_2 d\boldsymbol{l}_2$,按安培定律,该电流元所受的力的大小为 $dF_{21} = B_{21} I_2 dl_2 \sin\theta$。式中 θ 为 $I_2 d\boldsymbol{l}_2$ 与 $\boldsymbol{B}_{21}$ 间的夹角,而 $\boldsymbol{B}_{21}$ 为载流导体 AB 在 $I_2 d\boldsymbol{l}_2$ 处所激发的磁感应强度(注意 CD 上任何其他的电流元在 $I_2 d\boldsymbol{l}_2$ 处所激发的磁场磁感应强度为零)。根据"无限长"直导体产生的磁感应强度的公式,可得 $B_{21} = \dfrac{\mu_0 I_1}{2\pi a}$。$\boldsymbol{B}_{21}$ 的方向如图 11-42 所示,垂直于电流元 $I_2 d\boldsymbol{l}_2$,所以 $\sin\theta = 0$,因而 $dF_{21} = B_{21} I_2 dl_2 = \dfrac{\mu_0 I_1 I_2}{2\pi a} dl_2$。$dF_{21}$ 的方向在两平行载流直导线所决定的平面内,指向导线 AB。显然,载流导线 CD 上各个电流元所受的力的方向都与上述方向相同,所以导线 CD 单位长度所受的力为

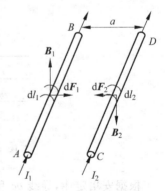

图 11-42 平行载流直导线之间的相互作用

$$\frac{dF_{21}}{dl_2} = \frac{\mu_0 I_1 I_2}{2\pi a} \tag{11-38}$$

同理可以证明载流导线 AB 单位长度所受的力的大小也等于 $\dfrac{\mu_0 I_1 I_2}{2\pi a}$,方向指向导线 CD。这就是说,两个同方向的平行载流直导线,通过磁场的作用,将互相吸引。同理不难看出,两个

反向的平行载流直导线,通过磁场的作用,将互相排斥,而每一个导线单位长度所受的斥力的大小与这两电流同方向时的引力相等。

由于电流比电荷量更容易测定,在国际单位制中把安培定为基本单位,定义如下:真空中相距 1 米的两根无限长的圆截面极小的平行直导线中载有相等的电流,若在每 1 米长度导线上的相互作用力正好等于 2×10^{-7}N,则导线中电流定义为 1 安培(1A)。

四、磁场力的功

载流导线或载流线圈在磁场内受到磁场力(安培力)或磁力矩的作用力,因此,当导线或线圈的位置与方位改变时,磁场力就做了功。下面从一些特殊情况出发,建立磁场力做功的一般公式。

1. 载流导线在磁场中运动时磁场力所做的功

设有一均匀磁场,磁感应强度 B 的方向垂直于纸面向外,如图 11-43 所示。磁场中有一载流的闭合电路 abcd(设在纸面上),电路中的导线 ab 长度为 l,可以沿着 da 和 cb 滑动。假设当 ab 滑动时,电路中电流 I 保持不变,按安培定律,载流导线 ab 在磁场中所受的安培力 F 在纸面上,指向如图 11-43 所示,F 的大小为

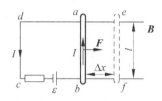

图 11-43 磁场力所做的功

$$F = IBl$$

在力 F 的作用下,ab 将从初始位置沿着力 F 的方向移动,当移动到位置 ef 时磁场力 F 所做的功

$$A = F\Delta x = IBl\Delta x$$

导线在初始位置 ab 和终了位置 ef 时,通过回路磁通量增量为

$$\Delta\Phi = \Phi_1 - \Phi_0 = Bl\Delta x$$

由此可知在导线移动时,磁场力所做的功为

$$A = I\Delta\Phi \tag{11-39}$$

这一关系式说明,当载流导线在磁场中运动时,如果电流保持不变,磁场力所做的功等于电流乘于通过回路所环绕的面积内磁通量的增量。

2. 载流线圈在磁场内转动时磁场力所做的功

设有一载流线圈在磁场内转动,设法使线圈中的电流维持不变,现在来计算线圈转动时磁场力所做的功。

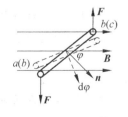

图 11-44 磁力矩所做的功

参看图 11-44,在磁感应强度为 B 的均匀磁场中,有一 N 匝的载流线圈 abcd,面积为 S,通有电流 I。设线圈平面的法线 n 的方向与磁感应强度 B 的方向所成的夹角为 φ,按公式(11-37),可求得磁力矩大小为 $M = P_m B\sin\varphi = NIBS\sin\varphi$,设线圈沿力矩 M 方向转过极小的角度 $d\theta$,使线圈的法向 n 与 B 之间的夹角减小了角 $d\theta$,即 φ 的增量为 $-d\theta$,因此 $d\varphi = -d\theta$。所以磁力矩对载流线圈所做的功为

$$dA = Md\theta = -NIBS\sin\varphi d\varphi = NIBSd(\cos\varphi) = Id(NBS\cos\varphi)$$

$NBS\cos\varphi$ 表示通过线圈的磁通量。所以当上述载流线圈从 φ_1 转到 φ_2 时，积分后得磁力矩所做的总功

$$A = \int Md\theta = \int_{\Phi_1}^{\Phi_2} Id\Phi = I(\Phi_2 - \Phi_1) = I\Delta\Phi$$

式中的 Φ_1 和 Φ_2 分别表示线圈在 φ_1 和 φ_2 时通过线圈的磁通量。

可以证明，一个任意的闭合回路在磁场中改变位置或形状时，如果保持回路中电流不变，则磁场力或磁力矩所做的功都可按 $A=I\Delta\Phi$ 计算，亦即磁场力或磁力矩所做的功等于电流乘以载流线圈的磁通量的增量，这是磁场力做功的一般表达式。

最后必须指出，因为恒定磁场不是保守力场，磁场力的功不等于磁场能量的减少。但是归根到底，洛伦兹力是不做功的，磁场力所做的功是消耗电源的能量来完成的，这个问题将在 12.2 节中讨论。

【例题 11-7】 一矩形线圈边长分别为 $a=10$cm 和 $b=5$cm，导线中电流为 $I=2$A，此线圈可绕它的一边 OO' 转动，如图 11-45 所示。当加上 y 轴正方向、磁感应强度为 $B=0.5$T 均匀外磁场 B，且与线圈平面成 $30°$ 时，线圈的角加速度为 $\beta=2\text{rad/s}^2$，求：

(1) 线圈对 OO' 轴的转动惯量 J；

(2) 线圈平面由初始位置转到与 B 垂直时磁力所做的功。

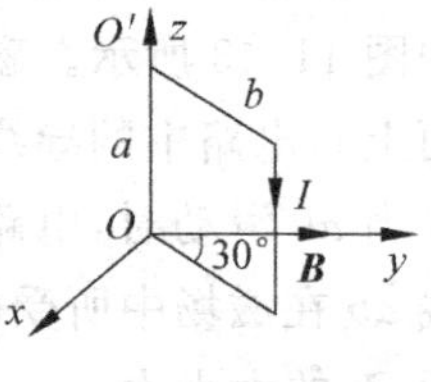

解：(1) $S=ab=5\times 10^{-3}\text{m}^2$，$p_\text{m}=SI=0.01(\text{A}\cdot\text{m}^2)$

$$M = p_\text{m}B\sin 60° = 4.33\times 10^{-3}(\text{N}\cdot\text{m})$$

根据 $M=J\beta$，得 $J=\dfrac{M}{\beta}=2.16\times 10^{-3}(\text{kg}\cdot\text{m}^2)$

图 11-45 例题 11-7 用图

(2) 令从 B 转到 p_m 的夹角为 θ，因为 M 与角位移 $d\theta$ 的正方向相反，所以功为

$$A = -\int_{60°}^{0°} Md\theta = -\int_{60°}^{0°} p_\text{m}B\sin\theta d\theta = p_\text{m}B(1-\cos 60°) = 2.5\times 10^{-3}(\text{J})$$

11.7 磁场中的磁介质

在实际的磁场中，一般都存在各种不同的实物性物质，放在磁场中的任何物质都要和磁场发生相互作用，所以人们把放在磁场中的任何物质统称为磁介质（magnetic material）。

一、磁介质

放在静电场中的电介质要被电场极化，极化了的电介质会产生附加电场，从而对原电场产生影响。与此类似，放在磁场中的磁介质同样要被磁场磁化，磁化了的磁介质同样也会产生附加磁场，从而对原磁场产生影响。

实验表明，不同的磁介质对磁场的影响不同。如果在真空中某点磁感应强度为 $\boldsymbol{B}_0$，放入磁介质后，因磁介质被磁化而在该点产生的附加磁感应强度为 $\boldsymbol{B}'$，那么该点的磁感应强度 $\boldsymbol{B}$ 应是这两个磁感应强度的矢量和，即

$$\boldsymbol{B} = \boldsymbol{B}_0 + \boldsymbol{B}' \tag{11-40}$$

在磁介质内任一点,附加磁感应强度 B' 的方向随磁介质而异,如果 B' 的方向与 B_0 的方向相同,使得 $B>B_0$,这种磁介质叫做顺磁质,如铝、氧、锰等。还有一些磁介质,在磁介质内部任一点,B' 的方向与 B_0 的方向相反,使得 $B<B_0$,这种磁介质叫做抗磁质,如铜、铋、氢等。无论是顺磁质还是抗磁质,附加的磁感应强度 B' 都比 B_0 小得多(不大于万分之一),它对原来的磁场的影响比较弱。所以,顺磁质和抗磁质统称为弱磁质。另一类磁介质,在磁介质内部任一点的附加磁感应强度 B' 的方向与顺磁质一样,也和 B_0 的方向相同,但 B' 的值却比 B_0 大得多,即 $B' \gg B_0$,从而使磁场显著增强,例如铁、钴、镍等就属于这种情况,人们把这类磁介质叫做铁磁质或强磁质。

二、顺磁质与抗磁质的磁化机理

磁介质的磁化是物质的一个重要属性。它与物质微观结构分不开,下面介绍弱磁物质的磁化的微观机理。从物质结构看,任何物质都是由分子、原子组成的,分子中的每个电子,除绕原子核作轨道运动外,还有自旋运动,就犹如一闭合的圆电流(即环流),这些运动都要产生磁场,因而每一电子的轨道运动具有一定的磁矩,称为轨道磁矩 P_m;另一方面,电子因具有质量,故其轨道运动还具有轨道角动量 L_e。如果把分子当作一个整体,每一个分子中各个运动电子所产生的磁场的总和,相当于一个等效圆形电流所产生的磁场。这一等效圆形电流叫做分子电流。每种分子的分子电流的磁矩 P_m 具有确定的量值,叫做固有分子磁矩。

原子核也有磁矩,它是质子在核内的轨道运动以及质子和中子的自旋运动所产生的合效应,但是,它比电子的磁矩差不多要小三个数量级,在计算分子或原子的总磁矩时,核磁矩的影响可以忽略不计。

当介质处于外磁场 B_0 中时,原子或分子内部的各电子都具有电子磁矩 P_m,因而每一电子磁矩均受到磁力矩 $M = P_m \times B_0$ 的作用。由于电子不仅存在磁矩,而且还同时具有角动量 L_e,因此按照经典力学原理,电子在受到磁力矩 M 作用后,结果是磁场 B_0 对电子的作用并没有使电子磁矩转到磁场方向,而是使电子绕磁场 B_0 方向进动(像陀螺一样运动),这种进动称为拉摩(Lamer)进动,在进动过程中,电子磁矩方向和外磁场方向间的夹角保持恒定。不论电子原来的磁矩 P_m 与外磁场 B_0 方向之间的夹角如何,在外磁场 B_0 中,电子角动量 L_e 进动的转向总是和 B_0 的方向构成右手螺旋关系,电子的进动也相当于一闭合的圆电流,也要产生磁场,正是由于电子的拉摩进动,使得电子又出现了一个新的附加磁矩 ΔP_m,如图 11-46 所示,由于电子带负电,这一等效圆电流附加磁矩的方向永远与外磁场 B_0 方向相反。

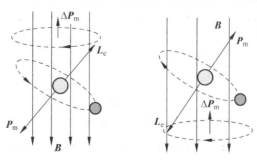

图 11-46 外磁场中电子的进动和附加磁矩

在顺磁质中,每个分子的分子磁矩 P_m 不为零,当没有外磁场时,由于分子的热运动,每个分子磁矩的取向是无序的。因此在一个宏观的体积元中,所有分子磁矩的矢量和 $\sum P_m$ 为零。也就是说:当无外磁场时,磁介质不呈磁性。当有外磁场时,各分子磁矩都要受到磁力矩的作用。在磁力矩作用下,所有分子磁矩 P_m 将力图转到外磁场 B_0 方向,但由于分子热运动的影响,分子磁矩沿外磁场方向的排列只是略占优势。因此在宏观的体积元中,各分子磁矩的矢量和 $\sum P_m$ 不为零,且合成一个与外磁场方向相同的合磁矩。这样,在顺磁介质内,分子电流产生了一个沿外磁场方向的附加磁感应强度 B',于是,顺磁质内的磁感应强度 B 的大小增强为 $B=B_0+B'$,这就是顺磁质的磁化效应。

实际上,在外磁场中顺磁质电子也会由于拉摩进动,产生一个与外磁场方向相反的附加磁矩,但在一个宏观的体积元中,顺磁质分子由于转向磁化而产生与外磁场方向相同的磁矩,远大于分子附加磁矩的总和,因此顺磁质中的分子附加磁矩被分子转向磁化而产生的磁矩所掩盖,仅显示顺磁性。

在抗磁质中,虽然组成分子的每个电子的磁矩不为零,但每个分子的所有分子磁矩正好相互抵消。也就是说:抗磁质的分子磁矩为零,即 $P_m=0$。所以当无外磁场时,磁介质不呈现磁性。当抗磁质放入外磁场中时,无论分子中各电子原来的磁矩方向怎样,都将使电子绕磁场 B_0 方向进动,正是由于电子的拉摩进动,使得电子出现了一个新的附加磁矩 ΔP_m,而且这一附加磁矩的方向永远与外磁场 B_0 方向相反,即其磁效应的方向永远与外磁场 B_0 方向相反。由于原子、分子中电子运动的特点——电子不易与外界交换能量,磁场稳定后,已产生的附加等效圆形电流将继续下去,因而在外磁场中的抗磁质内,由所有分子的附加磁矩产生了一个与外磁场方向相反的附加磁感应强度 B'。于是抗磁质内的磁感应强度将小于外磁场 B_0,这就是抗磁质的磁化效应。

三、磁化强度

根据安培分子环流假说,我们又用经典观点定性地讨论了物质的磁性及其起源,我们认为磁场中的磁介质中的每一个分子都具有磁性,而且可以用分子的磁矩 P_m 来表示远离分子处的磁效应。分子磁矩可以是固有的(顺磁质),也可以是受外磁场作用而诱发出来的(抗磁质),但无论怎样,它们的磁矩都倾向于沿着或逆着外磁场方向排列。根据电流的磁效应,每一个分子磁矩 P_m 等效于一个圆电流(或任意形状的分子环流) $i_分$,该分子环流与分子磁矩的关系为 $P_m=i_分 S$,其中 S 为分子环流所围的矢量面积,其方向与 $i_分$ 成右手螺旋关系。

磁介质的磁化程度取决于组成介质的每个分子磁矩 P_m 的大小、它们排列的整齐程度和附加磁矩 ΔP_m 的矢量和。我们用磁化强度矢量 M(以后简称为磁化强度)来描述磁介质被磁化的程度。将其定义为单位体积内所有分子磁矩与附加磁矩的矢量和,即

$$M = \frac{\sum P_m + \sum \Delta P_m}{\Delta V} \tag{11-41}$$

在国际单位制中,磁化强度的单位为安培每米($A \cdot m^{-1}$)。

对于顺磁质,$\sum \Delta P_m$ 可以忽略,因此顺磁质的磁化强度与外磁场的方向相同;对于抗磁质,$\sum P_m = 0$,因此抗磁质的磁化强度与外磁场的方向相反;而真空中的磁化强度为零。

磁化强度是一个宏观量，它反映了磁介质的磁效应，但并不同于个别分子的磁效应。一般来说，磁化强度很大时，每个分子的磁矩并不一定很大，反之亦然。但磁化强度很大，说明分子磁矩定向排列程度越高，反之亦然。

磁介质的磁化情况，可以用磁化强度 M 来描述，也可以用磁化电流来反映。磁化电流实质上是分子电流的宏观表现，它与磁化强度 M 之间必然存在一定的联系。下面，我们将用直观的方法找出能测定的宏观的磁化强度与磁化电流之间的关系。

考察某一在"无限长"的载流螺线管内被均匀磁化的圆柱形磁介质，设磁化强度方向沿圆柱轴线。在介质内，磁化强度处处相等，且单位体积内的磁分子数也相等，并假定各分子磁矩都与磁化强度同方向，磁介质的磁效应为所有分子磁矩与附加磁矩的磁效应的总和，而它们的磁效应的总和又等效于一个闭合电流，如图 11-47(a)所示。可以看出，在介质内部的任意一点处，总有两个方向相反的分子电流通过，结果两个分子磁效应等效的分子环流相互抵消，而在介质的表面上，各等效的分子环流未被抵消而相互叠加。那些未被抵消的分子电流在磁介质表面流动，好像一载流螺线管，如图 11-47(c)所示。这种电流被介

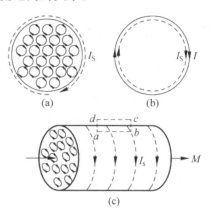

图 11-47 均匀磁化介质中的分子电流

质紧紧束缚在其表面上，称其为磁化面电流（束缚电流）。但实际上磁化后的介质表面也并没有自由电荷沿介质表面流动。所谓磁化电流，只是一种等效电流，是大量分子磁效应的一种等效表示。对于顺磁性物质，磁化面电流和螺线管上导线中的电流方向相同，如图 11-47(b)所示；对于抗磁性物质，磁化面电流和螺线管上导线中的电流方向相反。

设 α_S 为圆柱形磁介质表面上单位长度的磁化面电流，即磁化面电流的线密度，S 为磁介质的截面积，l 为所选取的一段磁介质的长度。在长度 l 上，表面电流的总量值为 $=\alpha_S l$，因此这段磁介质总体积 Sl 中的总磁矩为 $\sum \boldsymbol{P}_m + \sum \Delta \boldsymbol{P}_m = I_S S = \alpha_S l S$。

按定义，M 为单位体积内的磁矩，所以 $\boldsymbol{M} = \dfrac{\sum \boldsymbol{P}_m + \sum \Delta \boldsymbol{P}_m}{\Delta V} = \alpha_S \boldsymbol{n}$。即磁介质表面某处的磁化面电流线密度的大小等于该处的磁化强度，上述结果是由均匀磁介质被均匀磁化的特例中导出的，在一般情况中，磁介质表面磁化面电流线密度应等于该处磁化强度的切线分量。而且在不均匀磁介质内部，由于排列着的分子电流未能相互抵消，此时磁体内各处都有磁化电流。

为了求得磁化电流与磁化强度的联系，我们来计算磁化强度对闭合回路的线积分 $\oint_l \boldsymbol{M} \cdot \mathrm{d}\boldsymbol{l}$ 与磁化电流的关系。仍用前述特例，在图 11-47(c)所示的圆柱形磁介质的边缘附近，取一长方形闭合回路 $abcd$，ab 边在磁介质内部，它平行于柱体轴线，长度为 l，而 bc、ad 两边则垂直于柱面。在磁介质内部各点处，$\boldsymbol{M}$ 都沿 ab 方向，大小相等，在柱外各点处 $M=0$。所以 $\boldsymbol{M}$ 沿 bc、cd、da 三条边的线积分为零，因而 $\boldsymbol{M}$ 对闭合回路 $abcd$ 的线积分等于 $\boldsymbol{M}$ 沿 ab 边的积分，即

$$\oint_l \boldsymbol{M} \cdot \mathrm{d}\boldsymbol{l} = \int_a^b \boldsymbol{M} \cdot \mathrm{d}\boldsymbol{l} = Ml = \alpha_S l = I_S \tag{11-42}$$

这里 I_S 就是通过以闭合回路 $abcd$ 为边界的任意曲面的总磁化电流,所以式(11-42)表明磁化强度对闭合回路的线积分等于通过回路所包围的面积内的总磁化电流。式(11-42)虽是从均匀磁介质及长方形闭合回路的简单特例导出的,但却是在任何情况下都普遍适用的关系式。

四、介质中的安培环路定理

在宏观理论中,介质中的磁场 $\boldsymbol{B}$ 实际上是微观磁场在无限小体积内的统计平均值,它由传导电流和磁化电流各自产生的磁场叠加而成。传导电流是我们可以控制和调节的电流,磁化电流则是介质磁化后产生磁效应的一种等效电流。但是磁化电流一旦出现,它产生的磁场又会影响介质的磁化程度,介质的磁化程度变化时,其等效的磁化电流亦会发生变化。即在磁化过程中,磁化原因和磁化产生的效果之间存在着反馈联系。

在不考虑磁介质时,磁场的安培环路定理可写作

$$\oint_l \boldsymbol{B} \cdot \mathrm{d}\boldsymbol{l} = \mu_0 \sum_i I_i$$

在有磁介质的情况下,介质中各点的磁感应强度 $\boldsymbol{B}$ 等于传导电流 I 和磁化电流 I_S 分别在该点激发的磁感应强度 $\boldsymbol{B}_0$ 和附加磁感应强度 $\boldsymbol{B}'$ 的矢量和,即 $\boldsymbol{B} = \boldsymbol{B}_0 + \boldsymbol{B}'$。

因此,磁场的安培环路定理中,还必须计入被闭合路径 l 所围绕的磁化电流 I_S,即

$$\oint_l \boldsymbol{B} \cdot \mathrm{d}\boldsymbol{l} = \mu_0 \left(\sum_i I_i + I_S \right) = \mu_0 \left(\sum_i I_i + \oint_l \boldsymbol{M} \cdot \mathrm{d}\boldsymbol{l} \right) \tag{11-43}$$

一般来讲,传导电流 $I\left(\sum_i I_i\right)$ 是可以测量的,即可以认为它是已知的;但是,磁化电流 I_S 不能事先给定,也无法直接测定,它依赖于介质的磁化情况,而介质的磁化情况又依赖于介质中磁感应强度 $\boldsymbol{B}$,这就给应用安培环路定理来研究介质中的磁场造成了困难,为此,将式(11-43)改写成 $\oint_l \left(\dfrac{\boldsymbol{B}}{\mu_0} - \boldsymbol{M} \right) \cdot \mathrm{d}\boldsymbol{l} = \sum_i I_i$,在磁场中引入一个新的物理量,用符号 $\boldsymbol{H}$ 表示,称为磁场强度,简称 $\boldsymbol{H}$ 矢量,定义为

$$\boldsymbol{H} = \dfrac{\boldsymbol{B}}{\mu_0} - \boldsymbol{M} \tag{11-44}$$

磁场强度 $\boldsymbol{H}$ 是一个辅助量,单位是安培每米($\mathrm{A \cdot m^{-1}}$)。

引入磁场强度 $\boldsymbol{H}$ 后,可以得到有磁介质时磁场的安培环路定理为

$$\oint_l \boldsymbol{H} \cdot \mathrm{d}\boldsymbol{l} = \sum_i I_i \tag{11-45}$$

上式表明,在任何磁场中,$\boldsymbol{H}$ 矢量沿任何闭合路径 l 的线积分$\left(\text{即}\oint_l \boldsymbol{H} \cdot \mathrm{d}\boldsymbol{l}\right)$等于此闭合路径 l 所围绕的传导电流 $\sum_i I_i$ 的代数和。它表明 $\boldsymbol{H}$ 矢量的环流只和传导电流 I 有关,而在形式上与磁介质的磁性无关。因此引入磁场强度 $\boldsymbol{H}$ 这个物理量以后,在磁场分布具有高度对称性分布时,我们能够比较方便地处理有磁介质时的磁场问题。安培环路定理和磁场的高斯定理是处理静磁场问题的基本定理。

从磁化强度的定义来看，它必与介质中的磁感应强度有关。对于线性的非铁磁性物质，磁化强度 M 与磁感应强度 B 成正比，即 $M \propto B$，但由于历史上的原因，B 曾一度被认为是与电位移矢量 D 相当的辅助量，而把引入的辅助量 H 作为描写磁场的基本物理量，从而认为 M 与 H 成正比，并将其比例系数 χ_m 称为磁化率，即

$$M = \chi_m H \tag{11-46}$$

根据磁场强度的定义可以得到

$$B = \mu_0 H + \mu_0 M = \mu_0 (1 + \chi_m) H \tag{11-47}$$

常用磁介质的磁导率来描述各种磁介质对外磁场影响的程度。通常将 $\mu_r = 1 + \chi_m$ 称为介质的相对磁导率，$\mu = \mu_0 \mu_r$ 则称为介质的绝对磁导率，简称磁导率。于是

$$B = \mu_0 \mu_r H = \mu H \tag{11-48}$$

磁介质按照磁化率、相对磁导率可分为三类：顺磁质、抗磁质和铁磁质。对于顺磁质，$\chi_m > 0$，$\mu_r > 1$；对于抗磁质，$\chi_m < 0$，$\mu_r < 1$。这两类磁介质的磁性都很弱，$|\chi_m| \ll 1$，$\mu_r \approx 1$，而且都是与 B 或 H 无关的常数。但对于铁磁质而言，M 与 H 成非线性关系，且 $\chi_m = \chi_m(H)$，$\mu_r = \mu_r(H)$。铁磁质的 $\chi_m(H)$ 和 $\mu_r(H)$ 一般都很大，其量级为 $10^2 \sim 10^3$，甚至可达 10^6 以上。所以铁磁质属强磁性介质。关于铁磁性物质的详细讨论将于 11.8 节中进行。

最后，为了能形象地表示出磁场中 H 矢量的分布，与用磁感线描述磁场的方法类似，我们也可以引入 H 线来描述磁场，H 线与 H 矢量的关系规定如下：H 线上任一点的切线方向和该点 H 矢量的方向相同，H 线的密度（即在与 H 矢量垂直的单位面积上通过的 H 线数目）和该点 H 矢量的大小相等。从式(11-48)可见，在各向同性的均匀磁介质中，通过任何截面的磁感线的数目是通过同一截面 H 线的 μ 倍。

11.8 铁磁质

在各类磁介质中，应用最广泛的是铁磁性物质。在 20 世纪初期，铁磁性材料主要用在电机制造业和通信器件中，而自 20 世纪 50 年代以来，随着电子计算机和信息科学的高速发展，铁磁性材料已广泛用于信息的储存和记录，发展成为引人瞩目的新兴产业。因此，对铁磁性材料磁化性能的研究，无论在理论上或实用上都有很重要的意义。概括起来说，铁磁质有下列一些特殊的性能：

(1) 能产生特别强的附加磁场 B'，使铁磁质中的磁感应强度 B 远大于无介质时的磁感应强度 B_0，其相对磁导率 $\mu_r = B/B_0$ 可达到几百，甚至几千以上。

(2) 它们的磁化强度 M 和磁感应强度 B 不再是常矢量，没有简单的正比关系，其磁导率 μ（以及磁化率 χ_m）与磁场强度 H 有复杂的函数关系。

(3) 磁化强度随外磁场而变，它的变化落后于外磁场的变化，而且在外磁场停止作用后，铁磁质仍能保留部分磁性。

(4) 铁磁性材料存在一特定的临界温度，称为居里点(Curie temperature)，温度达到居里点后，它们的磁性发生变化，由铁磁质转化为顺磁质，磁导率（或磁化率）和磁场强度 H 无关。例如，铁的居里点是 1040K，镍的居里点是 631K，钴的居里点是 1388K。

下面先从实验出发，介绍铁磁质材料的磁化特性，然后再简单介绍形成其特殊性的内在

原因和铁磁材料的一些应用。

一、铁磁质的磁化规律

为了比较不同材料的磁性,我们通常要研究样品的初始磁化过程,即要求样品在研究前未被磁化,不具有磁性。实际上,我们可以把样品加热到某一特定的温度居里点,样品的磁性就会全部消失,然后将样品的温度降(冷却)到常温下再进行研究。将样品加工成环形铁芯,再在环上均匀地密绕两组线圈,制成的螺绕环通常称为罗兰(Bomland)环。我们可在一组线圈中输入可以调节的传导电流 I,并由公式 $H=nI$ 求得传导电流 I 在样品中所激发的磁场强度 H,而在另一组线圈中接入冲击电流计测量样品中的磁感应强度 B,由此可获得磁感应强度 B 和磁场强度 H 的关系曲线,如图 11-48 所示,称为铁磁质的初始磁化曲线。

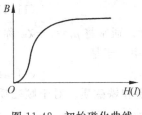

图 11-48 初始磁化曲线

从图 11-48 可见,B 与 H 有非线性的关系,即开始时当磁场强度 H 较小时,相应的磁感应强度 B 将随 H 的增加而缓慢增加;当 H 比较大时,磁感应强度 B 随 H 的增加而显著增大,当磁场强度 H 达到某个值后 B 的增大变得很缓慢,此时,我们称样品的磁化达到了饱和。如果仍用式 $\mu=B/H$ 来定义铁磁性材料的磁导率,则对应于起始磁化曲线上每一个 H 值便有一个相应的 μ 值,此时铁磁性物质的 μ 值不再是常量。由 B-H 曲线可知,铁磁质的 μ 值可远大于 μ_0,在实际应用中,我们可应用各种方法,如提纯、热处理或改变成分来尽量增大 μ 值,这样就可以以较小电流的磁场 H 而获得较高的 B 值。

未磁化过的铁磁性物质在磁场作用下,磁感应强度 B 随 H 的变化过程由初始磁化曲线给出。对于已磁化了的铁磁体样品,当 H 减小时,B 也减小,但减小的过程并不沿着初始磁化曲线进行,而是沿着比初始磁化曲线更高的曲线进行。如果铁磁性物质经初始磁化达到饱和状态,之后的 B 随 H 的变化过程如图 11-49 所示。说明铁磁物质磁化过程是不可逆过程。当 H 减小到零时,B 并不为零,而保留一定的大小。这表示磁化后的铁磁体即使在除去外磁场后,其磁化强度也并不为零,这种现象称为剩磁现象。$H=0$ 所对应的磁化强度和磁感应强度分别称为剩余磁化强度 M_r 和剩余磁感应强度 B_r。具有剩余磁感应强度的磁铁称为永久磁体。

要使铁磁体的磁感应强度减小至零,就必须加一反向的磁场强度,使剩余磁感应强度为零所必须加的反向磁场 H_C 称为这种铁磁质的矫顽力。矫顽力 H_C 的大小反映了铁磁质保存剩磁的能力。当反向磁场由 H_C 继续增大时,铁磁质将被反向磁化,最后也会达到饱和。若再让 H 减小为零,则 M 也并不为零,B 亦并不为零。若想让 M 或 B 为零,则必须加一正向矫顽力 H_C。当 H 在 $(-H_S, H_S)$ 间交替变化时,B 将沿着 b 和 c 两条曲线来回变化。由 b 和 c 组成的闭合曲线反映了磁感应强度的变化落后于磁场强度的变化,这种现象称为磁滞现象,该闭合曲线就称为磁滞回线,如图 11-49 所示。磁滞回线的形状特征反映了铁磁性材料的磁

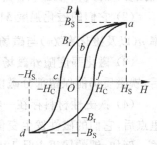

图 11-49 磁滞回线

性质,也决定了它们在工程上的用途。

二、铁磁质的磁畴机制

铁磁性物质的磁化强度 M 比顺磁性物质大得多,其磁性起源于电子的自旋。对于一般的元素,每个原子内部电子所处的状态使大多数电子的自旋磁矩成对反向而相互抵消。铁磁性物质则不同,实验测得的饱和磁化强度的数值表明,在铁原子内部,差不多有两个电子的自旋磁矩都排列在同一方向而使原子呈现磁性。而且研究表明,在铁磁性物质内部,相邻铁原子中的电子存在着非常强的交换耦合作用,这个量子力学的效应使一些邻近的原子中电子的自旋磁矩往往取相同的方向,因为自旋磁矩取平行方向时对应的能量最低。所以,在铁磁体内部形成一个自发磁化已达饱和的小区域,而且这些微小区域所包含磁矩排列为同一方向的物理无限多原子,具有很强的磁性。这个小区域称为磁畴。然而,在不受外场的作用时,各个磁畴的排列方向是随机的,并不存在优势方向,因而宏观上对外并不呈现磁性,如图 11-50(a)所示。在外磁场作用下,磁矩与外磁场同方向排列时的磁能将低于磁矩与外磁场反向排列时的磁能,结果是自发磁化磁矩和外磁场成小角度的磁畴处于有利地位,这些磁畴体积逐渐扩大,而自发磁化磁矩与外磁场成较大角度的磁畴体积逐渐缩小,宏观上对外呈现较强的磁性,如图 11-50(b)所示。随着外磁场的不断增强,取向与外磁场成较大角度的磁畴全部消失,留存的磁畴将向外磁场的方向旋转,若再继续增加磁场,所有磁畴都沿外磁场方向整齐排列,这时磁化达到饱和。当外磁场逐渐减弱到零时,已被磁化的铁磁体内各个磁畴由于受到阻碍它们转向的摩擦阻力,不能根据原来的磁化规律逆向恢复到磁化前的状态,从而使磁体内留有部分磁性,表现为剩磁现象。

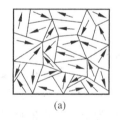 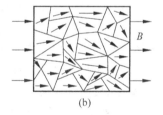

图 11-50 磁畴

根据铁磁质的磁畴观点,可解释高温和振动的去磁作用。磁畴的形成是原子中电子自旋磁矩的自发有序排列。而在高温情况下,铁磁体中分子的热运动则要瓦解磁畴内磁矩有规则的排列,当温度达到临界温度时,磁畴全部被破坏,铁磁体也就转为普通的顺磁性物质。

常常在交变磁场中应用铁磁质,而外磁场的变化会引起铁磁质中磁畴的变化,因磁畴中磁化方向的改变会引起其晶格间距的改变,从而伴随着磁化过程会发生铁磁质长度和体积的改变,去掉外磁场后,它又能恢复原来的长度。这种现象称为磁致伸缩效应。与其相反,若对已磁化了的铁磁质施加压力或抗力,从而产生应变并伴随磁体内磁能密度的变化,这种现象是磁致伸缩效应的逆效应,称为压磁效应,相应的铁磁质称为压磁体。

对于多数铁磁质来说,磁致伸缩形变较小,只有十万分之几;而某些铽铁金属化合物($TbFe_2$,$TbFe_3$)的磁致伸缩形变可达千分之几;近来又发现了一些非晶材料和某些处于低温下的磁致伸缩材料具有较大的磁致伸缩形变,可达十分之几。对磁致伸缩现象的研究,有助于研究强磁性磁体内的各种相互作用和磁化过程。磁致伸缩与电致伸缩类似,可用于微小机械振动的检测和超声波换能器、机械波滤波器等,广泛应用于音响探测仪、声呐、超声波洗涤灭菌以及打孔、焊接等方面,也可制成稳频器、滤波器、振荡器、自动控制器等。磁致伸缩的另一重要应用是可制成应力传感器和转矩传感器,可精确测量1吨以上的重物和较小扭角的转矩。当然磁致伸缩也会有不利影响,变压器、镇流器工作时会由磁致伸缩产生振动噪声。

三、磁性材料

不同铁磁性材料具有不同形状的磁滞回线,即使同一材料,其磁滞回线亦取决于被磁化的程度。通常我们所讲的磁滞回线都是指它的饱和磁滞回线。因而饱和磁滞回线所对应的剩余磁化强度 M_r、剩余磁感应强度 B_r、矫顽力 H_c 和饱和磁场强度 H_s 都是表示磁性材料特征的参量。理论可以证明:磁滞回线所包围的面积表示在一个反复磁化的循环过程中单位体积的铁磁质内所消耗的能量,称为磁滞损耗。技术上,根据矫顽力的大小把铁磁质分为两大类:软磁质(矫顽力很小,1A/m)和硬磁质(矫顽力很大,$10^4 \sim 10^6$ A/m)。软铁、硅钢、坡莫合金、锰锌铁氧体等都是软磁材料,都具有较大的磁导率,但磁滞损耗较小,可用于电机、变压器和继电器中。碳钢、钴钢、磁钢、铝镍钴合金、钡铁氧体和钕铁硼稀土永磁材料等都是硬磁材料,都具有较大的剩磁,但磁滞损耗较大,可制造永久磁铁而用于扬声器、电话机、录音机、电表、计算机等。对于磁滞回线接近于矩形的矩磁材料,它总处在($-B_s$,B_s)两种状态之间,可作为记忆元件用于磁芯、录音带、录像带等。

有一类非金属磁性材料,其导电性属半导体型,其导磁性属亚铁磁性,将其称为铁氧体,其主要成分是 Fe_2O_3 和一种或几种其他金属氧化物,如锌、镁、锰、钡氧化物,钡铁、钴铁、镍钴铁氧体,镍铜钴铁氧体(陶瓷)等。由于铁氧体的电阻率比金属磁性材料高得多,涡流损耗小,因此在高频和微波波段是不可缺少的磁性材料。铁氧体磁性材料按其磁滞回线和用途的不同分为硬磁、软磁、矩磁、旋磁和压磁五类。硬磁铁氧体一般作恒磁源,可用于电声、电讯、电表、电机和其他工业设备中;软磁铁氧体一般作为电感元件的磁芯,可用于中周芯子、电视偏转线圈、脉冲变压器等;矩磁铁氧体一般作为记忆元件,可用于电子计算机等;旋磁铁氧体一般作微波元件,可用于隔离器、环行器、相移器、旋转器等;亚磁铁氧体一般作用磁致伸缩元件,可用于发生和检测超声波换能器、自动控制器、机械滤波器、应力传感器和转矩传感器等。

有些铁磁性材料在撤去外磁场后所保留的较强磁性用一般方式很难去磁,其具有永久磁性,这类材料称为永磁材料。一般的硬磁材料均可为永磁材料,现代的纳米技术可将永磁材料做成纳米晶永磁材料和纳米复合永磁材料,以进一步研究其磁学性质。

有些具有磁性的陶瓷称为磁性陶瓷,它是各种新技术中的重要材料。例如,电子计算机中磁性存储器的磁芯,雷达、通信、导航、遥测等电子设备中的各种微波陶瓷元件,用永久陶瓷制成的汽车马达,用磁性陶瓷粉末制成的录音带等。

还有一类非晶态金属,除具有超高强度外,还具有较强磁性。将金属熔化后以每秒10万～100万摄氏度的冷却速度凝固,使其不能在正常凝固条件下结晶,从而得到非晶态组织结构的非晶态金属。非晶态金属质地均匀、没有晶界存在,在外磁场作用下磁畴很容易按一定取向排列,即在很小的磁场中便能表现出磁性;而当外磁场撤去后,磁性又很容易消失。所以非晶态金属可替代硅钢片作为变压器的铁芯,可使耗能损失减少60%以上。此外,非晶态金属还是优良的磁记录材料,用其制成的磁带、录音磁头的耐磨性比一般材料提高了几十倍,具有储存量大、分辨率高、失真小等优点,非晶态薄膜正广泛应用于微技术领域中。

某些金属和合金材料在达到某临界温度时电阻突然消失,这种电阻为零的材料称为超导材料。实验表明:超导材料具有零电阻性、完全抗磁性和磁通量子化的特性。经过几十年的努力探索,人们已陆续发现了上千种超导材料,主要有铌、钛、铌锗、铌锡、钒镓和铌钛合金等,它们具有临界温度高、临界磁场强度高和临界电流密度高的实用价值。采用液氮使电阻降低到零的一些新型超导材料,在高新技术中也有广泛的应用。

本章小结

1. 电流密度:$\boldsymbol{j} = qn\boldsymbol{v}$

2. 电流的连续性方程:$\oiint\limits_{S} \boldsymbol{j} \cdot \mathrm{d}\boldsymbol{S} = 0$

3. 电源的电动势:$\varepsilon = \dfrac{W}{q} = \oint \boldsymbol{E}_\mathrm{k} \cdot \mathrm{d}\boldsymbol{l}$

4. 用运动电荷定义的磁感应强度

磁场中某点的磁感应强度 $\boldsymbol{B}$ 的大小:$B = \dfrac{F_{\max}}{qv}$ $\quad \boldsymbol{B}$ 的方向:$\boldsymbol{F} \times \boldsymbol{v}$ 的方向

5. 毕奥-萨伐尔定律:$\mathrm{d}\boldsymbol{B} = \dfrac{\mu_0}{4\pi} \dfrac{I\mathrm{d}\boldsymbol{l}}{r^2} \times \boldsymbol{r}_0$

6. 运动电荷的磁场:$\boldsymbol{B} = \dfrac{\mu_0}{4\pi} \dfrac{q\boldsymbol{v}}{r^2} \times \boldsymbol{r}_0$

7. 磁通量:$\Phi_\mathrm{m} = \iint\limits_{S} \boldsymbol{B} \cdot \mathrm{d}\boldsymbol{S}$

8. 磁场的高斯定理:$\oiint\limits_{S} \boldsymbol{B} \cdot \mathrm{d}\boldsymbol{S} = 0$

9. 安培环路定理:$\oint\limits_{l} \boldsymbol{B} \cdot \mathrm{d}\boldsymbol{l} = \mu_0 \sum\limits_{i=1}^{n} I_i$

10. 磁矩:$\boldsymbol{P}_\mathrm{m} = NIS\boldsymbol{n}$

11. 洛伦兹力:$\boldsymbol{F} = q\boldsymbol{v} \times \boldsymbol{B}$

12. 带电粒子在均匀磁场中的运动

螺旋线的半径:$R = \dfrac{mv_\perp}{qB} = \dfrac{mv_0\sin\theta}{qB}$,周期:$T = \dfrac{2\pi m}{qB}$,螺距:$h = v_\parallel T = \dfrac{2\pi mv_0\cos\theta}{qB}$

13. 安培定律:$\mathrm{d}\boldsymbol{F} = I\mathrm{d}\boldsymbol{l} \times \boldsymbol{B}$

载流导线所受的磁力:$\boldsymbol{F} = \int \mathrm{d}\boldsymbol{F} = \int_L I\mathrm{d}\boldsymbol{l} \times \boldsymbol{B}$

14. 磁场对载流线圈的作用力矩:$\boldsymbol{M} = \boldsymbol{P}_\mathrm{m} \times \boldsymbol{B}$

15. 磁场力所做的功:$A = I\Delta\Phi$

16. 磁场强度：$H = B/\mu$

17. 介质中的安培环路定理：$\oint_l \boldsymbol{H} \cdot \mathrm{d}\boldsymbol{l} = \sum_i I_i$

18. 一些典型的磁场

(1) 载流直导线的磁场：$B = \dfrac{\mu_0 I}{2\pi r} \dfrac{\cos\theta_1 - \cos\theta_2}{2}$

(2) 无限长载流直导线：$B = \dfrac{\mu_0 I}{2\pi r}$

(3) 圆形电流在轴线上的磁场：$B = \dfrac{\mu_0 I}{2} \dfrac{R^2}{(R^2+x^2)^{\frac{3}{2}}}$，很远时：$\boldsymbol{B} = \dfrac{\mu_0 \boldsymbol{P}_m}{2\pi x^3}$

(4) 圆形电流在圆心处的磁感应强度：$B = \dfrac{\mu_0 I}{2R}$

(5) 长直载流螺线管内的磁场：$B = \mu_0 n I$

(6) 环形载流螺线管（螺绕环）内外的磁场：$B = \dfrac{\mu_0 NI}{2\pi r}$ $(R_1 < r < R_2)$

(7) 长直载流圆柱体内外的磁场：$B = \dfrac{\mu_0 Ir}{2\pi R^2}$ $(r < R)$；$B = \dfrac{\mu_0 I}{2\pi r}$ $(r > R)$

习题

一、选择题

1. 载流的圆形线圈(半径 a_1)与正方形线圈(边长 a_2)通有相同电流 I，如图 11-51 所示，若两个线圈的中心 O_1、O_2 处的磁感应强度大小相同，则半径 a_1 与边长 a_2 之比 $a_1 : a_2$ 为(　　)。

(A) $1:1$ (B) $\sqrt{2}\pi : 1$ (C) $\sqrt{2}\pi : 4$ (D) $\sqrt{2}\pi : 8$

2. 如图 11-52 所示，两根直导线 ab 和 cd 沿半径方向被接到一个截面处处相等的铁环上，稳恒电流 I 从 a 端流入而从 d 端流出，则磁感应强度 B 沿图中闭合路径 L 的积分 $\oint_L \boldsymbol{B} \cdot \mathrm{d}\boldsymbol{l}$ 等于(　　)。

(A) $\mu_0 I$ (B) $\dfrac{1}{3}\mu_0 I$ (C) $\mu_0 I/4$ (D) $2\mu_0 I/3$

3. 通有电流 I 的无限长直导线有如图 11-53 所示的三种形状，则 P,Q,O 各点磁感应强度的大小 B_P, B_Q, B_O 间的关系为(　　)。

(A) $B_P > B_Q > B_O$ (B) $B_Q > B_P > B_O$ (C) $B_Q > B_O > B_P$ (D) $B_O > B_Q > B_P$

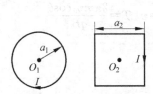

图 11-51　习题 1 用图

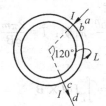

图 11-52　习题 2 用图

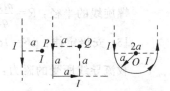

图 11-53　习题 3 用图

4. 如图 11-54 所示,无限长载流空心圆柱导体的内外半径分别为 a,b,电流在导体截面上均匀分布,则空间各处的 **B** 的大小与场点到圆柱中心轴线的距离 r 的定性关系如图所示。正确的图是(　　)。

5. 如图 11-55 所示,边长为 a 的正方形的四个角上固定有四个电荷均为 q 的点电荷。此正方形以角速度 ω 绕 AC 轴旋转时,在中心 O 点产生的磁感应强度大小为 B_1;此正方形同样以角速度 ω 绕过 O 点垂直于正方形平面的轴旋转时,在 O 点产生的磁感应强度的大小为 B_2,则 B_1 与 B_2 间的关系为(　　)。

(A) $B_1 = B_2$　　(B) $B_1 = 2B_2$　　(C) $B_1 = \dfrac{1}{2}B_2$　　(D) $B_1 = B_2/4$

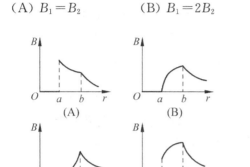

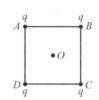

图 11-54　习题 4 用图　　　　　　图 11-55　习题 5 用图

6. 三条无限长直导线等距地并排安放,导线Ⅰ、Ⅱ、Ⅲ分别载有 1A,2A,3A 同方向的电流。由于磁相互作用的结果,导线Ⅰ、Ⅱ、Ⅲ单位长度上分别受力 F_1,F_2 和 F_3,如图 11-56 所示。则 F_1 与 F_2 大小的比值是(　　)。

(A) 7/16　　(B) 5/8　　(C) 7/8　　(D) 5/4

7. 两个同心圆线圈,大圆半径为 R,通有电流 I_1;小圆半径为 r,通有电流 I_2,方向如图 11-57。若 $r \ll R$(大线圈在小线圈处产生的磁场近似为均匀磁场),当它们处在同一平面内时小线圈所受磁力矩的大小为(　　)。

(A) $\dfrac{\mu_0 \pi I_1 I_2 r^2}{2R}$　　(B) $\dfrac{\mu_0 I_1 I_2 r^2}{2R}$　　(C) $\dfrac{\mu_0 \pi I_1 I_2 R^2}{2r}$　　(D) 0

8. 两根载流直导线相互正交放置,如图 11-58 所示。I_1 沿 y 轴的正方向,I_2 沿 z 轴负方向。若载流 I_1 的导线不能动,载流 I_2 的导线可以自由运动,则载流 I_2 的导线开始运动的趋势是(　　)。

(A) 沿 x 方向平动　　(B) 绕 x 轴转动　　(C) 绕 y 轴转动　　(D) 无法判断

　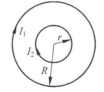　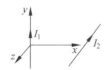

图 11-56　习题 6 用图　　图 11-57　习题 7 用图　　图 11-58　习题 8 用图

9. 一个动量为 p 的电子,沿图 11-59 所示方向入射并能穿过一个宽度为 D、磁感应强度为 B(方向垂直纸面向外)的均匀磁场区域,则该电子出射方向和入射方向间的夹角为( )。

(A) $\alpha = \cos^{-1}\dfrac{eBD}{p}$ (B) $\alpha = \sin^{-1}\dfrac{eBD}{p}$ (C) $\alpha = \sin^{-1}\dfrac{BD}{ep}$ (D) $\alpha = \cos^{-1}\dfrac{BD}{ep}$

10. 如图 11-60 所示,在一固定的载流大平板附近有一能自由转动或平动的载流小线框。线框平面与大平板垂直。大平板的电流与线框中电流方向如图所示,则从面对大平板的方向看,通电线框的运动情况是( )。

(A) 靠近大平板   (B) 顺时针转动

(C) 逆时针转动   (D) 离开大平板向外运动

11. 将载有电流 I、磁矩为 P_m 的线圈,置于磁感应强度为 B 的均匀磁场中,若 P_m 与 B 的方向相同,则通过线圈的磁通量 Φ 与线圈所受的磁力矩 M 的大小为( )。

(A) $\Phi = IBP_m, M = 0$ (B) $\Phi = BP_m/I, M = 0$

(C) $\Phi = IBP_m, M = BP_m$ (D) $\Phi = BP_m/I, M = BP_m$

12. 如图 11-61 所示,在宽度为 d 的导体薄片上有电流 I 沿此导体长度方向流过,电流在导体宽度方向均匀分布。导体外在导体中线附近处 P 点的磁感应强度 B 的大小为( )。

(A) $B = \dfrac{\mu_0 I}{2d}$ (B) $B = \dfrac{\mu_0 I}{d}$ (C) $B = \dfrac{\mu_0 I}{2\pi d}$ (D) $B = \dfrac{\mu_0 I}{4\pi d}$

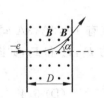 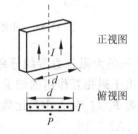

图 11-59 习题 9 用图   图 11-60 习题 10 用图   图 11-61 习题 12 用图

二、填空题

13. 均匀磁场的磁感应强度 B 与半径为 r 的圆形平面的法线 n 的夹角为 α,今以圆周为边界,作一个半球面 S,S 与圆形平面组成封闭面,如图 11-62 所示。则通过 S 面的磁通量 $\Phi = $ _____。

14. 在一根通有电流 I 的长直导线旁,与之共面地放着一个长、宽各为 a 和 b 的矩形线框,线框的长边与载流长直导线平行,且二者相距为 b,如图 11-63 所示。在此情形中,线框内的磁通量 $\Phi = $ _____。

 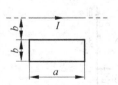

图 11-62 习题 13 用图   图 11-63 习题 14 用图

15. 一长直载流导线,沿空间直角坐标轴 Oy 放置,电流沿 y 正向。在原点 O 处取一电流元 $Id\boldsymbol{l}$,如图 11-64 所示,则该电流元在点 $(a,0,0)$ 处的磁感应强度的大小为_____,方向为_____。

16. 一质点带有电荷 $q=8.0\times10^{-10}$ C,以速度 $v=3.0\times10^5$ m·s^{-1} 在半径为 $R=6.0\times10^{-3}$ m 的圆周上,作匀速圆周运动。该带电质点在轨道中心所产生的磁感应强度 $B=$_____,该带电质点轨道运动的磁矩 $p_m=$_____ ($\mu_0=4\pi\times10^{-7}$ H·m^{-1})。

17. 将半径为 R 的无限长导体薄壁管(厚度忽略)沿轴向割去一宽度为 $h(h\ll R)$ 的无限长狭缝后,再沿轴向流有在管壁上均匀分布的电流,其面电流密度(垂直于电流的单位长度截线上的电流)为 i(如图 11-65),则管轴线磁感应强度的大小是_____。

18. 一半径为 a 的无限长直载流导线,沿轴向均匀地流有电流 I。若作一个半径为 $R=5a$、高为 l 的柱形曲面,已知此柱形曲面的轴与载流导线的轴平行且相距 $3a$(图 11-66)。则 $\boldsymbol{B}$ 在圆柱侧面 S 上的积分 $\oiint_S \boldsymbol{B}\cdot d\boldsymbol{S}=$_____。

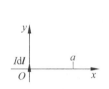

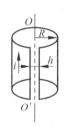

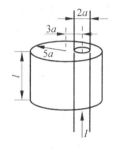

图 11-64　习题 15 用图　　　图 11-65　习题 17 用图　　　图 11-66　习题 18 用图

19. 如图 11-67 所示。电荷 $q(>0)$ 均匀地分布在一个半径为 R 的薄球壳外表面上,若球壳以恒角速度 ω_0 绕 z 轴转动,则沿着 z 轴从 $-\infty$ 到 $+\infty$,磁感应强度的线积分等于_____。

20. 一个绕有 500 匝导线的平均周长 50cm 的细环,载有 0.3A 电流时,铁芯的相对磁导率为 600。(1)铁芯中的磁感应强度 B 大小为_____;(2)铁芯中的磁场强度大小 H 为_____。

21. 如图 11-68 所示为三种不同的磁介质的 B-H 关系曲线,其中虚线表示的是 $B=\mu_0 H$ 的关系。说明 a、b、c 各代表哪一类磁介质的 B-H 关系曲线:

　　a 代表_____的 B-H 关系曲线;

　　b 代表_____的 B-H 关系曲线;

　　c 代表_____的 B-H 关系曲线。

22. 如图 11-69,在粗糙斜面上放有一长为 l 的木制圆柱,已知圆柱质量为 m,其上绕有 N 匝导线,圆柱体的轴线位于导线回路平面内,整个装置处于磁感应强度大小为 B、方向竖直向上的均匀磁场中。如果绕组的平面与斜面平行,则当通过回路的电流 $I=$_____时,圆柱体可以稳定在斜面上不滚动。

23. 电子质量 m,电荷 e,以速度 v 飞入磁感应强度为 $\boldsymbol{B}$ 的匀强磁场中,v 与 $\boldsymbol{B}$ 的夹角为 θ,电子作螺旋运动,螺旋线的螺距 $h=$_____,半径 $R=$_____。

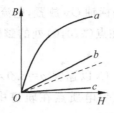 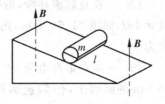

图 11-67 习题 19 用图　　　图 11-68 习题 21 用图　　　图 11-69 习题 22 用图

24. 如图 11-70 所示，一个均匀磁场 B 只存在于垂直于纸面的 P 平面右侧，B 的方向垂直纸面向里。一质量为 m、电荷为 q 的粒子以速度 v 射入磁场。v 在纸面内与界面 P 成某一角度。那么粒子在从磁场中射出前是作半径为_____的圆周运动。如果 $q>0$ 时，粒子在磁场中的路径与边界围成的平面区域的面积为 S，那么 $q<0$ 时，其路径与边界围成的平面区域的面积是_____。

25. 如图 11-71 所示，一根载流导线被弯成半径为 R 的 1/4 圆弧，放在磁感应强度为 B 的均匀磁场中，则载流导线 ab 所受磁场力的大小为_____，方向_____。

26. 如图 11-72 所示，一半径为 R，通有电流 I 的圆形回路，位于 Oxy 平面内，圆心为 O。一带正电荷 q 的粒子，以速度 v 沿 z 轴向上运动，当带正电荷的粒子恰好通过 O 点时，作用于圆形回路上的力为_____，作用在带电粒子上的力为_____。

 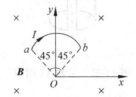 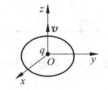

图 11-70 习题 24 用图　　　图 11-71 习题 25 用图　　　图 11-72 习题 26 用图

三、计算题

27. 磁场中某点处的磁感应强度为 $\boldsymbol{B}=0.40\boldsymbol{i}-0.20\boldsymbol{j}$ (SI)，一电子以速度 $\boldsymbol{v}=0.50\times10^6\boldsymbol{i}+1.0\times10^6\boldsymbol{j}$ (SI) 通过该点，求作用于该电子上的磁场力。

28. 将一根无限长导线弯成如图 11-73 所示形状，设各线段都在同一平面内（纸面内），其中第二段是半径为 R 的四分之一圆弧，其余为直线。导线中通有电流 I，求图中 O 点处的磁感应强度。

29. 两根导线沿半径方向引到铁环上 A、B 两点，并在很远处与电源相连，形成电流如图 11-74 所示。求环中心的磁感应强度。

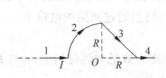 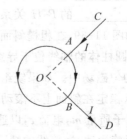

图 11-73 习题 28 用图　　　图 11-74 习题 29 用图

30. 有一无限长的通电扁平铜片,宽度为 a,厚度不计,如图 11-75 所示,电流 I 在铜片上均匀分布,P 点在铜片外与铜片共面,与铜片右边缘距离为 b。求 P 点的磁感应强度 B。

31. 一无限长圆柱形铜导体(磁导率 μ_0),半径为 R,通有均匀分布的电流 I。今取一矩形平面 S(长为 1m,宽为 $2R$),位置如图 11-76 中画斜线部分所示,求通过该矩形平面的磁通量。

32. 如图 11-77 所示,一通有电流 I_1 的长直导线,旁边有一个与它共面、通有电流 I_2、每边长为 a 的正方形线圈,线圈的一对边和长直导线平行,线圈的中心与长直导线间的距离为 $\frac{3}{2}a$,在维持它们的电流不变和保证共面的条件下,将它们的距离从 $\frac{3}{2}a$ 变为 $\frac{5}{2}a$,求磁场对正方形线圈所做的功。

图 11-75 习题 30 用图

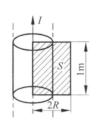

图 11-76 习题 31 用图

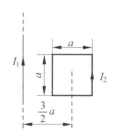

图 11-77 习题 32 用图

33. 如图 11-78 所示线框,铜线横截面积 $S=2.0\text{mm}^2$,其中 OA 和 DO' 两段保持水平不动,$ABCD$ 段是边长为 a 的正方形的三边,它可绕 OO' 轴无摩擦转动。整个导线放在匀强磁场 B 中,B 的方向竖直向上。已知铜的密度 $\rho=8.9\times10^3\text{kg/m}^3$,当铜线中的电流 $I=10\text{A}$ 时,导线处于平衡状态,AB 段和 CD 段与竖直方向的夹角 $\alpha=15°$。求磁感应强度 B 的大小。

34. 在一回旋加速器中的氘核,当它刚从盒中射出时,其运动半径是 $R=32.0\text{cm}$,加在 D 形盒上的交变电压的频率是 $\gamma=10\text{MHz}$。试求:(1)磁感应强度的大小;(2)氘核射出时的能量和速率(已知氘核质量 $m=3.35\times10^{-27}\text{kg}$)。

35. 试证明任一闭合载流平面线圈在均匀磁场中所受的磁场力合力恒等于零。

36. 如图 11-79 所示,半径为 a,带正电荷且线密度是 λ(常量)的半圆以角速度 ω 绕轴 $O'O''$ 匀速旋转。求:

(1) O 点的磁感应强度 B;(2) 旋转的带电半圆的磁矩 p_m。

$\left(\text{积分公式}\int_0^\pi \sin^2\theta d\theta = \frac{1}{2}\pi\right)$

37. 如图 11-80 所示,半径为 R,线电荷密度为 $\lambda(>0)$ 的均匀带电的圆线圈,绕过圆心与圆平面垂直的轴以角速度 ω 转动,求轴线上任一点的磁感应强度 B 的大小及其方向。

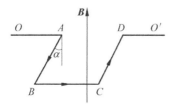

图 11-78 习题 33 用图

图 11-79 习题 36 用图

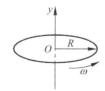

图 11-80 习题 37 用图

38. 一无限长的电缆,由一半径为 a 的圆柱形导线和一共轴的半径分别为 b,c 的圆筒状导线组成,如图 11-81 所示。在两导线中有等值反向的电流 I 通过,求:

(1) 内导体中任一点($r<a$)的磁感应强度;

(2) 两导体间任一点($a<r<b$)的磁感应强度;

(3) 外导体中任一点($b<r<c$)的磁感应强度;

(4) 外导体外任一点($r>c$)的磁感应强度。

39. 半径为 R 的半圆形线圈 ACD 通有电流 I_2,置于电流为 I_1 的无限长直线电流的磁场中,直线电流 I_1 恰过半圆的直径,两导线相互绝缘,如图 11-82 所示。求半圆形线圈受到长直线电流 I_1 的磁场力。

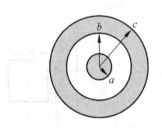

图 11-81 习题 38 用图

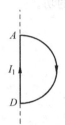

图 11-82 习题 39 用图

这是一张上海磁悬浮列车的照片。上海磁悬浮列车专线西起上海轨道交通 2 号线的龙阳路站,东至上海浦东国际机场,专线全长 29.863 公里,设计最高运行速度为每小时 430 公里,全程只需 8 分钟。是世界第一条商业运营的高架磁悬浮专线,于 2003 年 1 月 4 日正式开始运营。

由于磁悬浮列车启动后在导轨与机车之间不存在任何实际的接触,故其几乎没有轮、轨之间的摩擦,因而运行速度快,且运行平稳、舒适,易于实现自动控制;无噪声,不排出有害的废气,有利于环境保护;运营、维护和耗能费用低;磁悬浮列车可靠性高、维修简便、成本低,其能源消耗仅是汽车的一半、飞机的四分之一;噪声小,当磁悬浮列车时速达 300 公里以上时,噪声只有 65 分贝,仅相当于一个人大声地说话,比汽车驶过的声音还小。

磁悬浮列车是电磁感应及电磁力应用的高科技成果之一,本教材将在延伸阅读部分介绍磁悬浮列车的工作原理。

第12章

电磁感应　电磁场理论

本章概要　本章首先列举了电磁感应现象,引出法拉第电磁感应定律,并根据产生电动势的原因,分别研究了动生电动势和感生电动势,由此引出了涡旋电场,从而得到随时间变化的磁场产生电场的基本规律;然后研究了自感和互感现象,并利用自感线圈中的能量引出磁场的能量;之后讨论了非稳恒条件下电流连续性方程,引出位移电流,说明随时间变化的电场产生磁场的规律,从而得出在普遍情况下安培环路定理的推广形式;最后总结出电磁场运动的普遍规律——麦克斯韦方程组,并对电磁场的物质性及电磁场的统一性和相对性作简单的介绍。

12.1　电磁感应

　　前面分别讨论了静电场和稳恒磁场的基本属性,以及它们和物质相互作用的基本规律。随着生产发展的需要,人们深入地研究了电磁现象,揭示了电磁感应的本质,对电磁场的认识有了一个飞跃。由实验发现,不但电荷产生电场,电流产生磁场,而且变化着的电场和磁场可以相互产生,所以电场和磁场是一个统一的整体——电磁场。杰出的英国物理学家法拉第于1831年揭示了电磁感应现象的规律,被誉为电磁理论的奠基人。他丰硕的实验研究成果以及他的新颖的"场"的观念和力线思想,为电磁现象的统一理论提供了基础。1862年,英国的麦克斯韦完成了这个统一任务,建立了电磁场的普遍方程组,称为麦克斯韦方程组,并预言电磁场以波动形式运动,称为电磁波,它的传播速度与真空中的光速相同,表明光也是电磁波。这个预言于1888年由德国的赫兹通过实验所证实,从而实现了电、磁、光的统一,并开辟了一个全新的战略领域——电磁波的应用和研究。

一、电磁感应现象

　　自从发现了电流产生磁场的现象以后,人们提出一个问题:电流既然能够产生磁场,那么,能不能利用磁场来产生电流呢?下面先通过几个实验说明什么是电磁感应现象,以及产生电磁感应现象的条件。

　　1.　取一线圈 A,把它的两端和一电流计 G 连成一闭合回路,如图12-1(a)所示,这时电流计的指针并不发生偏转,这是因为电路里没有电动势。再取一磁铁,先使其与线圈相对静止,电流计也不发生偏转。但若使两者发生相对运动,电流计的指针则发生偏转。当相对运动的方向改变时电流计指针偏转的方向也发生变化。同时,相对运动速度越大,指针偏转越大。

2. 如图 12-1(b)所示,将螺线管、可变电阻器和电源连接成回路,在通电螺线管外再绕一线圈并连接一电流计 G,调节可变电阻器的阻值 R,观察连接在线圈回路中的电流计指针变化情况。实验发现:当 R 不变化时电流计指针不动,这表明线圈回路中没有电流;当 R 变化时,螺线管中的电流强度改变,电流计的指针发生偏转,这表示线圈回路中有电流。当 R 变化使螺线管中的电流强度增强时,电流计的指针向一侧偏转,而当螺线管中的电流强度减弱时,电流计的指针向另一侧偏转,并且,螺线管中的电流改变得越快,这时电流计指针的偏转角也越大,显示出线圈回路中的电流强度也越大。

3. 在图 12-1(c)中,电流计与一根导体棒相连,导体棒放在磁铁的两极之间,实验发现:当导体棒静止不动或沿磁场方向运动时,电流计指针不动,这表明线圈回路中没有电流;当导体棒以一定速度作切割磁场线运动(即改变导体回路面积)时,这时,回路中就有电流。虽然,空间各点的磁感应强度 B 不改变,但穿过回路的磁通量却在增加或减少。当磁通量增加时,电流计指针向一个方向偏转;磁通量减少时,电流计指针向另一个方向偏转。进一步的实验还可以发现,导体棒在磁场中运动得越快,磁通量改变(增加或减小)越快,电流计指针偏转越大,表明回路中的电流也越大;反之,则越小。

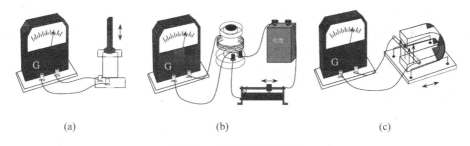

(a)　　　　　　　　(b)　　　　　　　　(c)

图 12-1　电磁感应现象实验

上面三个实验都是利用磁场产生电流的实验,那么产生电流的条件是什么呢?如果分别考察每个实验,似乎可有若干不同的说法,实验 1 中空间的磁场发生变化,实验 2 中线圈中的电流发生变化,实验 3 回路中是导体棒运动。如果综合分析上述各实验,尽管情况各不相同,但有一点却是共同的,即不论是 B,R 或 S 改变,它们都要使穿过闭合回路的磁通量发生变化。对于实验 1 和 2,不管是由于闭合回路与磁铁间的相对运动,还是相对静止的两个线圈中的一个电流发生变化,产生感应电流的线圈所处的磁场发生了变化,导致闭合回路所包围的磁通量发生变化;对于实验 3,磁场是静止的,且中导体棒运动的范围内保持不变,导体棒运动只是使它和电流计连成的回路的面积发生了变化,导致闭合回路所包围的磁通量发生变化。因此利用磁场产生电流的共同条件可概括为:穿过闭合回路所包围面积的磁通量发生变化。

因而有如下结论:当通过一个闭合回路所包围面积的磁通量发生变化(增加或减少)时,不管这种变化是由于什么原因所引起的,在导体回路中就会产生电流。这种现象叫电磁感应现象。在回路中所产生的电流叫做感应电流。在磁通量增加和减少的两种情况下,回路中感应电流的流向相反。感应电流的大小则取决于穿过回路中的磁通量变化快慢。变化越快,感应电流越大;反之,就越小。回路中产生电流,表明回路中有电动势存在。这种在回路中由于磁通量的变化而引起的电动势,叫做感应电动势。

二、楞次定律

1833 年楞次在进一步概括了大量实验结果的基础上,提出一种直接确定感生电流方向的法则:闭合回路中的感应电流的方向,总是要使感应电流所产生的磁场阻碍引起感应电流的磁通量的变化。这就是楞次定律。

具体步骤是:首先要判断通过闭合回路的原磁场 B 的方向,其次确定通过闭合回路的磁通量是增加还是减少,再按照楞次定律来确定感应电流所激发的磁场 B' 的方向(磁通量增加时 B' 与 B 反向,磁通量减少时 B' 与 B 同向),最后根据右手螺旋法则从感应电流产生的磁场 B' 方向来确定回路中感应电流的方向。

在图 12-2(a)实验中,当磁铁棒以 N 极插向线圈或线圈向磁棒的 N 极运动时,通过线圈的磁通量增加,感应电流所激发的磁场方向则要使通过线圈面积的磁通量反抗线圈内磁通量的增加,所以线圈中感应电流所产生的磁感线的方向与磁棒的磁感线的方向相反(图 12-2(a))。再根据右手螺旋法则,可确定线圈中的感应电流为逆时针方向。当磁铁棒的 N 极拉离线圈或线圈背离磁棒的 N 极运动时,通过线圈的磁通量减少,感应电流所激发的磁场则要使通过线圈面积的磁通量去补偿线圈内磁通量的减少,因而,它所产生的磁感线的方向与磁棒的磁感线的方向相同(图 12-2(b)),则线圈中的感应电流方向与图 12-2(a)的相反,为顺时针。值得注意的是,楞次定律强调了"阻碍"或"补偿"磁通量的"变化",而不是说感应电流所激发的磁场要反抗原来的磁场。

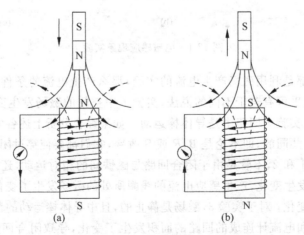

图 12-2 楞次定律确定回路中感应电流的方向

楞次定律实质上是能量守恒定律的一种体现。在图 12-3 中可以看到,当磁铁棒的 N 极向线圈运动时,线圈中感应电流所激发的磁场分布相当于在线圈朝向磁铁棒一端出现 N 极,它阻碍磁铁棒作相对运动。因此,在磁铁棒向前运动时,外力必须克服斥力而做功;当磁铁棒背离线圈运动时,则外力必须克服引力而做功。这时,做功消耗的能量转化为线圈中感应电流的电能,并转化为电路中的焦耳热。反之,如果设想感应电流的方向不是这样,它的出现不是阻止磁铁棒的运动而是使它加速运动,那么只要我们把磁铁棒稍稍推动一下,线圈中出现的感应电流将使它动得更快,于是感应电流增加,这个增加又使相对运动更快,如此不断地相互反复加强,只要在最初使磁铁棒作微小移动的过程中做微量的功,就能获得极大的机械能和电能,这显然是违背能量守恒定律的。所以,感应电流的方向遵从楞次定律的事实表明楞次定律本质上就是能量守恒定律在电磁感应现象中的具体表现。

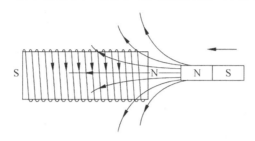

图 12-3　感应电流激发反抗磁铁棒运动的磁场

让我们再次以磁悬浮列车为例说明楞次定律的应用。在 11.6 节中我们只讨论了磁悬浮列车的提升力和驱动力,列车需要停下来的制动力从哪儿来呢?列车需减速时,钢轨内侧的线圈由原先的电动机作用(输出动力)变成了发电机的作用(产生电流),即当列车上磁铁极性以一定速度交替地通过这些线圈时,在线圈内产生感应电流,由楞次定律,这些感应电流的磁通量阻碍通过其中磁铁磁通量的变化,于是产生了完全相反的电磁阻力 F,并产生电流。这个过程等效的作用力如图 12-4 所示。

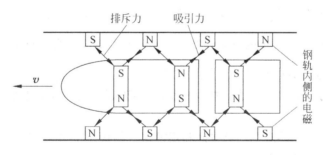

图 12-4　电磁阻尼力

三、电磁感应定律

法拉第对电磁感应现象作了详细分析,总结产生感应电流的几种情况,提出了感应电动势的概念,确定了感应电动势与磁通量变化率之间的关系,这个关系就是法拉第电磁感应定律,它的内容是:无论任何原因,当穿过闭合导体回路所包围面积的磁通量 Φ_m 发生变化时,在回路中都会出现感应电动势 ε_i,而且感应电动势的大小总是与磁通量对时间 t 的变化率 $\dfrac{d\Phi_m}{dt}$ 成正比。在国际单位制中,ε_i 的单位是伏特,Φ_m 的单位是韦伯,t 的单位是秒,并考虑到

电动势的"方向",就得到法拉第电磁感应定律的表示式为

$$\varepsilon_i = -\frac{d\Phi_m}{dt} \tag{12-1}$$

式中的负号用于确定感应电动势的方向,它是楞次定律的数学表现,同时说明了法拉第电磁感应定律与能量守恒定律有着内在的联系。具体方法为:先选定回路的绕行正方向,再用右手螺旋法则确定此回路所围面积的正法线 n 的方向如图12-5所示;然后确定通过回路面积的磁通量 Φ_m 的正负,凡穿过回路面积的 B 的方向与正法线方向相同者为正,相反者为负;最后再考虑 Φ_m 的变化,从式(12-1)来看,感应电动势 ε_i 的正、负只由 $\frac{d\Phi_m}{dt}$ 决定。若 $\frac{d\Phi_m}{dt} > 0$,ε_i 为负值,即 ε_i 的方向与规定的绕行正方向相反;若 $\frac{d\Phi_m}{dt} < 0$,则 ε_i 为正值,即 ε_i 方向与绕行正方向相同。

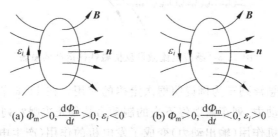

(a) $\Phi_m > 0$, $\frac{d\Phi_m}{dt} > 0$, $\varepsilon_i < 0$ (b) $\Phi_m > 0$, $\frac{d\Phi_m}{dt} < 0$, $\varepsilon_i > 0$

图 12-5 感应电动势方向的判断

图 12-5(a)中,因 B 与 n 方向一致,故 $\Phi_m > 0$;且知磁通量随时间增加,即 $\frac{d\Phi_m}{dt} > 0$,故依上面的规定,ε_i 为负值。即感应电动势 ε_i 方向与绕行正方向相反。

图 12-5(b)中,因 B 与 n 的方向一致,故 $\Phi_m > 0$;但磁通量随时间而减小,即 $\frac{d\Phi_m}{dt} < 0$,这时 ε_i 应是正值。即 ε_i 方向与绕行正方向相同。

【训练】 自行判断 B 与 n 方向相反的情况下,磁通量随时间而增加或减小时感应电动势 ε_i 的方向。

用这种方法确定的感应电动势方向和用楞次定律确定的方向完全一致,但在实际问题中用楞次定律来确定感应电动势的方向比较简便。

通常认为,式(12-1)是对单匝回路而言的。实际中用到的线圈常常是有许多匝串联而成的,在这种情况下,在整个线圈中产生的感应电动势应该是每匝线圈中产生的感应电动势的和。假设穿过各匝线圈的磁通量分别为 Φ_i,那么总电动势为

$$\varepsilon = -\left(\frac{d\Phi_1}{dt} + \frac{d\Phi_2}{dt} + \cdots + \frac{d\Phi_n}{dt}\right) = -\frac{d}{dt}\sum_{i=1}^{n}\Phi_i = -\frac{d\Psi}{dt}$$

其中 $\Psi = \sum_{i=1}^{n}\Phi_i$,是穿过各线圈的磁通量的总和,称为穿过线圈的全磁通。如果穿过每匝线圈的磁通量都等于 Φ,那么通过 N 匝密绕线圈的磁通量则为 $\Psi = N\Phi$,称为磁通链。

若导体回路是闭合的,感应电动势就会在回路中产生感应电流;若导线回路不是闭合的,回路中仍然有感应电动势,但是不会形成电流。

如果闭合回路的电阻为 R，则回路中的感应电流为

$$I_i = -\frac{1}{R}\frac{d\Phi_m}{dt} \tag{12-2}$$

利用上式以及 $I = \dfrac{dq}{dt}$，可计算出由于电磁感应的缘故，在时间间隔 $\Delta t = t_2 - t_1$ 内通过回路的电量。设在时刻 t_1 穿过回路所围面积的磁通量为 Φ_{m1}，在时刻 t_2 穿过回路所围面积的磁通量为 Φ_{m2}。于是，在 Δt 时间内，通过回路的电量为

$$q = \int_{t_1}^{t_2} I dt = -\frac{1}{R}\int_{\Phi_{m1}}^{\Phi_{m2}} d\Phi_m = \frac{1}{R}(\Phi_{m1} - \Phi_{m2}) \tag{12-3}$$

比较式(12-2)和式(12-3)可以看出，感应电流与回路中磁通量随时间的变化率有关，变化率越大，感应电流越强；但回路中的感应电量则只与磁通量的变化量有关，而与磁通量的变化率（即变化的快慢）无关。在计算感应电量时，将式(12-3)取绝对值。常用的磁通计就是根据这一原理而设计的。

最后，根据电动势的概念可知，当通过闭合回路的磁通量变化时，在回路中出现某种非静电力，感应电动势就等于移动单位正电荷沿闭合回路一周这种非静电力所做的功。如果用 E_k 表示等效的非静电力场的场强，则感应电动势可表示为：$\varepsilon_i = \oint E_k \cdot dl$，又因通过闭合回路所围面积的磁通量为 $\Phi_m = \iint_S B \cdot dS$，于是法拉第电磁感应定律又可表示为积分形式

$$\varepsilon_i = \oint_L E_k \cdot dl = -\frac{d}{dt}\iint_S B \cdot dS \tag{12-4}$$

式中积分面 S 是以闭合回路为边界的任意曲面。

【例题 12-1】 在时间间隔 $(0, t_0)$ 中，长直导线通以 $I = kt$ 的变化电流，方向向上，式中 I 为瞬时电流，k 是常量，$0 < t < t_0$。在此导线旁平行地放一长方形线圈，长为 b，宽为 a，线圈的一边与导线相距为 d，如图 12-6 所示，设磁导率为 μ 的磁介质充满整个空间，求任一时刻线圈中的感应电动势。

解：长直导线中的电流随时间变化时，在它的周围空间里产生随时间变化的磁场，穿过线圈的磁通量也随时间变化，所以在线圈中就产生感应电动势。

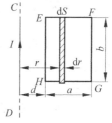

图 12-6 例题 12-1 用图

距直导线为 r 处的磁感应强度 B 的大小为 $B = \dfrac{\mu I}{2\pi r}$。

在线圈所在范围内，B 的方向都垂直纸面向里，但它的大小各处一般不相同，因此将矩形面积划分成无限多与直导线平行的细长条面积元 $dS = b dr$，设其中某一面积元（图 12-6 中斜线部分）dS 与 CD 相距 r，dS 上各点 B 的大小视为相等。取 dS 的方向（也就是矩形面积的法线方向）也垂直纸面向里，则穿过面积元 dS 的磁通量为

$$d\Phi_m = B \cdot dS = \frac{\mu I}{2\pi r} b dr = \frac{\mu k t}{2\pi r} b dr$$

在给定时刻 t（t 为定值），通过线圈所包围面积 S 的磁通量为

$$\Phi_m = \int_S d\Phi_m = \int_d^{a+d} \frac{\mu k t}{2\pi r} b dr = \frac{\mu b k t}{2\pi} \ln\frac{a+d}{d}$$

它随 t 而增加,所以线圈中的感应电动势大小为

$$\varepsilon_i = \left|-\frac{d\Phi_m}{dt}\right| = \left|-\frac{d}{dt}\left(\frac{\mu bkt}{2\pi}\ln\frac{a+d}{d}\right)\right| = \frac{\mu bk}{2\pi}\ln\frac{a+d}{d}$$

根据楞次定律可知,为了反抗穿过线圈所包围面积、垂直纸面向里的磁通量的增加,线圈中 ε_i 的绕行方向是逆时针的。

延伸阅读——物理学家

法 拉 第

法拉第(Michael Faraday,1791—1867),英国物理学家、化学家,也是著名的自学成才的科学家,1791年9月22日出生在萨里郡纽因顿。他于1813年3月由戴维举荐到皇家研究所任实验室助手,1815年5月到皇家研究所在戴维指导下进行化学研究,1824年1月当选皇家学会会员,1825年2月任皇家研究所实验室主任,1833—1862年任皇家研究所化学教授,1846年荣获伦福德奖章和皇家勋章,1867年8月25日逝世。法拉第主要从事电学、磁学、磁光学、电化学方面的研究,并取得了一系列重大发现。他在1831年发现了电磁感应定律。这一划时代的伟大发现,使人类掌握了电磁运动相互转化以及机械能和电能相互转化的方法,成为现代发电机、电动机、变压器技术的基础。1845年他发现了原来没有旋光性的重玻璃在强磁场作用下产生旋光性。1846年他发表了《关于光振动的想法》一文,最早提出了光的电磁本质的思想。法拉第首先提出了磁场线、电场线的概念,在电磁感应、电化学、静电感应的研究中进一步深化和发展了场线思想。他否定超距作用观点,提出场的思想,建立了电场、磁场的概念,是电磁场理论的奠基人。爱因斯坦曾指出,场的思想是法拉第最富有创造性的思想,是自牛顿以来最重要的发现。

12.2 动生电动势

上面已指出,无论什么原因,只要穿过回路所包围面积的磁通量发生变化,回路中就要产生感应电动势。而使回路中磁通量发生变化的方式通常有下述两种情况:一种是磁场恒定,不随时间变化,而回路中的某部分导体运动,使回路面积发生变化导致磁通量变化,导致在运动导体中产生感应电动势,这种感应电动势叫动生电动势;另一种是导体回路、面积不变,由于空间磁场随时间改变,导致回路中产生感应电动势,这种感应电动势叫做感生电动势。下面分别讨论这两种电动势。

一、运动导线内的动生电动势

如图12-7所示,在平面回路 $abcda$ 中,长为 L 的导线 ab 可沿 da、cb 滑动。滑动时保持 ab 与 dc 平行。设在磁感应强度为 $\boldsymbol{B}$ 的均匀磁场中,导线 ab 以速度 v 沿图示方向运动,并且 L、v 和 $\boldsymbol{B}$ 三者相互垂直。导线 ab 在图示位置时,通过闭合回路 $abcda$ 所包围面积 S 的磁通量为

$$\Phi_m = \boldsymbol{B} \cdot \boldsymbol{S} = BLx$$

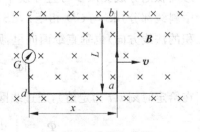

图12-7 动生电动势

式中 x 为 ca 长度，当 ab 在运动时，x 对时间的变化率 $\dfrac{\mathrm{d}x}{\mathrm{d}t}=v$，所以动生电动势的量值为

$$\varepsilon_i = \left| -\frac{\mathrm{d}\Phi_\mathrm{m}}{\mathrm{d}t} \right| = \frac{\mathrm{d}}{\mathrm{d}t}(BLx) = BL\frac{\mathrm{d}x}{\mathrm{d}t} = BLv \tag{12-5}$$

这里，磁通量的增量也就是导线所切割的磁感线条数。所以动生电动势的量值等于单位时间内导体所切割的磁感线的条数。

至于动生电动势的方向，根据楞次定律很容易确定。当导线 ab 沿图示方向运动时，穿过回路的磁通量不断增加，根据楞次定律，感应电流产生的磁场要阻碍回路内磁通量的增加，因此导线 ab 上的动生电动势的方向是从 a 到 b 的方向，又因除 ab 外，回路其余部分均不动，感应电动势必集中于 ab 一段内，因此，ab 可视为整个回路的"电源"，可见 b 点的电势高于 a 点。

从微观上看，当导线 ab 以 v 向右运动时，导线上的自由电子被导线带着以同一速度向右运动，由于导线处在磁场中，因而自由电子都受到洛伦兹力 f 的作用，即：$f = -e\boldsymbol{v} \times \boldsymbol{B}$。

如果把 f 看成是非静电场的作用，则这个非静电场的强度应为：$\boldsymbol{E}_\mathrm{k} = \dfrac{\boldsymbol{f}}{-e} = \boldsymbol{v} \times \boldsymbol{B}$。

根据电动势的定义，导线 ab 中产生的动生电动势就是这种非静电力场做功的结果。因此

$$\varepsilon_i = \int_a^b \boldsymbol{E}_\mathrm{k} \times \mathrm{d}\boldsymbol{l} = \int_a^b (\boldsymbol{v} \times \boldsymbol{B}) \cdot \mathrm{d}\boldsymbol{l} \tag{12-6}$$

这就是动生电动势的一般表达式。它表明，动生电动势是由洛伦兹力引起的。也就是说，洛伦兹力是产生动生电动势的非静电力。式中，ε_i 的方向就是 $\boldsymbol{v} \times \boldsymbol{B}$ 的矢积方向，即，若 $\varepsilon_i > 0$，ε_i 的方向为由 a 指向 b；反之，当 $\varepsilon_i < 0$ 时，ε_i 由 b 指向 a。

对于图 12-7 所产生的动生电动势，因为 $\boldsymbol{v} \perp \boldsymbol{B}$，而且单位正电荷受力的方向就是 $\boldsymbol{v} \times \boldsymbol{B}$ 的矢积方向，并与 $\mathrm{d}\boldsymbol{l}$ 方向一致，于是有

$$\varepsilon_i = \int_a^b (\boldsymbol{v} \times \boldsymbol{B}) \cdot \mathrm{d}\boldsymbol{l} = \int_a^b vB\,\mathrm{d}l = BLv$$

这是从微观上分析动生电动势产生的原因所得的结果，显然它与通过回路磁通量变化计算的结果式(12-5)是一致的。因此，式(12-6)是计算动生电动势的普遍式。

在前面我们已经知道，由于 $\boldsymbol{F} \perp \boldsymbol{v}$，洛伦兹力永远对电荷不做功，而这里又说动生电动势是由洛伦兹力引起的，两者岂不矛盾？其实并不矛盾，产生动生电动势的只涉及洛伦兹力的一部分。全面考虑的话，在运动导体中的电子不但跟随导体以速度 v 运动，而且还有相对导体的定向运动速度 u，如图 12-8 所示，正是由于电子的后一运动构成了感应电流。因此电子所受的洛伦兹力为

$$\boldsymbol{F}_\text{总} = -e(\boldsymbol{u}+\boldsymbol{v}) \times \boldsymbol{B}$$

它与合速度 $\boldsymbol{u}+\boldsymbol{v}$ 垂直，如图 12-8 所示，总体来说洛伦兹力不对电子做功。然而它的一个分量

$$\boldsymbol{f} = -e\boldsymbol{v} \times \boldsymbol{B}$$

却对电子做功，形成动生电动势；而另一个分量

$$\boldsymbol{F} = -e\boldsymbol{u} \times \boldsymbol{B}$$

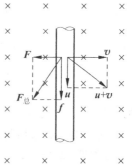

图 12-8 洛伦兹力不做功

的方向与导线运动方向相反,它是阻碍导体运动的,从而做负功。可以证明两个分量所做功的代数和等于零。因此,洛伦兹力并不提供能量,只是传递能量,即外力克服洛伦兹力的一个分量 F 所做的功通过另一个分量 f 转化为感应电流的能量。

【**训练**】 证明洛伦兹力的两个分量所做功的代数和等于零。

【**例题 12-2**】 如图 12-9 所示,一金属棒 OA 长 $L=50\text{cm}$,在大小为 $B=0.50\times10^{-4}\text{Wb}\cdot\text{m}^{-2}$、方向垂直纸面向内的均匀磁场中,以一端 O 为轴心作逆时针的匀速转动,转速 ω 为 $2\text{rad}\cdot\text{s}^{-1}$。求此金属棒的动生电动势,并问哪一端电势高?

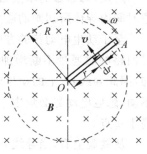

图 12-9 例题 12-2 用图

解:**解法一** 如图 12-9 所示,因为 OA 棒上各点的速度不同,在棒上距轴心 O 为 r 处取线元 $dl=dr$(dr 方向由 O 指向 A),其速度大小为 $v=r\omega$,方向垂直于 OA,也垂直于磁场 B,由题意,$v\perp B$,$\theta_1=\pi/2$;沿着这个方向,在金属棒上根据右手螺旋法则,矢量 $v\times B$ 与 dr 方向相反,即 $\theta_1=\pi$。于是,按动生电动势公式(12-6),得该小段在磁场中运动时所产生的动生电动势 $d\varepsilon_i$ 为

$$d\varepsilon_i=(v\times B)\cdot dl=vB\sin\frac{\pi}{2}dr\cos\pi=-Bvdr=-Br\omega dr$$

$d\varepsilon_i$ 的方向与矢积 $v\times B$ 的方向相同,对长度为 L 的金属棒来说,可以分成许多小段,各小段均有 $d\varepsilon_i$,而且方向都相同。对整个金属棒,可以看作是各小段的串联。其总电动势等于各小段动生电动势的代数和。于是有

$$\varepsilon_i=\int_O^A d\varepsilon_i=-\int_0^L Br\omega dr=-\frac{1}{2}B\omega L^2$$

负号表示电动势的方向与 dr 的方向相反,即从 A 指向 O。代入题设数据,得动生电动势的大小为

$$\varepsilon_i=\frac{1}{2}B\omega L^2=\frac{1}{2}\times(0.5\times10^{-4})\times2\times0.50^2$$
$$=1.25\times10^{-5}(\text{V})$$

ε_i 的方向为由 A 指向 O,故 O 端电势高。

解法二 本题也可用法拉第电磁感应定律求解。

当棒转过 $d\theta$ 时,它所扫过的扇形面积为 $dS=L^2d\theta/2$,通过这面积的磁感线显然都被此棒所切割,如棒转过 $d\theta$ 所需时间为 dt,则棒在单位时间内所切割的磁感线数目,即为所求的金属棒中的动生电动势大小。因此,由于金属棒是在均匀磁场中转动,则 dt 时间内扫过面积的磁通量为 $d\Phi_m=B\cdot dS=BdS$,则 $\varepsilon_i=\dfrac{BdS}{dt}=\dfrac{1}{2}BL^2\dfrac{d\theta}{dt}=\dfrac{1}{2}BL^2\omega$。

要判断感应电动势的方向,可以以扇形 OAC 的边界为初始回路,当金属棒运动时,穿过回路的磁通量不断增加,根据楞次定律,感应电流产生的磁场要阻碍回路内磁通量的增加,因此金属棒 OA 上的动生电动势的方向是由 A 指向 O。

这与前一解法所得的结果一致。

【**例题 12-3**】 如图 12-10 所示,一段长度为 L 的直导线 MN,水平放置在载电流为 I 的竖直长导线旁,与竖直导线共面,并从静止由图示位置自由下落,求 t 秒末导线两端的电势差 U_M-U_N。

解：长直导线在周围空间产生的磁场的磁感应强度为 $B = \dfrac{\mu_0 I}{2\pi x}$，方向与电流方向成右手螺旋关系，在 MN 棒处磁感应强度的方向垂直纸面向内。因为 MN 棒上各点的磁感应强度不同，故在棒上距轴心 O 为 x 处取线元 dx（dx 方向由 M 指向 N），垂直于磁场 **B**，按题意，$v \perp B$，$\theta_1 = \pi/2$；在金属棒上由右手螺旋法则，矢量 $v \times B$ 与 dx 方向相同，$\theta_2 = 0$。于是，用动生电动势公式(12-6)，得该小段在磁场中运动时所产生的动生电动势 dε_i 为

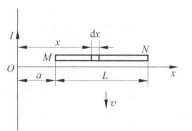

图 12-10 例题 12-3 用图

$$d\varepsilon_i = (v \times B) \cdot dx = v \cdot \dfrac{\mu_0 I}{2\pi x} \cdot dx = \dfrac{gt\mu_0 I}{2\pi x} dx$$

因为矢量 $v \times B$ 与 dx 方向相同，说明 N 端的电势高，所以金属杆 MN 两端的电势差为

$$U_{MN} = -\int_a^{a+L} \dfrac{v\mu_0 I}{2\pi x} dx = -\dfrac{\mu_0 Iv}{2\pi} \ln\dfrac{a+L}{a} = -\dfrac{\mu_0 Igt}{2\pi} \ln\dfrac{a+L}{a}$$

二、转动线圈内的动生电动势

在磁感应强度为 **B** 的均匀磁场中，有一平面线圈，由 N 匝导线绕成，面积为 S，线圈以角速度 ω 绕图 12-11 所示 OO' 轴转动，$OO' \perp B$，设开始时线圈平面的法线 **n** 与矢量 **B** 平行，因 $t=0$ 时，线圈平面的法线 **n** 与矢量 **B** 平行，所以任一时刻线圈平面的法线 **n** 与矢量 **B** 的夹角为 $\theta = \omega t$。因此任一时刻穿过该线圈的磁通链

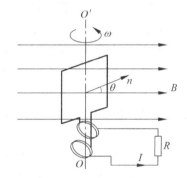

图 12-11 转动线圈的动生电动势

$$\psi = N\Phi_m = NBS\cos\theta = NBS\cos\omega t$$

根据电磁感应定律，这时线圈中的感应电动势为

$$\varepsilon_i = -\dfrac{d\psi}{dt} = -\dfrac{d}{dt}(NBS\cos\omega t) = NBS\omega\sin\omega t$$

式中 N, B, S 和 ω 都是常量，令 $NBS\omega = \varepsilon_m$，为线圈中动生电动势的瞬时最大值，则 $\varepsilon_i = \varepsilon_m \sin\omega t$。

由上式可见，在匀强磁场内转动的线圈中所产生的电动势是随时间作周期性变化的，周期为 $T = 2\pi/\omega$。在两个相邻的半周期中，电动势的方向相反，这种电动势叫做交变电动势。在交变电动势的作用下，线圈中的电流也是交变的，叫做交变电流或交流。由于线圈内自感应的存在（见 12.4 节），交变电流的变化要比交变电动势的变化滞后一些，所以线圈中的电流一般可以写成

$$I_i = \dfrac{\varepsilon_m}{R}\sin(\omega t + \varphi) = I_m \sin(\omega t + \varphi) \tag{12-7}$$

式中 $I_m = \dfrac{\varepsilon_m}{R}$ 叫做电流振幅。由此可见在均匀磁场中作匀速转动的线圈能产生交流电。以上就是交流发电机的基本原理。

12.3 感生电动势

一个闭合回路固定在变化的磁场中,则穿过闭合回路的磁通量就要发生变化。根据法拉第电磁感应定律,闭合回路中要出现感应电动势。这种由于磁场变化而引起的感应电动势,称为感生电动势。同时可以确定,在闭合回路中必定存在一种非静电性电场。由于闭合回路并没有运动,因此产生感生电动势的非静电不再是洛伦兹力。

麦克斯韦对这种情况的电磁感应现象作出如下假设:任何变化的磁场在它周围空间里都要产生一种非静电性的电场,叫做感生电场,感生电场的场强可用符号 E_k 表示。正是由于感生电场的存在,才对闭合回路中的自由电子产生了作用,引起感生电动势,其大小等于把单位正电荷沿任意闭合回路移动一周时,感生电场 E_k 所做的功,表示为

$$\varepsilon_i = \oint_L E_k \cdot dl = -\frac{d\Phi_m}{dt} = -\iint_S \frac{\partial B}{\partial t} \cdot dS \tag{12-8}$$

应当指出:法拉第建立的电磁感应定律,即式(12-1),只适用于由导体构成的回路,而根据麦克斯韦关于感生电场的假设,则电磁感应定律有更深刻的意义,即不管有无导体构成闭合回路,也不管回路是在真空中还是在介质中,式(12-7)都是适用的。也就是说在变化磁场周围的空间里,到处充满感生电场,感生电场 E_k 的环流满足式(12-7)。如果将闭合的导体回路放入该感生电场中,感生电场会迫使导体中的自由电荷作宏观运动,从而显示出感生电流;如果导体回路不存在,只不过没有感生电流而已,但感生电场还是客观存在的。

从式(12-7)还可看出,感生电场 E_k 的环流一般不为零,所以感生电场不是保守力场,描述电场的线既无起点也无终点,永远是闭合的,像旋涡一样,称为有旋电场(又叫涡旋电场)。

关于感生电场的假设已被近代科学实验所证实。例如电子感应加速器就是利用变化磁场所产生的感生电场来加速电子的。

感生电场与静电场有相同之处也有不同之处。它们相同之处就是对场中的电荷都施以力的作用。而不同之处是:(1)激发的原因不同,静电场是由静电荷激发的,而感生电场则是由变化磁场所激发;(2)静电场的电场线起源于正电荷,终止于负电荷,静电场是势场,而感生电场的电场线则是闭合的,其方向与变化磁场 $\frac{dB}{dt}$ 的关系满足左手螺旋法则,因此感生电场不是势场而是涡旋场。

【**例题 12-4**】 在半径为 R 的载流长直螺线管内,设均匀磁场的磁感应强度为 B,以恒定的变化率 $\frac{dB}{dt}$ 随时间增加。试问在螺线管内、外的感生电场强度如何分布?

解: 由于磁场的分布关于圆柱的轴线对称,因而当磁场变化时所产生的感生电场的电场线也应对轴线对称,又因为这种电场线必须是闭合曲线,所以感生电场的电场线在管内外都是圆心在轴线上,且在与轴线垂直的平面内的同轴圆,E_k 处处与圆线相切(图 12-12(a));此外,与轴线距离相等处,感生电场 E_k 的大小应相等。因此要计算某点感生电场 E_k 的大小,只要任取通过该点的一条电场线作为积分路径,则由式(12-7)可求得离轴线为 r 处的感生电场 E_k 的大小。

在 $r<R$ 处, E_k 的环流为

$$\oint_L \boldsymbol{E}_k \cdot \mathrm{d}\boldsymbol{l} = \oint_L E_k \mathrm{d}l = E_k \oint_L \mathrm{d}l = E_k 2\pi r$$

穿过该闭合路径所包围面积的磁通量为

$$\Phi_\mathrm{m} = \iint_S \boldsymbol{B} \cdot \mathrm{d}\boldsymbol{S} = \iint_S B \mathrm{d}S = B \iint_S \mathrm{d}S = B\pi r^2$$

把上面两式代入式(12-6),对于给定的 r 值,有

$$E_k \cdot 2\pi r = -\left(\frac{\mathrm{d}B}{\mathrm{d}t}\right) \cdot \pi r^2$$

所以

$$E_k = -\frac{1}{2}r\left(\frac{\mathrm{d}B}{\mathrm{d}t}\right), \quad r<R$$

式中"$-$"号表示 E_k 的绕行方向与 $\frac{\mathrm{d}B}{\mathrm{d}t}$ 的方向组成左手螺旋关系。图 12-12(a)所示的 E_k 的方向即逆时针方向,相应于当 $\frac{\mathrm{d}B}{\mathrm{d}t}>0$ 时的情况。当 $\frac{\mathrm{d}B}{\mathrm{d}t}<0$ 时,则 E_k 的指向与图 12-12(a)所示方向相反。

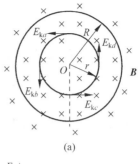
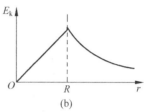

图 12-12　螺线管内外的感生电场强度

在 $r>R$ 处,由于在圆柱外的磁感应强度处处为零,所以穿过闭合路径的磁通量就等于穿过圆柱横截面的磁通量,即 $\Phi_\mathrm{m} = B\pi R^2$。

根据式(12-6),有

$$E_k \cdot 2\pi r = -\pi R^2 \cdot \frac{\mathrm{d}B}{\mathrm{d}t}$$

所以

$$E_k = -\frac{1}{2}\frac{R^2}{r}\left(\frac{\mathrm{d}B}{\mathrm{d}t}\right), \quad r>R$$

当 $\frac{\mathrm{d}B}{\mathrm{d}t}>0$ 时,感生电场 E_k 的绕行方向仍是逆时针方向。图 12-12(b)为感生电场的大小 E_k 与轴线到观测者的距离 r 的变化曲线。

【例题 12-5】　在半径为 R 的无限长圆柱形空间中,存在着磁感应强度为 $\boldsymbol{B}$ 的均匀磁场,方向与圆柱的轴线平行,如图 12-13(a)所示,有一长为 L 的金属棒放在磁场中,磁感应强度随时间的变化率为 $k = \frac{\mathrm{d}B}{\mathrm{d}t}$($k>0$ 且 k 为常数),试求金属棒上的感应电动势的大小,并比较 a、b 两端的电势高低。

解：**解法一**　由例题 12-5 的结果可知,在 ab 棒上各点的感生电场的大小为

$$E_k = -\frac{1}{2}r\left(\frac{\mathrm{d}B}{\mathrm{d}t}\right), \quad r<R$$

E_k 的方向处处与圆柱的同心圆相切,根据磁感应强度随时间的变化率为 $k = \frac{\mathrm{d}B}{\mathrm{d}t}>0$,感生电场线是逆时针方向的。

取金属棒 L 向右为正方向,ab 上的感应电动势为

$$\varepsilon_{ab} = \int_a^b \boldsymbol{E}_k \cdot \mathrm{d}\boldsymbol{l} = \int_0^L \frac{r}{2}\frac{\mathrm{d}B}{\mathrm{d}t}\mathrm{d}l\cos\theta$$

因 $r\cos\theta = h = \sqrt{R^2 - \left(\frac{L}{2}\right)^2}$，所以

$$\varepsilon_{ab} = \int_0^L \frac{1}{2}\sqrt{R^2 - \left(\frac{L}{2}\right)^2}\frac{\mathrm{d}B}{\mathrm{d}t}\mathrm{d}l = \frac{L}{2}\frac{\mathrm{d}B}{\mathrm{d}t}\sqrt{R^2 - \left(\frac{L}{2}\right)^2}$$

根据 $e > 0$ 说明感应电动势的方向与金属棒 L 的方向相同，为从 a 到 b，所以 b 点的电势高。

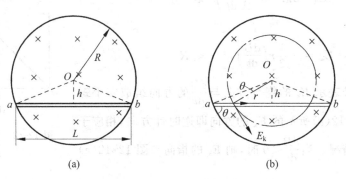

图 12-13　例题 12-5 用图

解法二　也可根据磁通量的变化率来求解。

连接 Oa 和 Ob，如图 12-13(a)所示。设想 $OabO$ 构成一个导体回路，某一时刻通过此导体回路（三角形回路）所围面积的磁通量为

$$\Phi = \iint_S \boldsymbol{B} \cdot \mathrm{d}\boldsymbol{S} = BS = B\frac{L}{2}\sqrt{R^2 - \left(\frac{L}{2}\right)^2}$$

整个回路的感应电动势为

$$\varepsilon_{OabO} = \left|-\frac{\mathrm{d}\Phi}{\mathrm{d}t}\right| = S\frac{\mathrm{d}B}{\mathrm{d}t} = \frac{L}{2}\sqrt{R^2 - \left(\frac{L}{2}\right)^2}\frac{\mathrm{d}B}{\mathrm{d}t}$$

由于 Oa 和 Ob 沿半径方向，其上选定的任一个线元 $\mathrm{d}l$ 与该处的感生电场强度 $\boldsymbol{E}_k$ 处处垂直，所以 $\varepsilon_{Oa} = \int_O^a \boldsymbol{E}_k \cdot \mathrm{d}\boldsymbol{l} = 0$，$\varepsilon_{Ob} = \int_O^b \boldsymbol{E}_k \cdot \mathrm{d}\boldsymbol{l} = 0$。

因此金属棒上的感应电动势为

$$\varepsilon_{ab} = \varepsilon_{OabO} - \varepsilon_{Oa} - \varepsilon_{Ob} = \varepsilon_{OabO} = \frac{L}{2}\sqrt{R^2 - \left(\frac{L}{2}\right)^2}\frac{\mathrm{d}B}{\mathrm{d}t}$$

【思考】 在本例中如何利用楞次定律判断 a、b 两端的电势高低。

一、电子感应加速器

电子感应加速器(betatron)是利用感生电场来加速电子的一种装置，它的出现无疑为感生电场的客观存在提供了一个令人信服的重要例证。图 12-14 是电子感应加速器的结构原理图。在电磁铁的两极间有一环形真空室，电磁铁受交变电流激发，在两极间产生一个由中心向外逐渐减弱、并具有对称分布的交变磁场，这个交变磁场又在真空室内激发感生电

场,因磁场分布是轴对称的,所以感应电场的电场线是一系列绕磁感线的同心圆如图12-14中的虚线所示,这时,若用电子枪把电子沿切线方向射入环形真空室,电子将受到环形真空室中的感生电场 E_k 的作用而被加速,同时,电子还受到真空室所在处磁场的洛伦兹力的作用,使电子在半径为 R 的圆形轨道上运动。

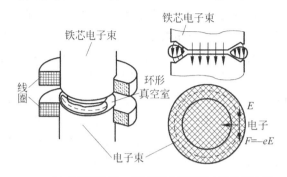

(a) 结构示意图　(b) 磁极及真空室中电子的轨道

图 12-14　电子感应加速器结构原理图

为了使电子在环形真空室中按一定的轨道运动,电磁铁在真空室处磁场的磁感应强度大小 B 必须满足

$$R = \frac{mv}{qB} = 常量$$

由上式可以看出,要使电子沿一定半径的轨道运动,就要求在真空室处的磁感应强度 B 也要随着电子动量 mv 的增加而成正比地增加,也就是说,对磁场的设计有一定的要求。将上式写为 $B=mv/qR$,两边对时间 t 进行求导,得

$$\frac{dB}{dt} = \frac{1}{eR} \frac{d}{dt}(mv)$$

因为电子动量大小对时间的变化率 $\frac{d}{dt}(mv)$ 等于作用在电子上的电场力 eE_k,而 $E_k = \frac{1}{2\pi R}\left(\frac{d\Phi}{dt}\right) = \frac{1}{2}R\left(\frac{d\bar{B}}{dt}\right)$,此处 $\bar{B}$ 是电子运动轨道内区域的平均磁感应强度。代入前式得

$$\frac{dB}{dt} = \frac{1}{2}\left(\frac{d\bar{B}}{dt}\right)$$

上式说明在真空室处的磁感应强度 B 和电子运动轨道内区域的平均磁感应强度 $\bar{B}$ 都在改变,但应一直保持 $B = \frac{1}{2}\bar{B}$ 的关系,这是使电子维持在恒定的圆形轨道上加速时磁场必须满足的条件。在电子感应加速器的设计中,两极间的空隙从中心向外逐渐增大,就是为了使磁场的分布能满足这一要求。

电子感应加速器是在磁场随时间作正弦变化的条件下工作的。由交变磁场所激发的感生电场的方向也随时间而变,所以在交变电场的一个周期内,只有当感生电场的方向与电子绕行的方向相反时,电子才能得到加速。图12-15

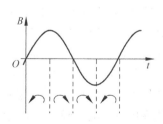

图 12-15　一个周期内 E_k 的方向

标出了一个周期内感生电场方向的变化情况。仔细分析很容易看出只有在第一和第四两个两个 1/4 周期中电子才可能被加速。但是，在第四个 1/4 周期中作为向心力的洛伦兹力由于 B 的变向而背离圆心，这样就不能维持电子在恒定轨道上作圆周运动。因而，要求每次注入电子束并使它加速后，在电场尚未改变方向前就必须将已加速的电子束从加速器中引出。由于用电子枪注入真空室的电子束已经具有一定的速度，实际上在第一个 1/4 周期内电子已绕行了几十万圈，并且一直受到电场加速，所以，可以获得能量相当高的电子。目前，利用电子感应加速器可以把电子的能量加速到几十兆电子伏，最高可达几百兆电子伏。例如一个 100MeV 的电子感应加速器，能使电子速度加速到 $0.999986c$。所以在第一个 1/4 周期末，就可利用特殊的装置使电子脱离轨道射向靶子，以作为工业探伤或医疗之用。

电子感应加速器的能量上限，取决于电子沿圆形轨道运动时受到较大的向心加速作用而产生的能量辐射损失。这种辐射损失，是随电子能量的四次方迅速增长的。只有采取特殊措施来补偿这一能量损失，才能维持电子的轨道半径不变，使电子能量进一步提高。不过，在电子感应加速器中补偿起来比较困难，所以用感应加速器的方法很难把电子加速到很高能量，到目前为止，这种加速器所达到的最高能量是 315MeV。

二、涡电流

以上只讨论了某一回路中产生的动生电动势和感生电动势。事实上，当大块导体在磁场中运动或处于变化磁场中时，在大块导体中也要产生动生电动势或感生电动势，因而要产生感应电流，由于导体内部处处可以构成回路，这种电流在金属体内自成闭合回路如涡旋状，故叫涡电流，简称涡流。涡电流是法国物理学家傅科发现的，所以，也叫傅科电流。

在圆柱形铁芯上绕一组线圈，通有交变电流，随着电流的变化，铁芯内磁通量也在不断改变。我们把铁芯看作由一层一层的圆筒状薄壳所组成，每层薄壳都相当于一个回路。由于穿过每层薄壳横截面的磁通量都在变化，因此，在这些回路中都将激起感应电动势并形成环形的感应电流，即涡电流。在变化的磁场中，大块导体中的涡流与磁场的变化频率有关，理论分析表明，涡电流强度与交变电流的频率成正比，涡电流产生的焦耳热则与交变电流的平方成正比。由于大块导体的电阻一般都很小，所以涡电流通常是很强大的，会释放出大量的焦耳热，从而产生剧烈的热效应。涡流热效应具有广泛的应用，例如利用这一效应所制成的感应电炉可以用于加热、熔化及冶炼金属。感应加热的独特优点是无接触，可在真空容器内加热，因而可用于提纯半导体材料等工艺中。现代厨房电器之一的电磁炉就是利用交变磁场在铁锅底部产生涡电流而发热的，一些需要在高度真空下工作的电子器件，如电子管、示波管、显像管等在用一般的方法抽真空后，被置于调频磁场内，其中的金属部分隔着玻璃管子也能加热，温度升高后，吸附在金属表面上的少许残存气体释放出来，由抽气机抽出，可使之达到更高的真空度。

利用涡电流还可产生阻尼作用。如图 12-16 所示，设有一金属片做成的摆，可在电磁铁的两极之间摆动。如果电磁铁的线圈中不通电，则两极间无磁场，金属摆持续较长时间的摆动后才会停下来，当电磁铁的线圈中通有电流时，两极间便有强大的磁场，金属摆在磁场中摆动时产生了涡电流，根据楞次定

图 12-16　电磁阻尼

律,磁场对涡电流的作用要阻碍摆和磁场的相对运动,因此金属摆受到一个阻尼力的作用,就像在黏性介质中摆动一样,会很快地停止下来。涡电流产生的阻尼作用,叫做电磁阻尼,常用于制造电磁阻尼器及电磁制动器。在一些电磁仪表中,利用线圈的铝制框架中涡流的阻尼作用,使线圈较快地稳定在平衡位置上。在电能表中,制动磁铁在铝盘中引起涡流,产生阻尼作用,以稳定转动线圈的转速。根据同一原理,当磁场旋转时,置于旋转磁场中的闭合导线或金属导体中产生涡电流,所受的磁力反抗相对运动,从而跟随磁场旋转,但转速较旋转磁场略小。这就是感应式异步电动机的运转和磁式转速计测转速所依据的原理。在感应式继电器中,则用交变磁场在金属片中产生涡电流使金属片受另一交变磁场的磁力,以驱动金属片的运动。

在某些情况下,涡电流的热效应是有害的,在变压器、交流电机等交流设备的铁芯中,线圈中交变电流所引起的涡电流导致能量损耗,叫做涡流损耗。涡流发热对电器是有害的,故铁芯常用互相绝缘的薄片(薄片平面与磁场线平行)或细条(细条方向与磁场线平行)组合而成,以减小涡流损耗。在无线电技术中、高频率范围内,常用铁粉或软磁性铁氧体作磁芯。

延伸阅读——物理方法

类 比 法

类比方法是物理学研究中常用的一种逻辑推理方法,是根据两个或两类对象之间某些方面的相似性,从而推出它们在其他方面也可能相似的推理方法。例如,电磁学中电与磁的相似性不仅反映了自然界的对称美,而且也说明电与磁之间有一种内在联系。法拉第正是从电与磁的对称性出发,由电能生磁大胆猜想磁能生电,发现了电磁感应现象。库仑把静电相互作用与万有引力类比;卢瑟福将原子结构与太阳系类比;德布罗意将玻尔的量子条件与机械波的驻波进行类比;惠更斯将光与声进行类比……,这样由类比而使物理学获得重大突破的例子,是不胜枚举的。类比方法是逻辑推理方法中最富有创造性的一种方法。它是从特殊事物推论另外的特殊事物,这种推论不受已有知识的限制,也不受特殊事物的数量限制,凭的是预感和猜测,因而最富有创造性,在物理学中得到了广泛的应用。类比推理是一种或然性推理,前提真结论未必就真。其结论必须由实验来检验,类比对象间共有的属性越多,则类比结论的可靠性越大,因为对象间的相同点越多,二者的关联度就会越大,结论可能就越可靠。

12.4 自感与互感

我们已经知道,当通过一个线圈回路的磁通量发生变化时,不管其磁通量改变是由什么原因引起的,都会在线圈回路中产生感应电动势。感生电动势也发生在电感中,这种器件和电阻、电容都一样,都是交流电路中的常见器件。下面介绍这种器件所发生的电磁感应现象和其特征量。

一、自感应

我们知道,当回路通有电流时,就有这一电流所产生的磁通量通过这回路本身。当回路中的电流、回路的形状,或回路周围的磁介质发生变化时,通过自身回路的磁通量也将发生变化,从而在该回路中也将产生感应电动势,这种由于回路中的电流产生的磁通量变化,而在自身回路中激起感应电动势的现象,称为自感现象,这样产生的感应电动势,称为自感电动势,通常可用 ε_L 来表示。

设一无铁芯的闭合回路中的电流强度为 I,根据毕奥-萨伐尔定律,空间任意一点的磁感应强度 $\boldsymbol{B}$ 的大小都和回路中的电流强度 I 成正比。当通有电流的回路是一个密绕线圈、环形螺线管,或是一个边缘效应可忽略的直螺线管时,在这些情况下,由回路电流 I 产生的穿过每匝线圈的磁通量 Φ_m 都可看作是相等的,因而穿过 N 匝线圈的磁通链 $\Psi=N\Phi_m$ 与线圈中的电流强度 I 成正比;如果穿过每匝线圈的磁通量不相同,那么通过密绕线圈的磁通量则为 $\Psi=\sum\Phi_m$,仍然与线圈中的电流强度 I 成正比,即

$$\Psi = LI \tag{12-9}$$

式中的比例系数 L 叫做回路的自感系数,简称自感。

在国际单位制中,自感系数 L 的单位为亨利,简称亨,用 H 表示。当线圈中的电流为 1A 时,如果穿过线圈的磁通链为 1Wb,则该线圈的自感系数为 1H。实际应用时由于 H(亨利)单位太大,故常用的是 mH(毫亨)、μH(微亨)。

自感系数的值一般采用实验的方法来测定,对于一些简单的情况也可根据毕奥-萨伐尔定律和公式进行计算。

实验表明,自感系数是由线圈回路的几何形状、大小、匝数及线圈内介质的磁导率决定,而与回路中的电流无关。当线圈中有铁芯时,则 L 还受线圈中电流强度大小的影响。

设有一长直螺线管的长度为 l,横截面积为 S,总匝数为 N,充满磁导率为 μ 的磁介质,且 μ 为恒量。当通有电流 I 时,螺线管内的磁感应强度为

$$B = \mu n I = \frac{\mu N I}{l}$$

式中,n 为螺线管上单位长度的匝数,则通过螺线管中每一匝的磁通量为 $\Phi_m=BS$。通过 N 匝螺线管的磁链为 $\Psi=N\Phi_m=NBS=\frac{\mu N^2 S I}{l}$。根据自感的定义式(12-7),可得螺线管的自感系数为 $L=\frac{\Psi}{I}=\frac{\mu N^2 S}{l}$。$V=Sl$ 为螺线管的体积,则上式还可写为 $L=\mu n^2 V$。

当线圈中的电流发生变化时,则通过线圈的磁通链数也发生改变,将在线圈中激起自感电动势,根据法拉第电磁感应定律,回路中所产生的自感电动势为

$$\varepsilon_L = -\frac{d(LI)}{dt} = \left(L\frac{dI}{dt} + I\frac{dL}{dt}\right)$$

当 L 为常数时,$\frac{dL}{dt}=0$,则

$$\varepsilon_L = -L\frac{dI}{dt} \tag{12-10}$$

式(12-10)表明,当电流变化率相同时,自感系数 L 越大的回路,其自感电动势也越大。式中负号是楞次定律的数学表示,它表明自感电动势的方向总是反抗回路中电流的改变。即,当电流增加时,自感电动势与原来电流的流向相反;当电流减小时,自感电动势与原来电流的流向相同。由此可见,任何回路中只要有电流的改变,就必将在回路中产生自感电动

势,以反抗回路中电流的改变。显然,回路的自感系数越大,自感的作用也越大,则改变该回路中的电流也越不易。换句话说,回路的自感有使回路保持原有电流不变的性质,这一特性和力学中物体的惯性相仿。因而,自感系数可认为是描述回路"电磁惯性"的一个物理量。所以,自感系数表征了回路本身的一种电磁属性。从上面的分析可知,自感系数 L 又可定义为

$$L = \frac{\varepsilon_L}{\mathrm{d}I/\mathrm{d}t} \tag{12-11}$$

可见,线圈的自感系数 L,在数值上等于线圈中的电流随时间的变化率为 1 单位时,在该线圈中所激起的自感电动势的大小。当线圈中单位时间内电流改变 1A,在线圈中产生的自感电动势为 l 伏特时,线圈的自感系数为 1H。

【例题 12-6】 设一同轴电缆,由两个无限长的同轴圆筒状导体所组成,其间充满磁导率 μ 为的磁介质,内圆筒和外圆筒上的电流方向相反而电流大小 I 相等,设内、外圆筒横截面的半径分别为 R_1 和 R_2,如图 12-17 所示。试计算长为 l 的一段电缆内的自感。

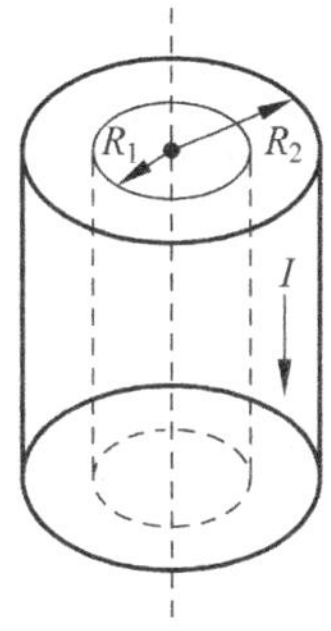

解:同轴电缆常常用于传输高频电流,由于高频电流具有趋肤效应,电流实际是在导线的表面流过,所以圆柱状的芯线可以看成圆筒状导体来处理,以方便磁通链数的计算。

由介质中的安培环路定理 $\oint \boldsymbol{H} \cdot \mathrm{d}\boldsymbol{l} = \sum I$ 及 $\boldsymbol{B} = \mu \boldsymbol{H}$ 知

图 12-17 例题 12-6 用图

$$B(r) = \begin{cases} 0 & (r < R_1) \\ \dfrac{\mu I}{2\pi r} & (R_1 \leqslant r \leqslant R_2) \\ 0 & (r > R_2) \end{cases}$$

由磁感应强度可知:离轴距离相同处的磁感应强度相同,故取离轴距离为 r 到 $r+\mathrm{d}r$,长 l 的细长条形为一面积元 $\mathrm{d}S$,$\mathrm{d}S = l\mathrm{d}r$,方向与磁感应强度方向相同,则

$$\begin{aligned}
\Phi_m &= \iint_S \boldsymbol{B} \cdot \mathrm{d}\boldsymbol{S} = \iint_S B\mathrm{d}S\cos 0° = \iint_S B\mathrm{d}S \\
&= \int_{R_1}^{R_2} \frac{\mu I}{2\pi r} l\, \mathrm{d}r = \frac{\mu I l}{2\pi} \ln r \Big|_{R_1}^{R_2} \\
&= \frac{\mu I l}{2\pi} \ln \frac{R_2}{R_1}
\end{aligned}$$

由 $\Psi = LI$,可求得长为 l 的同轴电缆的自感为

$$L = \frac{\Phi_m}{I} = \frac{\mu l}{2\pi} \ln \frac{R_2}{R_1}$$

【例题 12-7】 试分析有自感的电路中电流的变化规律。

解:如前所述,由于线圈自感的存在,当电路中电流改变时,在电路中会产生自感自动势,根据楞次定律,自感电动势总是要反抗电流的变化。这就是说,自感现象具有使电路中保持原有电流不变的特性,它使电路在接通及断开时,电路中的电流不突变,要经历一个短暂的过程才能达到稳定值。下面研究 RL 电路与直流电源接通及断开后短暂的过程中,电路中电流增长和衰减的情况。

如图 12-18 所示是一个含有自感 L 和电阻 R 的简单电路。如电键 K 与 a 接通而与 b 断开时，RL 电路接上电源，由于自感的作用，在电流增长过程中电路出现自感电动势 ε_L，它与电源的电动势 ε 共同决定电路中电流的大小。设某瞬时电路中的电流为 I，则由回路的欧姆定律得

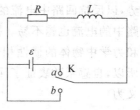

图 12-18　例题 12-7 用图

$$\varepsilon - L\frac{dI}{dt} = RI$$

这是含有变量 I 及其一阶导数 dI/dt 的微分方程，通过将上式分离变量积分得

$$\frac{dI}{\frac{\varepsilon}{R} - I} = \frac{R}{L}dt$$

对上式两边进行积分，由于 $t=0$ 时，$I=0$，于是有

$$\int_0^I \frac{dI}{\frac{\varepsilon}{R} - I} = \int_0^t \frac{R}{L}dt$$

积分并整理后可得

$$I = \frac{\varepsilon}{R}(1 - e^{-\frac{R}{L}t}) \tag{12-12}$$

式(12-12)就是 RL 电路接通电源后电路中电流 I 的增长规律，它说明了在接通电源后由于自感的存在，电路中的电流不是立刻达到稳定值 $I_0 = I_{max} = \varepsilon/R$，而是由零逐渐增大到这一最大值的，与无自感时的情况比较，这里有一个时间的延迟。由式(12-12)可知，当 $t = \tau = L/R$ 时，$I = \frac{\varepsilon}{R}(1 - e^{-1}) = 0.63\frac{\varepsilon}{R} = 0.63 I_0$，即电路中的电流达到稳定值的 63%，如图 12-19(a) 所示，通常就用这一时间 τ 来衡量自感电路中电流增长的快慢程度，称为 RL 回路的时间常数或弛豫时间。

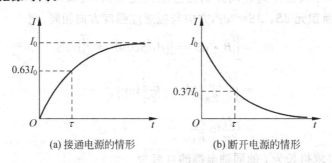

(a) 接通电源的情形　　　(b) 断开电源的情形

图 12-19　RL 电路的暂态过程曲线

当上述电路中的电流达到稳定值 $I_0 = I_{max} = \varepsilon/R$ 后，迅速将电键 K 与 b 接通而与 a 断开，这时电路中虽然没有外电源，但由于线圈中自感电动势的出现，电路中的电流不会立即降到零。设电键 K 与 a 断开、与 b 接通时电路中的电流为 I，线圈中的自感电动势为 $\varepsilon_L = -L\frac{dI}{dt}$，根据回路的欧姆定律得 $-L\frac{dI}{dt} = IR$。

仍用分离变量法，并注意到 $t=0$ 时，$I = I_0 = \varepsilon/R$，积分并整理后可解得

$$I = \frac{\varepsilon}{R} e^{-\frac{R}{L}t} = I_0 e^{-\frac{R}{L}t} \tag{12-13}$$

式(12-13)是 RL 电路断开电源后电路中电流的衰变规律,它说明了撤去电源后,由于自感的存在,电流是逐渐变小的,经过一段弛豫时间($t=\tau=L/R$),电流降低为原稳定值的 37%,如图 12-19(b)所示。

应当说明,当图 12-18 所示的电路在将电键从 a 掷向 b 的过程中,电路会有瞬间的开路,电键间的空气隙具有很大的电阻,电路中电流将由 I_0 骤然下降为零,dI/dt 的量值很大,在 L 中将产生很大的自感自动势,常使电键两端之间发生火花,甚至电弧,这种现象在通有强大电流的电路中或在含有铁磁性物质的电路中尤为显著。这时,虽然电路中电源的电动势只有几伏,却可能产生几千伏的自感自动势,为了避免由此造成的事故,通常可用逐渐增加电阻的方法来断开电路。

在工程技术和日常生活中,自感现象有广泛的应用。无线电技术和电工中常用的扼流圈,日光灯上用的镇流器等,都是利用自感原理控制回路中电流变化的。在许多情况下,自感现象也会带来危害,在实际应用中应采取措施予以防止。如当无轨电车在路面不平的道路上行驶时,由于车身颠簸,车顶上的受电弓有时会短时间脱离电网而使电路突然断开。这时由于自感而产生的自感电动势,在电网和受电弓之间形成较高电压,导致空气隙"击穿"产生电弧造成电网的损坏。人们可针对这种情况,采取一些措施避免电网出现故障。电机和强力电磁铁,在电路中都相当于自感很大的线圈,在起动和断开电路时,往往因自感在电路形成瞬时的过大电流,有时会造成事故。为减少这种危险,电机采用降压启动,断路时,增加电阻使电流减小,然后再断开电路。大电流电力系统中的开关,还附加有"灭弧"装置,如油开关及其稳压装置等。

二、互感现象

如图 12-20 所示,两个彼此靠近的回路 1 和 2,分别通有电流 I_1 和 I_2,当回路 1 中的电流 I_1 改变时,由于它所激起的磁场将随之改变,使通过回路 2 的磁通量发生改变,这样便在回路 2 中激起感应电动势。同样,回路 2 中电流 I_2 改变,也会在回路 1 中激起感应电动势,这种现象称为互感现象。所产生的电动势称为互感电动势。

当回路 1 通有电流 I_1 时,由毕奥-萨伐尔定律,可以确定它在回路 2 处所激发的磁感应强度与 I_1 成正比,故通过回路 2 的磁通链 Ψ_{21} 也与 I_1 成正比,即

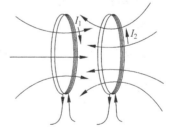

图 12-20 互感现象

$$\Psi_{21} = M_{21} I_1 \tag{12-14}$$

同理可得出回路 2 的电流 I_2,在回路 1 处所激发的磁感应强度,通过回路 1 的磁通链数 Ψ_{12} 为

$$\Psi_{12} = M_{12} I_2 \tag{12-15}$$

式(12-14)和式(12-15)中的 M_{21},M_{12} 仅与两回路的结构(形状、大小、匝数)、相对位置及周围磁介质的磁导率有关,而与回路中的电流无关。理论和实验都证明 $M_{21}=M_{12}$。

令 $M_{21}=M_{12}=M$，称为两回路的互感系数，简称互感。

互感系数的物理意义由式(12-14)和式(12-15)得出：两回路的互感系数在数值上等于一个回路通过单位电流时，通过另一个回路的磁通链数，互感系数的单位和自感系数一样。在国际单位制中为亨利(H)、毫亨(mH)或微亨(μH)等。

在两回路的自身条件不变的情况下，当回路 1 中电流发生改变时，将在回路 2 中激起互感电动势 ε_{21}。根据法拉第电磁感应定律，有

$$\varepsilon_{21}=-\frac{d\Psi_{21}}{dt}=-M\frac{dI_1}{dt} \qquad (12\text{-}16)$$

同理，回路 2 中电流发生变化时，在回路 1 中激起的互感电动势 ε_{12} 为

$$\varepsilon_{12}=-\frac{d\Psi_{12}}{dt}=-M\frac{dI_2}{dt} \qquad (12\text{-}17)$$

由式(12-16)和式(12-17)可知，两回路的互感系数在数值上等于其中一个回路中电流随时间变化率为 1 单位时，在另一回路所激起互感电动势的大小。两式中的负号表示在一个线圈中所激起的互感电动势要反抗另一线圈中电流的变化。

图 12-21 所示是绕有 C_1 和 C_2 两层线圈的长直螺线管，长度均为 l，截面的面积都是 S，线圈匝数分别为 N_1，N_2，当线圈 C_1 中通有电流 I_1 时，由 I_1 所激发的磁场通过 C_2 每匝线圈的磁通量为 $\Phi_{m2}=B_1 S=\frac{\mu N_1 S I_1}{l}$，所以通过 C_2 线圈的磁通链为

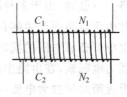

图 12-21 互感

$$\Psi_{21}=\frac{\mu N_1 N_2 S I_1}{l}$$

当 C_1 中的电流 I_1 变化时，在 C_2 线圈回路中将产生互感电动势

$$\varepsilon_{21}=-\frac{d\Psi_{21}}{dt}=-\frac{\mu N_1 N_2 S}{l}\frac{dI_1}{dt}$$

对照式(12-16)可得 $M=\frac{\mu N_1 N_2 S}{l}$。

【训练】 自行推导，当 C_2 线圈中的电流 I_2 变化时，在 C_1 线圈回路中产生的互感电动势以及互感系数。

由前面的讨论可知两线圈的自感分别为 $L_1=\frac{\mu N_1^2 S}{l}$ 和 $L_2=\frac{\mu N_2^2 S}{l}$。容易得到 $M=\sqrt{L_1 L_2}$。

必须指出，只有这样耦合的线圈（即一个回路中电流所产生的磁感线全部穿过另一回路）才有 $M=\sqrt{L_1 L_2}$ 的关系，一般情形中，有

$$M=k\sqrt{L_1 L_2} \qquad (12\text{-}18)$$

其中 $0\leqslant k\leqslant 1$，k 称为耦合因数。k 值视两个回路之间磁耦合情况而定。很显然，如果两个线圈相距甚远，毫无磁耦合，则 $k=0$。

互感在电工和电子技术中应用很广泛。通过互感线圈可以使能量或信号由一个线圈方便地传递到另一个线圈；利用互感现象的原理可制成变压器、感应圈等。但在有些情况中，互感也有害处。例如，有线电话往往由于两路电话线之间的互感而造成串音；收录机、电视机及电子设备中也会由于导线或部件间的互感而妨碍正常工作。这些互感的干扰都要设法

尽量避免。

【例题 12-8】 半径为 a 的小圆线圈，电阻为 R，开始时与一个半径为 $b(b\gg a)$ 的大线圈共面且同心。固定大线圈，并维持大线圈中的电流 I 恒定，使小线圈绕其直径以匀角速度 ω 转动，如图 12-22 所示(大小线圈的自感均可忽略)。求：

(1) 小线圈中感应电流 i 的大小；

(2) 两线圈的互感。

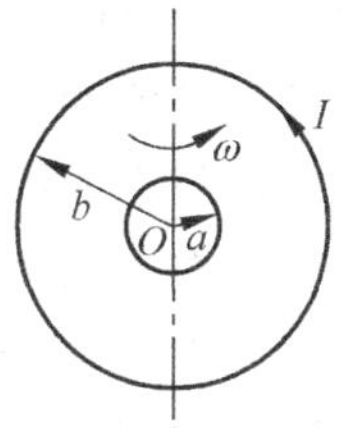

解：(1) 因为 $b\gg a$，所以小线圈处的磁场近似看成均匀的。小线圈处的磁场即圆心处的磁感应强度 $B=\mu_0 I/2b$。设小线圈正法线方向垂直纸面向上，t 时刻正法线转过的角度为 θ，则小线圈转动时，通过小线圈的磁通量为

$$\Phi = \boldsymbol{B}\cdot\boldsymbol{S} = BS\cos\theta = \frac{\mu_0 I}{2b}\pi a^2\cos\omega t$$

小线圈中感应电动势为

$$\varepsilon_i = -\frac{\mathrm{d}\Phi}{\mathrm{d}t} = \frac{\mu_0 I}{2b}\pi a^2\omega\sin\omega t$$

小线圈中感应电流 i 的大小为

$$i = \frac{\varepsilon_i}{R} = \frac{\mu_0 I}{2bR}\pi a^2\omega\sin\omega t$$

(2) 大线圈中通有电流 I 时，穿过小线圈的磁通量为

$$\Phi = BS\cos\omega t = \frac{\mu_0 I}{2b}\pi a^2\cos\omega t$$

两线圈的互感为

$$M = \frac{\Phi}{I} = \frac{\mu_0}{2b}\pi a^2\cos\omega t$$

图 12-22 例题 12-8 用图

12.5 磁场的能量

通过学习电学我们知道，在带电系统的形成过程中，外力必须克服静电力做功，将其他形式的能量转化为带电系统的电场能。同样，在电流形成的过程中，由于各回路的自感和回路之间的互感的作用，回路中的电流要经历一个从零到稳定值的变化过程，在这个过程中，为克服自感电动势及互感电动势，电源必须提供能量并做功，使电能转化为载流回路的能量和回路电流间的相互作用能，也就是磁场的能量。先考察一个具有电感的简单电路。

在图 12-23 所示电路中，设灯泡的电阻为 R，其自感很小可以忽略不计。线圈由粗导线绕成，且自感系数 L 较大，而电阻很小可忽略不计。

当电键未闭合前，电路中没有电流，线圈也没有磁场。如果将电键倒向 2，线圈与电源接通，电流由零逐渐增大。在电流增长的过程中，线圈里产生与电流方向相反的自感电动势来反抗电流的增长，使电流不能立即增长到稳定值 I。即线圈

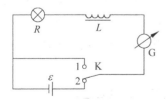

图 12-23 自感电路中的能量转换

中自感电动势方向与电源电动势的方向相反,在线圈中起着阻碍电流增大的作用。可见,电源在建立电流的过程中,不仅要为电路产生焦耳热提供能量,还要克服自感电动势而做功。

随着电流的增长,线圈中的磁场增强。在这一过程中,电源 ε 所提供的电能,除一部分转化为电阻上的焦耳热外,另一部分是电流 i 克服自感电动势 ε_L 做功而转化为线圈中的磁场能量。在电流达到稳定值 I 后,如果把电键突然倒向 1,此时电源虽已切断,但灯泡却不会立即熄灭,甚至会在瞬间显得更明亮后才熄灭。这是由于切断电源时,线圈中会产生与原来电流方向相同的、足够大的自感电动势,来反抗线圈中电流的突然消失,从而使线圈中的电流为由 I 逐渐消失,线圈中的磁场能也随之逐渐消失。

下面就通过线圈中的电流增长的过程,推导磁场能量公式。

设电路接通后回路中某瞬时的电流为 i,线圈中产生的自感电动势为 $\varepsilon_L = -L \dfrac{\mathrm{d}i}{\mathrm{d}t}$,由欧姆定律得

$$\varepsilon - L \frac{\mathrm{d}i}{\mathrm{d}t} = Ri$$

从 $t=0$ 开始,经一足够长的时间 t,电流 i 从零增长到稳定值 I 的过程中,电源电动势所做的功为

$$\int_0^t \varepsilon i \, \mathrm{d}t = \int_0^t Li \, \mathrm{d}i + \int_0^t Ri^2 \, \mathrm{d}t$$

在自感 L 和电流无关的情况下,上式转化为

$$\int_0^t \varepsilon i \, \mathrm{d}t = \frac{1}{2}LI^2 + \int_0^t Ri^2 \, \mathrm{d}t$$

说明电源电动势所作的功转化为两部分能量,其中 $\int_0^t Ri^2 \, \mathrm{d}t$ 是 t 时间内电源提供的电流在 R 上放出的焦耳热,$\dfrac{1}{2}LI^2$ 显然为此过程中电源克服线圈自感电动势做的功,这部分电能转化为载流回路中的能量。由于在回路中形成电流的同时,在回路周围空间也建立了磁场,显然,这部分能量也就是储存在磁场中的能量。因此,一个自感为 L 的回路,当其中通有电流 I 时,其周围空间磁场的能量 W_m 为

$$W_m = \frac{1}{2}LI^2 \tag{12-19}$$

载流线圈中的磁场能量通常又称为自感磁能。从公式中可以看出,在电流相同的情况下,自感系数 L 越大的线圈,回路储存的磁场能量越大。

式(12-19)是用线圈的自感和其中的电流表示磁能,并没有体现出磁场能量与磁场的直接关联,经过变换,磁能也可用描述磁场本身的物理量来表示。为简单起见,考虑一个长直螺线管,管内充满磁导率为 μ 的磁介质。当螺线管通有电流 I 时,由于螺线管外的磁场很弱,可认为磁场全部集中在管内,这样可确定管内各处的磁感应强度 $B = \mu n I$,并可知它的自感系数 $L = \mu n^2 V$。

把 $L = \mu n^2 V$,$I = \dfrac{B}{\mu n}$ 及 $B = \mu H$ 代入式(12-14),即得磁场能量的其他表达式:

$$W_m = \frac{1}{2}\frac{B^2}{\mu}V = \frac{1}{2}BHV = \frac{1}{2}\mu H^2 V$$

其中 V 为螺线管的体积,在通电时,管内的磁场应占据整个体积,所以 V 为充满磁场的空间体积。

单位体积所具有的磁场能量,叫做磁能密度,用 w_m 表示,即

$$w_\mathrm{m} = \frac{W_\mathrm{m}}{V} = \frac{1}{2}\frac{B^2}{\mu} = \frac{1}{2}\mu H^2 = \frac{1}{2}\boldsymbol{B}\cdot\boldsymbol{H} \tag{12-20}$$

式(12-20)虽然是从长直螺线管这一特殊情况导出的,但可证明它是任何情况下都适用的普遍式。即空间任一点的磁场能量密度只与该点的磁感应强度和介质的磁导率有关。由此可见,在磁场存在的空间里有磁场能量。

当空间磁场是均匀磁场时,磁场能量等于磁能密度与磁场存在的空间体积的乘积,即

$$W_\mathrm{m} = w_\mathrm{m}V$$

如果空间磁场不是均匀场,可以证明式(12-20)仍成立,只是它表示的是场中某小体积 $\mathrm{d}V$ 内的磁能密度,在 $\mathrm{d}V$ 内认为 $\boldsymbol{B}$ 和 $\boldsymbol{H}$ 是均匀的,于是 $\mathrm{d}V$ 体积内的磁能为

$$\mathrm{d}W_\mathrm{m} = w_\mathrm{m}\mathrm{d}V$$

而整个非均匀磁场的磁能为

$$W_\mathrm{m} = \iiint\limits_V w_\mathrm{m}\mathrm{d}V \tag{12-21}$$

式中积分应遍及磁场所分布的空间。

由式(12-19)和式(12-20)可得

$$W_\mathrm{m} = \frac{1}{2}LI^2 = \iiint\limits_V w_\mathrm{m}\mathrm{d}V$$

说明如果能按右面的积分先求出电流回路的磁场能量,根据上式也可以求出回路的自感系数 L,这是计算自感很重要的一种方法。

【例题 12-9】 设一电缆由两个无限长的同轴圆筒状导体所组成,内圆筒和外圆筒上的电流方向相反而强度 I 相等,设内、外圆筒横截面的半径分别为 R_1 和 R_2,如图 12-24 所示。试计算:(1)长为 l 的一段电缆内的磁场所储藏的能量;(2)该段电缆的自感。

解:(1)由介质中的安培环路定理 $\oint \boldsymbol{H}\cdot\mathrm{d}\boldsymbol{l} = \sum I$ 及 $\boldsymbol{B} = \mu_0\mu_\mathrm{r}\boldsymbol{H}$ 知

$$B(r) = \begin{cases} 0 & (r < R_1) \\ \dfrac{\mu_0\mu_\mathrm{r}I}{2\pi r} & (R_1 \leqslant r \leqslant R_2) \\ 0 & (r > R_2) \end{cases}$$

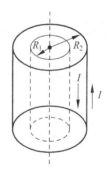

图 12-24 例题 12-9 用图

则磁能密度为

$$w_\mathrm{m} = \frac{B^2}{2\mu_0\mu_\mathrm{r}} = \frac{\mu_0\mu_\mathrm{r}I^2}{8\pi^2 r^2}$$

由磁能密度可知,离轴距离相同处的磁能密度相同,故取半径为 r 与 $r+\mathrm{d}r$,长 l 的圆柱薄壳为一体积元 $\mathrm{d}V$,则

$$\mathrm{d}V = 2\pi r l\,\mathrm{d}r$$

$$W_\mathrm{m} = \int_V w_\mathrm{m} dV = \int_{R_1}^{R_2} \frac{\mu_0 \mu_\mathrm{r} I^2}{8\pi^2 r^2} 2\pi r l\, dr = \frac{\mu_0 \mu_\mathrm{r} I^2 l}{4\pi} \ln \frac{R_2}{R_1}$$

(2) 由公式可求得长为 l 的同轴电缆的自感为

$$L = \frac{2W_\mathrm{m}}{I^2} = \frac{\mu_0 \mu_\mathrm{r} l}{2\pi} \ln \frac{R_2}{R_1}$$

所得结果与例题 12-7 完全相同，但上述结果是根据高频电流具有趋肤效应，电流主要在芯线表面流过，而把圆柱状的芯线当作半径为 R_1 的圆筒处理，半径小于 R_1 的筒内磁场为零。如果该电缆线传输的是恒定电流，那么电流分布在整个芯线导体截面内，导体截面内的磁场不为零，此时我们可以计算芯线导体截面内的磁场能量来求得电缆的自感，方法如下（同轴电缆的外层导体非常薄，为简单起见，这里忽略了外层导体内的电流磁场）：

在圆柱形芯线导体内的磁场为

$$B(r) = \frac{\mu_0 \mu_\mathrm{r} I r}{2\pi R_1^2}$$

于是在芯线导体内的磁能密度为

$$w'_\mathrm{m} = \frac{B^2}{2\mu_0 \mu_\mathrm{r}} = \frac{\mu_0 \mu_\mathrm{r} I^2 r^2}{8\pi^2 R_1^4}$$

芯线导体内的磁场能量为

$$W'_\mathrm{m} = \int_V w'_\mathrm{m} dV = \int_{R_1}^{R_2} \frac{\mu_0 \mu_\mathrm{r} I^2 r^2}{8\pi^2 R_1^4} 2\pi r l\, dr = \frac{\mu_0 \mu_\mathrm{r} I^2 l}{16\pi}$$

芯线导体内外的总磁场能量为 $W'_\mathrm{m} + W_\mathrm{m}$，再由磁能公式求出修正后的同轴电缆自感为

$$L = \frac{2(W'_\mathrm{m} + W_\mathrm{m})}{I^2} = \frac{\mu_0 \mu_\mathrm{r} l}{8\pi} + \frac{\mu_0 \mu_\mathrm{r} l}{2\pi} \ln \frac{R_2}{R_1}$$

延伸阅读——科学发现

宇宙背景辐射

宇宙背景辐射是来自宇宙空间背景上的微波辐射。它的发现可谓无心插柳。20 世纪 60 年代初，美国贝尔实验室的两位无线电工程师彭齐亚斯和 R. W. 威尔逊为了改进卫星通信，建立了高灵敏度的号角式接收天线系统。1964 年，他们用它测量银晕气体射电强度。为了降低噪声，他们甚至清除了天线上的鸟粪，但依然有消除不掉的背景噪声。他们发现，这些相当于绝对温度 6.7K 的微波噪声，在扣除了各种已知来源的噪声之后，仍有 3.5K 的剩余。在随后一年中，他们发现这个消除不掉的噪声是"稳定"的，而且与方向无关，但无法回答这是什么原因造成的。与此同时，在附近的普林斯顿大学，由罗伯特·迪克领导的一个科学家小组发现了阿尔弗和赫尔曼早先作过在宇宙历史的早期热密阶段可能有些可观测到的辐射遗留下来的预言，并着手设计一台探测器以供搜索大爆炸的残留辐射。他们听说了贝尔实验室这台接收器中存在着无法阐明的噪声，于是双方很快进行了互访和讨论，最后终于相信，迪克的研究组准备寻找的东西正是威尔逊和彭齐亚斯所发现的这种消除不掉的噪声。以后的探测把辐射温度订正为 2.7K。1965 年 7 月这一发现公之于世，被称为 3K 宇宙背景辐射。1978 年威尔逊和彭齐亚斯为此获诺贝尔物理学奖。

12.6 麦克斯韦方程组

麦克斯韦对电磁学的实验定律进行了多年研究,除提出感生电场的概念外,还提出了位移电流的概念,于 1865 年建立了完整的电磁场理论——麦克斯韦方程组,并进一步指出电磁场可以以波的形式传播,而且预言光是一定频率范围内的电磁波。

为便于读者对电磁场理论的理解,先把前面已学过的有关静止电荷和稳恒电流的基本电磁现象归纳为四条基本规律:

$$\begin{cases} \text{静电场的高斯定理} & \oint_S \boldsymbol{D}^{(1)} \cdot \mathrm{d}\boldsymbol{S} = \sum q & (12\text{-}22\mathrm{a}) \\ \text{静电场的环路定理} & \oint_L \boldsymbol{E}^{(1)} \cdot \mathrm{d}\boldsymbol{l} = 0 & (12\text{-}22\mathrm{b}) \\ \text{磁场的高斯定理} & \oint_S \boldsymbol{B}^{(1)} \cdot \mathrm{d}\boldsymbol{S} = 0 & (12\text{-}22\mathrm{c}) \\ \text{磁场的环路定理} & \oint_L \boldsymbol{H}^{(1)} \cdot \mathrm{d}\boldsymbol{l} = \sum I & (12\text{-}22\mathrm{d}) \end{cases}$$

在上述方程中,$\boldsymbol{E}^{(1)}$,$\boldsymbol{D}^{(1)}$,$\boldsymbol{B}^{(1)}$,$\boldsymbol{H}^{(1)}$ 各量右上角所加的符号"(1)",表明这里所指的场是由静止电荷和稳恒电流产生的。须指出的是,这些定理都是仅适用于静电场和稳恒磁场的规律,对变化电场和变化磁场并不适用。

在 12.3 节中,我们也介绍了麦克斯韦提出的变化磁场能产生感生电场(即涡旋电场)的假说,还讨论了涡旋电场场强的环流和变化的磁场之间的定量关系(见式(12-8)),表示如下:

$$\oint_L \boldsymbol{E}^{(2)} \cdot \mathrm{d}\boldsymbol{l} = -\frac{\mathrm{d}\Phi_\mathrm{m}}{\mathrm{d}t} \qquad (12\text{-}23)$$

式中 $\boldsymbol{E}^{(2)}$ 表示涡旋电场的场强,Φ_m 是磁通量。

麦克斯韦在总结前人成就的基础上,着重从场的观点考虑问题,把一切电磁现象及其有关规律,看作电场与磁场的性质、变化以及其间的相互联系或相互作用在不同场合下的具体表现。他不仅认为变化磁场能产生电场,而且还进一步认为,变化电场应该与电流一样,也能在空间产生磁场。后者就是所谓的"位移电流产生磁场"的假说。这个假说和"涡旋电场"的假说一起,为建立完整的电磁场理论奠定了基础,也是理解变化电磁场能在空间传播或理解电磁波存在的理论根据。下面首先介绍位移电流的概念。

一、位移电流

我们知道,在一个不含电容器的稳恒电路中传导电流是处处连续的。也就是说,在任何一个时刻,通过导体上某一截面的电流应等于通过导体上其他任一截面的电流。在这种电流产生的稳恒磁场中,安培环路定理形式为式(12-22d)。式中 $\sum I$ 是穿过以 L 回路为边界的任意曲面 S 的传导电流。

但是,在接有电容器的电路中,情况就不同了。在电容器充放电的过程中,对整个电路来说,传导电流是不连续的。安培环路定理在非稳恒磁场中出现了矛盾的情况,必须加以修正。

为了解决电流的不连续问题,并在非稳恒电流产生的磁场中使安培环路定理也能成立,麦克斯韦提出了位移电流的概念。

设有一电路中接有平板电容器 AB,如图 12-25 所示。图 12-25(a)和(b)两图分别表示电容器充电和放电时的情形。不论在充电或放电时,通过电路中导体上任何横截面的电流强度,在同一时刻都相等。但是这种在金属导体中的传导电流,不能在电容器的两极板之间的真空或电介质中流动,传导电流在电容器极板处被截断了,因而对整个电路来说,传导电流是不连续的。

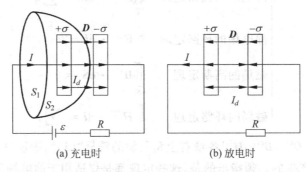

图 12-25　位移电流

但是,我们注意到:在上述电路中,当电容器充电或放电时,电容器两极板上的电荷 q 和电荷面密度 σ 都随时间而变化(充电时增加,放电时减少),极板内的电流强度以及电流密度分别等于 $\frac{dq}{dt}$ 和 $\frac{d\sigma}{dt}$。与此同时,两极板之间,电位移矢量 $\boldsymbol{D}$ 和通过整个截面的电位移通量 $\Phi_D = DS$,也都随时间而变化。按静电学,在国际单位制中,平行板电容器内电位移矢量 $\boldsymbol{D}$ 的值等于极板上的电荷面密度 σ,而电位移通量 Φ_D 等于极板上的总电荷量 $\sigma S = q$。所以 $\frac{d\boldsymbol{D}}{dt}$ 和 $\frac{d\Phi_D}{dt}$ 在量值上也分别等于 $\frac{d\sigma}{dt}$ 和 $\frac{dq}{dt}$。关于方向,充电时,电场增加,$\frac{d\boldsymbol{D}}{dt}$ 的方向与场的方向一致,也与导体中传导电流的方向一致(参见图 12-25(a));放电时,电场减少,$\frac{d\boldsymbol{D}}{dt}$ 的方向与场的方向相反,但仍与导体中传导电流方向一致(参见图 12-25(b))。至于 $\frac{d\Phi_D}{dt}$,无论在充电或放电时,其量值均相应地等于导体中的传导电流强度。因此,如果把电路中的传导电流和电容器内的电场变化联系起来考虑,并把电容器两极板间电场的变化看作相当于某种电流在流动,那么整个电路中的电流仍可视为保持连续。把变化的电场看作电流的论点,就是麦克斯韦所提出的位移电流的概念。位移电流密度 $\boldsymbol{j}_d$ 和位移电流强度 I_d 分别定义为

$$\boldsymbol{j}_d = \frac{d\boldsymbol{D}}{dt} \tag{12-24}$$

$$I_d = \frac{d\boldsymbol{D}}{dt} \cdot \boldsymbol{S} = \frac{d\Phi_D}{dt} \tag{12-25}$$

上述定义式说明,电场中某点的位移电流密度等于该点处电位移矢量的时间变化率,通

过电场中的某截面的位移电流强度等于通过该截面的电位移通量的时间变化率。

麦克斯韦认为：位移电流和传导电流一样，都能激发磁场，与传导电流所产生的磁效应完全相同，位移电流也按同一规律在周围空间激发涡旋磁场。这样，在整个电路中，传导电流中断的地方就由位移电流来接替，而且它们的数值相等，方向一致。对于普遍的情况，麦克斯韦认为传导电流和位移电流都可能存在。麦克斯韦运用这种思想把从恒定电流总结出来的磁场规律推广到一般情况，即既包括传导电流也包括位移电流所激发的磁场。他指出：在磁场中沿任一闭合回路，H 的线积分在数值上等于穿过以该闭合回路为边界的任意曲面的传导电流和位移电流的代数和。即

$$\oint_L \boldsymbol{H} \cdot \mathrm{d}\boldsymbol{l} = \sum (I_c + I_d) = \sum I_t = \sum I_c + \frac{\mathrm{d}\Phi_D}{\mathrm{d}t} \tag{12-26}$$

于是，他推广了电流的概念，将二者之和称为全电流，用 I_t 表示，即 $I_t = I_c + I_d$。

式(12-26)又称为全电流定律。对于任何回路，全电流是处处连续的。运用全电流的概念，可以自然地将安培环路定理推广到非稳恒磁场中去，从而解决电容器充放电过程中电流的连续性问题。

应该强调指出，位移电流的引入，不仅说明了电流的连续性，还同时揭示了电场和磁场的重要性质。

令 $\boldsymbol{H}^{(2)}$ 表示位移电流 I_d 所产生的感生磁场的磁场强度，根据上述假说，可仿照安培环路定理建立下式：

$$\oint_L \boldsymbol{H}^{(2)} \cdot \mathrm{d}\boldsymbol{l} = \sum I_d = \frac{\mathrm{d}\Phi_D}{\mathrm{d}t}$$

上式说明，在位移电流所产生的磁场中，场强 $\boldsymbol{H}^{(2)}$ 沿任何闭合回路的线积分，即场强 $\boldsymbol{H}^{(2)}$ 的环流，等于通过这回路所包围面积的电通量的时间变化率。由于 $\Phi_D = \iint_S \boldsymbol{D} \cdot \mathrm{d}\boldsymbol{S}$，对给定回路来说，电位移通量的变化完全由电场的变化所引起：$\dfrac{\mathrm{d}\Phi_D}{\mathrm{d}t} = \dfrac{\mathrm{d}}{\mathrm{d}t} \iint_S \boldsymbol{D} \cdot \mathrm{d}\boldsymbol{S}$，于是得到

$$\oint_L \boldsymbol{H}^{(2)} \cdot \mathrm{d}\boldsymbol{l} = \iint_S \frac{\partial \boldsymbol{D}}{\partial t} \cdot \mathrm{d}\boldsymbol{S} \tag{12-27}$$

说明变化的电场可以在空间激发涡旋状的磁场。并且 $\boldsymbol{H}^{(2)}$ 和回路中的电位移矢量的变化率 $\dfrac{\mathrm{d}\boldsymbol{D}}{\mathrm{d}t}$ 形成右手螺旋关系：如果右手螺旋沿着 $\boldsymbol{H}^{(2)}$ 线绕行方向转动，那么，螺旋前进的方向就是 $\dfrac{\mathrm{d}\boldsymbol{D}}{\mathrm{d}t}$ 的方向(图12-26)。

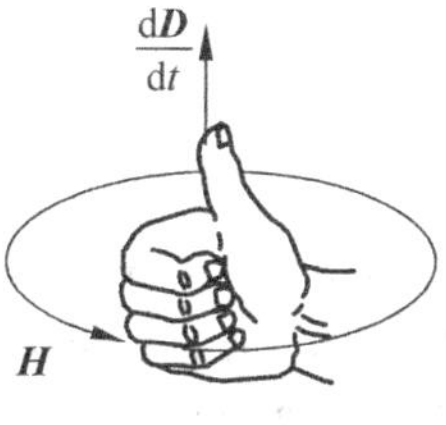

式(12-27)定量地反映了变化的电场和它所激发的磁场之间的关系，并说明变化的电场和它所激发的磁场在方向上服从右手螺旋关系。

图12-26 变化的电场激发磁场的方向

由此可见，位移电流的引入，深刻地揭露了变化电场和磁场的内在联系。

我们应该注意，传导电流和位移电流是两个不同的物理概念：虽然在产生磁场方面，位移电流和传导电流是等效的，但在其他方面两者并不相同。传导电流意味着电荷的流动，而位移电流意味着电场的变化。传导电流通过导体时放出焦耳-楞次热，而位移电流通过空间或电介质时，并不放出焦耳-楞次热。在通常情况下，电介质中的电流主要是位移电流，

传导电流可忽略不计；而在导体中则主要是传导电流，位移电流可以忽略不计。但在高频电流情况下，导体内的位移电流和传导电流同样起作用，不可忽略。

二、麦克斯韦方程组

麦克斯韦引入涡旋电场和位移电流两个重要概念以后，首先对静电场和稳恒电流的磁场所遵从的场方程组加以修正和推广，使之可适用于一般的电磁场。

在一般情况下，电场可能既包括静电场，也包括涡旋电场，因此场强 E 应写成两种场强的矢量和，即 $E = E^{(1)} + E^{(2)}$。

引入式(12-23)中涡旋电场的线积分式，可将 E 的闭合回路线积分写作

$$\oint_L E \cdot dl = \oint_L E^{(1)} \cdot dl + \oint_L E^{(2)} \cdot dl = 0 + \left(-\frac{d\Phi_m}{dt}\right)$$

即

$$\oint_L E \cdot dl = -\frac{d\Phi_m}{dt} = -\iint_S \frac{\partial B}{\partial t} \cdot dS \tag{12-28a}$$

同理，在一般情形下，磁场既包括传导电流所产生的磁场，也包括位移电流所产生的磁场。因此，这时对 H 的闭合回路线积分应遵从全电流定律：

$$\oint_L H \cdot dl = \sum I_t = \iint_S j \cdot dS + \iint_S \frac{\partial D}{\partial t} \cdot dS \tag{12-28b}$$

麦克斯韦认为，在一般情形下，式(12-21a)和式(12-21c)仍然成立，为了使关系式更具有对称性，电荷 q 可以用积分式表示，而式(8-21b)和式(8-21d)应该以式(12-28a)和式(12-28b)代替。由此，得到如下的四个方程：

$$\begin{cases} \oint_S D \cdot dS = \iiint_V \rho dV \\ \oint_L E \cdot dl = -\iint_S \frac{\partial B}{\partial t} \cdot dS \\ \oint_S B \cdot dS = 0 \\ \oint_L H \cdot dl = \iint_S j \cdot dS + \iint_S \frac{\partial D}{\partial t} \cdot dS \end{cases} \tag{12-29}$$

这四个方程就是一般所说的积分形式的麦克斯韦方程组。应该指出，静止电荷和稳恒电流所产生的场量 E, D, B, H 等，只是空间坐标的函数，而与时间 t 无关；但是，在一般情况下，式(12-29)中，有关各量都是空间坐标和时间的函数。所以与式(12-22)的四式相比，式(12-29)所含的意义更为丰富。

积分形式的麦克斯韦方程组描述的是在某有限区域内(例如一个闭合曲线或一个封闭曲面所围的区域)以积分形式联系各点的电磁场量(E, D, B, H)和电荷、电流之间的依存关系，而不能直接表示某一点上各电磁场量和电荷、电流之间的相互关系。但在实际应用中，更重要的是要知道场中某些点的场量，例如，已给定初始时刻的电荷分布、电流分布或电荷的运动情况，要求知道以后时刻的电磁场量的强弱和变化，这就要求描述在电磁场中逐点的电荷、电流和电场磁场场量的相互依存关系。从数学上说，为实现这种描述，首先要把积分

形式的方程组变换为相应的微分形式的方程组。利用矢量分析方法并引入哈密顿算符可以得到微分形式的方程组：

$$\begin{cases} \nabla \cdot \boldsymbol{D} = \rho \\ \nabla \cdot \boldsymbol{B} = 0 \\ \nabla \times \boldsymbol{H} = \boldsymbol{j}_{\text{C}} + \dfrac{\partial \boldsymbol{D}}{\partial t} \\ \nabla \times \boldsymbol{E} = -\dfrac{\partial \boldsymbol{B}}{\partial t} \end{cases} \quad (12\text{-}30)$$

式中 ρ 为自由电荷分布的体密度。在应用麦克斯韦的电磁场理论去解决实际问题时，常常要涉及电磁场和物质的相互作用，为此要考虑到介质对电磁场的影响，这种影响使电磁场量和表征介质电磁特性的量 ε,μ,γ 发生联系，即

$$\boldsymbol{D} = \varepsilon \boldsymbol{E}, \quad \boldsymbol{B} = \mu \boldsymbol{H}, \quad \boldsymbol{j} = \gamma \boldsymbol{E}$$

在非均匀的介质中，还要考虑电磁场量的边值关系，以及具体问题中 $\boldsymbol{E}$ 和 $\boldsymbol{B}$ 的初始值条件，即它们在 $t=0$ 时的值，这样，通过解方程组，可以求得任一时刻的 $\boldsymbol{E}(x,y,z)$ 和 $\boldsymbol{B}(x,y,z)$，也就确定了任一时刻的电磁场。

麦克斯韦的电磁场理论在物理学上是一次重大的突破，并使 19 世纪末到 20 世纪以来的生产技术以及人类生活产生了深刻变化。当然，物质世界是不可穷尽的，人类的认识是没有止境的。19 世纪末起陆续发现了一些麦克斯韦理论无法解释的实验事实（包括电磁以太、黑体辐射能谱的分布、线光谱的起源、光电效应等），导致了 20 世纪以来关于高速运动物体的相对性理论，关于微观系统的量子力学理论以及关于电磁场及其与物质相互作用的量子电动力学理论等的出现，于是物理学的发展史上出现又一次深刻的和富有成果的重大飞跃。

1863 年，麦克斯韦在建立统一的电磁场理论时，提出了两个崭新的概念：①任何电场的改变，都要使它周围空间里产生磁场，并把这种变化的电场中电位移通量的时间变化率命名为位移电流，从而引入了全电流的概念。②任何磁场的改变，都要使它周围空间里产生一种与静电场性质不同的涡旋电场。这样，不均匀变化着的电场（或磁场），会在它的周围产生相应不均匀变化的磁场（或电场），这种新生的不均匀变化的磁场（或电场），又会产生电场（或磁场）……就这样，不均匀变化的电场和磁场永远交替地相互转变，并越来越远地向空间传播，这种不可分割的电场和磁场，叫电磁场。电磁场的传播具有波动的特性，叫做电磁波。它的传播速度等于真空中光速 c。表明光也是一种电磁波。麦克斯韦的这些预见，在 1888 年由赫兹通过实验证实。从此，电磁波应用新技术（无线电通信、广播、电视、雷达、传真、遥测遥感等）如雨后春笋般诞生，大大促进了人类文明的发展。

三、电磁场的物质性

在前面讨论静电场和恒定电流的磁场时，总是把电磁场和场源（电荷和电流）合并研究，因为在这些情况中电磁场和场源是有机联系着的，没有场源时电磁场也就不存在。但在场源随时间变化的情况中，电磁场一经产生，即使场源消失，它也可以继续存在。这时变化的电场和变化的磁场相互转化，并以一定的速度、按照一定的规律在空间传播，说明电磁场具有完全独立存在的性质，反映了电磁场是物质存在的一种形态。现代的实验也证实了电磁

场具有一切物质所具有的基本特性,如能量、质量和动量等。

我们在讨论电场和磁场时已分别研究了电场的能量密度为 $w_e = \frac{1}{2}\boldsymbol{E} \cdot \boldsymbol{D}$ 和磁场的能量密度为 $w_m = \frac{1}{2}\boldsymbol{B} \cdot \boldsymbol{H}$,对于一般情况下的电磁场来说既有电场能量,又有磁场能量,其电磁场能量密度为

$$w = \frac{1}{2}\boldsymbol{E} \cdot \boldsymbol{D} + \frac{1}{2}\boldsymbol{B} \cdot \boldsymbol{H} \tag{12-31}$$

根据相对论的质能关系式,在电磁场不为零的空间,单位体积的场的质量是

$$m = \frac{w}{c^2} = \frac{1}{2c^2}(\boldsymbol{E} \cdot \boldsymbol{D} + \boldsymbol{B} \cdot \boldsymbol{H}) \tag{12-32}$$

1920 年列别捷夫用实验说明了电磁场和实物之间有动量传递,它们满足动量守恒定律。对于平面电磁波,单位体积的电磁场的动量 p 和能量密度 w 间的关系是 $p = w/c$。场物质不同于通常由电子、质子、中子等基本粒子所构成的实物物质。电磁场以波的形式在空间传播,而以粒子的形式和实物相互作用,这个"粒子"就是光子。光子没有静止质量,而电子、质子、中子等基本粒子却具有静止质量。实物可以以任意的速度(但不大于光速)在空间运动,其速度相对于不同的参考系也不同。但电磁场在真空中运动的速度永远是 $c = 3 \times 10^8 \text{m/s}$,并且其传播速度在任何参考系中都相同。一个实物的微粒所占据的空间不能同时为另一个微粒所占据,但几个电磁场可以互相叠加,可以同时占据同一空间。实物和场虽有以上的区别,但在某些情况下它们之间可以发生相互转化。例如一个带负电子和一个带正电的正电子可以转化为光子,即电磁场,而光子也可以转化为电子和正电子对。按照现代的观点,粒子(实物)和场都是物质存在的形式,它们分别从不同方面反映了客观真实。

本章小结

1. 楞次定律:闭合回路中的感应电流的方向,总是要使感应电流所产生的磁场阻碍引起感应电流的磁通量的变化

2. 法拉第电磁感应定律:$\varepsilon_i = -\dfrac{\mathrm{d}\Phi_m}{\mathrm{d}t}$

3. 感应电流:$I_i = -\dfrac{1}{R}\dfrac{\mathrm{d}\Phi_m}{\mathrm{d}t}$

4. 感应电量:$q = \int_{t_1}^{t_2} I \mathrm{d}t = \dfrac{1}{R}(\Phi_{m1} - \Phi_{m2})$

5. 动生电动势:$\varepsilon_i = \int_a^b (\boldsymbol{v} \times \boldsymbol{B}) \cdot \mathrm{d}\boldsymbol{l}$

6. 感生电动势和感生电场:$\varepsilon_i = \oint_L \boldsymbol{E}_k \cdot \mathrm{d}\boldsymbol{l} = -\dfrac{\mathrm{d}\Phi_m}{\mathrm{d}t} = -\iint_S \dfrac{\partial \boldsymbol{B}}{\partial t} \cdot \mathrm{d}\boldsymbol{S}$,其中 $\boldsymbol{E}_k$ 为感生电场强度

7. 自感系数:$L = \dfrac{\Psi}{I}$

8. 自感电动势:$\varepsilon_L = -L\dfrac{\mathrm{d}I}{\mathrm{d}t}$

9. 互感系数:$M_{21} = M_{12} = \dfrac{\Psi_{21}}{I_1} = \dfrac{\Psi_{12}}{I_2}$

10. 互感电动势：$\varepsilon_{21} = -\dfrac{\mathrm{d}\Psi_{21}}{\mathrm{d}t}$

11. 互感与自感的关系：$M = k\sqrt{L_1 L_2}$

12. 自感线圈的能量：$W_m = \dfrac{1}{2}LI^2$

13. 磁场能量密度：$w_m = \dfrac{W_m}{V} = \dfrac{1}{2}\dfrac{B^2}{\mu} = \dfrac{1}{2}\mu H^2 = \dfrac{1}{2}\boldsymbol{B}\cdot\boldsymbol{H}$

14. 磁场的能量：$W_m = \iiint\limits_{V} w_m \mathrm{d}V$

15. 位移电流密度：$\boldsymbol{j}_d = \dfrac{\mathrm{d}\boldsymbol{D}}{\mathrm{d}t}$

16. 位移电流强度：$I_d = \dfrac{\mathrm{d}\boldsymbol{D}}{\mathrm{d}t}\cdot \boldsymbol{S} = \dfrac{\mathrm{d}\Phi_D}{\mathrm{d}t}$

17. 全电流：$I_t = I_c + I_d$

18. 麦克斯韦方程组：
$$\begin{cases} \oint_S \boldsymbol{D}\cdot \mathrm{d}\boldsymbol{S} = \iiint_V \rho\, \mathrm{d}V \\ \oint_L \boldsymbol{E}\cdot \mathrm{d}\boldsymbol{l} = -\iint_S \dfrac{\partial \boldsymbol{B}}{\partial t}\cdot \mathrm{d}\boldsymbol{S} \\ \oint_S \boldsymbol{B}\cdot \mathrm{d}\boldsymbol{S} = 0 \\ \oint_L \boldsymbol{H}\cdot \mathrm{d}\boldsymbol{l} = \iint_S \boldsymbol{j}\cdot \mathrm{d}\boldsymbol{S} + \iint_S \dfrac{\partial \boldsymbol{D}}{\partial t}\cdot \mathrm{d}\boldsymbol{S} \end{cases}$$

习题

一、选择题

1. 半径为 a 的圆线圈置于磁感应强度为 $\boldsymbol{B}$ 的均匀磁场中，线圈平面与磁场方向垂直，线圈电阻为 R，当把线圈转动使其法向与 $\boldsymbol{B}$ 的夹角为 $\alpha = 60°$ 时，线圈中已通过的电量与线圈面积及转动时间的关系是（　　）。

  (A) 与线圈面积成正比，与时间无关　　(B) 与线圈面积成正比，与时间成正比

  (C) 与线圈面积成反比，与时间无关　　(D) 与线圈面积成反比，与时间成正比

2. 在一自感线圈中通过的电流 I 随时间 t 的变化规律如图 12-27(a) 所示，若以 I 的正流向作为 ε 的正方向，则代表线圈内自感电动势 ε 随时间 t 变化规律的曲线应为图 12-27(b) 中 (A)、(B)、(C)、(D) 中的哪一个？（　　）

3. 在圆柱形空间内有一磁感应强度为 $\boldsymbol{B}$ 的均匀磁场，如图 12-28 所示。$\boldsymbol{B}$ 的大小以速率 $\mathrm{d}B/\mathrm{d}t$ 变化。在磁场中有 A、B 两点，其间可放直导线 $\overline{AB}$ 和弯曲的导线 $\widehat{AB}$，则（　　）。

  (A) 电动势只在导线 $\overline{AB}$ 中产生

  (B) 电动势只在 $\widehat{AB}$ 导线中产生

  (C) 电动势在 $\overline{AB}$ 和 $\widehat{AB}$ 中都产生，且两者大小相等

  (D) $\overline{AB}$ 导线中的电动势小于 $\widehat{AB}$ 导线中的电动势

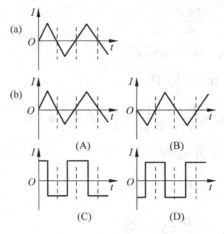

图 12-27　习题 2 用图

4. 如图 12-29 所示,将直角三角形金属框架 abc 放在均匀磁场中,磁场 **B** 平行于 ab 边,bc 的长度为 l。当金属框架绕 ab 边以匀角速度 ω 转动时,abc 回路中的感应电动势 ε 和 a、c 两点间的电势差 $U_a - U_c$ 分别为(　　)。

(A) $\varepsilon = 0, U_a - U_c = \frac{1}{2}B\omega l^2$　　　　(B) $\varepsilon = 0, U_a - U_c = -\frac{1}{2}B\omega l^2$

(C) $\varepsilon = B\omega l^2, U_a - U_c = \frac{1}{2}B\omega l^2$　　(D) $\varepsilon = B\omega l^2, U_a - U_c = -\frac{1}{2}B\omega l^2$

图 12-28　习题 3 用图

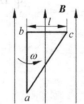

图 12-29　习题 4 用图

5. 真空中一根无限长直细导线上通有电流 I,则距导线垂直距离为 a 的空间某点处的磁能密度为(　　)。

(A) $\frac{1}{2}\mu_0 \left(\frac{\mu_0 I}{2\pi a}\right)^2$　　(B) $\frac{1}{2\mu_0}\left(\frac{\mu_0 I}{2\pi a}\right)^2$　　(C) $\frac{1}{2}\left(\frac{2\pi a}{\mu_0 I}\right)^2$　　(D) $\frac{1}{2\mu_0}\left(\frac{\mu_0 I}{2a}\right)^2$

6. 有两个长直密绕螺线管,长度及线圈匝数均相同,半径分别为 r_1 和 r_2。管内充满均匀介质,其磁导率分别为 μ_1 和 μ_2。设 $r_1 : r_2 = 1 : 2$,$\mu_1 : \mu_2 = 2 : 1$,当将两只螺线管串联在电路中通电稳定后,其自感系数之比 $L_1 : L_2$ 与磁能之比 $W_{m1} : W_{m2}$ 分别为(　　)。

(A) $L_1 : L_2 = 1 : 1, W_{m1} : W_{m2} = 1 : 1$　　(B) $L_1 : L_2 = 1 : 2, W_{m1} : W_{m2} = 1 : 1$

(C) $L_1 : L_2 = 1 : 2, W_{m1} : W_{m2} = 1 : 2$　　(D) $L_1 : L_2 = 2 : 1, W_{m1} : W_{m2} = 2 : 1$

7. 用导线围成的回路(两个以 O 点为圆心、半径不同的同心圆,在一处用导线沿半径方向相连),放在轴线通过 O 点的圆柱形均匀磁场中,回路平面垂直于柱轴,如图 12-30 所示。如磁场方向垂直纸面向里,其大小随时间减小,则(A)~(D)各图中哪张图正确表示了感应电流的流向?(　　)

8. 如图 12-31 所示。一电荷为 q 的点电荷,以匀角速度 ω 作圆周运动,圆周的半径为 R。设 $t=0$ 时 q 所在点的坐标为 $x_0=R, y_0=0$,以 $\boldsymbol{i}$、$\boldsymbol{j}$ 分别表示 x 轴和 y 轴上的单位矢量,则圆心处 O 点的位移电流密度为(　　)。

(A) $\dfrac{q\omega}{4\pi R^2}\sin\omega t \boldsymbol{i}$

(B) $\dfrac{q\omega}{4\pi R^2}\cos\omega t \boldsymbol{j}$

(C) $\dfrac{q\omega}{4\pi R^2}\boldsymbol{k}$

(D) $\dfrac{q\omega}{4\pi R^2}(\sin\omega t \boldsymbol{i}-\cos\omega t \boldsymbol{j})$

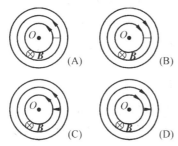

图 12-30　习题 7 用图

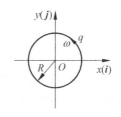

图 12-31　习题 8 用图

9. 如图 12-32 所示,平板电容器(忽略边缘效应)充电时,沿环路 L_1 的磁场强度 $\boldsymbol{H}$ 的环流与沿环路 L_2 的磁场强度 $\boldsymbol{H}$ 的环流,必有(　　)。

(A) $\oint_{L_1}\boldsymbol{H}\cdot\mathrm{d}\boldsymbol{l}' > \oint_{L_2}\boldsymbol{H}\cdot\mathrm{d}\boldsymbol{l}'$

(B) $\oint_{L_1}\boldsymbol{H}\cdot\mathrm{d}\boldsymbol{l}' = \oint_{L_2}\boldsymbol{H}\cdot\mathrm{d}\boldsymbol{l}'$

(C) $\oint_{L_1}\boldsymbol{H}\cdot\mathrm{d}\boldsymbol{l}' < \oint_{L_2}\boldsymbol{H}\cdot\mathrm{d}\boldsymbol{l}'$

(D) $\oint_{L_1}\boldsymbol{H}\cdot\mathrm{d}\boldsymbol{l}' = 0$

10. 对位移电流,有下述四种说法,说法正确的是(　　)。

(A) 位移电流是指变化电场

(B) 位移电流是由线性变化磁场产生的

(C) 位移电流的热效应服从焦耳定律

(D) 位移电流的磁效应不服从安培环路定理

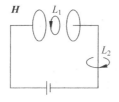

图 12-32　习题 9 用图

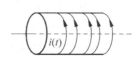

图 12-33　习题 11 用图

11. 如图 12-33 所示,空气中有一无限长金属薄壁圆筒,在表面上沿圆周方向均匀地流着一层随时间变化的面电流 $i(t)$,则(　　)。

(A) 圆筒内均匀地分布着变化磁场和变化电场

(B) 任意时刻通过圆筒内假想的任一球面的磁通量和电通量均为零

(C) 沿圆筒外任意闭合环路上磁感应强度的环流不为零

(D) 沿圆筒内任意闭合环路上电场强度的环流为零

二、填空题

12. 真空中两只长直螺线管 1 和 2，长度相等，单层密绕匝数相同，直径之比 $d_1/d_2 = 1/4$。当它们通以相同电流时，两螺线管贮存的磁能之比为 $W_1/W_2 = $ _____。

13. 如图 12-34 所示，一段长度为 l 的直导线 MN，放置在载电流为 I 的长直导线旁与导线共面，以速度 v 平行于长直导线作匀速运动，M 端距离导线为 a，则金属棒中的动生电动势为 _____。

14. 如图 12-35 所示，aOc 为一折成"∠"形的金属导线（$aO = Oc = L$），位于 xy 平面中；磁感应强度为 B 的均匀磁场垂直于 xy 平面。当 aOc 以速度 v 沿 x 轴正向运动时，导线上 a、c 两点间电势差 $U_{ac} = $ _____；当 aOc 以速度 v 沿 y 轴正向运动时，a、c 两点的电势相比较，是 _____ 点电势高。

15. 将条形磁铁插入与冲击电流计串联的金属环中时，有 $q = 2.0 \times 10^{-5}$ C 的电荷通过电流计。若连接电流计的电路总电阻 $R = 25 \Omega$，则穿过环的磁通量的变化 $\Delta \Phi = $ _____。

16. 面积为 S 的平面线圈置于磁感应强度为 B 的均匀磁场中。若线圈以匀角速度 ω 绕位于线圈平面内且垂直于 B 的固定轴旋转，在时刻 $t=0$ 时，B 与线圈平面垂直，则任意时刻 t 时通过线圈的磁通量为 _____，线圈中的感应电动势为 _____。若均匀磁场 B 是由通有电流 I 的线圈所产生，且 $B = kI$（k 为常量），则旋转线圈相对于产生磁场的线圈最大互感系数为 _____。

17. 反映电磁场基本性质和规律的积分形式的麦克斯韦方程组为

$$\oint_S \boldsymbol{D} \cdot d\boldsymbol{S} = \int_V \rho dV \quad ① \qquad \oint_L \boldsymbol{E} \cdot d\boldsymbol{l} = -\int_S \frac{\partial \boldsymbol{B}}{\partial t} \cdot d\boldsymbol{S} \quad ②$$

$$\oint_S \boldsymbol{B} \cdot d\boldsymbol{S} = 0 \quad ③ \qquad \oint_L \boldsymbol{H} \cdot d\boldsymbol{l} = \int_S \left(\boldsymbol{J} + \frac{\partial \boldsymbol{D}}{\partial t} \right) \cdot d\boldsymbol{S} \quad ④$$

试判断下列结论是包含于或等效于哪一个麦克斯韦方程式的。将你确定的方程式用代号填在相应结论后的空白处。

(1) 变化的磁场一定伴随有电场 _____；

(2) 磁感线是无头无尾的 _____；

(3) 电荷总伴随有电场 _____。

18. 平行板电容器的电容 C 为 $20.0 \mu F$，两板上的电压变化率为 $dU/dt = 1.50 \times 10^5$ V·s^{-1}，则该平行板电容器中的位移电流为 _____。

19. 图 12-36 所示为一圆柱体的横截面，圆柱体内有一均匀电场 E，其方向垂直纸面向内，E 的大小随时间 t 线性增加，P 为柱体内与轴线相距为 r 的一点，则

(1) P 点的位移电流密度的方向为 _____；

(2) P 点感生磁场的方向为 _____。

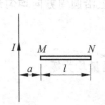

图 12-34 习题 13 用图

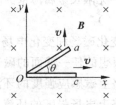

图 12-35 习题 14 用图

图 12-36 习题 19 用图

20. 半径为 r 的两块圆板组成的平行板电容器充了电,在放电时两板间的电场强度的大小为 $E=E_0 e^{-t/RC}$,式中 E_0、R、C 均为常数,则两板间的位移电流的大小为_____,其方向与场强方向_____。

三、计算题

21. 一密绕的探测线圈面积 $S=4\text{cm}^2$,匝数 $N=160$,电阻 $R=50\Omega$。线圈与一个内阻 $r=30\Omega$ 的冲击电流计相连。今把探测线圈放入一均匀磁场中,线圈法线与磁场方向平行。当把线圈法线转到垂直磁场方向时,电流计指示通过的电量为 4×10^{-5}C。试求磁感应强度的大小。

22. 如图 12-37 所示,一长直导线,通有电流 $I=5.0$A,在与其相距 d m 处放有一矩形线圈,共 N 匝。线圈以速度 v 沿垂直于长导线的方向向右运动,求:(1)处于如图所示位置时,线圈中的感应电动势是多少?(设线圈长 L,宽 a)。(2)若线圈不动,而长直导线通有交变电流 $I=5\sin 100\pi t$ A,线圈中的感应电动势是多少?

23. 求长度为 L 的金属杆在均匀磁场 $\boldsymbol{B}$ 中绕平行于磁场方向的定轴 OO' 转动时的动生电动势。已知杆相对于均匀磁场 $\boldsymbol{B}$ 的方位角为 θ,杆的角速度为 ω,转向如图 12-38 所示。

24. 两个半径分别为 R 和 r 的同轴圆形线圈相距 x,如图 12-39 所示,且 $R\gg r$,$x\gg R$。若大线圈通有电流 I,小线圈沿 x 轴方向以速率 v 运动,试求 $x=NR$(N 为正数)时小线圈回路中产生的感应电动势的大小。

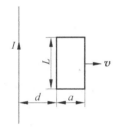

图 12-37 习题 22 用图

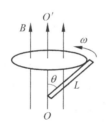

图 12-38 习题 23 用图

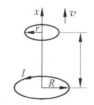

图 12-39 习题 24 用图

25. 如图 12-40 所示在半径为 R 的长直螺线管中,均匀磁场随时间均匀增大 $\left(\dfrac{dB}{dt}>0\right)$,直导线 $ab=bc=R$,如图所示,求导线 ac 上的感应电动势。

26. 平行板空气电容器接在电源两端,电压为 U,如图 12-41 所示,回路电阻忽略不计。今将电容器的两极板以速率 v 匀速拉开,当两极板间距为 x 时,求电容器内位移电流密度。

27. 设一电缆由两个无限长的同轴圆筒状导体组成,内外圆筒之间充满了相对磁导率为 μ_r 的磁介质。内圆筒和外圆筒上的电流 I 方向相反而大小相等,设内、外圆筒横截面的半径分别为 R_1 和 R_2,如图 12-42 所示。试计算长为 l 的一段电缆内的磁场所储藏的能量。

28. 一长直导线旁有一矩形线圈,两者共面(图 12-43)。求长直导线与矩形线圈之间的互感系数。

29. 如图 12-44 所示,一段长度为 l 的金属棒 MN,水平放置在载电流为 I 的竖直长导线旁,与竖直导线共面,M 端与导线距离为 a,并由静止从图示位置自由下落,求 t 秒末导线两端的电势差 U_M-U_N。

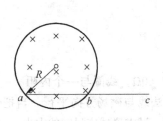
图 12-40　习题 25 用图

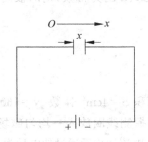
图 12-41　习题 26 用图

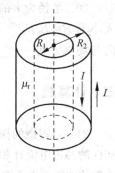
图 12-42　习题 27 用图

30. 有一长方的 U 形导轨，与水平面成角 θ，裸导线 ab 可在导轨上无摩擦地下滑，导轨位于磁感应强度 B 竖直向上的均匀磁场中，如图 12-45 所示。设导线 ab 的质量为 m，电阻为 R，长度为 l，导轨的电阻略去不计，$abcd$ 形成电路，$t=0$ 时，$v=0$。试求：导线 ab 下滑的速度 v 与时间 t 的函数关系。

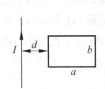
图 12-43　习题 28 用图

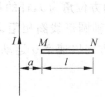
图 12-44　习题 29 用图

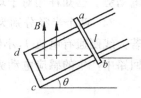
图 12-45　习题 30 用图

31. 如图 12-46 所示，长直导线 AB 中的电流 I 沿导线向上，并以 $dI/dt=2A/s$ 的变化率均匀增长。导线附近放一个与之同面的直角三角形线框，其一边与导线平行，位置及线框尺寸如图所示。求此线框中产生的感应电动势的大小。（$\mu_0=4\pi\times10^{-7}\,\text{T}\cdot\text{m/A}$）

32. 有一水平的无限长直导线，线中通有交变电流 $I=I_0\cos\omega t$，其中 I_0 和 ω 为常数，t 为时间，$I>0$ 的方向如图 12-47 所示。导线离地面的高度为 h，D 点在导线的正下方。地面上有一 N 匝平面矩形线圈其一对边与导线平行。线圈中心离 D 点水平距离为 d_0，线圈的边长为 $a\left(\frac{1}{2}a<d_0\right)$ 及 b，总电阻为 R。取法线 n 竖直向上，试计算导线中的交流电在线圈中引起的感应电流（忽略线圈自感）。

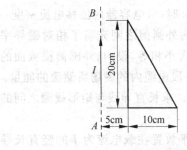
图 12-46　习题 31 用图

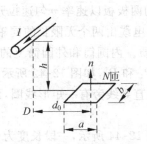
图 12-47　习题 32 用图

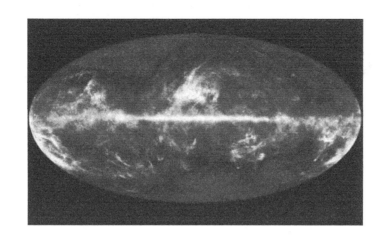

这是一张欧洲航天局公布的宇宙全景图。目前认为,宇宙是由一次剧烈的大爆炸产生的,而促成大爆炸产生的根本原因之一,便是共振。当宇宙还处于混沌的奇点时,里面就开始产生了微弱的振荡。渐渐地,振荡的频率越来越高、越来越强,并引起了共振。最后,在共振和膨胀的共同作用下,导致了一次无与伦比的大爆炸,宇宙在瞬间急剧膨胀、扩张,经历了漫长的岁月,形成了今天的宇宙。

共振现象可以说是宇宙间最普遍、最频繁的自然现象之一,在某种程度上甚至可以说,是共振产生了宇宙和世间万物,没有共振就没有世界。

第13章

振 动

本章概要 一个物理量随时间作周期性变化的过程称为振动,它是一个广义的概念,是物质运动的一种形式。例如,物体的位置在平衡位置附近作来回的周期变化叫做机械振动(心脏的跳动,钟表的摆动,晶格振动等等);LC电路中的电流、电荷以及所产生的磁场、电场随时间作周期性的变化也称为振动(电磁振荡)。各种振动的本质不同,但在描述方式、处理方法乃至某些规律上,均具有极大的相似性和可类比性。本章主要讨论机械振动的基本规律,简要介绍电磁振荡;一切复杂的振动可看成是许多不同频率的简谐振动的合成,因此,本章重点分析简谐振动的特征和描述以及简谐振动的合成;其次,介绍了阻尼振动、受迫振动和共振现象以及它们的实际应用;最后,简单介绍非线性振动的概念及基本特征。

13.1 简谐振动的动力学及运动学特征

一、简谐振动的动力学特征

物体运动时,如果离开平衡位置的位移(或角位移)按余弦函数或正弦函数(本书采用余弦函数)的规律随时间变化,这种运动就叫简谐运动,简称谐振。

下面以一个弹簧振子的小幅度运动进行讨论。所谓的弹簧振子是由一根劲度系数为 k 的轻质弹簧和一个质量为 m 的物体组成的系统,弹簧的一端固定,弹簧的另一端连接着物体。图13-1所示就是一个放置在水平光滑面上的弹簧振子。在弹簧处于自然长度时,物体所受的合外力为零,处于平衡位置。将物体小幅度移动然后释放,物体就将在平衡位置两侧作往复运动。x 随时间 t 如何变化呢?

如图13-1所示,以平衡位置作为坐标原点 O,以弹簧拉伸方向作为 x 轴正方向,建立坐标系。将物体视为质点,质点的坐标 x 即为质点相对于平衡位置的位移,也就是弹簧的伸长量。根据胡克定律,此时质点将受到一个弹性力的作用,该力的方向与位移相反,力的大小与位移成正比,可以表示为

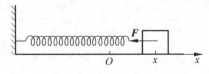

图13-1 光滑水平面上的弹簧振子

$$F = -kx \tag{13-1}$$

这样的力称为线性回复力。式中 k 称为劲度系数。

根据牛顿第二定律,有

$$-kx = m\frac{d^2x}{dt^2}$$

令

$$\omega = \sqrt{\frac{k}{m}} \tag{13-2}$$

代入上式得

$$\frac{d^2x}{dt^2} + \omega^2 x = 0 \tag{13-3}$$

该微分方程的解为

$$x = A\cos(\omega t + \varphi_0) \tag{13-4}$$

式中 A 和 φ_0 为积分常数,可以通过初始条件来确定。可见,x 以圆频率 ω 按照余弦规律随时间 t 变化,因此弹簧振子的小幅度振动是简谐振动。

从以上分析可见,若物体所受合力为线性回复力,即具有式(13-1)那样的特征,则物体必定作简谐运动。而式(13-3)就是典型的简谐运动的动力学方程,并且振动的圆频率只与描述系统的物理量有关。因此,式(13-1)和式(13-3)可以作为物体是否作简谐振动的动力学判据。

二、简谐振动的运动学特征

由简谐振动的表达式

$$x = A\cos(\omega t + \varphi_0)$$

我们可以得知任一时刻物体作简谐振动的速度和加速度

$$v = \frac{dx}{dt} = \omega A\sin(\omega t + \varphi_0) = v_m\cos\left(\omega t + \varphi_0 + \frac{\pi}{2}\right) \tag{13-5}$$

$$a = \frac{d^2x}{dt^2} = -\omega^2 A\cos(\omega t + \varphi_0) = a_m\cos(\omega t + \varphi_0 + \pi) \tag{13-6}$$

式中,$v_m = \omega A$ 和 $a_m = \omega^2 A$ 分别为速度和加速度的最大值。将式(13-6)与式(13-4)比较,可知

$$a = -\omega^2 x \tag{13-7}$$

可见,当物体以 ω 作简谐振动时,其速度和加速度也以相同的圆频率作简谐振动;加速度和位移成正比,但方向相反。式(13-7)可以作为物体是否作简谐振动的运动学判据。

我们可以方便直观地用曲线的形式表示 x,v,a 随时间 t 变化的情况。图 13-2 为当 $\varphi_0 = 0$ 时的 x-t、v-t、a-t 曲线,其中 x-t 曲线常称为振动曲线。由图中可见,三条曲线随时间作周期性变化的圆频率(或周期)相同,但是,变化的步调不一致,取值范围也不同。

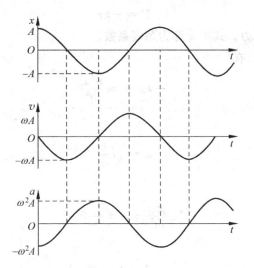

图 13-2 简谐振动的 x-t、v-t 和 a-t 曲线

三、简谐振动的表达式及三个特征量

式(13-4)称为简谐振动的表达式。由式子可见,如果知道了 A, ω 和 φ_0,那么任一时刻简谐运动的状态也就完全确定了。因此,这三个量叫做描述简谐运动的三个特征量。

1. 振幅 A

振幅 A 表示质点在振动过程中离开平衡位置的最大距离,它给出了质点振动的范围在 $+A$ 到 $-A$ 之间,$A=|x_{\max}|$。

2. 圆频率(也称角频率)ω,周期 T,频率 ν

振动的特征之一是具有周期性,即每隔一定的时间(我们常称为周期 T),质点的振动状态就完全重复一次,也可以理解为周期 T 是振动往复一次(或完成一个全振动)所经历的时间。也就是说

$$x = A\cos(\omega t + \varphi_0) = A\cos[\omega(t+T) + \varphi_0] = A\cos(\omega t + \varphi_0 + \omega T)$$

因此有 $\omega T = 2\pi$,即

$$T = \frac{2\pi}{\omega} \qquad (13\text{-}8)$$

单位时间内振动往复的次数称为振动频率,以 ν 表示,单位为赫兹(Hz),它和周期 T 的关系为

$$\nu = \frac{1}{T}$$

所以

$$\omega = 2\pi\nu \qquad (13\text{-}9)$$

ω 叫做振动的圆频率(或角频率),表示质点在 2π 时间内完成全振动的次数。在国际单位制中,ω 的单位为 $\text{rad} \cdot \text{s}^{-1}$。$\omega$,$T$ 或 ν 都可用来描述简谐运动的周期性,式(13-8)和式(13-9)给出了它们之间的关系。

3. 相位 $\omega t+\varphi_0$，初相位 φ_0

$\omega t+\varphi_0$ 称为 t 时刻振动的相位。当 $t=0$ 时，相位为 φ_0，故 φ_0 称为初相位。相位的单位为 rad。在三个特征量中，φ_0 最重要，这主要体现在以下三方面。第一，在 A 和 ω 已知的情况下，任一时刻质点的运动状态（质点的位置 x 和速度 v）完全由 $\omega t+\varphi_0$ 决定，不同的相位代表着不同的运动状态。例如，某时刻 $\omega t+\varphi_0=0$，则由 x 和 v 的表达式(13-4)和式(13-5)可知，此时 $x=A$，$v=0$，代表质点处在正最大位移且振动速度为零的状态；若 $\omega t+\varphi_0=\pi$，则质点处在负最大位移且振动速度为零的状态；若 $\omega t+\varphi_0=\dfrac{\pi}{2}$，则 $x=0$，$v=-\omega A$，此时质点的振动速度最大，经过平衡位置且向着 x 轴负向运动；而当 $\omega t+\varphi_0=-\dfrac{\pi}{2}$ 时，代表质点正经过平衡位置向着 x 轴正向运动。第二，相位可以很好地体现振动往复运动的周期性。例如，从某时刻开始，质点完成了 n 个全振动后又回到这个状态，那么初态和末态的相位差为 2π 的 n 倍。第三，可以很方便地比较两个简谐振动在步调上的异同。设有两个同频率的简谐振动

$$x_1=A_1\cos(\omega t+\varphi_{10})$$
$$x_2=A_2\cos(\omega t+\varphi_{20})$$

它们的相位差为

$$\Delta\varphi=(\omega t+\varphi_{20})-(\omega t+\varphi_{10})=\varphi_{20}-\varphi_{10}$$

可见，对于同频率的简谐振动，$\Delta\varphi$ 就等于初相位差，与时间无关。由 $\Delta\varphi$ 的取值，可以看出两个谐振的步调异同。当 $\Delta\varphi=2k\pi$，$k=0,\pm1,\pm2,\cdots$ 时，两个振动完全同步，同时到达各自同方向位移的最大值，同时通过平衡位置并且向同方向运动。这时，我们称这两个振动"同相"；当 $\Delta\varphi=(2k+1)\pi$，$k=0,\pm1,\pm2,\cdots$ 时，两个振动的步调完全相反，当一个振动到达正向的最大位移时，另一个振动到达负向的最大位移；它们将同时通过平衡位置但是向相反方向运动，这种情况我们称为两个振动"反相"；当 $\Delta\varphi$ 为其他值时，一般分成两种情况。若 $\Delta\varphi=\varphi_{20}-\varphi_{10}>0$，我们称第二个振动超前第一个振动 $\Delta\varphi$；若 $\Delta\varphi=\varphi_{20}-\varphi_{10}<0$，我们称第二个振动比第一个振动落后了 $|\Delta\varphi|$。一般而言，进行以上比较时，通常把初相位和相位差的取值限定在 $-\pi$ 到 $+\pi$ 之间。

我们也用相位来比较不同物理量之间的步调差异。例如，从式(13-4)、式(13-5)和式(13-6)中，可以看出速度的相位比位移的相位超前 $\dfrac{\pi}{2}$，加速度的相位与位移反相。

相位和相位差的概念不仅在振动中很重要，在波动、无线电技术中也起了关键的作用，甚至现代的许多新现象（如 AB 效应，AC 效应等）也都与之有关。

延伸阅读——科学发现

AB 效 应

1959 年，阿哈勒诺夫(Y. Aharonov)和玻姆(D. Bohm)在一篇论文中预言，在电子运动的空间中，无论是否存在电磁场，电子波函数的相位都会受到空间中电磁矢势和标势的影响。因此，即使在电磁场强度为零的空间中，只要电磁矢势和标势不为零，则运动着的两束相干的电子束，其波函数有可能会受矢势或标势的影响而出现不同的相位变化，从而导致电

子干涉花样发生变化。由此他们作出结论,在量子理论中,电磁势要比经典电磁理论中的电场与磁场强度更有意义。他们同时建议了几种能证实上述理论的实验途径。他们的预言先后被实验所证实。由于具有重要意义,在物理界引起了广泛的关注。AB效应的研究仍在继续发展中。

4. A, ω 和 φ_0 的确定

从弹簧振子的讨论中,我们得到弹簧振子简谐振动的圆频率为 $\omega=\sqrt{k/m}$,这是由描述振动系统的物理量 k 和 m 决定的。因此,这一圆频率也称为振动系统的固有角频率,相应的周期称为系统的固有周期。对其他的振动系统(例如后面章节将要讨论的单摆和复摆等),ω 同样是由振动系统本身的性质所决定的。

另外两个特征量 A 和 φ_0 取决于初始条件,即 $t=0$ 时的运动状态。设 $t=0$ 时,质点的位移为 x_0,初速度为 v_0,则由式(13-4)和式(13-5)得

$$\begin{cases} x_0 = A\cos\varphi_0 \\ v_0 = -\omega A\sin\varphi_0 \end{cases} \quad (13\text{-}10)$$

可得

$$A = \sqrt{x_0^2 + \frac{v_0^2}{\omega^2}} \quad (13\text{-}11)$$

$$\varphi_0 = \arctan\left(-\frac{v_0}{\omega x_0}\right) \quad (13\text{-}12)$$

由式(13-12)求出的 φ_0,在 $-\pi$ 到 π 之间有两个值,但只有其中的一个值满足初始条件,故应该根据式(13-10)对 φ_0 加以取舍。

振幅 A 也可通过振动系统的初始能量来确定。由初始条件可知,$t=0$ 时,系统获得的机械能为

$$E_0 = \frac{1}{2}kx_0^2 + \frac{1}{2}mv_0^2$$

将式(13-10)代入上式,并考虑到 $\omega=\sqrt{\frac{k}{m}}$,可得

$$E_0 = \frac{1}{2}kA^2$$

因此,有

$$A = \sqrt{\frac{2E_0}{k}} \quad (13\text{-}13)$$

也就是说,振幅的大小取决于初始时刻外界提供给系统的那部分机械能。

【例题 13-1】 一质量 $m=0.25\text{kg}$ 的物体,在弹簧力的作用下沿 x 轴运动,平衡位置在原点。弹簧的劲度系数 $k=25\text{N}\cdot\text{m}^{-1}$。

(1) 求振动的周期 T 和角频率 ω。

(2) 如果振幅 $A=15\text{cm}$,$t=0$ 时物体位于 $x_0=7.5\text{cm}$ 处,且物体沿 x 轴反向运动,求初速 v_0 及初相位 φ_0。

(3) 写出振动表达式。

解：(1) 角频率
$$\omega = \sqrt{k/m} = 10(\text{rad/s})$$
周期
$$T = 2\pi/\omega = 0.63(\text{s})$$

(2) 依题意有 $A=15$cm，在 $t=0$ 时，$x_0=7.5$cm，$v_0<0$，根据式(13-11)，得
$$v_0 = -\omega\sqrt{A^2-x_0^2} = -1.3\text{m/s}$$
由式(13-12)可得
$$\varphi_0 = \arctan(-v_0/\omega x_0) = \frac{1}{3}\pi \quad \text{或} \quad \frac{4\pi}{3}$$
因为 $v_0<0$，所以
$$\varphi_0 = \frac{1}{3}\pi$$

(3) 有了三个特征量 A,ω 和 φ_0，即可写出振动的表达式
$$x = 15\times 10^{-2}\cos\left(10t+\frac{1}{3}\pi\right)(\text{m})$$

【**例题 13-2**】 一简谐振动的振动曲线如图 13-3 所示，求振动表达式。

解：设振动表达式为
$$x = A\cos(\omega t + \varphi_0)$$
由曲线可知 $A=10$cm，且 $t=0$ 时
$$x_0 = -5 = 10\cos\varphi_0, \quad v_0 = -10\omega\sin\varphi_0 < 0$$
解上面两式，可得
$$\varphi_0 = 2\pi/3$$

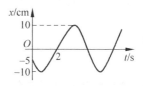

图 13-3 例题 13-2 用图

由曲线可知质点由位移为 $x_0=-5$cm 和 $v_0<0$ 的状态运动到 $x=0$ 和 $v>0$ 的状态所需的时间为 $t=2$s，代入振动表达式得
$$0 = 10\cos(2\omega + 2\pi/3)$$
则有
$$2\omega + 2\pi/3 = 3\pi/2$$
所以
$$\omega = 5\pi/12$$
故所求振动表达式为
$$x = 0.1\cos(5\pi t/12 + 2\pi/3)(\text{m})$$

【**例题 13-3**】 一轻弹簧在 60N 的拉力下伸长 30cm。现把质量为 4kg 的物体悬挂在该弹簧的下端并使之静止，再把物体向下拉 10cm，然后由静止释放并开始计时。求：

(1) 物体的振动表达式；
(2) 物体在平衡位置上方 5cm 时弹簧对物体的拉力；
(3) 物体从第一次越过平衡位置时刻起到它运动到上方 5cm 处所需要的最短时间。

解：在 60N 的拉力下弹簧伸长 30cm，由此可得弹簧的劲度系数
$$k = f'/x = 60/0.3 = 200(\text{N/m})$$
现在把质量为 4kg 的物体悬挂在该弹簧的下端构成一个弹簧振子，其固有角频率为

$$\omega = \sqrt{k/m} \approx 7.07 (\text{rad/s})$$

(1) 选平衡位置作为原点，x 轴正向指向下方。$t=0$ 时
$$x_0 = A\cos\varphi_0 = 10\text{cm}, \quad v_0 = -A\omega\sin\varphi_0 = 0$$

解以上二式得
$$A = 10\text{cm}, \quad \varphi_0 = 0$$

所以，振动表达式为
$$x = 0.1\cos(7.07t)(\text{m})$$

(2) 物体在平衡位置上方 5cm 时，弹簧对物体的拉力
$$f = m(g-a)$$

而
$$a = -\omega^2 x = 2.5(\text{m/s}^2)$$

所以
$$f = 4 \times (9.8 - 2.5) = 29.2(\text{N})$$

(3) 设 t_1 时刻物体在平衡位置，此时 $x=0$，即
$$0 = A\cos\omega t_1$$

此时物体向上运动，$v<0$，所以
$$\omega t_1 = \pi/2$$

得
$$t_1 = \pi/2\omega = 0.222(\text{s})$$

再设 t_2 时物体在平衡位置上方 5cm 处，此时 $x=-5$，即
$$-5 = A\cos\omega t_1$$

得
$$\cos\omega t_1 = -1/2$$

又因为 $v<0$，所以
$$\omega t_2 = 2\pi/3$$

得
$$t_2 = 2\pi/(3\omega) = 0.296(\text{s})$$

所以
$$\Delta t = t_1 - t_2 = 0.296 - 0.222 = 0.074(\text{s})$$

【例题 13-4】 倾角为 θ 的固定斜面上放一质量为 m 的物体，用细绳跨过滑轮把物体与一轻弹簧相连接，弹簧另一端固定于地面，如图 13-4 所示。弹簧的劲度系数为 k，滑轮可视为半径为 R、质量为 M 的圆盘，设绳与滑轮间不打滑，物体与斜面间以及滑轮转轴处摩擦不计。（滑轮的转动惯量 $J = \frac{1}{2}MR^2$）

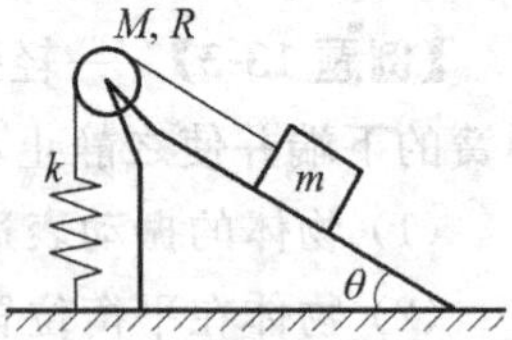

图 13-4 例题 13-4 用图

(1) 求证：m 的振动是简谐振动；

(2) 在弹簧不伸长、绳子也不松弛的情况下，使 m 由静止释放并以此时作为计时起点，求 m 的振动表达式。（本题中沿斜面向下取为 x 轴正方向）。

解：(1) 取物体的平衡位置处为坐标原点，设物体处于此位置时弹簧伸长为 l_0，则有

$$mg\sin\theta = kl_0 \qquad ①$$

设任一时刻,物体振动的位移为 x,此时滑轮两侧绳中张力为 T_1, T_2,物体的运动方程为

$$mg\sin\theta - T_1 = m\frac{d^2x}{dt^2} \qquad ②$$

对于滑轮的运动,有

$$T_1 R - T_2 R = J\beta \qquad ③$$

其中

$$J = \frac{1}{2}MR^2, \quad R\beta = \frac{d^2x}{dt^2} \qquad ④$$

对弹簧有

$$T_2 = k(l_0 + x) \qquad ⑤$$

联立求解上述各式,可得

$$\frac{d^2x}{dt^2} = \frac{-k}{\frac{1}{2}M + m}x = -\omega^2 x$$

这是一个典型的简谐振动的动力学方程,因此 m 的运动为简谐振动。

(2) 由第一个问题可知,物体作 $\omega = \sqrt{\dfrac{2k}{M+2m}}$ 的简谐振动。依题意,$t=0$ 时,$v_0=0$,且这时弹簧不伸长,即初位移为 $x_0 = -l_0$,由此初始条件可求出

$$A = l_0 = \frac{mg\sin\theta}{k}, \quad \varphi_0 = \pi$$

因此 m 的振动表达式为

$$x = \frac{mg\sin\theta}{k}\cos\left(\sqrt{\frac{2k}{M+2m}}t + \pi\right)$$

四、简谐振动的能量特征

仍以水平弹簧振子为例。设某时刻 t,质点的位移为 x,速度为 v,根据 $x(t)$ 和 $v(t)$ 的表达式(13-4)和式(13-5),系统的动能为

$$E_k = \frac{1}{2}mv^2 = \frac{1}{2}m\omega^2 A^2 \sin^2(\omega t + \varphi_0)$$

其中,$\omega^2 = \dfrac{k}{m}$,代入上式得

$$E_k = \frac{1}{2}kA^2 \sin^2(\omega t + \varphi_0) \tag{13-14}$$

系统的势能为

$$E_p = \frac{1}{2}kx^2 = \frac{1}{2}kA^2 \cos^2(\omega t + \varphi_0) \tag{13-15}$$

系统的总机械能 $E = E_k + E_p$,显然有

$$E = \frac{1}{2}kA^2 \tag{13-16}$$

由此可见,简谐振动的总能量与振幅的平方成正比。总机械能 E 不随时间变化,是守

恒的。也就是说，总机械能就是初始时刻从外界所获得的能量。这点易于理解，因为在振动过程中，没有外力和非保守内力做功，所以这份能量保持不变，仅在动能和势能之间相互转换。由图 13-5 可见，弹簧振子的动能和势能均以 2ω 的角频率随时间变化。

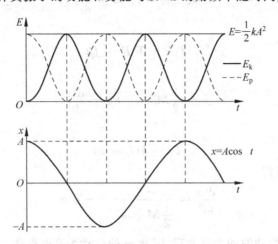

图 13-5　E-t，E_k-t，E_p-t 曲线以及与 x-t 曲线的比较

图 13-6 为弹簧振子的势能曲线，为抛物线。广义地讲，任意的势能曲线，只要有极小值，就会有振动，极小点即为稳定的平衡点。平衡点附近的势能曲线可以近似表示为抛物线的形式，所以系统在稳定的平衡点附近将要作小振幅的简谐振动。

【训练】　根据力和势能的关系，说明对于任何势能曲线，质点在稳定平衡位置的微小振动都是简谐运动。

【例题 13-5】　如图 13-7 所示，有一水平弹簧振子，弹簧的劲度系数 $k=24\text{N/m}$，重物的质量 $m=6\text{kg}$，重物静止在平衡位置上。设以一水平恒力 $F=10\text{N}$ 向左作用于物体（不计摩擦），使之由平衡位置向左运动了 0.05m 后撤去力 F。当重物运动到左方最远位置时开始计时，求物体的振动表达式。

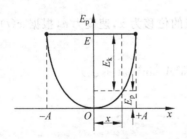

图 13-6　弹簧振子的势能曲线

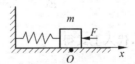

图 13-7　例题 13-5 用图

解：设物体的运动方程为
$$x = A\cos(\omega t + \varphi_0)$$
恒外力所做的功即为弹簧振子所获得的能量
$$0.05F = 0.5$$
即

$$\frac{1}{2}kA^2 = 0.5$$

得振幅 A 为

$$A = 0.204 \text{(m)}$$

振动的角频率为

$$\omega = \sqrt{k/m} = 2 \text{ (rad/s)}$$

按题目所述时刻计时,可知初相位为 $\varphi_0 = \pi$,所以,物体的振动表达式为

$$x = 0.204\cos(2t + \pi)\text{(m)}$$

13.2 旋转矢量图示法

简谐振动的描述有多种方法。除了前面介绍的余弦函数表示法和振动曲线法表示外,还可以用几何描述的方法,即用旋转矢量图示法来表示。这种方法是根据简谐振动与匀速圆周运动都是周期性运动的特征,用一种简单而密切的关系将它们联系起来。

如图 13-8 所示,建立一个直角坐标系 Oxy,从原点 O 作一矢量 $\boldsymbol{A}$,$\boldsymbol{A}$ 的长度等于简谐振动的振幅 A,$t=0$ 时,$\boldsymbol{A}$ 与 x 轴正向的夹角等于简谐振动的初相位 φ_0,令 $\boldsymbol{A}$ 以简谐振动的角频率 ω 绕 O 点逆时针作匀速转动。这样,我们用一个旋转矢量 $\boldsymbol{A}$ 简单直观地把简谐振动的三个特征量表现了出来。

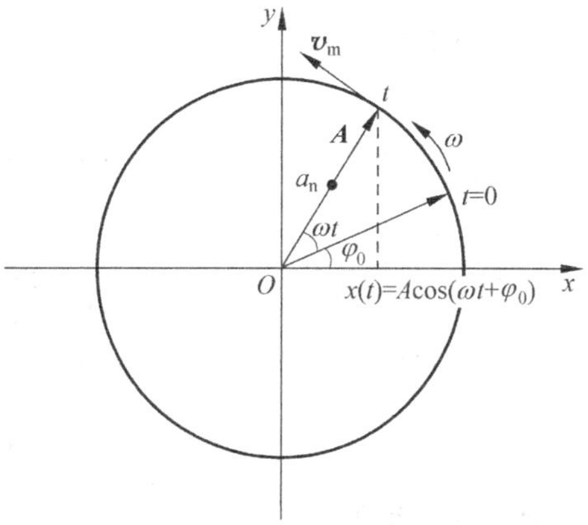

经过时间 t,$\boldsymbol{A}$ 旋转了 ωt 的角度,使得 $\boldsymbol{A}$ 与 x 轴的夹角为 $\omega t + \varphi_0$,这个夹角即为简谐振动在 t 时刻的相位。将矢量 $\boldsymbol{A}$ 在 x 轴上进行投影,得

$$x = A\cos(\omega t + \varphi_0)$$

图 13-8 旋转矢量图

此投影值恰好就是简谐振动的表达式。也就是说,当 $\boldsymbol{A}$ 旋转时,$\boldsymbol{A}$ 的末端点作半径为 A、角速度为 ω 的匀速圆周运动,同时该端点在 x 轴上的投影点作的正是简谐振动;匀速圆周运动的线速率 $v_m = \omega A$ 和向心加速度 $a_n = \omega^2 A$ 在 x 轴上的投影也正是式(13-5)和式(13-6)给出的简谐运动的速度和加速度公式。$\boldsymbol{A}$ 旋转一周,对应于投影点完成一个全振动,所需的时间就是简谐振动的周期 T;$\boldsymbol{A}$ 的某一特定位置(由 $\boldsymbol{A}$ 与 x 轴的夹角确定)对应于简谐振动一定的相位,而一定的相位就对应于一定时刻质点振动的运动状态,即位移和速度,因此,$\boldsymbol{A}$ 与 x 轴的夹角与简谐振动的状态一一对应,如图 13-9 表示。注意,此图中的 x 轴方向向上。由图中可见,P_1 位置的矢量对应的是振动曲线上的初始状态 M_1($t=0$ 时,$x_0 > 0$,$v_0 < 0$);而 P_2 位置的矢量对应的是状态 M_2($x = x_0$,$v > 0$)。

利用旋转矢量图示法,可以很容易地表示两个简谐振动之间的相位差。相位差就是它们与 x 轴夹角的差值,即两个矢量之间的夹角。相位差在简谐振动的合成中扮演了重要的角色,所以,用旋转矢量图示法处理振动的合成将会非常方便。

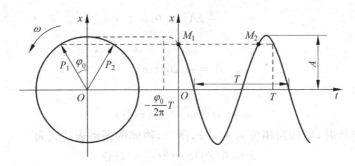

图 13-9 旋转矢量图与振动曲线的对应关系

【例题 13-6】 一质点作简谐振动,其振动表达式为

$$x = 0.24\cos\left(\frac{1}{2}\pi t + \frac{1}{3}\pi\right)(\text{m})$$

试用旋转矢量法求出质点由初始状态($t=0$ 的状态)运动到 $x=-0.12\text{m}, v<0$ 的状态所需的最短时间 Δt。

解:由振动表达式可知,初相位为 $\frac{\pi}{3}$,所以 $t=0$ 时矢量 **A** 与 x 轴正向的夹角为 $\frac{\pi}{3}$;而

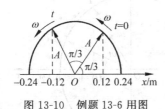

图 13-10 例题 13-6 用图

$x=-0.12\text{m}, v<0$ 的状态所对应的矢量在什么位置呢?此时,位移是负的,大小(即矢量在 x 轴上的投影值)等于振幅的一半,并且向着 x 轴负向运动,由此可判断出矢量与 x 轴正向的夹角为 $\frac{2\pi}{3}$,由此可画出两个矢量,如图 13-10 所示。由图上可见,矢量转过的最小角度为

$$\Delta\varphi = \omega\Delta t = \frac{2\pi}{3} - \frac{\pi}{3} = \frac{\pi}{3}$$

由振动表达式可得

$$\omega = \frac{\pi}{2}$$

所以所需的最短时间 Δt 为

$$\Delta t = \Delta\varphi/\omega = 0.667(\text{s})$$

【例题 13-7】 两质点作同频率、同振幅的简谐运动。第一个质点的振动表达式为 $x_1 = A\cos(\omega t + \varphi_0)$。当第一个质点自振动正方向回到平衡位置时,第二个质点恰在振动正方向的端点。试用旋转矢量图表示它们,并求第二个质点的振动表达式及它们的相位差。

解:依题意,可分别画出两个振动在某时刻的旋转矢量,如图 13-11 所示。其中 OM 表示第一个质点振动的旋转矢量;ON 表示第二个质点振动的旋转矢量。可见第二个质点振动的相位比第一个质点落后 $\pi/2$,即它们的相位差为

$$\Delta\varphi = \varphi_{20} - \varphi_{10} = -\pi/2$$

因此,根据第一个质点的振动表达式,可写出第二个质点的振动表达式为

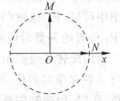

图 13-11 例题 13-7 用图

$$x_2 = A\cos\left(\omega t + \varphi_0 - \frac{\pi}{2}\right)$$

13.3 常见的简谐振动

前两节是以弹簧振子的振动为例来分析简谐运动的规律。本节介绍两种常见的简谐运动系统。

一、单摆

如图 13-12 所示，一根不计质量且不会伸缩的细线，上端固定，下端系一重物，将重物稍微移动后放手，重物即可在竖直面内来回摆动，此即单摆。

当摆线处于铅直位置时，摆球所受合力为零，故 O 点即为单摆的平衡位置。摆动过程中，摆线与铅直方向所成的角 θ 称为角位移，取逆时针方向为角位移 θ 的正方向。现在来分析摆球的受力。在忽略空气阻力的情况下，摆球受到重力和拉力的作用，沿圆弧切线方向的合力等于重力在这一方向的分力。设细线（也称为摆线）的长度为 l，重物（常称为摆球）的质量为 m，则该分力为

图 13-12 单摆

$$f_t = -mg\sin\theta$$

式中的负号表示 f_t 的方向与 θ 的方向相反。若 θ 很小，则可作近似 $\sin\theta \approx \theta$，因此

$$f_t = -mg\theta \tag{13-17}$$

可见，当 θ 很小时，此力与角位移 θ 成正比且方向相反，具有线性回复力的形式，常称为"准弹性力"。

根据牛顿第二定律 $f_t = ma_t$，且 $a_t = l\dfrac{d^2\theta}{dt^2}$，可得

$$-mg\theta = ml\frac{d^2\theta}{dt^2}$$

整理得

$$\frac{d^2\theta}{dt^2} + \frac{g}{l}\theta = 0 \tag{13-18}$$

这是一个典型的简谐振动的动力学方程，因此我们可以得出结论：在小角度摆动的情况下，单摆的振动是简谐振动，而且振动的角频率即为上式中 θ 项系数的平方根，即 $\omega = \sqrt{\dfrac{g}{l}}$，所以，单摆摆动的周期为

$$T = \frac{2\pi}{\omega} = 2\pi\sqrt{\frac{l}{g}} \tag{13-19}$$

也就是说，在小角摆动的情况下，单摆的角频率和周期只与摆长和重力加速度有关。因此，利用式(13-19)，通过摆长和周期的测量，可以求出当地的重力加速度，这是一种非常简便的测量方法。

求解方程(13-18),可得单摆作简谐振动的表达式为

$$\theta(t) = \theta_m \cos(\omega t + \varphi_0) \tag{13-20}$$

式中,角振幅 θ_m 和初相位 φ_0 由初始条件确定。

若摆角较大,单摆作的不是简谐振动,它的周期与摆角有关,将随着摆角的增大而增大。

二、复摆

一个刚体绕一固定轴来回摆动即构成复摆,也称为物理摆(如图 13-13 所示)。当轴与重心的连线 OC 位于竖直位置时,重力对转轴的力矩为零,复摆处于平衡位置。略加一小扰动,复摆即绕平衡位置来回摆动。类似于单摆,仍规定逆时针方向为角位移 θ 的正方向。设在某一时刻 t,角位移为 θ,此时复摆受到的关于转轴 O 的力矩即为重力矩 M,

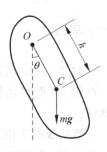

图 13-13 复摆

$$M = -mgh\sin\theta$$

式中负号表示 M 的方向与 θ 的方向相反。同样,当 θ 很小时,可作近似 $\sin\theta \approx \theta$,得

$$M = -mgh\theta \tag{13-21}$$

可见,小角摆动时,复摆受到的力矩与角位移 θ 成正比且方向相反,也具有"准弹性力"的形式。

设复摆绕该转轴的转动惯量为 J,则根据转动定律 $M = J\dfrac{d^2\theta}{dt^2}$,得

$$-mgh\theta = J\frac{d^2\theta}{dt^2}$$

$$\frac{d^2\theta}{dt^2} + \frac{mgh}{J}\theta = 0 \tag{13-22}$$

这是一个典型的简谐振动的动力学方程,因此,我们可以判定复摆的小角摆动是简谐振动。角位移 θ 将随时间作余弦变化,表达式与式(13-20)相同,但是振动的角频率为

$$\omega = \sqrt{\frac{mgh}{J}}$$

周期为

$$T = \frac{2\pi}{\omega} = 2\pi\sqrt{\frac{J}{mgh}} \tag{13-23}$$

复摆的角频率和周期也完全由振动系统本身的性质所决定。式(13-23)为测量形状复杂的刚体的转动惯量提供了一种实验方法。通过测量 m,h 和 T 的值,即可算出转动惯量 J。

由以上两个例子可见,无论系统的作用力是否起源于弹性力,只要作用力具有类似于线性回复力的形式,其运动就必定是简谐振动。

【例题 13-8】 一台摆钟每天慢 2 分 10 秒,其等效摆长 $l = 0.995$ m,摆锤可上下移动以调节其周期。假如将此摆当作质量集中在摆锤中心的单摆来估算,则应将摆锤向上移动多少距离,才能使钟走得准确?

解：设重力加速度 g 不变，根据单摆的周期公式 $T=\dfrac{2\pi}{\omega}=2\pi\sqrt{\dfrac{l}{g}}$，求导可得

$$2\frac{\mathrm{d}T}{T}=\frac{\mathrm{d}l}{l}$$

令 $\Delta T=\mathrm{d}T,\Delta l=\mathrm{d}l$，则上式给出的即为钟摆周期的相对误差与摆长的相对误差之间的关系式。考虑到钟摆周期的相对误差（$\Delta T/T$）等于钟的相对误差（$\Delta t/t$），则摆锤向上移动的距离应为

$$\Delta l=2l\frac{\Delta t}{t}=2\times 0.995\times\frac{130}{86400}(\mathrm{m})=2.99(\mathrm{mm})$$

即摆锤应向上移 $2.99\mathrm{mm}$，才能使钟走得准确。

【例题 13-9】 在直立的 U 形管中装有质量为 $m=240\mathrm{g}$ 的水银（密度为 $\rho=13.6\mathrm{g/cm^3}$），管的截面面积为 $S=0.30\mathrm{cm^2}$。经初始扰动后，水银在管内作微小振动。不计各种阻力。试求出振动微分方程，并求出振动周期。

解：建立简谐振动的方程，除了前面介绍的这种从受力分析出发，根据牛顿第二定律建立动力学方程的方法之外，还可以从能量的角度进行考察。此例题中我们以 U 形管中液体液面的上下起伏振动为例来介绍这种方法。

如图 13-14 所示建立坐标系，取两臂水银面相平时的平衡位置为坐标原点，且令此时水银的重力势能为零。

以右臂水银面的坐标为准，设 t 时刻，右臂水银面的位移为 x，则水银的势能（可看作两臂水银面相平的状态下，将高度为 x 的一段水银柱从左臂移到右臂，则有质量为 $S\rho x$ 的水银升高了高度 x）为 $S\rho gx^2$；水银的运动速度 $v=\dfrac{\mathrm{d}x}{\mathrm{d}t}$，水银的动能为 $\dfrac{1}{2}mv^2$。

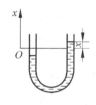

图 13-14 例题 13-9 用图

振动中机械能守恒，故得

$$\frac{1}{2}mv^2+S\rho gx^2=\text{常量}$$

对 t 求导数，可得

$$mv\frac{\mathrm{d}v}{\mathrm{d}t}+2S\rho gxv=0$$

$$m\frac{\mathrm{d}v}{\mathrm{d}t}+2S\rho gx=0$$

将 $v=\dfrac{\mathrm{d}x}{\mathrm{d}t}$ 代入上式，得

$$\frac{\mathrm{d}^2x}{\mathrm{d}t^2}+\frac{2S\rho g}{m}x=0$$

这是典型的简谐振动的动力学方程。由此可得振动角频率为

$$\omega=\sqrt{\frac{2S\rho g}{m}}$$

振动周期为

$$T=\frac{2\pi}{\omega}=2\pi\sqrt{\frac{m}{2S\rho g}}=1.09(\mathrm{s})$$

延伸阅读——物理学家

惠 更 斯

克里斯蒂安·惠更斯(Christiaan Huygens,1629—1695),荷兰物理学家、天文学家、数学家,他是介于伽利略与牛顿之间的一位重要的物理学先驱。他自幼聪慧,13 岁时曾自制一台车床,表现出很强的动手能力。1645—1647 年在莱顿大学学习法律与数学,1647—1649 年转入布雷达学院深造。他善于把科学实验和理论研究结合起来,透彻地解决问题。他在伽利略发现摆的等时性的基础上制成了第一台摆时钟;通过细致的分析,用几何方法得到了著名的单摆周期公式;研究了复摆及其振动中心的求法;他也是非线性振动研究的先驱者,发现当摆幅较大时,摆动周期与摆幅有关。天文学方面,他利用自制的望远镜发现了土星的光环、土星的卫星和猎户星云;光学上,他提出的惠更斯原理使他成为光的波动学说的奠基人之一,他还发现了光的双折射现象及光的偏振现象。他的著作有《摆钟》《宇宙论》《光论》等,总结了他在力学、天文学和光学方面的研究成果。

13.4 阻尼振动

前面讨论的简谐运动,没有阻力的作用,因此,系统能量没有损耗,振幅始终不变,振动能够无休止地进行下去,我们称之为无阻尼自由振动,这是一种理想化的情况。实际上,任何振动系统都会存在阻力的作用,比如空气或液体中的弹簧振子,振动过程中将受到空气阻力或流体粘滞力的作用,这时振动系统需要不断地克服阻力做功,导致它的能量和振动的振幅不断地减少,我们把这种减幅的振动叫做阻尼振动。

要了解阻尼振动的情况,必须知道阻力。阻力与运动速度有关,当物体的运动速度不太大时,阻力与速度的大小成正比,它的方向与速度方向相反,可以表示为

$$F_f = -\gamma v = -\gamma \frac{dx}{dt} \tag{13-24}$$

此处 γ 称为阻力系数,它的大小取决于物体的形状、表面状况以及介质的性质。

设物体的质量为 m,它受到弹性力(或准弹性力)$F=-kx$ 和阻力 F_f 的作用。根据牛顿运动定律,可以列出动力学方程

$$m\frac{d^2x}{dt^2} = -kx - \gamma\frac{dx}{dt}$$

令 $\frac{k}{m} = \omega_0^2, \frac{\gamma}{m} = 2\beta$,上式可写成

$$\frac{d^2x}{dt^2} + 2\beta\frac{dx}{dt} + \omega_0^2 x = 0 \tag{13-25}$$

式中,ω_0 为振动系统的固有角频率,β 为阻尼系数。根据 β 和 ω_0 的相对大小,该方程的解(即阻尼振动的表达式)有三种情况,现分别加以讨论。

(1) 当 $\beta^2 < \omega_0^2$ 时,阻尼作用较小,称为欠阻尼。

方程的解为

$$x = A_0 e^{-\beta t}\cos(\omega t + \varphi_0) \tag{13-26}$$

其中

$$\omega = \sqrt{\omega_0^2 - \beta^2} \tag{13-27}$$

A_0 和 φ_0 是取决于初始条件的积分常数。

这是一个近似的简谐振动,所谓近似,是因为振动的振幅为 $A = A_0 \mathrm{e}^{-\beta t}$,随着时间在变化。振幅以指数规律减小。$\beta$ 越大,衰减越快。显然,经过一个周期,位移不能回复,因此,欠阻尼振动不是严格的周期运动,常称之为准周期性运动。若仍把因子 $\cos(\omega t + \varphi_0)$ 的相位变化 2π 所经历的时间称为周期,则由系统振动的角频率 ω,可以得到周期 T:

$$T = \frac{2\pi}{\omega} = \frac{2\pi}{\sqrt{\omega_0^2 - \beta^2}} \tag{13-28}$$

可见,阻尼振动的周期 T 比系统的固有周期长。T 与 β 有关,β 越小,T 越接近固有周期。

欠阻尼振动曲线如图 13-15 或图 13-16 中曲线 a 所示。

(2) 当 $\beta^2 > \omega_0^2$ 时,阻尼作用较大,称为过阻尼。

方程的解为

$$x = A\mathrm{e}^{(-\beta + \sqrt{\beta^2 - \omega_0^2})t} + B\mathrm{e}^{(-\beta - \sqrt{\beta^2 - \omega_0^2})t} \tag{13-29}$$

式中 A, B 为积分常数。此时物体不作周期运动,而是从初始位移处非常缓慢地回到平衡位置,如图 13-16 中的曲线 b 所示。

(3) 当 $\beta^2 = \omega_0^2$ 时,称为临界阻尼。

方程的解为

$$x = (C + Dt)\mathrm{e}^{-\beta t} \tag{13-30}$$

式中 C, D 为积分常数。此时物体作的是非周期性运动,运动曲线如图 13-16 中的曲线 c 所示。

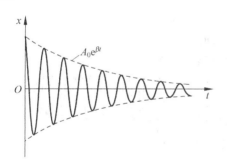

图 13-15　欠阻尼振动曲线

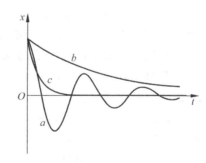

图 13-16　三种阻尼下的运动曲线

比较三种运动曲线,可以直观地看到,系统在欠阻尼和过阻尼状态下运动时,回复到平衡位置(即静止)都需要较长的时间;而处在临界阻尼状态时,回复到平衡位置的时间最短。

在实际应用中,常常利用阻尼大小的不同,来控制物体的运动方式。例如,在灵敏电流计等精密仪器中,为了使光标较快地达到指示值,进行准确快速的测量,需要调节电路参数,使仪器的偏转系统在临界阻尼状态下工作。

【思考】 图 13-16 中的三条曲线均为初位移 x_0 不为零、初速度 v_0 为零的情形,若系统的初始条件为 $x_0 = 0, v_0 \neq 0$,则三条曲线的初始阶段将不一样,试画之。

13.5 受迫振动 共振

一、受迫振动

实际的振动中,由于阻力做负功,系统的能量不断被消耗,振幅不断衰减,因此,这样的振动终究会停止。但如果外界能及时持续地为系统补充能量,仍有望得到稳定的等振幅的振动。通常外界是对系统施加一个周期性的外力,这个力称为驱动力。在周期性外力驱动下的振动就称为受迫振动。

此时,系统除了受到弹性力 $F=-kx$ 和阻力 $F_f=-\gamma v=-\gamma\dfrac{\mathrm{d}x}{\mathrm{d}t}$ 的作用外,还受驱动力的作用。设周期性驱动力为

$$F_d = F_0 \cos\omega_d t$$

即驱动力为简单的简谐力,其中 F_0 为驱动力的幅值,ω_d 为驱动力的角频率。根据牛顿第二定律,物体作受迫振动的动力学方程为

$$m\frac{\mathrm{d}^2 x}{\mathrm{d}t^2} = -kx - \gamma\frac{\mathrm{d}x}{\mathrm{d}t} + F_0\cos\omega_d t \tag{13-31}$$

仍然令 $\omega_0^2 = \dfrac{k}{m}$,$2\beta = \dfrac{\gamma}{m}$,代入上式可得

$$\frac{\mathrm{d}^2 x}{\mathrm{d}t^2} + 2\beta\frac{\mathrm{d}x}{\mathrm{d}t} + \omega_0^2 x = \frac{F_0}{m}\cos\omega_d t \tag{13-32}$$

当阻尼较小时,该方程的解为

$$x = A_0 e^{-\beta t}\cos(\sqrt{\omega_0^2 - \beta^2}\, t + \varphi_0) + A\cos(\omega_d t + \varphi) \tag{13-33}$$

可见,受迫振动可以看成是由两个振动叠加而成的。式(13-33)的第一项表示阻尼振动,振幅以指数形式衰减,经过一段时间后,此项振动将衰减到可以忽略不计。那么,此时式(13-33)就只剩下第二项,即振幅不变的简谐振动。因此,受迫振动在开始时,要经历一段较为复杂的暂态过程,然后便达到稳定状态时的等幅简谐振动,如图 13-17 所示。从能量的角度来看,系统处于稳定的等幅振动时,驱动力对系统所做的功正好弥补了因为阻尼而消耗的能量。稳态时的受迫振动可表示为

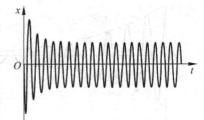

图 13-17 受迫振动曲线

$$x = A\cos(\omega_d t + \varphi) \tag{13-34}$$

要注意,振动的角频率不是系统的固有频率,而是驱动力的角频率 ω_d。式(13-34)中的振幅 A 和初相位 φ 分别为

$$A = \frac{F_0}{m\sqrt{(\omega_0^2 - \omega_d^2)^2 + 4\beta^2\omega_d^2}} \tag{13-35}$$

$$\tan\varphi = \frac{-2\beta\omega_d}{\omega_0^2 - \omega_d^2} \tag{13-36}$$

φ 表示振动的位移与驱动力之间的相位差。由这两个表达式可见,A 和 φ 都与初始条件无

关,而是取决于 ω_0，β 和 ω_d，即由振动系统、阻尼大小和驱动力共同决定。

将式(13-34)对时间求导，可以得到稳态时物体振动的速度

$$v = \frac{dx}{dt} = v_m \cos\left(\omega_d t + \varphi + \frac{\pi}{2}\right) \tag{13-37}$$

速度的振幅为

$$v_m = \frac{\omega_d F_0}{m\sqrt{(\omega_0^2 - \omega_d^2)^2 + 4\beta^2 \omega_d^2}} \tag{13-38}$$

二、共振

式(13-35)和式(13-38)表明，A 和 v_m 与 ω_0，β 和 ω_d 有关。对于给定的机械振动的系统，其固有频率 ω_0 是固定不变的，而驱动力的频率 ω_d 一般是可以改变的，因此，我们常常考察 A 和 v_m 随 ω_d 变化的情况。根据式(13-35)和式(13-38)可以画出 A-ω_d 和 v_m-ω_d 曲线，显然，曲线与 β 有关，如图 13-18 和图 13-19 所示。可以看出，当驱动力变化较慢或较快时，系统的位移和速度振幅都不大，但是当驱动力频率 ω_d 为某种取值时，位移振幅 A 和速度振幅 v_m 将达到极大值。而且，阻尼系数 β 越小，峰值越尖锐。我们把这种现象称为共振。那么，ω_d 取值为多少时达到共振呢？可以用数学上求极值的方法得到。

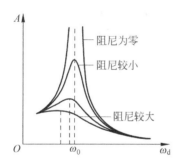

图 13-18 受迫振动的位移振幅 A 随驱动力频率 ω_d 的变化曲线

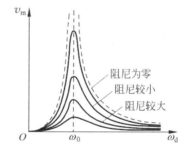

图 13-19 受迫振动的速度振幅 v_m 随驱动力频率 ω_d 的变化曲线

令 $\dfrac{dA}{d\omega_d} = 0$，可得位移共振时的共振角频率 ω_r 为

$$\omega_r = \sqrt{\omega_0^2 - 2\beta^2} \tag{13-39}$$

此时的最大振幅为

$$A_{极大} = \frac{F_0}{2m\beta\sqrt{\omega_0^2 - \beta^2}} \tag{13-40}$$

显见，阻尼系数 β 越小、共振角频率 ω_r 越接近固有频率 ω_0，则 $A_{极大}$ 就越大。

同理，令 $\dfrac{dv_m}{d\omega_d} = 0$，可得速度共振的共振角频率 ω_r' 以及速度振幅的最大值分别为

$$\omega_r' = \omega_0 \tag{13-41}$$

$$v_{极大} = \frac{F_0}{2m\beta} \tag{13-42}$$

由此可以看出,速度共振的共振角频率 ω'_r 与 β 无关,它等于固有频率 ω_0;但是 $v_{极大}$ 的值也是随着 β 的减小而急剧增大的。

由上面的讨论可知,在阻尼较小的情况下,当 $\omega_d = \omega_0$ 时,位移共振和速度共振几乎是同时发生的,因此,常常不加区分。

前面讨论了共振时位移振幅和速度振幅的特性,那么相位的表现呢?根据式(13-36),当发生共振($\omega_d = \omega_0$)时,$\varphi = -\dfrac{\pi}{2}$。根据式(13-37),此时的振动速度为

$$v = v_m \cos\omega_d t$$

也就是说,振动速度与驱动力同相位,在任一时刻,驱动力总是对系统做正功,因此,共振时系统从外界得到的能量最大,振幅最大。

【例题 13-10】 一竖直悬挂的弹簧振子,重物质量 $m = 0.03\mathrm{kg}$,弹簧的劲度系数 $k = 0.12\mathrm{N/m}$,这重物同时还受到驱动力 $F = H\cos 2t$(SI)和阻力 $f = -\gamma v$ 的作用。若阻力系数 γ 增为原来的 3 倍,其他条件不变,求振幅将变为原来的多少倍?

解:系统的固有角频率为

$$\omega_0 = \sqrt{k/m} = 2(\mathrm{rad/s})$$

驱动力的角频率为 $\omega_d = 2\mathrm{rad/s}$,即 $\omega_d = \omega_0$,故系统处于共振。

阻力系数为 γ 时,根据式(13-35),得振幅为

$$A_1 = \dfrac{H}{m\sqrt{(\omega_0^2 - \omega_d^2)^2 + 4\beta^2\omega_d^2}} = \dfrac{H}{2m\beta\omega_d} = \dfrac{H}{\gamma\omega_d}$$

阻力系数为 3γ 时,振幅为

$$A_2 = \dfrac{H}{3\gamma\omega_d}$$

所以

$$A_2/A_1 = \dfrac{1}{3}$$

即振幅将减为原来的 $\dfrac{1}{3}$。

延伸阅读——拓展应用

共振的利弊

受迫振动及共振现象在自然界中极为普遍。它在科学研究和工程技术中被广泛应用,但有时也会给人类的生活和安全带来危害。共振现象具有有利的一面,例如,收音机和电视机通过改变电路的固有频率,使之与某电台或某电视台的信号频率相近而引起共振,接收信号达到最佳状态;一些乐器和音箱利用共振来提高音响效果;利用核磁共振进行物质结构的研究以及医疗诊断等等。共振现象也有不利的一面,例如1940年11月7日美国的塔科马海峡大桥,建成通车仅4个月便坍塌了,部分原因就是大风作用引起桥的机械共振;人体各部位都有不同的频率,例如人的胃部固有频率为 $4\sim 8\mathrm{Hz}$,而拖拉机在土路上行驶时,其座椅的垂直加速度相对应的功率谱在 $4\sim 8\mathrm{Hz}$ 有较大值,因而对胃器官损伤较大;登山运动员登山时严禁大声喊叫,因为喊叫声中某一频率若正好与山上积雪的固有频率相吻合,就会因共振引起雪崩,其后果十分严重;共振时因为系统振幅过大还会造成机器设备的严重损坏

等。因此,为了不产生或减少共振现象,可采取一些措施,如破坏外驱动力的周期性、改变物体的固有频率或外力的固有频率、增大系统的阻尼等等。

13.6 简谐振动的合成

我们经常会遇到一个质点同时参与几个简谐运动的情况。例如,当两列声波在弹性介质中同时传到某一点时,该点的质元必须同时参与两个振动。根据运动的叠加原理,该质元的运动就是两个振动的合成。一般的振动合成问题比较复杂,本节只介绍几种较为简单的情况。

一、同方向、同频率的简谐运动的合成

设质点同时参与两个同频率的沿 x 轴方向的简谐振动,两个振动表达式分别为
$$x_1 = A_1\cos(\omega t + \varphi_{10})$$
$$x_2 = A_2\cos(\omega t + \varphi_{20})$$

x_1 和 x_2 分别表示离开同一平衡位置的位移,A_1 和 φ_{10}、A_2 和 φ_{20} 分别是相应振动的振幅和初相位。显然,质点的合成运动也是沿着 x 轴方向,合成的位移应为

$$x = x_1 + x_2 = A_1\cos(\omega t + \varphi_{10}) + A_2\cos(\omega t + \varphi_{20})$$

x 随时间 t 的变化规律是怎样的呢?我们可以用两种方法求解。一种是应用三角函数的关系直接进行运算;另一种是应用旋转矢量图,通过矢量的合成来求得结果。通过两种方法的比较,可以看出第二种方法的直观性和简单性。

根据三角函数的运算,有
$$x = (A_1\cos\varphi_{10} + A_2\cos\varphi_{20})\cos\omega t - (A_1\sin\varphi_{10} + A_2\sin\varphi_{20})\sin\omega t$$

令

$$A_1\cos\varphi_{10} + A_2\cos\varphi_{20} = A\cos\varphi_0 \tag{13-43}$$
$$A_1\sin\varphi_{10} + A_2\sin\varphi_{20} = A\sin\varphi_0 \tag{13-44}$$

则有
$$x = A\cos\varphi_0\cos\omega t - A\sin\varphi_0\sin\omega t$$

即
$$x = A\cos(\omega t + \varphi_0) \tag{13-45}$$

式(13-45)说明,两个同方向、同频率的简谐振动的合成仍然是简谐振动,而且频率和振动方向不变,与原来的两个振动相同。合振动的振幅 A 和初相位 φ_0 可以由式(13-43)和式(13-44)求得

$$A = \sqrt{A_1^2 + A_2^2 + 2A_1A_2\cos(\varphi_{20} - \varphi_{10})} \tag{13-46}$$

$$\tan\varphi_0 = \frac{A_1\sin\varphi_{10} + A_2\sin\varphi_{20}}{A_1\cos\varphi_{10} + A_2\cos\varphi_{20}} \tag{13-47}$$

下面再来介绍用旋转矢量图求解。如图 13-20 所示,用旋转矢量 $\boldsymbol{A}_1$ 和 $\boldsymbol{A}_2$ 表示简谐振动 x_1 和 x_2,根据平行四边形法则可以得到 $\boldsymbol{A}_1$,$\boldsymbol{A}_2$ 的合矢量 $\boldsymbol{A}$。因为 $\boldsymbol{A}_1$,$\boldsymbol{A}_2$ 逆时针旋转的角速度相等,均为 ω,所以在旋转过程中平行四边形的形状保持不变,因而合矢量 $\boldsymbol{A}$ 的长度

保持不变,并以同一角速度 ω 匀速旋转。那么,从图 13-20 上可以看出,任一时刻 t, $\boldsymbol{A}$ 在 x 轴上的投影都满足 $x=x_1+x_2$, $\boldsymbol{A}$ 即为合振动 $x(t)$ 的旋转矢量。因此,我们可以得出结论,合振动是频率为 ω 的简谐振动,合振动的振幅 A 就是矢量 $\boldsymbol{A}$ 的长度,合振动的初相位 φ_0 即为 $t=0$ 时矢量 $\boldsymbol{A}$ 与 x 轴正方向的夹角。根据图 13-20 所示的几何关系,易求得合振幅 A 即为式(13-16)所求的值;合振动的初相位 φ_0 满足的正是式(13-47)。

合振动的重要特征之一是合振动振幅 A 的大小与两个分振动的相位差 $\varphi_{20}-\varphi_{10}$ 有着密切的关系。下面讨论两种特殊情况。这两种情况是讨论机械波和光波的干涉和衍射的基础。

(1) 两个分振动同相位,即
$$\varphi_{20}-\varphi_{10}=2k\pi, \quad k=0,\pm 1,\pm 2,\cdots$$
此时 $\cos(\varphi_{20}-\varphi_{10})=1$,代入式(13-46)得
$$A=\sqrt{A_1^2+A_2^2+2A_1A_2}=A_1+A_2$$
即合振动的振幅为两个分振动的振幅之和,这是合振幅所能达到的最大值,表明两个分振动相互增强,如图 13-21 所示。

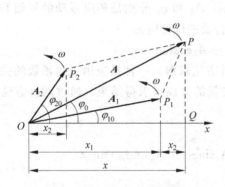

图 13-20 同方向、同频率简谐振动合成的旋转矢量图

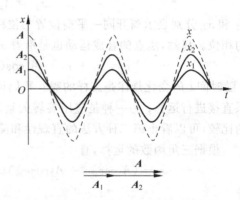

图 13-21 两个同方向、同频率同相位简谐振动的叠加

(2) 两个分振动反相,即
$$\varphi_{20}-\varphi_{10}=(2k+1)\pi, \quad k=0,\pm 1,\pm 2,\cdots$$
此时 $\cos(\varphi_{20}-\varphi_{10})=-1$,代入式(13-46)得
$$A=\sqrt{A_1^2+A_2^2-2A_1A_2}=|A_1-A_2|$$
这是合振幅所能达到的最小值,表明两个分振动相互削弱,如图 13-22 所示。当 $A_1=A_2$ 时,$A=0$,即两个等幅反相的振动合成后将使质点处于静止状态。

当相位差 $\varphi_{20}-\varphi_{10}$ 为其他数值时,合振幅的值介于 A_1+A_2 与 $|A_1-A_2|$ 之间。

以上讨论的是两个同频率、同方向的简谐运动的合成,若遇到的是多个同频率、同方向的简谐振动的合成呢? 这时我们会发现,三角运算的方法是非常繁复的,而采用旋转矢量图求解要简单很多。设 n 个同频率、同方向的简谐运动的振幅相等,相位依次差一个恒量 φ,表达式分别如下:
$$x_1=a\cos\omega t$$

$$x_2 = a\cos(\omega t + \varphi)$$
$$x_3 = a\cos(\omega t + 2\varphi)$$
$$\vdots$$
$$x_n = a\cos[\omega t + (n-1)\varphi]$$

相应的旋转矢量分别为 $A_1, A_2, A_3, \cdots, A_n$，那么根据矢量合成法则，通过作图，很容易就得到合振动矢量 A，如图 13-23 所示。再结合几何关系，可以得到合振动的振幅 A 和初相位 φ_0 分别为

$$A = a\frac{\sin(n\varphi/2)}{\sin(\varphi/2)}$$

$$\varphi_0 = \frac{n-1}{2}\varphi$$

所以，合振动的表达式为

$$x = A\cos(\omega t + \varphi_0) = a\frac{\sin(n\varphi/2)}{\sin(\varphi/2)}\cos\left(\omega t + \frac{n-1}{2}\varphi\right)$$

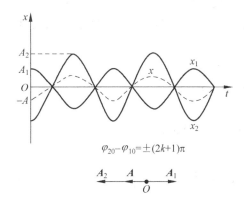
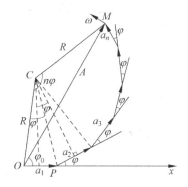

图 13-22　两个同方向、同频率相位相反的简谐振动的叠加　　图 13-23　n 个同方向、同频率简谐振动的叠加

【讨论】 当 φ 分别取值多少时，A 有极大值和极小值？

【例题 13-11】 一质点同时参与两个同方向的简谐振动，其振动表达式分别为

$$x_1 = 5\times 10^{-2}\cos(4t + \pi/3) \quad \text{(SI)}$$
$$x_2 = 3\times 10^{-2}\sin(4t - \pi/6) \quad \text{(SI)}$$

画出两振动的旋转矢量图，并求合振动的振动表达式。

解：设合振动的振动表达式为

$$x = x_1 + x_2 = A\cos(\omega t + \varphi_0)$$

依题意，角频率为

$$\omega = 4(\text{rad/s})$$

接着，需要确定 A 和 φ_0。首先，将 x_2 转化为用余弦来表示

$$x_2 = 3\times 10^{-2}\sin(4t - \pi/6)$$
$$= 3\times 10^{-2}\cos(4t - \pi/6 - \pi/2)$$
$$= 3\times 10^{-2}\cos(4t - 2\pi/3)$$

可知，第一个振动的初相位为 $\dfrac{\pi}{3}$，振幅为 $5\times 10^{-2}\,\text{m}$；第二个振动的初相位为 $-\dfrac{2\pi}{3}$，振幅为

3×10^{-2} m。据此作出两振动的旋转矢量 $\boldsymbol{A}_1$ 和 $\boldsymbol{A}_2$,如图 13-24 所示。由图可得,合振动的振幅和初相分别为

$$A = (5-3)\times 10^{-2} = 2\times 10^{-2}\,(\text{m}), \quad \varphi_0 = \frac{\pi}{3}$$

故合振动表达式为

$$x = 2\times 10^{-2}\cos\left(4t + \frac{\pi}{3}\right) \quad (\text{SI})$$

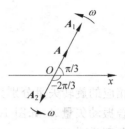

图 13-24 例题 13-11 用图

二、同方向、不同频率的简谐运动的合成

质点同时参与两个同方向但不同频率的简谐振动时,合振动不再是简谐振动,一般较为复杂。此处我们只讨论两个振动频率很接近且振幅相同的简谐振动的合成。

设两个简谐振动的振幅均为 A,角频率分别为 ω_1 和 ω_2,它们的初相位呢?由于二者频率不同,所以在旋转矢量图上,两个矢量旋转的快慢不同,总会在某一时刻两矢量重合。我们就将此时作为时间零点,开始计时,因而两个振动的初相位相同,设为 φ_0。因此,两分振动的表达式可分别表示如下:

$$x_1 = A\cos(\omega_1 t + \varphi_0)$$
$$x_2 = A\cos(\omega_2 t + \varphi_0)$$

合振动的表达式为

$$x = x_1 + x_2 = A\cos(\omega_1 t + \varphi_0) + A\cos(\omega_2 t + \varphi_0)$$

利用三角函数和差化积的公式,可得

$$x = 2A\cos\frac{\omega_2 - \omega_1}{2}t\cos\left(\frac{\omega_2 + \omega_1}{2}t + \varphi_0\right) \tag{13-48}$$

因为两个角频率 ω_1 和 ω_2 很接近,因此有 $\frac{\omega_2-\omega_1}{2}\ll\frac{\omega_2+\omega_1}{2}$,所以上式中的第一个因子 $\cos\frac{\omega_2-\omega_1}{2}t$ 随时间的变化要比第二个因子 $\cos\left(\frac{\omega_2+\omega_1}{2}t+\varphi_0\right)$ 的变化慢很多,也就是说,当第二个因子变化若干个周期时,第一个因子几乎没有变化。因此,我们可以把式(13-48)所描述的运动看成振幅为 $\left|2A\cos\frac{\omega_2-\omega_1}{2}t\right|$、角频率为 $\frac{\omega_2+\omega_1}{2}$ 的近似的"简谐"振动。因为振幅随时间作周期性变化,所以这种近似的"简谐"振动会出现时强时弱的现象,如图 13-25 所示。我们把这种合成振动的振幅随时间作周期性变化的现象叫做拍,相应的角频率称为拍频。拍频的值是多少呢?考虑振幅 $\left|2A\cos\frac{\omega_2-\omega_1}{2}t\right|$,设振幅变化的周期为 $T_{\text{拍}}$,则有

$$\left|2A\cos\frac{\omega_2-\omega_1}{2}t\right| = \left|2A\cos\frac{\omega_2-\omega_1}{2}(t+T_{\text{拍}})\right| = \left|2A\cos\left(\frac{\omega_2-\omega_1}{2}t + \frac{\omega_2-\omega_1}{2}T_{\text{拍}}\right)\right|$$

根据余弦函数绝对值的周期性,有

$$\left|\frac{\omega_2-\omega_1}{2}\right|T_{\text{拍}} = \pi$$

$$T_{\text{拍}} = \frac{2\pi}{|\omega_2 - \omega_1|} \tag{13-49}$$

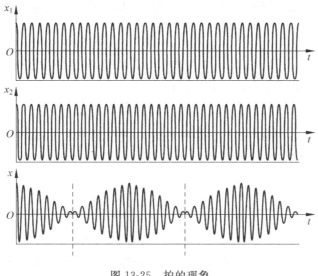

图 13-25　拍的现象

所以,拍频为

$$\nu_{拍} = \frac{|\omega_2 - \omega_1|}{2\pi} = |\nu_2 - \nu_1| \tag{13-50}$$

也就是说,拍频为两个分振动角频率之差。

拍的现象在生活和科学技术上有许多应用。例如,可以用标准音叉来校准乐器,当乐器的音调与标准音叉有差别时,会出现拍音,调整到拍音消失时,乐器的音调就校准好了。再如,利用拍的现象,可以测量频率。将待测频率的简谐振动与一个已知频率的简谐振动叠加,测量合成振动的拍频,就可以求出前者的频率。

三、两个互相垂直的简谐运动的合成

当一个质点同时参与两个互相垂直的简谐振动时,质点的合位移应是两个分振动的位移的矢量和。这时,质点在平面上作二维曲线运动,运动的轨迹取决于两个分振动的频率、振幅和相位,一般较为复杂。此处,我们先讨论两个分振动的频率相同的情况,然后简单介绍两个分振动的频率成整数比时的轨迹图形。

设两个同频率的简谐运动分别沿 x 轴和 y 轴进行,则它们的振动表达式可分别写成

$$x = A_1\cos(\omega t + \varphi_{10})$$
$$y = A_2\cos(\omega t + \varphi_{20})$$

在任何时刻 t,质点的位置坐标是 (x,y),所以,上述两个式子即为质点的运动方程。消去两个方程中的参量 t,便可得到质点的轨迹方程

$$\frac{x^2}{A_1^2} + \frac{y^2}{A_2^2} - \frac{2xy}{A_1 A_2}\cos(\varphi_{20} - \varphi_{10}) = \sin^2(\varphi_{20} - \varphi_{10}) \tag{13-51}$$

一般情况下,这是一个椭圆方程。根据质点在 x 轴和 y 轴的运动范围,该椭圆轨迹内切于以 $2A_1$ 和 $2A_2$ 为边的矩形;椭圆的形状由 A_1,A_2 和 $\varphi_{20} - \varphi_{10}$ 的取值决定。此处我们重点分析几种特殊情况。

(1) $\varphi_{20} - \varphi_{10} = 0$ 或 $\pm 2k\pi (k=1,2,\cdots)$，即两个振动同相。将其代入式(13-51)可得

$$y = \frac{A_2}{A_1}x$$

这时，质点的轨迹是一条通过坐标原点而斜率为 A_2/A_1 的直线，如图 13-26(a)所示。在任意时刻 t，质点离开平衡位置(原点)的位移是

$$r = \sqrt{x^2 + y^2} = \sqrt{A_1^2 + A_2^2} \cos(\omega t + \varphi_0)$$

此式表明质点沿着矩形对角线作的仍是简谐振动，其角频率为 ω，振幅为 $\sqrt{A_1^2 + A_2^2}$。

(2) $\varphi_{20} - \varphi_{10} = \pi$ 或 $\pm(2k+1)\pi$，$(k=1,2,\cdots)$，即两个振动反相。这时，由式(13-51)可得

$$y = -\frac{A_2}{A_1}x$$

表明质点的轨迹仍是一直线，但斜率是负值，为 $-A_2/A_1$，如图 13-26(b)所示。质点的合运动也仍然是沿着矩形对角线的简谐运动，频率与分振动相同，振幅是 $\sqrt{A_1^2 + A_2^2}$。

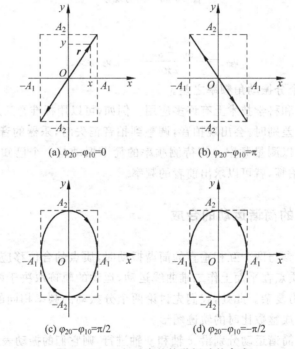

(a) $\varphi_{20}-\varphi_{10}=0$　　　　(b) $\varphi_{20}-\varphi_{10}=\pi$

(c) $\varphi_{20}-\varphi_{10}=\pi/2$　　　　(d) $\varphi_{20}-\varphi_{10}=-\pi/2$

图 13-26　互相垂直的简谐振动的合成

(3) $\varphi_{20} - \varphi_{10} = \pi/2$，即 y 方向的振动比 x 方向的振动超前 $\pi/2$。由式(13-51)得

$$\frac{x^2}{A_1^2} + \frac{y^2}{A_2^2} = 1 \tag{13-52}$$

这时，质点的运动轨迹是一个以 x 轴和 y 轴为长、短轴的椭圆，如图 13-26(c)所示。质点沿着椭圆按顺时针方向运动，运动的周期与分振动的周期相同。

(4) $\varphi_{20} - \varphi_{10} = -\pi/2$，即 y 方向的振动比 x 方向的振动落后 $\pi/2$。这时质点的轨迹方程仍是式(13-52)，轨迹仍是正椭圆，但是，质点运动的方向是逆时针的。如图 13-26(d)所示。

上述 3、4 两种情形中，如果 $A_1 = A_2$，则质点的轨迹将变成圆，即质点的合运动是圆周

运动。

若 $\varphi_{20}-\varphi_{10}$ 等于其他值,则合成的运动轨迹是椭圆,但长短轴的方向不与 x 轴或 y 轴重合;运动的方向取决于 $\varphi_{20}-\varphi_{10}$ 的值。

【思考】 两个互相垂直的同频简谐振动的合成,当 $\varphi_{20}-\varphi_{10}=\dfrac{\pi}{4},\dfrac{3\pi}{4},\dfrac{5\pi}{4},\dfrac{7\pi}{4}$ 时,请画出合成运动的轨迹。

以上讨论的是运动的合成。若反过来看,运动是可以分解的。因此,我们也可以这样理解,沿直线的简谐振动、匀速圆周运动和某些椭圆运动可以分解为两个互相垂直的简谐振动。

接下来,我们讨论两个不同频率的相互垂直的简谐振动的合成。若两个振动频率的差别较小,则它们的相位差将随时间缓慢变化,因此合成运动的轨迹将不断地从直线逐渐变成椭圆,再由椭圆缓慢变成直线,周而复始。

若两个振动的频率相差较大,则合成轨迹相当复杂。但是,当两个频率具有简单的整数比,相位为某些特殊值时,合成轨迹是稳定的闭合曲线,质点沿着轨迹作周期性的运动。我们把这种轨迹曲线称为李萨如图形。李萨如图形的形状除了与频率比有关,还与两个振动的相位有关。图 13-27 给出了频率比分别为 $\dfrac{\omega_2}{\omega_1}=\dfrac{1}{2},\dfrac{1}{3},\dfrac{2}{3},\dfrac{3}{4}$ 时的李萨如图形(图 13-27 取自赵凯华、罗蔚茵所著的《力学》)。图 13-27 就是频率比为 1 的李萨如图形。

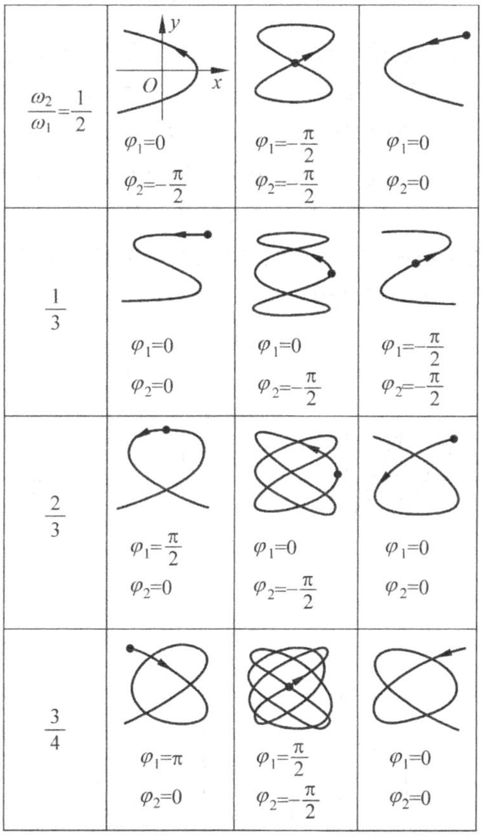

图 13-27 李萨如图形

李萨如图形可以方便地用示波器观察,因此,这就提供了一种常用的测定频率的简便方法。只要用一个已知的振动频率,就可以根据李萨如图形求出另一个振动的频率。

13.7 振动的分解　频谱分析

上面讨论的都是简谐振动,但实际存在的振动一般都不是简谐振动。那么对于非简谐振动,应如何分析呢?能否把它分解为一系列简谐振动呢?数学上的傅里叶(J. Fourier)级数和傅里叶变换理论告诉我们,这是可能的。这种分解的方法称为频谱分析或谐波分析。

根据傅里叶级数展开,任一周期为 T 的函数 $x(t)$,都可以分解为若干个不同频率的简谐函数,表达式为

$$x(t) = \frac{a_0}{2} + \sum_{n=1}^{\infty}(a_n\cos n\omega t + b_n\cos n\omega t) \tag{13-53}$$

其中,$n=1,2,3,\cdots,\omega=2\pi/T$,傅里叶系数 a_0,a_n 以及 b_n 可以根据 $x(t)$ 求出

$$\begin{cases} a_0 = \dfrac{2}{T}\int_0^T x(t)\mathrm{d}t \\ a_n = \dfrac{2}{T}\int_0^T x(t)\cos n\omega t\,\mathrm{d}t \\ b_n = \dfrac{2}{T}\int_0^T x(t)\sin n\omega t\,\mathrm{d}t \end{cases} \tag{13-54}$$

由此可见,复杂的周期性振动可以分解为许多个简谐振动的分量,它们的频率分别为 $n\omega,n=1,2,\cdots$,其中 n 为 1 的分量称为基频振动,其余的分量根据 n 的取值依次称为二次、三次、……、n 次谐频振动,不含有其他频率的谐波成分。

为了把谐波分析的结果形象化,常用频谱图直观地表示实际振动所包含的各种谐振分量的情况。所谓的频谱图,是以频率为横坐标,以各谐振分量的振幅为纵坐标所作的图。如图 13-28(a)、(c)所示的锯齿波和方波,它们的频谱图分别如图 13-28(b)、(d)所示。可见,周期性复杂振动的频谱是分立的线状谱。

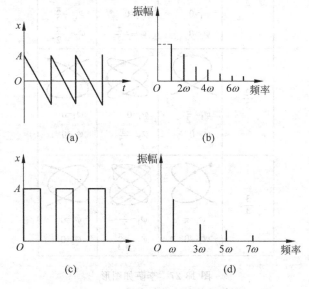

图 13-28　锯齿波和方波的频谱图

对于非周期性函数,频谱分析要用傅里叶变换处理,频谱为连续谱,如图 13-29 所示,为阻尼振动及其频谱。

频谱分析在物理学、信号处理、概率论、统计学、密码学、声学、光学、海洋学以及结构动力学等领域都有着广泛的应用。例如在信号处理中,实际存在的信号大多不是严格的谐振信号,而是比较复杂的。而一个复杂信号的特征总是与组成它的各种不同频率的谐振成分有关。再如,不同的乐器有不同的音色,就是因为它们所包含的高次谐频的成分与幅值不同的缘故。

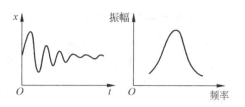

图 13-29　阻尼振动及其频谱图

13.8　非线性振动与混沌简介

前面我们介绍的振动系统均为线性系统,即质量不变、弹性力和阻尼力与运动参量成线性关系的系统,其动力学方程为线性常系数微分方程:

$$m\frac{\mathrm{d}^2 x}{\mathrm{d}t^2} + \gamma\frac{\mathrm{d}x}{\mathrm{d}t} + kx = F_\mathrm{d}(t)$$

应用线性振动理论可以解决许多振幅足够小的振动问题。但是实际中广泛存在着各种非线性因素,如形变等几何非线性、阻尼力、电场力、磁场力、万有引力等作用力非线性等等,这类问题的运动方程是非线性的,故称为非线性振动问题,相应的振动系统称为非线性系统。

例如弹簧振子,当位移较大时,回复力与位移之间是一种非线性关系,比如

$$F = -k_1 x - k_3 x^3$$

若 $k_3 > 0$,回复力比线性关系所预期的值大,则称为非线性硬弹簧;若 $k_3 < 0$,回复力比线性关系所预期的值小,我们称之为非线性软弹簧。这时,系统所满足的动力学方程为

$$m\frac{\mathrm{d}^2 x}{\mathrm{d}t^2} + k_1 x + k_3 x^3 = 0 \tag{13-55}$$

式中含有 x 的高次项,这是一个非线性微分方程,它的解表示的就是非线性振动。

再如单摆,在小角近似下,作用力具有"准弹性力"的形式,其动力学方程为线性方程,单摆作的是线性振动(简谐振动)。但如果不是小角振动,则动力学方程为

$$\frac{\mathrm{d}^2\theta}{\mathrm{d}t^2} + \frac{g}{l}\sin\theta = 0$$

将 $\sin\theta$ 展开,得

$$\frac{\mathrm{d}^2\theta}{\mathrm{d}t^2} + \frac{g}{l}\left(\theta - \frac{\theta^3}{3!} + \frac{\theta^5}{5!} - \cdots\right) = 0 \tag{13-56}$$

显然,这是一个非线性微分方程,说明单摆在大摆角范围内作的是非线性振动。

工程技术和实际生活中的振动大都是非线性振动。若将所有研究的系统都用近线性化处理,不仅会引起数量上的误差,更重要的是有时还会导致根本性质上的错误。因此,必须考虑系统的非线性本质,才能得出正确的变化规律。非线性振动方程的求解很复杂,除了少数情况,一般没有解析解,只能根据一定的精度对它作数值计算。那么非线性振动与线性振动有何不同?非线性振动具有哪些特性呢?现简述如下。

1. 固有频率与振幅有关

线性系统的固有频率与振幅无关，非线性系统的固有频率随着振幅的改变而改变。例如，对于非线性硬弹簧系统，振幅越大，频率越高；而对于非线性软弹簧系统，振幅越大，频率越低；对于大角度摆动的单摆，其动力学方程类似于软弹簧，因此，其固有频率将随振幅增大而降低。

2. 跳跃现象

非线性振动系统，在简谐驱动力作用下作受迫振动时，它的幅频响应曲线不同于线性系统。曲线有向右（硬弹性时）或向左（软弹性时）弯曲的现象，如图 13-30 所示。

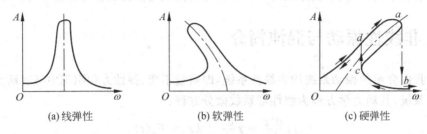

(a) 线弹性　　　　(b) 软弹性　　　　(c) 硬弹性

图 13-30　非线性弹性系统的幅频响应

对线性系统而言，驱动力幅值保持不变而逐渐改变驱动力的频率时，系统受迫振动的振幅随着频率连续变化，没有出现跳跃的现象（见图 13-30(a)）。但是，对于非线性系统则不然。如图 13-30(c)所示，当驱动力频率逐渐增加时，振幅也随着增大，到达 a 点后，若再增大频率，则振幅突然从 a 点跳到 b 点，发生一个突变，而后缓慢减少。接着降低频率，则振幅将沿 bc 变化到达 c 点，再继续减低频率，振幅又从 c 点突变到 d 点。由此可见，在频率增加或减少过程中，振幅发生跳跃突变的频率是不同的。

3. 成倍频和分数频（也称为次谐频、倍周期分岔）响应

线性振动系统在线性阻尼力 $-\gamma v$ 和简谐驱动力 $F(t)=F_0\cos\omega t$ 的作用下，在稳态时的振动是与驱动力频率同频的简谐振动，也就是说，系统对驱动力的响应是线性的。但对于非线性振动系统，情况不同。在简谐驱动力作用下，系统的受迫振动不仅包含有频率为 ω 的振动，还会存在频率为 $n\omega$ 的成倍频和频率为 $\frac{\omega}{n}$ 的分数频响应（n 为正整数）。当然，系统中究竟会发生哪些成倍频和分数频振动，要根据具体条件确定。由于成倍频和分数频的出现，非线性系统共振频率的数目超过了系统的自由度数目，较之线性系统有更多的发生共振的可能性。

4. 组合频响应

线性系统在受到多个不同频率的简谐驱动力激励时，可用叠加原理来处理，即系统的总响应等于各个驱动力单独作用时响应的简单叠加。但对于非线性系统，叠加原理不适用。人们发现，若非线性系统受到两个频率 ω_1 和 ω_2 的简谐驱动力激励时，将出现组合频率为 $n\omega_1\pm m\omega_2$ 的受迫振动，此处 n 和 m 均为正整数。也就是说，各个驱动力之间有相互作用，使得非线性振动方程的解变得非常复杂。

5. 混沌现象

从物理上理解，所谓混沌，是指在确定性非线性系统中，不需要附加任何随机因素，由于其系统内部存在着非线性的相互作用所产生的一种貌似随机的运动。也就是说，在一个决定论的系统中，未来的运动具有不可预测性，系统的演化对初始条件极端敏感。对初值的敏感性是混沌的重要特征。

以周期性驱动力激励下的阻尼单摆为例，系统所满足的方程为

$$\frac{\mathrm{d}^2\theta}{\mathrm{d}t^2} + 2\beta\frac{\mathrm{d}\theta}{\mathrm{d}t} + \omega_0^2\sin\theta = f_0\cos\omega_\mathrm{d}t$$

为简化问题，在所有参数中只改变 f_0 的值，那么，人们通过数值计算发现，随着 f_0 逐渐增大，该振动系统产生了由简单的周期运动到出现倍周期分岔，再进入混沌的演化过程。处于混沌状态时，方程的解对于初值十分敏感，初始条件相差甚微，但是，随着时间的推移，结果会出现明显的差异。可谓差之毫厘，失之千里。

混沌改变了人们对真实世界的认识。混沌学在决定论和随机论之间架起了一座桥梁，使人们意识到客观事物变化的规律，除了由牛顿开创的决定论或因果律，以及由无规热运动体现出来的随机性或统计规律性外，还有混沌。

混沌运动是存在于自然界中的一种普遍运动形式，所以，对混沌的研究跨越了学科界限，促进了各个领域对非线性问题的研究，特别是混沌分形理论与计算机相结合，使人们对一些久悬未解的基本难题的研究取得了突破性进展，成为各学科关注的一个学术热点。

13.9 电磁振荡

通常产生电磁波的波源是振荡电偶极子，它是由包含电感 L 和电容 C 的一个电磁振荡回路改造发展而来的。那么 LC 振荡电路有什么规律？哪些物理量在振荡？怎样才能引起电磁振荡？这些问题都是本节讨论的内容。

一、无阻尼自由电磁振荡

1. LC 振荡电路

如图 13-31 所示，自感线圈 L、电容器 C、转换开关 K 和电池组构成回路。将开关 K 扳到 H，则电源 ε 对电容器 C 充电，然后再把开关 K 扳到 D，这时，电容器 C 与线圈 L 就形成了 LC 振荡回路。

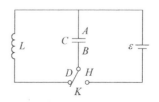

图 13-31 LC 振荡电路

振荡电路刚接通的瞬间，电容器极板上所带电荷 Q_0 最多，极板间电场也最强，电场能量全部集中在电容器内，如图 13-32(a) 所示。接着电容器开始放电，回路中出现电流，但是由于线圈自感的作用，电流只能从零开始逐渐增大到最大值 I_0，同时电容器极板上的电荷逐渐减少到零。因此，到放电结束时，电流在线圈中激发的磁场最强，磁场能量最大；同时电容器两极板间的电场和电场能量均为零。这表明，放电过程中，电容器两极板间的电

场能量全部转变为线圈中的磁场能量。如图 13-32(b)所示。

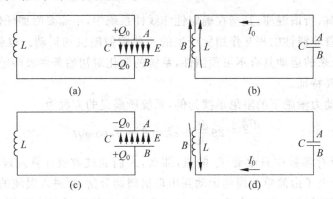

图 13-32 无阻尼自由电磁振荡

接着,电路开始对电容器反向充电,从而电流强度开始减小。同样,由于自感电动势的反抗作用,电流只能逐渐减小到零,同时电容器两极板所带的电荷也逐渐增加到 Q_0,也就是说,磁场能量又重新转化为电场能量集中在电容器内,如图 13-32(c)所示。

然后,电容器又通过线圈放电,但电路中的电流方向与前一次放电时相反,并逐渐增大,而两极板的电荷和极板间的电场逐渐减小。放电完毕时,电场能量又全部转变为磁场能量,如图 13-32(d)所示。

此后,电容器又被充电,各个物理量都恢复到图 13-32(a)的原状态,完成了一个完全的振荡过程。

从以上分析可以看出,在振荡电路中,电流、电荷、电场、磁场以及相应的电场能量和磁场能量都在发生周期性的变化,且不断相互转化。电容器 C 与自感线圈 L 在这里起着储存电磁能量的作用。这种同时存在的电场和磁场的周期性变化,就叫做电磁振荡。

当回路中的电阻可忽略不计时,则能量没有消耗,上述的振荡过程可以不断循环重复下去,表现出周期性的特征。因此,LC 电路称为无阻尼自由振荡电路。

2. 无阻尼自由振荡方程

上述各个物理量随时间变化的规律可以通过求解振荡方程得到。

如图 13-32,设某一时刻 t,电容器 A 板带正电,电量为 q;电路中的电流为 i,取逆时针为电流的正方向,显然有

$$i = \frac{dq}{dt} \tag{13-57}$$

电容器两极板间的电压为

$$U = \frac{q}{C}$$

线圈的自感电动势为

$$\varepsilon_L = -L\frac{di}{dt}$$

任一时刻的自感电动势应等于电容器两极板之间的电压,即

$$-L\frac{di}{dt} = \frac{q}{C} \tag{13-58}$$

把式(13-57)代入式(13-58),得

$$\frac{d^2 q}{dt^2} + \frac{1}{LC} q = 0 \tag{13-59}$$

令 $\omega_0^2 = \frac{1}{LC}$,则式(13-59)可表示为

$$\frac{d^2 q}{dt^2} + \omega_0^2 q = 0 \tag{13-60}$$

这是一个典型的简谐振动的方程,所以 q 随 t 的变化遵循简谐振动的规律,且振荡的圆频率为

$$\omega_0 = \frac{1}{\sqrt{LC}} \tag{13-61}$$

这表明无阻尼电磁振荡的圆频率(或周期与频率)只由振荡电路本身的性质所决定。这点与机械简谐振动相似。

式(13-60)的解为

$$q = Q_0 \cos(\omega_0 t + \varphi_0) \tag{13-62}$$

式中的 Q_0 为极板上电量的最大值,称为电量振幅。φ_0 为振荡的初相位。

由式(13-57)和式(13-62),可得电流的变化规律为

$$i = -\omega_0 Q_0 \sin(\omega_0 t + \varphi_0) = I_0 \cos\left(\omega_0 t + \varphi_0 + \frac{\pi}{2}\right) \tag{13-63}$$

式中的 I_0 为电流的最大值,称为电流振幅。可见,电流 i 也随 t 作同频的余弦周期性变化,但在相位上比电量 q 超前 $\frac{\pi}{2}$,如图 13-33 所示。

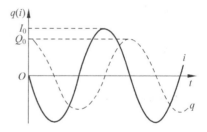

图 13-33 电量与电流的等幅振荡

根据 q 和 i 随 t 变化的规律,进一步可以得到电场能量和磁场能量随 t 变化的规律。当电容器极板上的电量为 q 时,极板间的电场能量为

$$W_e = \frac{1}{2}\frac{q^2}{C} = \frac{Q_0^2}{2C}\cos^2(\omega_0 t + \varphi_0) \tag{13-64}$$

设此时电流为 i,则线圈内的磁场能量为

$$W_m = \frac{1}{2}Li^2 = \frac{1}{2}L\omega^2 Q_0^2 \sin^2(\omega_0 t + \varphi_0) = \frac{Q_0^2}{2C}\sin^2(\omega_0 t + \varphi_0) \tag{13-65}$$

上式推导中用到了 $\omega_0 = \frac{1}{\sqrt{LC}}$。于是,电路中每一时刻的总能量 W 为

$$W = W_e + W_m = \frac{1}{2}\frac{q^2}{C^2} \tag{13-66}$$

可见,无阻尼自由振荡电路是一个能量守恒的封闭系统,电场能量与磁场能量在不断地相互转化,但总的电磁能量保持不变。在电场能量最大时,磁场能量为零;反之,磁场能量最大时,电场能量为零。

【训练】 从能量的观点,根据 LC 电路中的电场能量和磁场能量之和 W 为一常量,导出 LC 电路的振荡方程。

二、阻尼电磁振荡

无阻尼自由电磁振荡电路是一个理想化的振荡电路模型。任何实际的电路中都存在电阻,因此,实际振荡电路应该是 RLC 电路。电阻产生的焦耳热将引起电磁能量的损耗,因此,各个物理量将呈现阻尼振荡的特征。

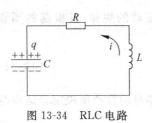

图 13-34 RLC 电路

如图 13-34 所示,设回路电阻为 R,某一时刻电容器极板上带有电量 q,电路中的电流为 i,则根据欧姆定律,有

$$\frac{q}{C} + iR = -L\frac{di}{dt}$$

将 $i = \frac{dq}{dt}$ 代入上式,便得到 RLC 阻尼振荡电路的微分方程:

$$\frac{d^2q}{dt^2} + \frac{R}{L}\frac{dq}{dt} + \frac{1}{LC}q = 0 \tag{13-67}$$

令 $2\beta = \frac{R}{L}$,并将 $\omega_0 = \frac{1}{\sqrt{LC}}$ 代入式(13-67),得到

$$\frac{d^2q}{dt^2} + 2\beta\frac{dq}{dt} + \omega_0^2 q = 0 \tag{13-68}$$

此式与机械振动中的式(13-25)相似,只是变化量换成了电量 q。β 称为阻尼因子,当 β 较小时,上式的解为

$$q = Q_0 e^{-\beta t}\cos(\omega t + \varphi_0) \tag{13-69}$$

式(13-69)中的 ω 为

$$\omega = \sqrt{\omega_0^2 - \beta^2}$$

电量振荡的振幅为

$$Q = Q_0 e^{-\beta t}$$

可见,电量振幅将随 t 指数衰减。因此,电流以及电场能量和磁场能量也将随时间而指数衰减。也就是说,RLC 振荡电路作的是减幅振荡。

以上讨论的是电阻 R 产生焦耳热,引起能量损耗。实际中,还有部分能量将以电磁波的形式辐射出去,这也是一种能量损耗。

三、受迫电磁振荡

在 RLC 阻尼振荡中,由于能量的损失,电荷和电流的振幅将逐渐减小,导致振荡无法维持。如果能给 RLC 振荡系统提供一个周期性电源,通过这个外加电源连续不断地为电路补充能量,那么振荡有望持续下去。这种在外加周期性电动势持续作用下产生的振荡,就是受迫振荡。

如图 13-35 所示,自感线圈 L、电容器 C、电阻 R 以及作余弦变化的电动势 $\varepsilon(t)$ 连接成一个串联回路,根据欧姆定律

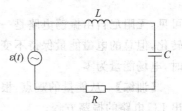

图 13-35 受迫振荡电路

$$\frac{q}{C} + iR = -L\frac{\mathrm{d}i}{\mathrm{d}t} + \varepsilon_0 \cos\omega_\mathrm{d} t$$

将上式对时间 t 求导,并考虑到 $i = \dfrac{\mathrm{d}q}{\mathrm{d}t}$,可得受迫振荡的微分方程

$$L\frac{\mathrm{d}^2 i}{\mathrm{d}t^2} + R\frac{\mathrm{d}i}{\mathrm{d}t} + \frac{i}{C} = -\varepsilon_0 \omega_\mathrm{d} \sin\omega_\mathrm{d} t \tag{13-70}$$

与机械振动中的讨论相类似,受迫振荡在经历一定时间后,就达到稳定状态。在稳定状态下,且阻尼较小时,式(13-70)的解为

$$i = I_0 \cos(\omega_\mathrm{d} t + \varphi)$$

式中的 φ 为电流与外加电动势之间的相位差。I_0 和 φ 分别为

$$I_0 = \frac{\varepsilon_0}{\sqrt{\left(L\omega_\mathrm{d} - \dfrac{1}{C\omega_\mathrm{d}}\right)^2 + R^2}} \tag{13-71}$$

$$\tan\varphi = \frac{\dfrac{1}{\omega_\mathrm{d} C} - \omega_\mathrm{d} L}{R} \tag{13-72}$$

上面两式中出现了一个因子 $L\omega_\mathrm{d} - \dfrac{1}{C\omega_\mathrm{d}}$,称为电抗。可以看出,当电路满足条件 $L\omega_\mathrm{d} = \dfrac{1}{C\omega_\mathrm{d}}$,即

$$\omega_\mathrm{d} = \sqrt{\frac{1}{LC}} \tag{13-73}$$

时,I_0 取极大值,且相位差 $\varphi = 0$。也就是说,当外加电动势的频率 ω_d 和无阻尼自由振荡的频率 $\sqrt{\dfrac{1}{LC}}$ 相等时,电流振幅最大,其值等于 $\dfrac{\varepsilon_0}{R}$。可见,电阻越小,电流振幅就越大。这种在周期性电动势作用下,电流振幅达到最大值的现象,称为电共振。收音机中利用调谐回路选择电台的原理就是基于电共振,调节电容器的电容,使振荡电路的振荡频率与某一无线电信号的频率相同,即可接收到该信号。

【思考】 试比较电磁振荡和机械振动的规律,找出它们的相似之处和物理量的对应关系。

本章小结

一、简谐振动表达式及其相关的知识点

1. 动力学特征

合力:$F = -kx = ma$(x——相对于平衡位置的位移,平衡位置——合力或合力矩为零的位置)

典型的动力学方程:$\dfrac{\mathrm{d}^2 x}{\mathrm{d}t^2} + \omega^2 x = 0$

2. 振动表达式(也称为振动方程):$x = A\cos(\omega t + \varphi_0)$

振动速度:$v = \dfrac{\mathrm{d}x}{\mathrm{d}t} = -A\omega\sin(\omega t + \varphi_0)$,振动加速度:$a = \dfrac{\mathrm{d}^2 x}{\mathrm{d}t^2} = -A\omega^2\cos(\omega t + \varphi_0)$

3. 三个特征量 ω, A 和 φ_0 的确定

(1) 角频率(或称为圆频率)ω：由系统决定。单位：s^{-1}或 rad/s

弹簧振子 $\omega = \sqrt{\dfrac{k}{m}}$，周期 $T = \dfrac{2\pi}{\omega} = \dfrac{1}{\nu}$，$\nu$——频率

弹簧串联：$\dfrac{1}{k_e} = \dfrac{1}{k_1} + \dfrac{1}{k_2} + \cdots$；并联：$k_e = k_1 + k_2 + \cdots$；同种材料的弹簧，长度越短，劲度系数就越大。

单摆周期 $T = 2\pi\sqrt{\dfrac{l}{g}}$，复摆周期：$T = \dfrac{2\pi}{\omega} = 2\pi\sqrt{\dfrac{J}{mgh}}$

(2) 振幅 A 和初相位 φ_0：由初始条件决定

$\begin{cases} x_0 = A\cos\varphi_0 \\ v_0 = -\omega A\sin\varphi_0 \end{cases} \rightarrow A = \sqrt{x_0^2 + \dfrac{v_0^2}{\omega^2}}$，$\tan\varphi_0 = \dfrac{-v_0}{\omega x_0}$，$\varphi_0$ 的取值需要根据 x_0, v_0 的正负决定，

利用旋转矢量图进行判断；也可以根据机械能守恒来确定 A：$\dfrac{1}{2}mv_0^2 + \dfrac{1}{2}kx_0^2 = \dfrac{1}{2}kA^2$

4. 简谐振动能量特征

任一时刻的势能：$E_p = \dfrac{1}{2}kx^2 = \dfrac{1}{2}kA^2\cos^2(\omega t + \varphi_0)$

任一时刻的动能：$E_k = \dfrac{1}{2}mv^2 = \dfrac{1}{2}m\omega^2 A^2\sin^2(\omega t + \varphi_0) = \dfrac{1}{2}kA^2\sin^2(\omega t + \varphi_0)$

机械能守恒：$E = E_k + E_p = \dfrac{1}{2}kA^2$

5. 旋转矢量图：逆时针旋转的矢量与简谐振动之间有一一对应的关系

二、振动的合成

1. 两个同方向同频率简谐运动的合成：设 $x_1 = A_1\cos(\omega t + \varphi_{10})$，$x_2 = A_2\cos(\omega t + \varphi_{20})$，合振动 $x = x_1 + x_2 = A\cos(\omega t + \varphi_0)$ 仍为一个同频率的简谐振动，其中 A 和 φ_0 可以根据旋转矢量合成图来确定，分别为

$$A = \sqrt{A_1^2 + A_2^2 + 2A_1A_2\cos(\varphi_{20} - \varphi_{10})}, \quad \tan\varphi_0 = \dfrac{A_1\sin\varphi_{10} + A_2\sin\varphi_{20}}{A_1\cos\varphi_{10} + A_2\cos\varphi_{20}}$$

若两个分振动同相：$\varphi_{20} - \varphi_{10} = 2k\pi, k = 0, \pm 1, \pm 2, \cdots$，则此时合振幅最大，$A_{max} = A_1 + A_2$；若两个分振动反相：$\varphi_{20} - \varphi_{10} = (2k+1)\pi, k = 0, \pm 1, \pm 2, \cdots$，则此时合振幅最小：$A_{min} = |A_1 - A_2|$，当 $A_1 = A_2$ 时，合振幅可为零 $A_{min} = 0$。

2. 两个同方向不同频率简谐运动的合成

频率较大而频率之差很小时，出现拍的现象，拍频 $\nu = |\nu_2 - \nu_1|$。

3. 两个相互垂直的简谐运动的合成：合成轨迹称为李萨如图形。满足

$$\dfrac{\nu_x}{\nu_y} = \dfrac{\omega_x}{\omega_y} = \dfrac{y \text{ 方向的交点数目}}{x \text{ 方向的交点数目}}$$

三、阻尼振动：根据阻尼系数的大小，其解有三种形式：欠阻尼，临界阻尼和过阻尼状态

四、受迫振动和共振现象：系统在周期性外力驱动下的振动称为受迫振动；当驱动力的频率等于系统的固有振动频率时，将发生共振现象

五、振动的分解与频谱分析：任一振动都可以分解为若干个不同频率的简谐振动

六、非线性振动与混沌

习题

一、选择题

1. 一长为 l 的均匀细棒悬于通过其一端的光滑水平固定轴上，如图 13-36 所示，形成一复摆。已知细棒绕通过其一端的轴的转动惯量为 $J=\frac{1}{3}ml^2$，此摆作微小振动的周期为（　　）。

(A) $2\pi\sqrt{\dfrac{l}{g}}$　　　(B) $2\pi\sqrt{\dfrac{l}{2g}}$　　　(C) $2\pi\sqrt{\dfrac{2l}{3g}}$　　　(D) $\pi\sqrt{\dfrac{l}{3g}}$

2. 两个质点各自作简谐振动，它们的振幅相同、周期相同。第一个质点的振动方程为 $x_1=A\cos(\omega t+\alpha)$。当第一个质点从相对于其平衡位置的正位移处回到平衡位置时，第二个质点正在最大正位移处。则第二个质点的振动方程为（　　）。

(A) $x_2=A\cos\left(\omega t+\alpha+\dfrac{1}{2}\pi\right)$　　　(B) $x_2=A\cos\left(\omega t+\alpha-\dfrac{1}{2}\pi\right)$

(C) $x_2=A\cos\left(\omega t+\alpha-\dfrac{3}{2}\pi\right)$　　　(D) $x_2=A\cos(\omega t+\alpha+\pi)$

3. 一劲度系数为 k 的轻弹簧被三等分，取出其中的两根，将它们并联，下面挂一质量为 m 的物体，如图 13-37 所示。则振动系统的频率为（　　）。

(A) $\dfrac{1}{2\pi}\sqrt{\dfrac{k}{3m}}$　　　(B) $\dfrac{1}{2\pi}\sqrt{\dfrac{k}{m}}$　　　(C) $\dfrac{1}{2\pi}\sqrt{\dfrac{3k}{m}}$　　　(D) $\dfrac{1}{2\pi}\sqrt{\dfrac{6k}{m}}$

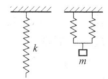

图 13-36　习题 1 用图　　　图 13-37　习题 3 用图

4. 一个质点作简谐振动，振幅为 A，在起始时刻质点的位移为 $\dfrac{1}{2}A$，且向 x 轴的正方向运动，代表此简谐振动的旋转矢量图为图 13-38 中的（　　）。

5. 一质点作简谐振动，周期为 T；质点由平衡位置向 x 轴正方向运动时，由平衡位置到二分之一最大位移这段路程所需要的时间为（　　）。

(A) $T/4$　　　(B) $T/6$　　　(C) $T/8$　　　(D) $T/12$

6. 一简谐振动曲线如图 13-39 所示。则振动周期是（　　）。

(A) 2.62s　　　(B) 2.40s　　　(C) 2.20s　　　(D) 2.00s

7. 一弹簧振子作简谐振动，总能量为 E_1，如果简谐振动振幅增加为原来的两倍，重物的质量增为原来的 4 倍，则它的总能量 E_2 变为（　　）。

(A) $E_1/4$　　　(B) $E_1/2$　　　(C) $2E_1$　　　(D) $4E_1$

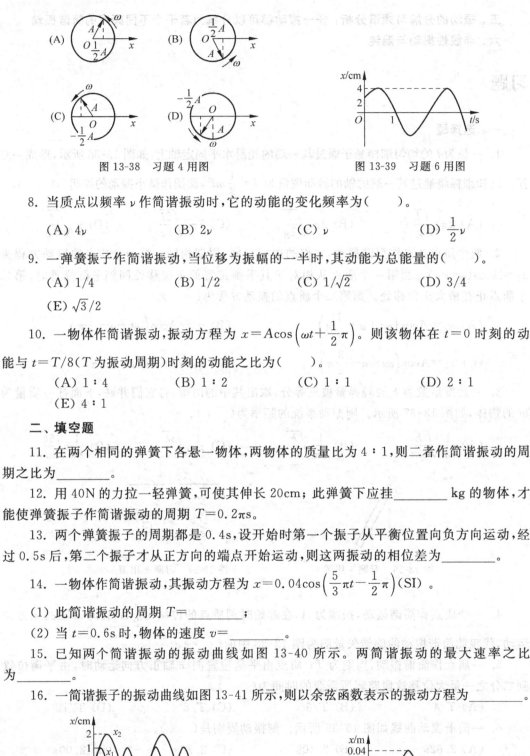

图 13-38 习题 4 用图

图 13-39 习题 6 用图

8. 当质点以频率 ν 作简谐振动时,它的动能的变化频率为(　　)。

(A) 4ν　　　　(B) 2ν　　　　(C) ν　　　　(D) $\dfrac{1}{2}\nu$

9. 一弹簧振子作简谐振动,当位移为振幅的一半时,其动能为总能量的(　　)。

(A) 1/4　　　　(B) 1/2　　　　(C) $1/\sqrt{2}$　　　　(D) 3/4

(E) $\sqrt{3}/2$

10. 一物体作简谐振动,振动方程为 $x=A\cos\left(\omega t+\dfrac{1}{2}\pi\right)$。则该物体在 $t=0$ 时刻的动能与 $t=T/8$（T 为振动周期）时刻的动能之比为(　　)。

(A) 1∶4　　　　(B) 1∶2　　　　(C) 1∶1　　　　(D) 2∶1

(E) 4∶1

二、填空题

11. 在两个相同的弹簧下各悬一物体,两物体的质量比为 4∶1,则二者作简谐振动的周期之比为_____。

12. 用 40N 的力拉一轻弹簧,可使其伸长 20cm；此弹簧下应挂_____kg 的物体,才能使弹簧振子作简谐振动的周期 $T=0.2\pi$s。

13. 两个弹簧振子的周期都是 0.4s,设开始时第一个振子从平衡位置向负方向运动,经过 0.5s 后,第二个振子才从正方向的端点开始运动,则这两振动的相位差为_____。

14. 一物体作简谐振动,其振动方程为 $x=0.04\cos\left(\dfrac{5}{3}\pi t-\dfrac{1}{2}\pi\right)$ (SI)。

(1) 此简谐振动的周期 $T=$_____；

(2) 当 $t=0.6$s 时,物体的速度 $v=$_____。

15. 已知两个简谐振动的振动曲线如图 13-40 所示。两简谐振动的最大速率之比为_____。

16. 一简谐振子的振动曲线如图 13-41 所示,则以余弦函数表示的振动方程为_____。

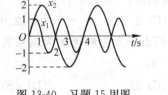

图 13-40 习题 15 用图

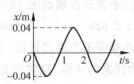

图 13-41 习题 16 用图

17. 一质点作简谐振动,其振动曲线如图13-42所示。根据此图,它的周期 $T=$ _____,用余弦函数描述时初相位 $\varphi_0=$ _____。

18. 图13-43中用旋转矢量法表示了一个简谐振动。旋转矢量的长度为 0.04m,旋转角速度 $\omega=4\text{rad/s}$;此简谐振动以余弦函数表示的振动方程为 $x=$ _____(SI)。

19. 一物块悬挂在弹簧下方作简谐振动,当这物块的位移等于振幅的一半时,其动能是总能量的_____(设平衡位置处势能为零)。当这物块在平衡位置时,弹簧的长度比原长长 Δl,这一振动系统的周期为_____。

20. 一系统作简谐振动,周期为 T,以余弦函数表达振动时,初相为零。在 $0 \leqslant t \leqslant T/2$ 范围内,系统在 $t=$ _____时刻动能和势能相等。

21. 质量为 m 物体和一个轻弹簧组成弹簧振子,其固有振动周期为 T;当它作振幅为 A 的自由简谐振动时,其振动能量 $E=$ _____。

22. 两个同方向、同频率的简谐振动,其振动表达式分别为

$$x_1 = 6 \times 10^{-2} \cos\left(5t + \frac{1}{2}\pi\right)(\text{SI}), \quad x_2 = 2 \times 10^{-2} \cos(\pi - 5t)(\text{SI})$$

它们的合振动的振幅为_____,初相为_____。

23. 图13-44中所示为两个简谐振动的振动曲线。若以余弦函数表示这两个振动的合成结果,则合振动的方程为 $x = x_1 + x_2 =$ _____(SI)。

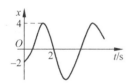

图13-42 习题17用图

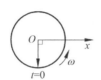

图13-43 习题18用图

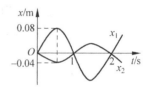

图13-44 习题23用图

三、计算题

24. 一个小球和轻弹簧组成的系统,按 $x = 0.05\cos\left(8\pi t + \frac{\pi}{3}\right)$ 的规律振动。

(1) 求振动的角频率、频率、周期、振幅、初相位、最大速度及最大加速度;

(2) 求 $t=1\text{s},2\text{s},10\text{s}$ 等时刻的相位;

(3) 分别画出位移、速度、加速度与时间的关系曲线。

25. 一个轻弹簧在 60N 的拉力作用下可伸长 30cm;现将一物体悬挂在弹簧的下端并在它上面放一小物体,它们的总质量为 4kg;待其静止后再把物体向下拉 10cm,然后释放。问:

(1) 此小物体是停在振动物体上面还是离开它?

(2) 如果使放在振动物体上的小物体与振动物体分离,则振幅 A 需满足何条件?二者在何位置开始分离?

26. 质量为 2kg 的质点,按方程 $x = 0.2\sin[5t - (\pi/6)]$(SI)沿着 x 轴振动。求:

(1) $t=0$ 时,作用于质点的力的大小;

(2) 作用于质点的力的最大值和此时质点的位置。

27. 一质点沿 x 轴作简谐振动,其角频率 $\omega = 10\text{rad/s}$;试分别写出以下两种初始状态

下的振动方程：

(1) 初始位移 $x_0 = 7.5$cm，初始速度 $v_0 = 75.0$cm/s；

(2) 初始位移 $x_0 = 7.5$cm，初始速度 $v_0 = -75.0$cm/s。

28. 一质点作简谐振动，其振动方程为

$$x = 6.0 \times 10^{-2} \cos\left(\frac{1}{3}\pi t - \frac{1}{4}\pi\right) \quad (\text{SI})$$

(1) 当 x 值为多大时，系统的势能为总能量的一半？

(2) 质点从平衡位置移动到上述位置所需最短时间为多少？

29. 一弹簧振子沿 x 轴作简谐振动（将弹簧为原长时振动物体的位置取作 x 轴原点）。已知振动物体最大位移为 $x_m = 0.4$m，最大恢复力为 $F_m = 0.8$N，最大速度为 $v_m = 0.8\pi$m/s，又知 $t = 0$ 的初位移为 $+0.2$m，且初速度与所选 x 轴方向相反。求：

(1) 振动能量；

(2) 此振动的表达式。

30. 一物体质量为 0.25kg，在弹性力作用下作简谐振动，弹簧的劲度系数 $k = 25$N·m^{-1}，如果起始振动时具有势能 0.06J 和动能 0.02J，求：

(1) 振幅；

(2) 动能恰好等于势能时的位移；

(3) 经过平衡位置时物体的速度。

31. 一物体在光滑水平面上作简谐振动，振幅是 12cm，在距平衡位置 6cm 处的速度是 24cm/s，求：

(1) 周期 T；

(2) 当速度是 12cm/s 时的位移。

32. 已知一个谐振子的振动曲线如图 13-45 所示。

(1) 用旋转矢量图求出 a, b, c, d, e 各状态的相位；

(2) 写出振动表达式。

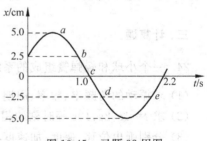

图 13-45 习题 32 用图

33. 有一个和轻弹簧相连的小球，沿 x 轴作振幅为 A 的简谐运动。该振动的表达式用余弦函数表示。若 $t = 0$ 时，球的运动状态分别为：

(1) $x_0 = -A$；

(2) 过平衡位置向 x 正方向运动；

(3) 过 $x_0 = A/2$ 处，且向 x 负方向运动。

试用旋转矢量图法分别确定相应的初相位。

34. 如图 13-46 所示，一质点在 x 轴上作简谐振动，选取该质点向右运动通过 A 点时作为计时起点（$t = 0$），经过 2 秒后质点第一次经过 B 点，再经过 2 秒后质点第二次经过 B 点，若已知该质点在 A、B 两点具有相同的速率，且 $\overline{AB} = 10$cm，求：

(1) 质点的振动方程；

(2) 质点在 A 点处的速率。

35. 两个物体作同方向、同频率、同振幅的简谐振动。在振动过程中,每当第一个物体经过位移为 $A/\sqrt{2}$ 的位置向平衡位置运动时,第二个物体也经过此位置,但向远离平衡位置的方向运动。试利用旋转矢量法求它们的相位差。

36. 在一轻弹簧下端悬挂 $m_0=100$g 砝码时,弹簧伸长 8cm。在这根弹簧下端悬挂 $m=250$g 的物体,构成弹簧振子。将物体从平衡位置向下拉动 4cm,并给予向上的 21cm/s 的初速度(令这时 $t=0$)。选 x 轴向下,求振动方程的数值式。

37. 如图 13-47 所示,在竖直面内半径为 R 的一段光滑圆弧形轨道上,放一小物体,使其静止于轨道的最低处。然后轻碰一下此物体,使其沿圆弧形轨道来回作小幅度运动。试证明:

(1) 此物体作简谐振动;

(2) 此简谐振动的周期 $T=2\pi\sqrt{R/g}$。

图 13-46 习题 34 用图

图 13-47 习题 37 用图

38. 如图 13-48,劲度系数为 k 的弹簧一端固定在墙上,另一端连接一质量为 M 的容器,容器可在光滑水平面上运动。当弹簧未变形时容器位于 O 处,今使容器自 O 点左侧 l_0 处从静止开始运动,每经过 O 点一次,从上方滴管中滴入一质量为 m 的油滴,求:

(1) 容器中滴入 n 滴以后,容器运动到距 O 点的最远距离;

(2) 容器滴入第 $n+1$ 滴与第 n 滴的时间间隔。

39. 一定滑轮的半径为 R,转动惯量为 J,其上挂一轻绳,绳的一端系一质量为 m 的物体,另一端与一固定的轻弹簧相连,如图 13-49 所示。设弹簧的劲度系数为 k,绳与滑轮间无滑动,且忽略轴的摩擦力及空气阻力。现将物体 m 从平衡位置拉下一微小距离后放手,证明物体作简谐振动,并求出其角频率。

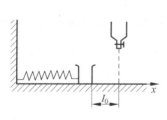

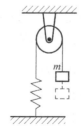

图 13-48 习题 38 用图

图 13-49 习题 39 用图

40. 在伦敦与巴黎之间($S\approx 320$km)挖掘地下直线隧道,铺设地下铁路。则只在地球引力作用下时,列车运行在两城市之间需多长时间? 列车的最大速度是多少? 忽略一切摩擦,并将地球看作是半径为 $R=6400$km 的密度均匀的静止球体,已知处于地球内部任一点处质量为 m 的质点所受地球引力的大小与它距地球中心的距离成正比,可由 $\frac{4}{3}\pi G\rho mr$ 表示,式

中 G 为引力恒量，ρ 为地球密度，r 为质点与地球中心的距离。

41. 一台摆钟每天快 1 分 27 秒，其等效摆长 $l=0.995\text{m}$，摆锤可上、下移动以调节其周期。假如将此摆当作质量集中在摆锤中心的一个单摆来考虑，则应将摆锤向下移动多少距离，才能使钟走得准确？

42. 一个单摆的摆长为 $l=0.95\text{m}$，摆球质量为 $m=0.40\text{kg}$（摆球的半径较摆长小得多）。开始时把摆球拉到摆角为 $\theta_0=3°$ 的位置，并给摆球以 $v_0=0.20\text{m/s}$ 的速度使之向平衡位置运动（如图 13-50 所示），同时开始计时。求单摆的振动方程，并计算摆球越过平衡位置时摆线上的张力。

43. 一汽车沿半径为 R 的圆形水平轨道匀速行驶，速率为 v；在汽车中有一单摆，摆长为 l，摆锤质量为 m；从车中观察，此单摆在平衡位置附近沿轨道半径方向（即垂直于汽车速度的方向）作小幅度摆动（忽略科里奥利力）。求摆动的频率。

44. 如图 13-51 所示，质量为 m、长度为 L 的均匀细杆，挂在无摩擦的固定轴 O 上。杆的中点 C 与端点 A 分别用劲度系数为 k_1 和 k_2 的两个轻弹簧水平地系于固定端的墙上。杆在竖直位置时，两弹簧无变形，求细杆作微小摆动的周期。

45. 质量为 m、半径为 R 的均匀圆盘用三根长为 L 的平行细线悬挂起来，细线与盘的三个连接点等距地分布在圆盘的外沿圆周上，如图 13-52 所示。求盘在水平面内作扭转振动的周期。

图 13-50　习题 42 用图

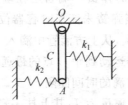
图 13-51　习题 44 用图

图 13-52　习题 45 用图

46. 质量 $m=5.00\text{kg}$ 的物体挂在弹簧上，让它在竖直方向作自由振动。在无阻尼情况下，其振动周期 $T_0=0.2\pi\text{s}$，放在阻力与物体的运动速率成正比的某介质中，它的振动周期 $T=0.4\pi\text{s}$；求当速度为 1.0cm/s 时物体在该阻尼介质中所受的阻力。

47. 一劲度系数 $k=80\text{N}\cdot\text{m}^{-1}$ 的弹簧下面挂着质量为 $m=1.5\text{kg}$ 的物体。现将物体拉下一段距离后由静止释放，物体作阻尼振动。如果摩擦阻力由 $b\dfrac{\text{d}x}{\text{d}t}$ 确定，其中 x 为物体相对于平衡位置的位移，$b=0.03\text{kg}\cdot\text{s}^{-1}$，写出物体的运动微分方程并求振幅衰减到初始值的三分之一的过程中物体经历的振动次数。

48. 楼内空调用的鼓风机如果安装在楼板上，它工作时就会使整个楼产生讨厌的震动。为了减小这种震动，把鼓风机安装在有 4 个弹簧支撑的底座上。鼓风机和底座的总质量为 576kg，鼓风机的轴的转速为 1800r/min（转每分）。经验指出，驱动频率为振动系统固有频率 5 倍时，可减震 90% 以上。若按 5 倍计算，所用的每个弹簧的劲度系数应多大？

49. 两个同方向简谐振动的振动方程分别为

$$x_1 = 5\times 10^{-2}\cos\left(10t+\dfrac{3}{4}\pi\right) \quad (\text{SI})$$

$$x_2 = 6 \times 10^{-2} \cos\left(10t + \frac{1}{4}\pi\right) \quad \text{(SI)}$$

画出旋转矢量图,并求出合振动表达式。

50. 三个同方向、同频率的简谐运动为

$$x_1 = 0.08\cos\left(314t + \frac{\pi}{6}\right)$$

$$x_2 = 0.08\cos\left(314t + \frac{\pi}{2}\right)$$

$$x_3 = 0.08\cos\left(314t + \frac{5\pi}{6}\right)$$

求:(1) 合振动的角频率、振幅、初相位及振动表达式;

(2) 合振动由初始位置运动到 $x = \frac{\sqrt{2}}{2}A$ (A 为合振动振幅)时所需最短时间。

51. 一物体同时参与如下两个互相垂直的简谐振动:

$$x = 0.06\cos\left(\frac{\pi}{3}t + \frac{\pi}{3}\right) \quad \text{(SI)}$$

$$y = 0.03\cos\left(\frac{\pi}{3}t - \frac{\pi}{3}\right) \quad \text{(SI)}$$

试求物体合振动的轨道方程,画出图形,并指明是左旋还是右旋。

52. 一质点按照 $s = 4.0 \times 10^{-2}(\cos^2 0.5t)(\sin 100t)$ (SI)的规律振动。试将此运动分解成一系列的简谐振动,并用 A-ω 图画出此复杂振动的振动谱(A 表示振幅,ω 表示角频率)。

53. 若收音机的调谐电路所用的线圈为 $260\mu H$,要想收听 535 kHz 到 1605 kHz 的广播,问与线圈连接的电容的最大值和最小值各为多少?

54. 一振荡电路,已知 $C = 0.025\mu F$,$L = 1.015 H$,电路中电阻可忽略不计,电容器上电荷最大值为 $Q_0 = 2.5 \times 10^6$C。

(1) 写出电路接通后,电容器两极板间的电势差随时间变化的表达式和电路中电流随时间变化的表达式;

(2) 写出电场能量、磁场能量及总能量随时间变化的表达式;

(3) $t_1 = T/8$ 和 $t_2 = T/4$ 时,电容器两极板间的电势差、电路中的电流、电场能量和磁场能量。

　　水母能提前10～15小时感知暴风雨来临的信息,从而隐藏到安全的地带。这是因为水母有一个超级灵敏的"耳朵"。海洋中,由空气和波浪摩擦而产生的次声波(频率为每秒8～13次)是风暴来临的前奏曲。这种次声波人耳无法听到,小小的水母却很敏感。在水母"耳朵"的内部,有一个极小的听石,次声波使听石产生振动,听石再把次声波的振动传给水母耳壁内的神经感受器,使得水母听到风暴声。由于次声波的传播速度比风暴和波浪快得多,所以,水母可以收到风暴的"预告",迅速采取躲避措施。

　　仿生学家仿照水母耳的结构和功能,设计了水母耳风暴预测仪。把这种仪器安装在舰船的前甲板上,当接收到风暴的次声波时,可旋转360°的喇叭自行停止旋转,它所指的方向就是风暴前进的方向,并且可以根据指示器上的读数得知风暴的强度。这种预测仪能提前15小时对风暴作出预报,对航海和渔业的安全都有着重要意义。

第14章

波 动

本章概要 振动状态的传播称为波动,简称波。波动是物质运动的一种形式,广泛存在于自然界。例如,机械振动在弹性介质中的传播称为机械波,如声波、水波等。变化电场和变化磁场在空间的传播称为电磁波,如无线电波、光波、X 射线、γ 射线等。虽然不同的波动的本质不同,但它们具有许多共同的描述方式、特征和规律。例如,都具有一定的传播速度,都伴随着能量的传播,都具有时空双重周期性,都能产生反射、折射、干涉和衍射等现象。本章主要讨论机械波的基本特征和规律,重点阐明平面简谐波的波函数及其物理意义,以及波传播过程中能量及能流的特征;分析机械波的叠加及驻波现象,突出相位差在波的干涉中的作用;介绍波的传播规律——惠更斯原理;简要说明声波、超声波和次声波的特性和应用。介绍了电磁波的产生与传播,以及平面电磁波的基本性质。

14.1 机械波的形成及描述

一、机械波的产生、传播及特征

机械波是机械振动在连续弹性介质中的传播。因此,机械波的产生需要两个条件,第一,必须存在作机械振动的物体,称为波源;第二,必须要有能够传播这种振动的弹性介质。所谓的弹性介质,即各相邻质点间以弹性力互相联系着的介质。当介质中某一质量元(简称质元)A 受到外力的作用离开平衡位置时,此处的介质将发生形变,使 A 与其相邻的质元 B 之间产生弹性恢复力,在恢复力的作用下,质元 A 将在平衡位置附近作振动,而质元 B 跟随着质元 A 离开平衡位置,也开始振动;同理,质元 B 将带动与之相邻的质元 C 离开平衡位置……这样,在弹性力的作用下,周围的质元一个带动另一个,相继振动起来,形成了振动状态以一定的速度由近及远向各个方向传播的情形,这就是机械波。

机械波有什么特征呢?我们以绳子上的波为例进行分析。如图 14-1 所示,一根绳子水平放置,右端固定,用手使绳子的左端上下振动,这样,绳子左端的质元就相当

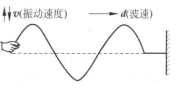

图 14-1 绳子上的横波

于一个波源。绳子即为传播振动的弹性介质。各质元在弹性力的作用下,从左到右依次随着波源上下振动,可以看到一个接着一个的上下起伏的波形沿着绳子向右(固定端)传播。通过观察和研究,我们注意到波动有两个重要特征,第一,各个质元在各自的平衡位置附近振动,并未随着波往前移动;第二,向前传播的是波源的振动状态,传播的速度称为波速。沿着波的传播方向,远处的质元依次重复近处质元的振动过程,因此,若我们在同一时刻考察各个质元振动的相位,发现振动的相位从波源开始由近及远依次落后。若我们跟踪某一个相位,则该相位由近及远向前推进。因此,波的传播实质上就是相位的传播,波速,也称为波相速。另外,由上面的讨论可见,振动速度和波速是两个不同的概念,要注意区分。

根据振动方向与波的传播方向之间的关系,机械波有横波和纵波之分。当质元的振动方向与波的传播方向相互垂直时,称为横波。横波的图像是有峰有谷的。在图 14-1 中,绳子上形成的波就是横波。若质元的振动方向与波的传播方向相互平行,这种波称为纵波。如图 14-2 所示,将一根弹簧水平放置,左右推拉弹簧的左端使其沿着水平方向左右振动,就可以看到这种振动状态沿着弹簧向右传播,在弹簧中形成疏密相间的纵波图像。另外,声波也是一种常见的纵波。也有一些波很复杂,既不是横波,也不是纵波,例如水面波,水面质元既作上下运动,又有前后运动,其运动轨迹因此是圆周或椭圆。

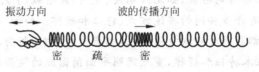

图 14-2 弹簧中的纵波

有一种波动是我们讨论的重点,那就是简谐波。什么是简谐波呢? 无论横波还是纵波,当波源作简谐振动时,介质中各个质元都作简谐振动,这时形成的波动就称为简谐波。它是一种既简单又重要的波,因为其他复杂的波都可以看成是简谐波的叠加。

二、机械波的几何描述

为了形象、直观地描述波动,我们常用几何作图法表示波的传播情况。为此,引进两个概念——波阵面和波射线。

波在一维介质(如绳子)中传播时,只有正反两个方向。但是在三维介质中传播时,从波源出发,可以沿各个不同的方向传播。我们把波动过程中,介质中振动相位相同的点连成的面称为波阵面,简称波面;最前面的那个波面称为波前。显然,波面就是同相面。某个时刻观察介质中的一列波,存在一系列的波面,分别对应着各自的相位值。

我们把波面为平面的波称为平面波(如图 14-3(a));把波面为球面的波称为球面波(如图 14-3(b));波面为柱面的波称为柱面波(如图 14-3(c))。在远离波源的区域(远场区),球面和柱面将趋向于平面,也就是说,远场区的球面波和柱面波都可以近似视为平面波来处理。因此,本章重点讨论平面波。

波的传播方向称为波射线,简称波线。在各向同性的介质中,波线垂直于波面。因此,平面波的波线是垂直于波面的一系列平行直线;球面波的波线是一系列以波源为中心沿半径方向的射线,分别如图 14-3(a)、(b)所示。

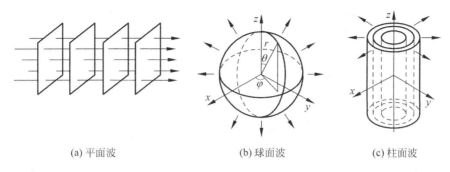

(a) 平面波 (b) 球面波 (c) 柱面波

图 14-3 平面波、球面波和柱面波的波面与波线

三、描述机械波的物理量

为了定量地描述波的传播情况,需要引进若干物理量来表示波动的基本特征。为简单起见,以一维简谐波为例。

1. 波函数 $y(x,t)$

为了对波动进行完整的描述,应该给出波动中任一质元的振动表达式,这个表达式就称为波函数(或波动方程)。无论是纵波还是横波,我们都用 x 表示介质中各质元的平衡位置,用 y 表示各质元振动过程中离开平衡位置的位移。显然,y 是 x,t 的二元函数,写成 $y(x,t)$,这就是波函数,它反映了任一时刻任一质元的振动状态。

2. 波长 λ

图 14-4 所示分别为 $t=0$,$t=\dfrac{T}{4}$,$t=\dfrac{T}{2}$,$t=\dfrac{3T}{4}$ 和 $t=T$ 时刻的 y-x 曲线,称之为波形图。其中 T 为简谐振动的周期。由图中可见,$t=0$ 时,原点 O 处的质元(作为波源)振动相位是 $-\pi/2$;随着时间的推移,振动状态向右传播,O 点右侧的各个质元依次振动起来;到 $t=T$ 时刻,O 点完成了一个全振动,相位变为 $2\pi+(-\pi/2)$,而原来 $t=0$ 时原点 O 处 $-\pi/2$ 的振动状态传播到了 d 点。换言之,d 点与 O 点相位差为 2π,是相邻的两个同相点。我们把这种同一波线上两个相邻的同相点(相位差为 2π)之间的距离称为波的波长,用 λ 表示。由图中可见,λ 就是一个完整波形的长度。若是横波,波长 λ 等于两相邻波峰之间或两相邻波谷之间的距离;若是纵波,则波长 λ 等于两相邻密集部分的中心之间或两相邻稀疏部分中心之间的距离。波长的单位为米(m)。

波长反映了波的空间周期性。

3. 周期 T,频率 ν 和角频率 ω

波形移动一个波长所需的时间,或一个完整波通过介质中一点所需的时间,称为波的周期。从上面的分析可知,每经过一个周期,各处的质元就完成一次全振动,所以,波的周期即为振动的周期 T。周期 T 反映了波动在时间上的周期性。国际单位制中,周期的单位为秒(s)。

周期的倒数称为频率,用 ν 表示,即

$$\nu=\frac{1}{T}$$

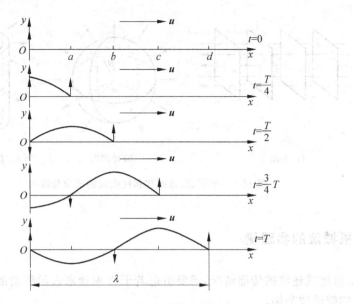

图 14-4 波长,周期与波速之间的关系

因为周期 T 表示移动一个完整波所需的时间,所以,频率表示单位时间内所移动的(即通过介质中某一点)的完整波的个数。它的单位为赫兹(Hz 或 s^{-1})。

角频率 ω 定义为频率的 2π 倍,即 $\omega = 2\pi\nu$。

显然,波的频率就等于振动的频率,它由波源决定,而与介质无关。

【思考】 在什么情况下,波的频率与波源的频率不相等?

4. 波速 u 及 u,λ 和 T 之间的关系

单位时间内振动状态传播的距离称为波速,用 u 表示。因为振动状态由相位确定,所以,波速实际上就是相位的传播速度,故又称为相速。单位为米·秒$^{-1}$(m·s^{-1})。

波速 u 的大小与哪些因素有关呢?在本章第 3 节中,我们将获知,波速 u 取决于传播介质的特性,与波源无关。

最后,容易理解,波速的大小 u、波长 λ 和周期 T 三者之间有如下的简单关系

$$\lambda = uT \tag{14-1}$$

这个关系式将波的时空双重周期性有机地联系了起来。

【例题 14-1】 一振幅为 10cm,波长为 200cm 的一维余弦波,正沿着 x 轴正向传播,波速为 100cm/s,在 $t=0$ 时原点处质元在平衡位置向正位移方向运动。求:

(1) 原点处质元的振动方程;

(2) 在 $x = 150$cm 处质元的振动方程。

解:(1) 设原点处质元的振动方程为

$$y(0,t) = A\cos(\omega t + \varphi_0)$$

依题意,振幅 $A = 10$cm,振动频率 $\nu = u/\lambda = 0.5$Hz,因此,角频率为

$$\omega = 2\pi\nu = \pi(\text{rad/s})$$

根据初始条件:$y(0,0) = 0$ 以及 $v(0,0) = \dot{y}(0,0) > 0$,可得

$$\varphi_0 = -\frac{\pi}{2}$$

故得原点处质元的振动方程为

$$y(0,t) = 0.10\cos\left(\pi t - \frac{\pi}{2}\right) \quad \text{(SI)}$$

(2) $x = 150\text{cm}\frac{3}{4}\lambda$,故该处质元的振动相位比原点落后了

$$\frac{3}{4} \times 2\pi = \frac{3\pi}{2}$$

所以,得

$$y(150,t) = 0.10\cos\left(\pi t - \frac{\pi}{2} - \frac{3\pi}{2}\right) = 0.10\cos(\pi t - 2\pi) \quad \text{(SI)}$$

也可写成 $\quad y(150,t) = 0.10\cos\pi t \quad \text{(SI)}$

14.2 平面简谐波

平面简谐波是指波面为平面的简谐波,它是最简单、最基本的波,是我们理解更复杂的波的基础。

根据波面的定义,波面即为同相面,同一波阵面上的各质元具有相同的振动状态,因此,只要研究各个波面上的一个质元的振动情况即可(如图 14-5 中波面 1 上的 a 点,波面 2 上的 b 点……),换言之,对于平面波,只要研究任意一条波线(如图 14-5 中的 x 轴)上波的传播规律,就可以知道整个平面波的传播规律。

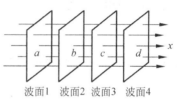

图 14-5 平面简谐波的特征

一、平面简谐波的波函数

如图 14-6 所示,设一列平面简谐波在无限大、无吸收的均匀理想介质中传播。任意选定一条波线作为 x 轴,确定原点 O 和正方向。设波沿着 x 轴的正方向传播,波速为 $\boldsymbol{u}$,波的周期为 T,角频率为 ω,波长为 λ。波函数 $y(x,t)$ 表示 x 轴上任一质元 P(坐标为 x)在 t 时刻离开平衡位置的位移,也就是 P 处质元的振动方程。下面,我们根据波动中振动状态向前传播的特点,来寻找 $y(x,t)$ 的函数式。

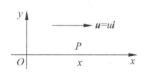

图 14-6 推导波函数的说明图

设已知 O 点的振动方程为

$$y(0,t) = A\cos(\omega t + \varphi_0) \tag{14-2}$$

因为波沿着 x 轴的正方向传播,所以 O 点的振动状态将传播到 P 点,且需要的时间为 $\frac{x}{u}$,也就是说,P 点在 t 时刻的振动状态应该和 O 点在 $t - \frac{x}{u}$ 时刻的振动状态一样。考虑到 P 点和 O 点振动的振幅和频率相同,故 P 点的振动方程 $y(x,t)$ 应为

$$y(x,t) = y\left(0, t - \frac{x}{u}\right) \tag{14-3}$$

根据式(14-2)的函数关系,得

$$y(x,t) = A\cos\left[\omega\left(t - \frac{x}{u}\right) + \varphi_0\right] \tag{14-4}$$

此即沿 x 轴正方向传播的平面简谐波的波函数。

波函数 $y(x,t)$ 中的因子 $\omega\left(t - \frac{x}{u}\right) + \varphi_0$ 表示 x 处质元 t 时刻的振动相位,在 x 轴上选取两个质元 x_1 和 x_2,设 $x_2 > x_1$,则 t 时刻两个质元振动的相位差为

$$\Delta\varphi = \left[\omega\left(t - \frac{x_2}{u}\right) + \varphi_0\right] - \left[\omega\left(t - \frac{x_1}{u}\right) + \varphi_0\right] = -\frac{\omega}{u}(x_2 - x_1) < 0 \tag{14-5}$$

这说明,x_2 处的振动相位比 x_1 处落后,即沿着波传播的方向,振动相位在落后,落后的相位差值正比于传播的距离。

对于平面简谐波,常常用到波数 k,它的定义是

$$k = \frac{2\pi}{\lambda} \tag{14-6}$$

表示 2π 的长度内所包含的完整波的个数。利用 $\lambda = uT$,$\omega = \frac{2\pi}{T}$,k 也可以写成 $k = \frac{\omega}{u}$,这样,式(14-5)的相位差可以写成

$$\Delta\varphi = -\frac{2\pi}{\lambda}(x_2 - x_1) = -k(x_2 - x_1) \tag{14-7}$$

更主要的是,式(14-4)表示的波函数可以改写成

$$y(x,t) = A\cos(\omega t - kx + \varphi_0) \tag{14-8}$$

$$y(x,t) = A\cos 2\pi\left(\frac{t}{T} - \frac{x}{\lambda} + \varphi_0\right) \tag{14-9}$$

这两种表达式把波的时空双重周期性非常对称地表示了出来。因此,k 又称为空间角频率。

以上讨论的是波沿着 x 轴正方向传播时的波函数表达式。若波沿着 x 轴负方向传播($\boldsymbol{u} = -u\boldsymbol{i}$)呢?这时,图 14-6 中 P 点的振动比 O 点的振动超前,即 P 点在 t 时刻的振动状态应该和 O 点在 $t + \frac{x}{u}$ 时该的振动状态相同,故 P 点的振动方程 $y(x,t)$ 应为

$$y(x,t) = y\left(0, t + \frac{x}{u}\right)$$

根据式(14-2)的函数关系,可得沿 x 轴负方向传播的波函数为

$$y(x,t) = A\cos\left[\omega\left(t + \frac{x}{u}\right) + \varphi_0\right] \tag{14-10}$$

同样,可以将波函数改写为另外两种表示式:

$$y(x,t) = A\cos(\omega t + kx + \varphi_0) \tag{14-11}$$

$$y(x,t) = A\cos 2\pi\left(\frac{t}{T} + \frac{x}{\lambda} + \varphi_0\right) \tag{14-12}$$

由此可见,沿着 x 轴负方向传播的波函数与沿着 x 轴正方向传播的波函数比较,仅仅是变量 x 前相差一个负号。

若我们已知的不是 O 点的振动方程 $y(0,t)$,而是某一特定点处质元(坐标为 x_0)的振动方程

$$y(x_0, t) = A\cos(\omega t + \varphi_0) \tag{14-13}$$

那么,根据波传播的方向($u = \pm u i$),同理可以写出波函数

$$y(x,t) = A\cos\left[\omega\left(t \mp \frac{x - x_0}{u}\right) + \varphi_0\right] \tag{14-14}$$

式中的"$-$"和"$+$"分别对应于波沿着 x 轴正向传播和沿着 x 轴负向传播两种情况。

二、波函数的物理意义

接下来,以沿着 x 轴正方向传播的波函数为例,进一步讨论平面简谐波波函数的物理意义。

1. 波函数具有时间周期性

在波函数 $y(x,t)$ 中,给定 x,则位移 y 只是时间 t 的周期函数,$y(t)$ 表示的是 x 处质元的振动方程

$$y(t)\big|_{x\text{给定}} = A\cos(\omega t - kx + \varphi_0)$$

如图 14-7 所示,以 y 为纵坐标,t 为横坐标所作的 y-t 曲线即为该质元的振动曲线,横轴上相邻的两个同相点之间的距离为周期 T。另外,根据速度的定义,曲线上任一点的斜率表示的就是这个时刻质元的振动速度 $v = \dfrac{dy}{dt}$,因此,从曲线上很容易判断该质元的振动位移和振动速度的数值和正负,从而确定该质元在该时刻的振动状态(即相位)。

2. 波函数具有空间周期性

若波函数中的时间 t 给定,则 y 只是 x 的周期函数,表示的是 t 时刻波线上各个不同质点的位移情况,就好像在 t 时刻对介质拍了张照片,因此方程 $y(x)$ 就是 t 时刻的波形方程

$$y(x)\big|_{t\text{给定}} = A\cos(\omega t - kx + \varphi_0)$$

y-x 曲线就是该时刻的波形曲线,如图 14-8 所示。横轴上相邻的两个同相点之间的距离为波长 λ。在波形曲线上,我们可以根据波的传播方向来判断各个质元在 t 时刻的振动速度的方向。

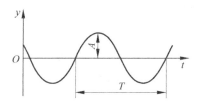

图 14-7　某一给定点 x 处质元的振动曲线

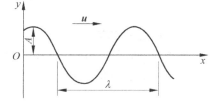

图 14-8　某一给定时刻 t 的波形图

3. 波函数的时空双重周期性

当波函数中的 x 和 t 都是变量时,波函数 $y(x,t)$ 表示的是波线上任一质元的振动规律

$$y(x,t) = A\cos(\omega t - kx + \varphi_0)$$

相位 $\omega t - kx + \varphi_0$ 中包含 t 和 x 两个变量,因此 $y(x,t)$ 具有时空双重周期性。任一质元的振动相位随时间变化,每经过一个周期 T 相位就增加 2π;任一时刻各质元的相位随空间变化,每往前传播一个波长 λ,相位就落后 2π。如图 14-9 所示,可以用曲线来形象地表示波动

的特征。以 y 为纵坐标，以 x 为横坐标，分别画出 t 时刻和 $t+\Delta t$ 时刻的波形曲线，可以看出，$t+\Delta t$ 时刻的波形曲线即为 t 时刻的波形曲线沿波的传播方向平移了 $u\Delta t$ 的距离。也就是说，整个波形曲线以波速 u 在介质中传播，每经过一个周期 T，波形曲线就往前平移一个波长 λ。故这种波称为行波，$\omega t - kx$ 称为传播因子，波速 $u = \dfrac{\mathrm{d}x}{\mathrm{d}t}$。

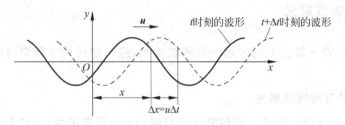

图 14-9 波形曲线的传播

【例题 14-2】 一平面简谐波的表达式为 $y = 0.025\cos(125t - 0.37x)$ (SI)，求其周期、波长和波速。

解：解法一 比较法

将波函数

$$y = 0.025\cos(125t - 0.37x)$$

与标准的波函数表达式

$$y(x,t) = A\cos(\omega t - kx)$$

进行比较，可以得到

$$\omega = 125 (\mathrm{rad/s}), \quad k = 0.37 (\mathrm{m^{-1}})$$

由此可求得周期和波长分别为

$$T = \frac{2\pi}{\omega} = \frac{2\pi}{125} = 0.0503(\mathrm{s}), \quad \lambda = \frac{2\pi}{k} = \frac{2\pi}{0.37} = 17(\mathrm{m})$$

波速为

$$u = \frac{\lambda}{T} = \frac{17}{0.0503} = 338(\mathrm{m})$$

解法二 由定义式求解

波长是指同一时刻 t，波线上相位差为 2π 的两点 x_1 和 x_2 之间的距离，即

$$(125t - 0.37x_1) - (125t - 0.37x_2) = 0.37(x_2 - x_1) = 2\pi$$

所以，波长为

$$\lambda = x_2 - x_1 = \frac{2\pi}{0.37} = 17(\mathrm{m})$$

周期是相位传播一个波长所需要的时间，即 t_1 时刻 x_1 处的相位在 $t_2 = t_1 + T$ 时刻传播到 $x_2 = x_1 + \lambda$ 处，即

$$(125t_1 - 0.37x_1) = [125(t_1 + T) - 0.37(x_1 + \lambda)]$$

$$T = \frac{0.37\lambda}{125} = 0.0503(\mathrm{m})$$

波速 u 的解法同解法一。

【例题 14-3】 如图 14-10 所示为一平面简谐波在 $t=0$ 时刻的波形图，求：

(1) 该波的波函数；

(2) P 处质元的振动方程及振动速度的表达式；

(3) O 处质元和 P 处质元振动的相位差。

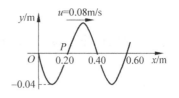

图 14-10 例题 14-3 用图

解：(1) 若能得知某处质元的振动方程，以及波速的大小和方向，则可根据式(14-14)求出波函数 $y(x,t)$。

首先，求出 O 处质元的振动方程。设 O 点的振动方程为

$$y(0,t) = A\cos(\omega t + \varphi_0)$$

依题意，$A=0.04\text{m}$。另外，由图 14-10 中曲线及波的传播方向可以判断，$t=0$ 时，O 处质元的振动状态为

$$y(0,0) = A\cos\varphi_0 = 0, \quad v(0,0) = -A\omega\sin\varphi_0 > 0$$

据此可得初相位为

$$\varphi_0 = -\frac{\pi}{2}$$

又有 $\lambda=0.40\text{m}$，$u=0.08\text{m/s}$，所以，得

$$\omega = \frac{2\pi}{T} = \frac{2\pi u}{\lambda} = \frac{2\pi \times 0.08}{0.40} = \frac{2\pi}{5}(\text{rad/s})$$

故 O 点的振动方程为

$$y(0,t) = 0.04\cos\left(\frac{2\pi}{5}t - \frac{\pi}{2}\right) \quad (\text{SI})$$

其次，波速 $u=0.08\text{m/s}$，且沿着 x 轴正向传播。所以，波函数为

$$y(x,t) = 0.04\cos\left[\frac{2\pi}{5}\left(t - \frac{x}{0.08}\right) - \frac{\pi}{2}\right] \quad (\text{SI})$$

(2) 将 P 处质点的坐标 $x=0.20\text{m}$ 代入波函数，即得 P 处质元的振动方程

$$y_P = 0.04\cos\left[\frac{2\pi}{5}\left(t - \frac{0.20}{0.08}\right) - \frac{\pi}{2}\right] = 0.04\cos\left(\frac{2\pi}{5}t - \frac{3\pi}{2}\right) \quad (\text{SI})$$

(3) 由式(14-7)，O 处质元和 P 处质元振动的相位差的相位差为

$$\Delta\varphi = -\frac{2\pi}{\lambda}(x_P - x_O) = -\frac{2\pi}{0.40}(0.20 - 0) = -\pi$$

【例题 14-4】 一平面简谐波沿 Ox 轴的负方向传播，波长为 λ，P 处质点的振动规律如图 14-11 所示。

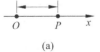

(1) 求 P 处质点的振动方程；

(2) 求此波的波动表达式；

(3) 若图 14-11 中 $d=\frac{1}{2}\lambda$，坐标原点 O 处质点的振动方程。

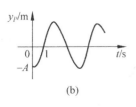

图 14-11 例题 14-4 用图

解：(1) P 处质点振动方程为

$$y(d,t) = A\cos(\omega t + \varphi_0)$$

振动曲线的斜率即为振动速度，故由图 14-11(b)可知，P 处质点振动的初始条件为

$$y(d,0) = A\cos\varphi_0 = -A, \quad v(0,0) = -A\omega\sin\varphi_0 = 0$$

可得初相位为

$$\varphi_0 = \pi$$

由图 14-11 知，$\dfrac{T}{4} = 1\text{s}$，所以，角频率为

$$\omega = \dfrac{2\pi}{T} = \dfrac{2\pi}{4} = \dfrac{\pi}{2}(\text{rad/s})$$

故 O 点的振动方程为

$$y(d,t) = A\cos\left(\dfrac{\pi}{2}t + \pi\right) \quad (\text{SI})$$

(2) 依题意，波沿 Ox 轴的负方向传播，且波速大小为

$$u = \dfrac{\lambda}{T} = \dfrac{\lambda}{4}$$

则根据式(14-14)，波函数为

$$y(x,t) = A\cos\left[2\pi\left(\dfrac{t}{4} + \dfrac{x-d}{\lambda}\right) + \pi\right] \quad (\text{SI})$$

(3) 将 O 点坐标 $x = 0$ 代入波函数，并且考虑到 $d = \dfrac{1}{2}\lambda$，取得 O 处质点的振动方程

$$y(0,t) = A\cos\dfrac{\pi}{2}t \quad (\text{SI})$$

14.3 弹性介质的应变与应力

振动之所以能在弹性介质中传播，是因为在外力的作用下，介质发生弹性形变，各个质元之间将产生一种弹性恢复力。我们常用应变与应力来量度这种形变与弹性恢复力。为了弄清机械波传播的动力学过程及波速，有必要了解应变与应力的机制。下面介绍应变与应力的几种基本类型。

一、应变与杨氏模量

如图 14-12 所示，一段介质棒，长度为 l，棒的横截面积为 S，一端固定，在另一端沿轴的方向施加一外力 F，使得棒发生了形变，伸长了 Δl（称为线变）后达到新的平衡，这时棒内各处都产生了弹性恢复力，以抗衡外力。我们把 F/S 称为线应力，相对变化量 $\Delta l/l$ 称为线应变。实验表明，在弹性限度内，线应力和线应变之间存在线性关系，可以写成

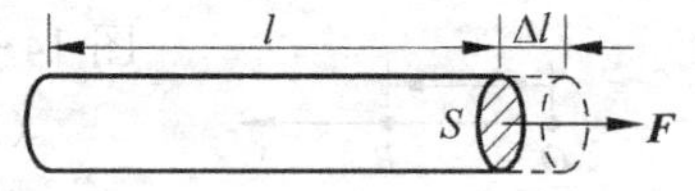

图 14-12 介质棒的线变

$$\dfrac{F}{S} = E\dfrac{\Delta l}{l} \tag{14-15}$$

式中的比例系数 E 是材料的弹性参量，称为杨氏模量，它与材料有关。

当纵波在介质棒中传播时，各个质元发生的就是这种线变。

二、切应变与切应变模量

如图 14-13 所示,一长方体材料,高为 d,截面积为 S,将下端面固定,在上端面沿切向施加一外力 F,则长方体沿切向发生形变,位移量为 Δd,而后达到平衡。这时,长方体内部任一截面的两侧,都存在切向的弹性恢复力。我们把这种形变称为剪切形变,简称切变。F/S 称为切应力,$\Delta d/d$ 称为切应变。在弹性限度内,切应力正比于切应变,即

$$\frac{F}{S} = G\frac{\Delta d}{d} \tag{14-16}$$

式中比例系数 G 是材料的另一弹性参量,称为切应变模量。

当横波在介质棒中传播时,各个质元发生的就是切应变,如图 14-14 所示。

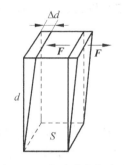

图 14-13　切应变与切应力

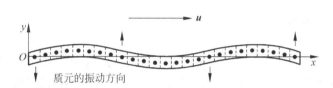

图 14-14　横波在介质中传播时质元的切变

三、体应变与体积模量

一体积为 V 的物质,当其周围受到的压强改变 Δp 时,其体积将会改变 ΔV。我们把体积的相对变化 $\Delta V/V$ 称为体应变。实验表明,压强的改变与体应变成线性关系

$$\Delta p = -K\frac{\Delta V}{V} \tag{14-17}$$

式中 K 称为体积模量,与介质有关;负号表示压强增大时体积将缩小。

在固体材料中可以发生线应变、切应变和体应变,因此固体中可以传播纵波,也可以传播横波。而液体和气体具有流动性,不可能产生切应变,故无法传播横波。但由于可以产生体应变,故能传播纵波。

14.4　波动方程　波速

一、波动方程

波函数所满足的动力学方程称为波动方程。反过来说,什么样的方程其解具有波动的特征呢?我们用最简单、最基本的平面简谐波的波函数 $y(x,t) = A\cos\left[\omega\left(t \mp \dfrac{x}{u}\right) + \varphi_0\right]$,来

求得答案。

将 $y(x,t)$ 分别对 x 和 t 求二阶偏导数，得

$$\frac{\partial^2 y}{\partial x^2} = -\frac{\omega^2}{u^2} A\cos\left[\omega\left(t \mp \frac{x}{u}\right) + \varphi_0\right]$$

$$\frac{\partial^2 y}{\partial t^2} = -\omega^2 A\cos\left[\omega\left(t \mp \frac{x}{u}\right) + \varphi_0\right]$$

比较这两个式子，可以看出

$$\frac{\partial^2 y}{\partial x^2} - \frac{1}{u^2}\frac{\partial^2 y}{\partial t^2} = 0 \tag{14-18}$$

此式即为波动方程。虽然这个方程是由平面简谐波的波函数推导出来的，但可以证明它的解包括了无吸收的各向同性均匀介质中传播的各种形式的机械波。更重要的是，它具有普遍性，任何物理量 y，只要它满足方程式(14-18)，即可得出结论，它是以速度 u 传播的波动过程。偏导数 $\frac{\partial^2 y}{\partial t^2}$ 项的系数即为波速平方的倒数。

二、波速

一列波在介质中传播时，波速到底与哪些因素有关？从式(14-18)可知，必须通过建立波动方程才能获知。在此，我们以固体介质棒中传播的纵波为例，通过受力分析及牛顿定律来导出波动方程，进而得到波速。

纵波在介质棒中传播时，各个质元将发生线变。如图 14-15 所示，在介质中 x 处选取一个长度为 Δx 的微小质元。发生线变时，两端面 a 和 b 分别位移了 y 和 $y+\Delta y$，移动到了 a' 和 b'。这时质元的长度伸长了 Δy。所以，x 处质元的线应变（即相对伸长量）为 $\Delta y/\Delta x$，令 $\Delta x \to 0$，则线应变可表示为 $\frac{\partial y}{\partial x}$。根据式(14-15)，可以得到该质元两个端面所受到的弹性力。左端面受力为

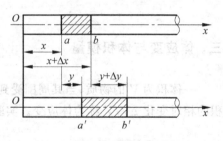

图 14-15 介质棒中的线应变与应力

$$F(x) = SE\left(\frac{\partial y}{\partial x}\right)_x \tag{14-19}$$

式中 E 为杨氏模量。右端面受力为

$$F(x+\Delta x) = SE\left(\frac{\partial y}{\partial x}\right)_{x+\Delta x} \tag{14-20}$$

所以，该质元所受到的合力为

$$F = F(x+\Delta x) - F(x) = SE\left[\left(\frac{\partial y}{\partial x}\right)_{x+\Delta x} - \left(\frac{\partial y}{\partial x}\right)_x\right] = SE\frac{\left[\left(\frac{\partial y}{\partial x}\right)_{x+\Delta x} - \left(\frac{\partial y}{\partial x}\right)_x\right]}{\Delta x}\Delta x$$

当 $\Delta x \to 0$ 时，可表示为

$$F = SE\frac{\partial^2 y}{\partial x^2}\Delta x$$

根据牛顿第二定律

$$F = (\Delta m)a$$

式中,振动加速度为 $a = \frac{\partial^2 y}{\partial t^2}$,$\Delta m$ 为小质元的质量,若以 ρ 表示介质的质量密度,则 $\Delta m = \rho S\Delta x$。于是,得到

$$SE\frac{\partial^2 y}{\partial x^2}\Delta x = \rho S\Delta x\frac{\partial^2 y}{\partial t^2}$$

整理得

$$\frac{\partial^2 y}{\partial x^2} - \frac{1}{\left(\frac{E}{\rho}\right)}\frac{\partial^2 y}{\partial t^2} = 0 \tag{14-21}$$

这就是纵波在介质棒中传播时的波动方程。将它与式(14-18)进行比较,即可给出棒中纵波的传播速度为

$$u = \sqrt{\frac{E}{\rho}} \tag{14-22}$$

可见,波速仅与介质有关,取决于介质的杨氏模量和密度。

对其他介质中传播的机械波,我们也可通过类似的分析,导出波动方程和波速的表达式。现列举如下。

在绳索和细线中传播的横波,波速为

$$u = \sqrt{\frac{F}{\rho_l}} \tag{14-23}$$

式中 F 为绳索或细线中的张力,ρ_l 为质量线密度。

在"无限大"的各向同性均匀固体介质中传播的纵波,波速大于式(14-22)所给出的值。

在"无限大"固体介质中传播的横波,波速为

$$u = \sqrt{\frac{G}{\rho}} \tag{14-24}$$

式中 G 为材料的切应变模量,ρ 为材料的质量密度。

在液体和气体中传播的纵波,其波速由下式给出:

$$u = \sqrt{\frac{K}{\rho}} \tag{14-25}$$

式中 K 为体积模量,ρ 为质量密度。

对于理想气体中传播的声波(纵波),声速可由式(14-25)推出:

$$u = \sqrt{\frac{\gamma p}{\rho}} = \sqrt{\frac{\gamma RT}{M}} \tag{14-26}$$

式中 γ 是气体的比热比,p 是气体的压强,R 为摩尔气体常量,M 是气体的摩尔质量,T 是气体的热力学温度。

表14-1列出了一些介质中的波速。

表 14-1 一些介质中波速的数值   m/s

介　　质	无限大介质中的横波	无限大介质中的纵波	棒内的纵波
铝	3040	6420	5000
铜	2270	5010	3750
电解铁	3240	5950	5120
硼硅酸玻璃	3280	5640	5170
海水(25℃)		1531	
水(25℃)		1497	
空气(干燥,0℃)		331.45	
氧气(0℃)		317.2	

14.5　波的能量　波的强度

机械波在介质中传播的一个重要特征是伴随着能量的传播。当波传播到介质中某处时,该处的质元就开始振动,因而具有动能;同时该处的介质发生了形变,因此又具有弹性势能。动能和势能之和就是波的能量。因此,波的能量伴随着振动在向前传播。本节先讨论波的能量特征,再分析能量的流动情况。

一、波的能量

1. 动能和势能

在介质中 x 处任取一小质元,其体积为 ΔV,质量为 Δm,设介质的质量密度为 ρ,则 $\Delta m = \rho \Delta V$。当平面简谐波在介质中传播时,根据波函数

$$y(x,t) = A\cos\left[\omega\left(t - \frac{x}{u}\right) + \varphi_0\right] \tag{14-27}$$

可求得该体积元的振动速度为

$$v = \frac{\partial y}{\partial t} = -\omega A \sin\left[\omega\left(t - \frac{x}{u}\right) + \varphi_0\right]$$

因而振动动能为

$$\Delta E_k = \frac{1}{2}\Delta m v^2 = \frac{1}{2}\rho\left(\frac{\partial y}{\partial t}\right)^2 \Delta V = \frac{1}{2}\rho\omega^2 A^2 \sin^2\left[\omega\left(t - \frac{x}{u}\right) + \varphi_0\right]\Delta V \tag{14-28}$$

此体积元的弹性势能等于多少呢? 我们还是以介质棒中的纵波为例进行讨论。设某时刻 t,当波动传播到该体积元时,体积元正被拉伸,其相对伸长量为 $\frac{\Delta y}{\Delta x}$,如图 14-15 所示。则该体积元由于形变而产生的弹性恢复力为 $F(x) = SE\left(\frac{\Delta y}{\Delta x}\right)$,和胡克定律 $F(x) = k\Delta y$ 比较可得

$$k = \frac{ES}{\Delta x}$$

因而该体积元的弹性势能为

$$\Delta E_{\mathrm{p}} = \frac{1}{2}k(\Delta y)^2 = \frac{1}{2}\frac{ES}{\Delta x}(\Delta y)^2 = \frac{1}{2}E\left(\frac{\Delta y}{\Delta x}\right)^2 \Delta V = \frac{1}{2}E\left(\frac{\partial y}{\partial x}\right)^2 \Delta V \quad (14\text{-}29)$$

从式(14-27)求出 $\frac{\partial y}{\partial x}$ 后代入式(14-29),得到

$$\Delta E_{\mathrm{p}} = \frac{1}{2}\frac{E}{u^2}\Delta V \omega^2 A^2 \sin^2\left[\omega\left(t - \frac{x}{u}\right) + \varphi_0\right]$$

考虑到 $u = \sqrt{\frac{E}{\rho}}$,故

$$\Delta E_{\mathrm{p}} = \frac{1}{2}\rho\omega^2 A^2 \sin^2\left[\omega\left(t - \frac{x}{u}\right) + \varphi_0\right]\Delta V \quad (14\text{-}30)$$

将此式与式(14-28)作个比较,我们发现,小体积元中的弹性势能和动能完全相等。它们均以 2ω 的角频率同相位地随着时间作周期性的变化,在任意时刻都具有相同的数值。例如,当质元在振动中经过平衡位置,如图14-16所示,P点时振动速度最大,所以动能达到最大值;此时介质的相对形变 $\frac{\partial y}{\partial x}$ (即波形曲线的斜率)也是最大,所以势能也

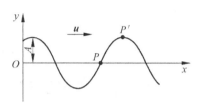

图14-16 弹性势能的讨论用图

达到最大值。当质元在振动中到达正负最大位移处,如图14-16中的 P' 点时,振动速度为零,故动能为零;此时介质的相对形变也是零,所以势能也为零。波动中动能和势能永远相等的这种特性与孤立的振动系统的能量特征(动能增大,则势能减少)是完全不同的。

2. 机械能

质元的机械能等于动能和势能之和

$$\Delta E = \Delta E_{\mathrm{k}} + \Delta E_{\mathrm{p}} = \rho\omega^2 A^2 \sin^2\left[\omega\left(t - \frac{x}{u}\right) + \varphi_0\right]\Delta V \quad (14\text{-}31)$$

可见,机械能随时间作周期性变化。式中包含传播因子 $t - \frac{x}{u}$,这正说明波动能量以速度 u 在空间传播。这一特征与孤立振动系统的机械能守恒也是截然不同的。因为此处的质元不是孤立系统,而是一个开放的系统,它与周围的其他质元之间存在着能量的交换。当输入大于输出时,该质元的机械能增加,当输入小于输出时,该质元的机械能减少。

3. 能量密度和平均能量密度

为了描述能量的分布,引进波的能量密度的概念,即介质单位体积内的能量,用 w 表示。由式(14-31)可得

$$w = \frac{\Delta E}{\Delta V} = \rho\omega^2 A^2 \sin^2\left[\omega\left(t - \frac{x}{u}\right) + \varphi_0\right] \quad (14\text{-}32)$$

w 随时间作周期性变化。我们更关心能量密度在一个周期内的平均值,即平均能量密度 $\bar{w}$。

$$\bar{w} = \frac{1}{2}\rho\omega^2 A^2 \quad (14\text{-}33)$$

上式说明 $\bar{w}$ 和介质的密度、振幅的平方以及频率的平方成正比。这一结论虽是由平面简谐波导出的,但对所有机械波都成立。$\bar{w}$ 的单位为焦/米³(J/m³)。

【推导】 根据式(14-32),推导平均能量密度的表达式(14-33)。

二、能流与波的强度

1. 能流

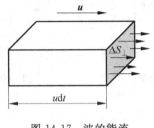

图 14-17 波的能流

为了描述能量的传播,需要引进能流的概念。单位时间内通过某一垂直截面的能量称为该截面的能流,用 P 表示。

如图 14-17 所示,设波的能量以速度 u 传播。在介质中选取一个垂直于波的传播方向的小截面 $\Delta S_\perp$。那么,在 dt 时间内将有多少的能量从该截面通过呢?由图可见,这份能量就等于以该截面为底、以 udt 为高的柱体内的能量 dW。

$$dW = w(\Delta S_\perp \, udt) \tag{14-34}$$

于是,根据定义,通过 $\Delta S_\perp$ 的能流为

$$P = \frac{dW}{dt} = \frac{w(\Delta S_\perp \, udt)}{dt} = w\Delta S_\perp \, u = \rho u \omega^2 A^2 \Delta S_\perp \sin^2\left[\omega\left(t - \frac{x}{u}\right) + \varphi_0\right] \tag{14-35}$$

显然,能流 P 和能量密度 w 一样,也随着时间作周期性的变化。在实际应用中,我们更关心平均能流,即一个周期内能流的平均值,用 $\bar{P}$ 表示。可得

$$\bar{P} = \bar{w}\Delta S_\perp \, u = \frac{1}{2}\rho\omega^2 A^2 \Delta S_\perp \, u \tag{14-36}$$

2. 能流密度　波的强度

能流密度是个矢量,它的方向就是能量传播的方向;而能流密度的大小,是指通过垂直于波的传播方向的单位面积的能流。能流密度的时间平均值称为平均能流密度或波的强度,简称波强,用 I 表示。根据 I 的定义,有

$$I = \frac{\bar{P}}{\Delta S_\perp} = \bar{w}u = \frac{1}{2}\rho\omega^2 A^2 u \tag{14-37}$$

I 的单位为瓦/米²(W/m²)。由上式可见,波的强度 I 正比于振幅的平方和频率的平方,这是波强的重要特征。在声波中,I 称为声强,在光波中,I 称为光强。它是实际应用中我们真正关心的物理量,因为一列行波作用于观察者或传感器的常常就是波强或与波强有关的物理量。

在前述章节的讨论中提到,无吸收的介质中传播的平面简谐波的振幅是个不变量,现在我们可以从能流的观点来加以说明。

如图 14-18 所示,一平面简谐波在无吸收的均匀介质中沿 x 方向传播。选取两个面积相等的垂直截面 S_1 和 S_2。因为介质不吸收波的能量,所以通过截面 S_1 的平均能流全部通过截面 S_2。设平面波在 S_1 和 S_2 处的振幅分别为 A_1 和 A_2,则根据式(14-36),有

$$\frac{1}{2}\rho u\omega^2 A_1^2 S_1 = \frac{1}{2}\rho u\omega^2 A_2^2 S_2 \tag{14-38}$$

因为 $S_1 = S_2$,所以

$$A_1 = A_2$$

即在无吸收的均匀介质中传播的平面波的振幅保持不变。

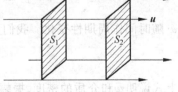

图 14-18 平面波的能流

对于球面波,情况又是怎样的呢？如图 14-19 所示,设距离波源为 r_1 和 r_2 处有两个垂直于波线的球面,这两个球面的面积分别为 $S_1=4\pi r_1^2$,$S_2=4\pi r_2^2$,两个球面出的振幅分别为 A_1 和 A_2。根据能量守恒,在介质无吸收的情况下,通过两个球面的能流相等,即式(14-38)成立。将球面的 S_1 和 S_2 代入式(14-38),可得

$$\frac{1}{2}\rho u\omega^2 A_1^2 4\pi r_1^2 = \frac{1}{2}\rho u\omega^2 A_2^2 4\pi r_2^2$$

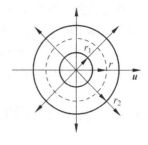

图 14-19　球面波的能流

所以

$$A_1 r_1 = A_2 r_2 = Ar$$

式中 A_1 和 A_2 分别为两个球面处的振幅,A 为距离波源为 r 的任意位置处的振幅。该式说明球面波的振幅与离开波源的距离成反比。因此球面简谐波的波函数可以写成

$$y = \frac{A_1 r_1}{r}\cos\left[\omega\left(t-\frac{r}{u}\right)+\varphi_0\right] \tag{14-39}$$

【**例题 14-5**】 一列简谐波沿着直径为 $0.14\mathrm{m}$ 的圆柱形玻璃管前进,波的强度为 $18\times 10^{-3}\mathrm{J\cdot s^{-1}\cdot m^{-2}}$,频率为 $300\mathrm{Hz}$,波速为 $300\mathrm{m/s}$。求：

(1) 波中的平均能量密度和最大能量密度；

(2) 相位差为 2π 的相邻两个截面间的平均能量。

解：(1) 根据波的强度和平均能量密度之间的关系式,可得平均能量密度为

$$\bar{w} = \frac{I}{u} = \frac{18\times 10^{-3}}{300} = 6\times 10^{-5}(\mathrm{J\cdot m^{-3}})$$

根据式(14-32),能量密度随着时间作周期性的变化,其振幅(即最大值)为

$$w_{\max} = \rho A^2 \omega^2 = 2\bar{w} = 12\times 10^{-5}(\mathrm{J\cdot m^{-3}})$$

(2) 位相差为 2π 的相邻两个截面间的距离为一个波长 λ,根据已知条件,可求得

$$\lambda = \frac{u}{\nu} = \frac{300}{300} = 1(\mathrm{m})$$

故该区间内的平均能量为

$$W = \bar{w}V = \bar{w}S\lambda = 6\times 10^{-5}\times 0.07^2\pi\times 1 = 9.2\times 10^{-7}(\mathrm{J})$$

【**例题 14-6**】 用聚焦超声波的方法,可以在液体中产生强度达 $120\mathrm{kW/cm^2}$ 的超声波。设波源作简谐振动,频率为 $500\mathrm{kHz}$,液体的密度为 $10^3\mathrm{g/m^3}$,声速为 $1500\mathrm{m/s}$,求这时液体质元振动的位移振幅、速度振幅和加速度振幅。

解：因为波的强度为

$$I = \frac{1}{2}\rho\omega^2 A^2 u$$

所以,可求得位移的振幅

$$A = \frac{1}{\omega}\sqrt{\frac{2I}{\rho u}} = \frac{1}{2\pi\times 5\times 10^5}\sqrt{\frac{2\times 120\times 10^7}{1\times 10^3\times 1500}} = 1.27\times 10^{-5}(\mathrm{m})$$

由此可得速度振幅和加速度振幅分别为

$$v_\mathrm{m} = \omega A = 2\pi\times 500\times 10^3\times 1.27\times 10^{-5} = 40(\mathrm{m/s})$$

$$a_\mathrm{m} = \omega^2 A = (2\pi\times 500\times 10^3)^2\times 1.27\times 10^{-5} = 1.25\times 10^8(\mathrm{m/s^2})$$

通过此例题可以发现,液体中声振动的振幅是极小的,但高频超声波的加速度振幅却可以很大。题中的加速度振幅约为重力加速度的 1.28×10^7 倍,这意味着介质的质元受到的作用力要比重力大 7 个数量级。可见超声波的机械作用是很强的,在机械加工、粉碎技术、清除污垢等方面有广阔的应用前景。

14.6 惠更斯原理　波的衍射

一、惠更斯原理

惠更斯原理说明了波的传播方向的问题。它不仅适用于机械波,对电磁波也适用。

波动是振动状态的传播。通过介质中各质点之间的相互作用,波源的振动带动了周围质元的振动,这些质元又将引起较远质元的振动,从而使振动由近及远传播开来。从这个意义上讲,介质中任何一个质元相对于更远处的质元来说,都可以看成是波源。例如,一平面水波在传播途中遇到一个开有小孔的障碍物,如图 14-20 所示,当小孔的尺寸与波长相近时,可以清楚地看到,障碍物的后面出现的是以小孔为中心的圆形波。显然,对于障碍物后面的质元来说,小孔就是一个新的波源。

惠更斯于 1690 年提出了波的传播规律:在波的传播过程中,波面(波前)上的每一点都可以看作是发射子波的波源,在其后的任一时刻,这些子波的包络面就是该时刻的波面。这就是惠更斯原理。根据这一原理,只要知道某一时刻的波面,就可用几何作图方法来确定下一时刻的波面。在各向同性介质中,有了波面的形状,按照波线与波面垂直的规律,便可画出波线,从而解决了波的传播方向的问题。

如图 14-21 所示,用惠更斯作图法画出了平面波和球面波的波面和波的传播方向。以球面波为例。球面 S_1 为某一时刻 t 的波面,根据惠更斯原理,S_1 上的每一点都可作为新的波源,在 Δt 时间内发出半径为 $u \Delta t$ 的半球面子波,这些子波的包络面 S_2 就是 $t + \Delta t$ 时刻的波面。垂直于波面画出的各条波线便代表了波的传播方向。

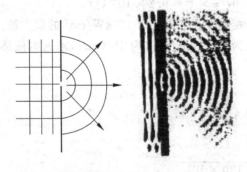

图 14-20　障碍物的小孔是一个新的波源

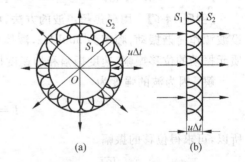

图 14-21　惠更斯作图法求波面和波线

二、波的衍射

波在传播过程中遇到障碍物时,其传播方向发生了改变,出现了能绕过障碍物而继续传播的现象,这种现象称为波的衍射。根据惠更斯原理作图,能够解释波的衍射。

如图 14-22 所示,一平面波入射到一个开有狭缝的障碍物上,狭缝正好位于平面波的波面 S_1 上。根据惠更斯原理,狭缝上的各点都可看作是新的波源,各自向前发射子波,作出这些子波的包络面,就是下一时刻的波面 S_2。可看出,波面 S_2 已不再是平面,在靠近狭缝边缘处,波面发生了弯曲,因此,边缘处波线的方向偏离了原来的直线传播,绕过障碍物向着阴影区域传播。也就是说,发生了衍射。

应该指出,在解释衍射现象时,惠更斯原理只能解决波的传播方向问题,不能说明衍射中波的强度沿各个方向重新分布的问题。后来菲涅耳发展了惠更斯原理,形成了惠更斯-菲涅耳原理,全面解释了波的衍射现象。关于这方面的知识将在波动光学中加以讨论。

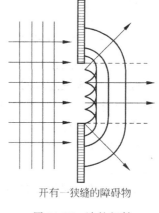

开有一狭缝的障碍物

图 14-22 波的衍射

根据惠更斯原理,不仅可以解释波的衍射现象,而且能够说明波在两种各向同性介质的分界面上反射和折射时反射波和折射波的传播方向。

【训练】 根据惠更斯原理,用作图法画出波在两种各向同性介质的分界面上反射和折射时反射波和折射波的传播方向。

14.7 波的叠加 波的干涉 驻波

一、波的叠加原理

前述章节讨论的均为一列行波的问题。实际中常常遇到几列波在介质中相遇的问题。比如,管弦乐队合奏或几个人同时讲话时,空气中就同时传播着许多声波;几个振子同时拍击水面,将激起几列水波并相遇。几列波相遇叠加后将出现哪些独特而有趣的现象呢?这就是本节将向大家介绍的。

大量观察和研究表明,几列波同时在介质中传播时,将保持各自的特点(频率、波长、振幅和振动方向等)独立传播,互不干扰;几列波在某处相遇时,该处质元将同时参与各列波单独在该处引起的振动,因此,该质元的合振动是各个振动的叠加,也就是说,该质元的合振动位移是各个波单独在该点引起的位移的矢量合成。这一规律称为波的独立传播原理或波的叠加原理。用数学式可表示为

$$\mathbf{y}(P,t) = \sum_i \mathbf{y}_i(P,t)$$

式中 P 表示几列波相遇区域内的任一位置,$\mathbf{y}_i(P,t)$ 表示第 i 列波在 P 处引起的振动位移,$\mathbf{y}(P,t)$ 为 P 处质元的合振动位移。

必须注意,波的叠加原理只对线性波动力学体系成立。当波的强度较大时,波动方程是非线性的,则波的叠加原理不成立。

二、波的干涉

1. 相干条件与相干波

当频率、相位、振幅等都不相同的两列波相遇叠加时,在相遇区域内的情况很复杂,某处波的强度一般来说随时间变化。但是,当频率相同、振动方向相同、相位差恒定的两列波在介质中相遇时,我们发现相遇空间内某些点的振动始终加强,而另一些点的振动始终减弱,波的强度形成一种稳定的、不随时间变化的规律性的空间分布。这种现象称为波的干涉。能产生干涉现象的波称为相干波,相应的波源称为相干波源。上述三个条件:频率相同、振动方向相同、相位差恒定就称为相干条件。如图 14-23 所示,是两个满足相干条件的振子在水面上发出的两列相干波的干涉图样。

图 14-23 小波的干涉现象

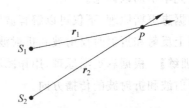
图 14-24 波的干涉

2. 干涉增强与干涉减弱

以下根据波的叠加原理来讨论干涉增强和干涉减弱的条件以及波的强度的空间分布。如图 14-24 所示,两个相干波源 S_1、S_2 的振动方程分别为

$$y_1 = A_1 \cos(\omega t + \varphi_{10})$$
$$y_2 = A_2 \cos(\omega t + \varphi_{20})$$

式中 A_1 和 A_2 分别为两个振动的振幅,φ_{10} 和 φ_{20} 分别为两个波源的初相位。设这两列平面相干波在 P 点相遇,P 点到两个波源 S_1、S_2 的距离分别为 r_1, r_2,则根据波函数的表达式,可以写出两列波在 P 点引起的振动分别为

$$y_{1P} = A_1 \cos\left(\omega t + \varphi_{10} - \frac{2\pi}{\lambda} r_1\right) \tag{14-40}$$

$$y_{2P} = A_2 \cos\left(\omega t + \varphi_{20} - \frac{2\pi}{\lambda} r_2\right) \tag{14-41}$$

式中 λ 为两列相干波的波长。因为不考虑吸收,所以波的振幅即等于波源的振幅。根据第 13 章中讨论的两个同频率的简谐振动的合成规律,P 点的合振动为

$$y_P = y_{1P} + y_{2P} = A\cos(\omega t + \varphi_0)$$

合振动的初相位 φ_0 为

$$\tan\varphi_0 = \frac{A_1 \sin\left(\varphi_{10} - \dfrac{2\pi r_1}{\lambda}\right) + A_2 \sin\left(\varphi_{20} - \dfrac{2\pi r_2}{\lambda}\right)}{A_1 \cos\left(\varphi_{10} - \dfrac{2\pi r_1}{\lambda}\right) + A_2 \cos\left(\varphi_{20} - \dfrac{2\pi r_2}{\lambda}\right)}$$

合振动的振幅 A 为

$$A = \sqrt{A_1^2 + A_2^2 + 2A_1 A_2 \cos\Delta\varphi} \tag{14-42}$$

式中 $\Delta\varphi$ 为 P 点两个分振动的相位差,由式(14-40)和式(14-41)可得

$$\Delta\varphi = (\varphi_{20} - \varphi_{10}) - \frac{2\pi}{\lambda}(r_2 - r_1) \tag{14-43}$$

此式表明,相位差恒定,与时间无关。因此,两列波相遇区域内任一处质元合振动的振幅 A 也是恒定的,与时间无关。另外,从上面两个式子可见,对于不同的空间相遇点,它们到波源的距离差 $r_2 - r_1$ 不同,因而相位差和合振幅也不同。因此,两列波在相遇空间叠加后就形成了强弱相间的稳定的分布。那么,振幅在空间是如何分布的呢？空间哪些点的振幅最大？哪些点的振幅最小？通过分析合振幅与相位差之间的关系,便可得到答案。

当两个分振动同相,即相位差满足

$$\Delta\varphi = (\varphi_{20} - \varphi_{10}) - \frac{2\pi}{\lambda}(r_2 - r_1) = \pm 2k\pi, \quad k = 0,1,2,\cdots \tag{14-44}$$

时,$\cos\Delta\varphi=1$,由式(14-42)可知,此时合振动的振幅最大,其值为

$$A_{\max} = A_1 + A_2$$

因此,空间这些位置处的质元的合振动始终最强。

当两个振动反相,即它们的相位差为

$$\Delta\varphi = (\varphi_{20} - \varphi_{10}) - \frac{2\pi}{\lambda}(r_2 - r_1) = \pm(2k+1)\pi, \quad k = 0,1,2,\cdots \tag{14-45}$$

时,$\cos\Delta\varphi=-1$,因此合振幅最小,合振幅的值为

$$A_{\min} = |A_1 - A_2|$$

所以,满足此条件的空间点的合振动始终减弱。

若相位差为其他值,则合振幅的值介于 $A_{\min}$ 和 $A_{\max}$ 之间。

综上所述,在两列波相遇的区域内,两个振动同相位的各点,其合振幅最大,称为干涉增加；两个振动反相的各点,其合振幅最小,称为干涉减弱。其他位置的合振动振幅介于两者之间。

由式(14-42),合振幅的平方为

$$A^2 = A_1^2 + A_2^2 + 2A_1 A_2 \cos\Delta\varphi$$

波的强度正比于振幅的平方,因此上式也可以用波的强度表示如下：

$$I = I_1 + I_2 + 2\sqrt{I_1 I_2}\cos\Delta\varphi \tag{14-46}$$

由此可见,合成波在空间各个点的强度并不等于两列波的强度的简单相加,而是进行了重新分布。在干涉增强的各点,合成波的强度为 $I = I_1 + I_2 + 2\sqrt{I_1 I_2}$,$I$ 大于 $I_1 + I_2$；而在干涉减弱的各点,合成波的强度 $I = I_1 + I_2 - 2\sqrt{I_1 I_2}$,$I$ 小于 $I_1 + I_2$。并且这种新的强度分布是一种时间上稳定的分布。

干涉现象是所有波动所具有的共同特性之一,它在声学和光学方面有着重要应用,对于近代物理学的发展也有重大的作用。

【例题 14-7】 图 14-25 中 A、B 是两个相干的点波源,它们的振动相位差为 π(反相)。A、B 相距 30cm,观察点 P 和 B 点相距 40cm,且 $\overline{PB} \perp \overline{AB}$。若发自 A、B 的两列波在 P 点处最大限度地互

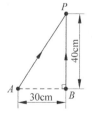

图 14-25 例题 14-7 用图

相削弱,求波长最长是多少?

解:两列波在 P 处最大限度地减弱,意味着在 P 处两个振动反相,即它们的相位差 $\Delta\varphi$ 应等于 $\pm(2k+1)\pi(k=0,1,2,\cdots)$。根据式(14-43),有

$$(\varphi_{20}-\varphi_{10})-\frac{2\pi}{\lambda}(r_2-r_1)=\pm(2k+1)\pi, \quad k=0,1,2,\cdots$$

依题意,两个波源的相位差为 $\varphi_{20}-\varphi_{10}=\pi$,代入上式,得

$$\frac{2\pi}{\lambda}(r_2-r_1)=2k\pi, \quad k=1,2,\cdots$$

由图 14-25 可知 $r_2=\overline{AP}=50\text{cm}, r_1=\overline{PB}=40\text{cm}$,代入上式,即可求出波长

$$\lambda=10/k(\text{cm})$$

所以,当 $k=1$ 时,$\lambda_{\max}=10\text{cm}$。

【例题 14-8】 两列简谐波沿 Ox 轴传播,波动表达式分别为

$$y_1(x,t)=0.06\cos\left[\frac{\pi}{2}(0.02x-8.0t)\right] \quad (\text{SI})$$

$$y_2(x,t)=0.06\cos\left[\frac{\pi}{2}(0.02x+8.0t)\right] \quad (\text{SI})$$

试确定 Ox 轴上合振幅为 0.06m 的那些点的位置。

解:把两列波的表达式写成标准的波函数形式

$$y_1(x,t)=0.06\cos\left[\frac{\pi}{2}(0.02x-8.0t)\right]=A_1\cos\left[\frac{\pi}{2}(8.0t-0.02x)\right]$$

$$y_2(x,t)=0.06\cos\left[\frac{\pi}{2}(0.02x+8.0t)\right]=A_2\cos\left[\frac{\pi}{2}(8.0t+0.02x)\right]$$

设合振动的振幅为 A,则由上述波函数可知

$$A_1=A_2=A=0.06\text{m}$$

根据式(14-42),对于所求的点有

$$A^2=A_1^2+A_2^2+2A_1A_2\cos\Delta\varphi$$

可得

$$\cos\Delta\varphi=-\frac{1}{2}$$

$$\Delta\varphi=\pm\left(2k\pi+\frac{2\pi}{3}\right) \quad \text{或} \quad \Delta\varphi=\pm\left(2k\pi-\frac{2\pi}{3}\right), \quad k=0,1,2,\cdots$$

由两列波的波函数还可得知,在相遇点两个分振动的相位差为

$$\Delta\varphi=\left[\frac{\pi}{2}(8.0t+0.02x)\right]-\left[\frac{\pi}{2}(8.0t-0.02x)\right]=0.02\pi x$$

因此有

$$0.02\pi x=\pm\left(2k\pi+\frac{2\pi}{3}\right) \quad \text{或} \quad 0.02\pi x=\pm\left(2k\pi-\frac{2\pi}{3}\right)$$

故

$$x=\pm 50\left(2k+\frac{2}{3}\right)(\text{m}) \quad \text{或} \quad x=\pm 50\left(2k-\frac{2}{3}\right)(\text{m}), \quad k=0,1,2,\cdots$$

三、驻波

在同一介质中两列振幅相同、传播方向相反的相干波叠加而形成的波称为驻波。它是干涉的一种特殊情况。在实际中经常遇到。比如,二胡或提琴发出稳定的音调时,在琴弦上形成的就是声波的驻波。

设有两列简谐波,它们的振幅为 A,角频率为 ω,波数为 k。其中一列沿 x 轴正方向传播,波函数为

$$y_1(x,t) = A\cos(\omega t - kx)$$

另一列沿 x 轴负方向传播,波函数为

$$y_2(x,t) = A\cos(\omega t + kx)$$

在此,为了简单起见,我们假设两列波的初相位相等,但这并不影响下述有关驻波的特点的讨论。根据波的叠加原理,合成波为

$$y = y_1 + y_2 = A\cos(\omega t - kx) + A\cos(\omega t + kx)$$

利用三角函数"和差化积"关系可以求出

$$y(x,t) = (2A\cos kx)\cos\omega t \tag{14-47}$$

此式就是驻波的波函数。图 14-26 给出了几个特殊时刻驻波的波形图。通过分析,可把驻波的特点归纳如下。

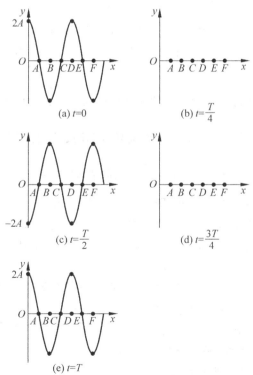

图 14-26　驻波的波形图(O、B、D、F 等为波腹,A、C、E 等为波节)

1. 驻波不是行波，它实质上是一种特殊的振动模式。式(14-47)中不包含传播因子 ($\omega t \pm kx$)，空间变量和时间变量分离了，失去了行波的传播特点，因而也失去了行波的能流特性，故而称为"驻"波。式(14-47)中的 $\cos\omega t$ 表示各个质元均在作同频的简谐运动，$|2A\cos kx|$ 就是 x 处质元振动的振幅。可见，振幅随着空间位置的不同而不同，但与时间无关。

2. 形成一系列等间距的波腹和波节。满足 $|\cos kx|=1$，即 $kx = \dfrac{2\pi}{\lambda}x = \pm n\pi$，($n=0,1,2,\cdots$)的空间各点，其振动的振幅最大，达到 $2A$，这些点称为波腹。因此，波腹的位置满足下式

$$x = \pm n\dfrac{\lambda}{2}, \quad n = 0,1,2,\cdots \tag{14-48}$$

而当 $|\cos kx|=0$，即 $kx = \dfrac{2\pi}{\lambda}x = \pm(2n+1)\dfrac{\pi}{2}$，$n=0,1,2,\cdots$ 时，空间各点振动的振幅为零，即始终静止，这样的点称为波节。因此，波节的位置满足

$$x = \pm(2n+1)\dfrac{\lambda}{4}, \quad n = 0,1,2,\cdots \tag{14-49}$$

从图 14-26 中可以很清楚地看出波腹和波节的位置。例如，图中的 O、B、D、F 等为波腹，而 A、C、E 等为波节。

3. 相邻的两个波节或相邻的两个波腹之间的距离 Δx 为

$$\Delta x = \dfrac{\lambda}{2} \tag{14-50}$$

这一结论从式(14-48)和式(14-49)易于算出。重要的是，此值与初始条件和边界条件均无关。因此，这为我们提供了一种测定行波波长 λ 的方法。若波的频率 ν 已知，则可获知行波的波速。

4. 相位的特点。虽然式(14-47)中的振动因子为 $\cos\omega t$，但由于 $2A\cos\dfrac{2\pi}{\lambda}x$ 的取值有正有负，所以各点振动的相位是不同的。上面提到，相邻波节的间距为 $\dfrac{\lambda}{2}$，即波节把介质划分成长度为 $\dfrac{\lambda}{2}$ 的许多单元。那么根据 $2A\cos\dfrac{2\pi}{\lambda}x$ 的取值规律，可以得出结论，同一单元中各质元振动同相位，相邻单元质元的振动反相，即在波节处产生 π 的相位突变。可以借助图 14-26(a) 来说明这个问题。图中在 A、C 这两个波节之间，尽管各点的振幅不同，但它们的振动同时到达负向最大位移，是同相的；而 C、E 之间各点的振动在该时刻同时到达正向最大位移处，可见，它们与 A、C 之间各点的振动是反相的。

驻波可用图 14-27 所示的装置进行演示实验。一个电动音叉在绳上产生向右传播的入射波，该波在 B 点反射后产生一向左传播的反射波，然后两列波叠加。显然，绳上 A、B 两点是固定不动的，是波节。因此，只有当绳长为半波长的整数倍时，才能在绳上形成稳定的驻波。所以，绳的长度要合适。实验中，我们可以通过移动劈尖 B 的位置，来实现绳长的调节，从而

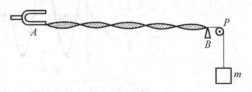

图 14-27 驻波的演示实验

观察到驻波以及清晰的波腹和波节的位置。

【训练】 试推导驻波场中任一体积元中的动能和势能的表达式,并分析其特征。

四、反射波的相位突变问题

图 14-27 所示的演示实验中,入射波在 B 点发生反射,反射点 B 固定不动,是个波节。这意味着入射波与反射波各自在反射点引起的振动是反相的,因而叠加后合振动为零。也就是说,入射波和反射波在反射点引起的振动的相位差为 π,这种现象称为相位突变。相位改变 π 相当于反射波在反射点损失了半个波长,所以这种现象也常称为半波损失。若入射波是在自由端(即该处质元能够自由振动)发生反射,则不会有半波损失,即入射波与反射波各自在反射点引起的振动相位同相,因而反射点为波腹。

反射点是波腹还是波节的问题,即入射波在两种介质分界面反射时是否存在半波损失的问题,与两种介质的性质以及入射角的大小有关。通常把介质的密度和波速的乘积 ρu 的值较大的介质称为波密介质,ρu 较小的称为波疏介质。实验发现,波垂直入射时,如果波是从波疏介质入射到波密介质界面而反射,则有半波损失,反射点为波节;如果波是从波密介质入射到波疏介质界面而反射,则没有半波损失,反射点为波腹。如图 14-28(b)、(c)所示,画出了两种情况下反射波的波形图。

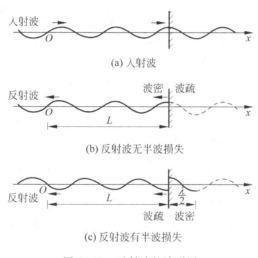

图 14-28 反射波的波形图

相位突变问题即半波损失不仅在机械波反射时存在,在电磁波包括光波反射中也存在。

【例题 14-9】 一弦线的左端系于音叉一臂的 A 点上,右端固定在 B 点,并用 T = 7.20N 的水平拉力将弦线拉直,音叉在垂直于弦线长度的方向上作每秒 50 次的简谐振动(如图 14-29 所示)。这样,在弦线上产生了入射波和反射波,并形成了驻波。弦的线密度 η = 2.0g/m,弦线上的质点离开其平衡位置的最大位移为 4cm。在 t = 0 时,O 点处的质点经过其平衡位置向下运动,O、B 之间的距离为 L = 2.1m。试求:

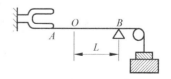

图 14-29 例题 14-9 用图

(1) 入射波和反射波的波函数；

(2) 驻波的表达式。

解：建立坐标系，取 O 点为 x 轴和 y 轴的原点，向右作为 x 轴正方向，向上作为 y 轴正方向。

按题意，弦线上行波的波速 $u=(T/\eta)^{1/2}=60\text{m/s}$，频率 $\nu=50\text{Hz}$，波长 $\lambda=u/\nu=1.2\text{m}$。

(1) 入射波以 u 沿着 x 轴正方向传播。为了写出入射波的波函数，还需要求出 O 点的振动方程。设 O 点的振动方程为

$$y(0,t) = A\cos(\omega t + \varphi_0)$$

依题意，驻波的最大振幅为 4.0cm，即 $2A=4\text{cm}$，所以 $A=2.0\text{cm}$；其次，$\omega=2\pi\nu=100\pi\text{rad/s}$；初相位 φ_0 是多少呢？可根据 O 点振动的初始条件来确定。依题意，在 $t=0$ 时，O 点处的质点经过其平衡位置向下运动，即

$$y(0,0) = 0, \quad v(0,0) < 0$$

故 $\varphi_0 = \dfrac{\pi}{2}$，$O$ 点的振动方程为

$$y(0,t) = 0.02\cos\left(100\pi t + \frac{\pi}{2}\right)$$

由此便可写出入射波的波函数为

$$y_入(x,t) = 0.02\cos\left[100\pi\left(t-\frac{x}{60}\right)+\frac{\pi}{2}\right] \quad \text{(SI)}$$

下面求解反射波的波函数。为此，必须知道反射波在 B 点的振动方程。反射点 B 点为固定点，故反射波在 B 点有半波损失。

$x_B=L=2.1\text{m}$，将其代入 $y_入(x,t)$，可得入射波在 B 点的振动方程

$$y_入(x_B,t) = 0.02\cos\left[100\pi\left(t-\frac{2.1}{60}\right)+\frac{\pi}{2}\right]$$

考虑到半波损失，故反射波在 B 点的振动方程为

$$y_反(x_B,t) = 0.02\cos\left[100\pi\left(t-\frac{2.1}{60}\right)+\frac{\pi}{2}-\pi\right] = 0.02\cos 100\pi t$$

反射波以 u 沿 x 轴负方向传播，所以，反射波的波函数为

$$y_反(x,t) = 0.02\cos\left[100\pi\left(t+\frac{x-x_B}{u}\right)\right]$$

将 x_B 和 u 代入上式，得

$$y_反(x,t) = 0.02\cos\left[100\pi\left(t+\frac{x}{60}\right)+\frac{\pi}{2}\right] \quad \text{(SI)}$$

(2) 弦线上驻波的表达式为

$$y(x,t) = y_入(x,t) + y_反(x,t)$$

将入射波和反射波的波函数代入，即得

$$y(x,t) = 0.04\cos\frac{\pi x}{0.6}\cos\left(100\pi t + \frac{\pi}{2}\right) \quad \text{(SI)}$$

【例题 14-10】 两波在一很长的弦线上传播，其波函数分别为

$$y_1(x,t) = 0.04\cos\frac{\pi}{3}(4x-24t) \quad \text{(SI)}$$

$$y_2(x,t) = 0.04\cos\frac{\pi}{3}(4x+24t) \quad (\text{SI})$$

求：(1) 两波的频率、波长、波速；

(2) 两波叠加后的节点位置；

(3) 叠加后振幅最大的点的位置。

解：将波函数写成标准的行波形式。

$$y_1(x,t) = 0.04\cos 8\pi\left(t-\frac{x}{6}\right)$$

$$y_2(x,t) = 0.04\cos 8\pi\left(t+\frac{x}{6}\right)$$

(1) 设波的频率为 ν，波长为 λ，波速为 u，将上述波函数与波函数标准形式

$$y = A\cos 2\pi\nu(t-x/u)$$

对比可得

$$\nu = 4(\text{Hz}), \quad u = 6.00(\text{m/s})$$

故波长为

$$\lambda = u/\nu = 1.50(\text{m})$$

(2) 两列波叠加后形成驻波，驻波的波函数为

$$y(x,t) = 0.08\cos\frac{4\pi x}{3}\cos 8\pi t$$

节点位置满足 $\left|\cos\dfrac{4\pi x}{3}\right|=0$，即

$$\frac{4\pi x}{3} = \pm\left(n\pi+\frac{\pi}{2}\right)$$

$$x = \pm 3\left(n+\frac{1}{2}\right)(\text{m}), \quad n = 0,1,2,3,\cdots$$

(3) 波腹位置满足 $\left|\cos\dfrac{4\pi x}{3}\right|=1$，可得

$$\frac{4\pi x}{3} = \pm n\pi$$

$$x = \pm\frac{3n}{4}(\text{m}), \quad n = 0,1,2,3,\cdots$$

五、驻波的应用

1. 两端固定弦上的振动模式

弹奏弦乐器时应用的就是固定弦上形成驻波的原理。将一根弦线拉紧并固定在相距 L 的两点间，当拨动弦线时，即产生传播方向相反的两列行波，它们合成而形成驻波。但并不是所有波长的波都能形成驻波，必须满足一定的边界条件。弦的两端固定，则两端应是波节，考虑到相邻波节间的距离为 $\lambda/2$，因此长度为 L 的弦线上能形成驻波的行波波长必须是满足下列条件的一系列离散值：

$$L = n\frac{\lambda_n}{2}, \quad n = 1,2,3,\cdots$$

即
$$\lambda_n = \frac{2L}{n} \tag{14-51}$$

根据频率与波长的关系 $\nu = \frac{u}{\lambda}$，频率的可能取值为

$$\nu_n = n\frac{u}{2L}, \quad n = 1,2,3,\cdots \tag{14-52}$$

其中 $u = \sqrt{F/\rho_l}$ 为弦线中的波速，F 为弦线中的张力，ρ_l 为弦的质量线密度。满足式(14-52)的频率称为弦振动的简正频率，相应的振动称为弦线振动的简正模式。其中最低频率 $\nu_1 = \frac{u}{2L}$ 称为基频，其他较高频率 ν_2,ν_3 等分别被称为二次、三次谐频等。弦线拉紧，则张力 F 和波速 u 增大，可使基频提高；或演奏者的手指压住弦线，则弦线缩短，也可提高基频。图 14-30 中画出了频率为 ν_1,ν_2,ν_3 的三种简正模式。

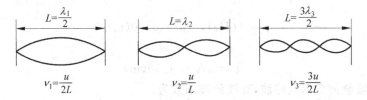

图 14-30 两端固定弦的几种简正模式

可见，一个驻波系统可以有许多简正模式，这与弹簧振子只有一个固有频率不同。若外界驱动系统，当驱动频率与系统的某个简正模式相等时，也将观察到共振现象。

2. 空气柱的振动模式

演奏管乐器时应用的就是空气柱中形成声驻波的原理。与弦驻波的主要区别是边界条件不同。一般来讲，若空气柱两端开口，是自由的，则形成驻波场时，两端均为波腹；若空气柱一段开口，另一端封闭，则形成驻波场时，一端是波腹，另一端是波节，如图 14-31 所示。设空气柱长度为 L，则两端开口时的简正波长和简正频率与式(14-51)和式(14-52)所示相同。当一端开口时，简正波长和简正频率为

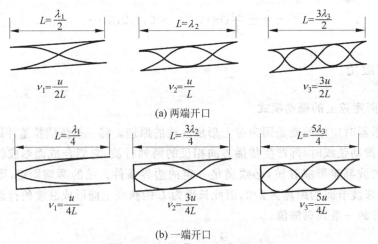

图 14-31 空气柱中的振动模式

$$\lambda_n = \frac{4L}{2n-1}, \quad \nu_n = \frac{(2n-1)u}{4L} \tag{14-53}$$

【例题 14-11】 如图 14-32 所示，水平放置的玻璃管一端用玻璃封闭，另一端用弹性膜封闭，管中均匀地撒上少量的轻粉末，一根水平放置的 1m 长的铁棒在中央夹紧固定。它的纵向振动激起弹性膜振动，在管内形成气柱驻波。如果铁棒振动的基频是 2480Hz，管中两相邻的粉末堆相距 6.9cm，试求铁棒中和气体中的声速。

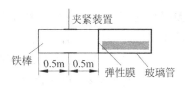

图 14-32　例题 14-11 用图

解：铁棒中的入射纵波遇到弹性膜反射，反射波和入射波在铁棒中形成驻波，且两端为波腹。铁棒中间夹紧，所以中央为波节。同理，在玻璃管中也形成一驻波场。

铁棒以基频 ν 振动，故铁棒中的波长 λ_1 应满足 $\frac{1}{2}\lambda_1 = 1\mathrm{m}$，得 $\lambda_1 = 2\mathrm{m}$，所以，铁棒中的波速为

$$v_1 = \nu\lambda_1 = 4960(\mathrm{m/s})$$

依题意，玻璃管内相邻波腹之间的距离为 6.9cm，因此，玻璃中的波长应满足 $\frac{1}{2}\lambda_2 = 6.9 \times 10^{-2}\mathrm{m}$，得 $\lambda_2 = 13.8 \times 10^{-2}\mathrm{m}$，故气体中的波速为

$$v_2 = \nu\lambda_2 = 342(\mathrm{m/s})$$

【例题 14-12】 一口竖直的水井，从井中水面到井口的部分可看作上端开口的圆柱空腔，它对于某些频率的沿竖直方向传播的平面声波发生共鸣，共鸣的最低频率为 21Hz。设井中空气密度 $\rho = 1.1\mathrm{kg/cm^3}$，压强 $p = 9.5 \times 10^4 \mathrm{Pa}$，空气的比热比 $\gamma = 1.4$。求从井中水面到井口的深度 l。

解：声波在井中的传播速度为

$$u = \sqrt{\gamma p/\rho}$$

声波在井中共鸣，以驻波形式存在，并且在井底水面处为波节，在井口处近似为波腹。因为是最低频率 ν，所以从井底水面到井口处的距离（即井深）应满足

$$l = \lambda/4$$

考虑到 $\lambda = u/\nu$，可得

$$l = \frac{u}{4\nu} = \frac{\sqrt{\gamma p/\rho}}{4\nu} = 4.14(\mathrm{m})$$

14.8　机械波的多普勒效应

一、机械波的多普勒效应

前述章节涉及的问题中，波源和观察者相对于介质都是静止的，所以观察者接收到的频率和波源的频率相同。当波源和观察者相对于介质运动时，发现观察者接收到的频率和波源的频率不同，这种现象是多普勒于 1842 年首先发现的，故称为多普勒效应。例如，当火车迎着观察者鸣笛而来时，观察者听到的汽笛音调变高；当它鸣笛离去时，观察者听到的音调变低，这就是声波的多普勒效应。

为了使分析过程较为简便,假设波源和观察者均在同一直线上运动,且相对于介质的运动速率分别用 v_S 和 v_O 表示,波速用 u 表示。注意,只讨论 v_S 和 v_O 小于 u 的情况。波源的频率和观察者接收到的频率分别用 ν_S 和 ν_O 表示。注意频率 ν_S 和 ν_O 的物理意义:ν_S 是指波源在单位时间内发出的"完整波"的个数,ν_O 是指观察者在单位时间内接收到的"完整波"的个数。下面分成三种情况进行讨论。

(1) 波源不动,观察者以速率 v_O 运动

如图 14-33 所示,假设观察者向着波源运动。先考察波源,在 Δt 的时间内,波源发出了 $\Delta N = \nu_S \Delta t$ 个完整波,这些完整波在空间展开的波列长度为 $\Delta L = u \Delta t$。再考察观察者,因为观察者向着波源以 v_O 运动,所以在观察者看来,这些波列是以相对速度 $u + v_O$ 朝着他前进,所以,他接收这些波列所需时间为 $\Delta t' = \dfrac{\Delta L}{u + v_O} = \dfrac{u}{u + v_O}\Delta t$。换言之,观察者在 $\Delta t'$ 的时间内接收到了 ΔN 个完整波,故在单位时间内接收到的"完整波"的个数(即 ν_O)为

$$\nu_O = \frac{\Delta N}{\Delta t'} = \frac{\nu_S \Delta t}{\dfrac{u}{u+v_O}\Delta t} = \frac{u+v_O}{u}\nu_S \tag{14-54}$$

可见,观察者接收到的频率大于波源的频率。同理,易于理解,当观察者以 v_O 远离波源运动时,在观察者看来,相当于这些波列是以相对速度 $u - v_O$ 朝着他前进,故 ν_O 为

$$\nu_O = \frac{u - v_O}{u}\nu_S \tag{14-55}$$

这时,观察者接收到的频率将小于波源的频率。

(2) 观察者不动,波源以 v_S 运动

如图 14-34 所示,假设波源向着观察者运动。从波源来说,在一个周期 T 内 $\left(T = \dfrac{1}{\nu_S}\right)$,波源发出一个完整波,这个完整波在空间展开的长度为 $uT = \lambda$,即为一个波长。同时,由于波源在运动,在 T 内,波源向着观察者移动了 $\Delta L = v_S T$ 的距离。这样,在观察者来看,这个完整波的长度(即观察者看到的波长)变为

$$\lambda' = \lambda - \Delta L = (u - v_S)T = \frac{u - v_S}{\nu_S}$$

完整波以 u 向着观察者传播,所以观察者接收到的频率为

$$\nu_O = \frac{u}{\lambda'} = \frac{u}{u - v_S}\nu_S \tag{14-56}$$

可见,观察者接收到的频率大于波源的频率。类似地,当波源远离观察者运动时,观察者看到的波长变为 $\lambda' = \lambda + \Delta L = (u + v_S)T = \dfrac{u + v_S}{\nu_S}$,因此,接收到的频率为

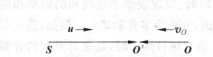

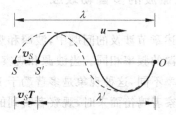

图 14-33　波源不动,观察者以 v_O 向着波源运动　　图 14-34　观察者不动,波源以 v_S 向着观察者运动

$$\nu_O = \frac{u}{u+v_S}\nu_S \qquad (14\text{-}57)$$

这时,观察者接收到的频率小于波源的频率。

(3) 波源和观察者同时相对于介质运动

波源和观察者同时相对于介质运动时,上面讨论的两种因素都存在。观察者相对于介质运动导致观察者看到的波速发生变化;波源相对于介质运动,其效果是观察者看到的波长发生变化。因此,当波源和观察者相向运动时,观察者接收到的频率为

$$\nu_O = \frac{u+v_S}{u-v_S}\nu_S \qquad (14\text{-}58)$$

当波源和观察者相互远离时,观察者接收到的频率为

$$\nu_O = \frac{u-v_S}{u+v_S}\nu_S \qquad (14\text{-}59)$$

【思考】 当波源和观察者的运动方向垂直于它们的连线方向时,有无多普勒效应发生?若波源和观察者的运动方向与他们的连线方向成任意角度,观察者接收到的频率与波源频率之间的关系式又如何?

多普勒效应有许多实际应用。例如,基于反射波多普勒效应的雷达测速仪广泛应用于车辆、导弹和人造卫星等运动目标的监测;利用超声波的多普勒频移作成流速计用来测量血液流动的速度;原子、分子的热运动导致其发射和吸收的谱线产生多普勒增宽以及激光冷却中的多普勒冷却机理等等。

延伸阅读——物理学家

多 普 勒

多普勒·克里斯琴·约翰(Doppler Christian Johann,1803—1853),奥地利物理学家、数学家和天文学家。出生于奥地利的萨尔茨堡(Salzburg)。他在萨尔茨堡上完小学然后进入了林茨中学。1822 年他开始在维也纳工学院学习,他在数学方面显示出超常的水平,1825 年他以各科优异的成绩毕业。在这之后他回到萨尔茨堡教授哲学,然后去维也纳大学学习高等数学、力学和天文学,1841 年正式成为布拉格理工学院的数学教授。1850 年,他被委任为维也纳大学物理学院的第一任院长。1842 年,他在文章 "on the Colored Light of Double Stars" 中提出了"多普勒效应"(Doppler effect),因此闻名于世。后来人们发现这种现象不仅存在于机械波中,也存在于电磁波中,由此发展了许多重要的应用。多普勒才华横溢,创意无限,脑里充满各种新奇的点子。他善于观察、思考、分析和实践,为世界作出了巨大的贡献。

二、冲击波

当波源的运动速度 v_S 超过它所发射的机械波的波速 u 时,将产生一种特殊波形的波,称为冲击波。这时,在任一时刻波源都超过它所发出的波的波前,如图 14-35 所示。当波源经过 A 位置时,它发出的波在其后 Δt 时刻的波阵面为半径等于 $u\Delta t$ 的球面,但在这段时间里波

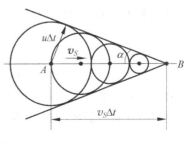

图 14-35 冲击波

源已前进了 $v_S\Delta t$ 的距离到达 B 位置。运动途中波源所发出的各个波前，半径依次减小，它们的公切面形成了一个以 B 为顶点的圆锥面，这个圆锥面称为马赫锥。从图中可见，其半顶角 α 由下式决定：

$$\sin\alpha = \frac{u}{v_S} \tag{14-60}$$

α 称为马赫角，$\dfrac{v_S}{u}$ 称为马赫数，它是空气动力学中的一个重要参数。

当飞机、炮弹等以超音速飞行时，就会在空气中激起这种冲击波。在锥面的两侧，气压、气流的速度以及温度都会产生突变。在锥面的后方，空气压强会突然增大。根据理论计算，当后方气压和前方气压的比值达到 21.4 时，锥面后方的气流速度可达声速的 3.4 倍，约 1200m/s，同时热力学温度是前方的 4.5 倍。这种高温高速的气流，会对物体和生物造成极大的损害。

在水波中也能观察到类似的冲击波。例如，当快艇的速度超过水波波速时，将激起以船为顶端的 V 形波，这种波称为舷波，如图 14-36 所示。

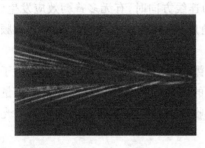

图 14-36　舷波

【例题 14-13】 一个观察者站在铁路附近，听到迎面开来的火车汽笛声的频率为 640Hz，当火车驶过他身旁后，听到汽笛声的频率降低为 530Hz。问火车的时速为多少？（设空气中声速为 330m/s）。

解：设火车（即波源）以 v_S 在行驶，则根据式(14-56)，火车接近观察者的频率为

$$\nu_O = \frac{u}{\lambda'} = \frac{u}{u - v_S}\nu_S$$

根据式(14-57)，火车远离观察者的频率为

$$\nu_O' = \frac{u}{u + v_S}\nu_S$$

由上两式解得

$$v_S = \frac{\nu_O - \nu_O'}{\nu_O + \nu_O'}u$$

依题意，空气中声速为 $u=330$m/s，$\nu_O=640$Hz，$\nu_O'=530$Hz，将这些数值代入上式，得火车的时速为

$$v_S = \frac{640-530}{640+530}\times 330 = 31.0\text{m/s} = 112\text{km/h}$$

【例题 14-14】 如图 14-37 所示，图中声源 S 位置固定不动，有一个反射面 P 以速度 $v_P = 0.2$m/s 趋向于站在 A 点的观察者，观察者听到的拍音频率为 4Hz。求声源频率 ν_0。（设空气中声速为 340m/s）。

解：A 接收到的拍频是波源直接向 A 处发射的波与波源向 P 发射的波经 P 接收后再向 A 处发射的波合成的结果。

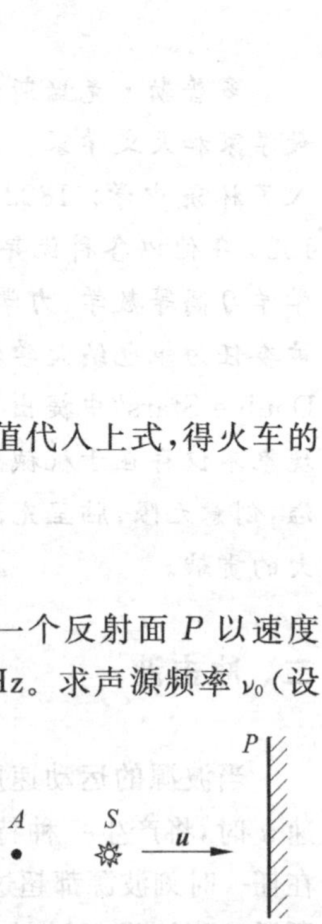

显然，A 接收到的波源直接向 A 处发射的波的频率 $\nu_1 = \nu_0$；

根据多普勒效应，P 接收到的频率为 $\nu_2' = \dfrac{u+v_P}{u}\nu_0$，然后 P 再向 A

图 14-37　例题 14-14 用图

处发射波，A 接收到的频率为

$$\nu_2 = \frac{u}{u-v_P}\nu_2' = \frac{u+v_P}{u-v_P}\nu_0$$

观察者听到的拍音频率为

$$\Delta\nu = \nu_2 - \nu_1 = \frac{u+v_P}{u-v_P}\nu_0 - \nu_0$$

依题意，$v_P=0.2\text{m/s}$，$u=340\text{m/s}$，$\Delta\nu=4\text{Hz}$，代入上式，解得

$$\nu_0 = \frac{u+v_P}{2v_P}\Delta\nu = 3398\text{Hz}$$

14.9　声波　超声波　次声波

一、声波、声压、声强与声强级

1. 声波

波源的机械振动在介质中产生一个纵波，若该纵波的频率介于 20Hz 和 20000Hz 之间，则将引起人的听觉。这样的波源称为声源，相应的振动称为声振动，所激起的机械纵波就称为声波。

声波具有前述章节所讨论的机械波的所有规律，例如，会产生反射、折射、衍射、干涉或吸收等现象，存在多普勒效应等。但由于其特殊的听觉效应，人们很关注声波的强弱，并用声压和声强这两个物理量进行描述。

2. 声压

因为声波是纵波，是疏密波，所以介质中有声波传播时的压强与无声波时的静压强之间会有一个差额，这一差额称为声压，常用 p 来表示。在稀疏区域，实际压强小于原来的静压强，声压为负值；在稠密区域，实际压强大于原来的静压强，声压为正值。由于各个质元都在作周期性振动，因此声压也将随时间作周期性变化。

设有一平面简谐声波在密度为 ρ 的流体介质中以波速 u 沿 x 轴正方向传播，波函数为

$$y(x,t) = A\cos\left[\omega\left(t-\frac{x}{u}\right)+\varphi_0\right] \tag{14-61}$$

在 x 处选取一个垂直截面积为 S、长度为 Δx 的柱形体积元 V，则 $V=S\Delta x$。声波传播到此处时，柱形体积元发生形变，其长度变化了 Δy，故体积元变化量为 $\Delta V=S\Delta y$，体积的相对变化为

$$\frac{\Delta V}{V} = \frac{S\Delta y}{S\Delta x} = \frac{\Delta y}{\Delta x} \tag{14-62}$$

根据体积弹性形变的公式

$$\Delta p = -K\frac{\Delta V}{V}$$

式中 K 为流体的体积模量。Δp 即为声压，现改用 p 表示；将式(14-62)代入上式，并令 $\Delta x \to 0$，则有

$$p = -K\frac{\partial y}{\partial x}$$

根据式(14-61)可求出 $\frac{\partial y}{\partial x}$，代入上式，得

$$p = -KA\frac{\omega}{u}\sin\left[\omega\left(t-\frac{x}{u}\right)+\varphi_0\right]$$

利用波速的表达式 $u=\sqrt{\frac{K}{\rho}}$，可写成

$$p = -\rho u\omega A\sin\left[\omega\left(t-\frac{x}{u}\right)+\varphi_0\right] = -p_m\sin\left[\omega\left(t-\frac{x}{u}\right)+\varphi_0\right] \tag{14-63}$$

式中的 p_m 称为声压振幅，其值为

$$p_m = \rho u\omega A \tag{14-64}$$

可见，声压振幅与振幅 A 及角频率 ω 成正比。在声学工程中，更多讨论的是声压。

3. 声强与声强级

声强就是声波的平均能流密度，即单位时间内垂直通过声波传播方向上单位面积的声波的能量。根据前述"波的能量"中的讨论，声强为

$$I = \frac{1}{2}\rho u A^2\omega^2 = \frac{1}{2}\frac{p_m^2}{\rho u} \tag{14-65}$$

由此可知，声强与声压振幅的平方成正比。

人的听觉效应除了与波的频率有关外，还与声强有关。人耳能听到的声强范围在 $10^{-12} \sim 1\text{W}/\text{m}^2$ 范围内。声强太小，不能引起听觉，我们把能引起听觉的最小声强值 $10^{-12}\text{W}/\text{m}^2$ 称为听觉阈。而声强太大，将引起痛觉，所以，把引起痛觉的最小声强值 $1\text{W}/\text{m}^2$ 称为痛觉阈。

由于可闻声强的数量级相差极大，达 10^{12} 倍，所以通常用声强与某一标准声强 I_0 的比值取对数之后来量度声波的强弱，称为声强级。一般把听觉阈规定为标准声强，即 $I_0 = 10^{-12}\text{W}/\text{m}^2$，这样，某一声强 I 的声强级用 L 表示：

$$L = \lg\frac{I}{I_0} \tag{14-66}$$

L 的单位称为贝(B)。但贝的单位太大，通常用分贝(dB)为单位，$1\text{B}=10\text{dB}$。则上式改写为

$$L = 10\lg\frac{I}{I_0}\ (\text{dB}) \tag{14-67}$$

日常生活中常常提到声音的响度。响度是人对声音强度的一种主观判断，声强级越大，人感觉声音就越响。表 14-2 给出了一些声音近似的声强、声强级和响度。

表 14-2 一些声音近似的声强、声强级和响度

声源	声强/(W/m²)	声强级/dB	响度
引起痛觉的声音	1	120	
钻岩机或铆钉机	10^{-2}	100	震耳
交通繁忙的闹市	10^{-5}	70	响
正常谈话	10^{-6}	60	正常
轻微谈话	10^{-8}	40	较轻
树叶微动	10^{-11}	10	极轻
引起听觉的最弱声音	10^{-12}	0	

人类的生活离不开声音。人们交流需要语言,工作之余需要听音乐。当然,也有一些声音是人们不需要的,这样的声音统称为噪声。当大气中存在对人们的生活、工作和健康有危害的噪声时,便形成了噪声污染。现在大多数国家都有噪声的控制标准。

【例题 14-15】 相距 7m 的两个扬声器 A 和 B,各自向各个方向均匀地发射声波。A 输出的功率是 8×10^{-4} W,B 输出的功率是 1.35×10^{-4} W。两者以 173Hz 的频率作同相振动。C 点位于 A、B 两点连线上,距离 B 为 3m。

(1) 求两信号在 C 点的相位差;

(2) 如果关掉扬声器 B,求 C 点处来自扬声器 A 的声强;

(3) 两个扬声器都打开,C 点的声强级是多少分贝?(已知声速为 346m/s)

解:(1) 两列声波的波长为

$$\lambda = u/\nu = 346/173 = 2.0 (m)$$

设 C 点到 A 点和到 B 点的距离之差为 $\Delta r = r_A - r_B$,依题意有 $\Delta r = 1$m,所以两信号在 C 点的相位差为

$$\Delta \phi = 2\pi \Delta r / \lambda = \pi$$

即两信号在 C 点反相。

(2) 根据式(14-37),由功率可以计算扬声器 A 在 C 点的声强

$$I_A = P_A / 4\pi r_A^2 = 3.98 \times 10^{-6} (W/m^2)$$

(3) 扬声器 B 在 C 点的声强为

$$I_B = P_B / 4\pi r_B^2 = 1.19 \times 10^{-6} (W/m^2)$$

因为两列声波在 C 点反相,发生干涉后振幅相消,合振幅为

$$A = A_A - A_B$$

所以,C 点声强为

$$I = A^2 = (\sqrt{I_1} - \sqrt{I_2})^2 = 0.817 \times 10^{-6} (W/m^2)$$

声强级为

$$L = 10 \lg(I/I_0) = 59 (dB)$$

二、超声波

把频率高于 20000Hz 的机械纵波称为超声波。人类听不到,但有些动物能听到较高频率的超声波,如蝙蝠、鲸鱼、海豚等。超声波人类听不见,但伴随着振动。这样,它就很适合于需要振动产生一些效果,但又不需要声音(噪声)的场合。

超声波的频率很高,这样便具备了许多重要的特点,使其得到广泛的应用。现分述如下。

1. 具有很好的定向传播特性,并可以被相当小的障碍物散射

可以证明,要产生狭窄的超声束,声源的尺寸应比声波的波长大几倍。而超声波由于频率高,所以波长很短。因而只需制作一个直径几毫米的尺寸很小的声源,即可产生定向传播的超声波。这样的尺寸,携带和搬运起来很方便,所以具有很大的实用性。同样的道理,容易实现声束聚焦,在焦点可以获得声强高达 10^9 W/m² 的超声波。另外,超声波波长短的第

二个重要效果是,当它遇到尺寸接近波长的小障碍物时,将发生散射。通过分析散射波,我们可以获知散射物的形状和大小等信息。

基于上述特点,超声波可以作为检测工具。例如,可以用来探测人体内部的病变,即当今家喻户晓的"B 超";可以用于探测海里的鱼群或舰艇的位置;可以用于检查材料内部的缺陷,进行无损探伤等。

2. 强度大,穿透能力强

超声波的频率很高,因而超声波的声强比一般声波大得多,且穿透能力很强。目前已能产生功率高达几百瓦甚至几千瓦的超声波。利用这方面的特性,可以用来进行切削、焊接、钻孔等超声加工。

3. 空化效应

高频率的超声波能够与物质发生相互作用,产生某些物理的、化学的和生物的效应。例如,超声在液体中传播时,会产生空穴或气泡,这些气泡在适当的条件下会突然破裂,在气泡内可产生几千摄氏度的高温,在气泡周围产生几千倍大气压的高压,此即空化效应。利用这个特性,超声波在工业上大量用于乳化、清洗、粉碎,还可以用来处理种子和促进化学反应等。

4. 超声元器件

超声波的频率与一般无线电波的频率相近,但超声波在介质中的传播速度比无线电波小很多,因此近几十年来,在电视、雷达、通信等方面,广泛运用超声波制作超声元件,例如延迟线、振荡器、谐振器等,它可以起到电子元件难以起到的作用。

5. 进行非声学量的测量

超声波在介质中的传播特性,例如波速、衰减、吸收等,都与介质的某些非声学的参量有关,如弹性模量、密度、成分、浓度、温度等。利用这些特性可以间接测量这些非声学量。

三、次声波

频率低于 20 Hz 的机械纵波称为次声波,人耳听不到。许多自然界发生的过程都伴随着次声波,例如火山爆发、太阳磁暴、地震、雷暴、台风、海啸等;工厂里机械的撞击和摩擦也能产生次声波;军事上的核爆炸、火箭发射等也有次声波产生。因此次声波已成为研究相关领域的有力工具,受到越来越多的重视,已形成现代声学的一个新分支——次声学。

次声波的特点是频率低,波长长;衰减极小,传播远,穿透力强。7000 Hz 的声波用一张纸即可隔挡,而 7 Hz 的次声波用一堵厚墙也挡不住,次声波可以穿透十几米厚的钢筋混凝土。1986 年 1 月 29 日,美国航天飞机"挑战者"号升空爆炸,爆炸产生的次声波历时 12 小时 53 分钟,其爆炸威力之强,连远在 1 万多千米处的我国北京香山中科院声学研究所监测站的监测仪都"听"到了。1983 年夏,位于印度尼西亚苏门答腊岛和爪哇岛之间的喀拉喀托火山爆发,火山爆发时产生的强次声波绕地球转了 3 圈,历时 108 小时后才慢慢消逝。全世界的微气压计都记录到了它的振动余波。因此,可以利用次声波来预测自然灾害、研究大气结构等。在军事上可以利用次声波来监测核爆炸、跟踪导弹等。

次声波也有危害。例如,人体内脏固有的振动频率和次声波的频率相近(0.01～20Hz),若外来的次声波频率与体内脏的振动频率相同,就会引起人体内脏的共振,产生头晕、耳鸣、恶心等症状,甚至使人体内脏受损而丧命。

14.10 电磁波

一、电磁波的产生和传播

1. 振荡的电偶极子

根据麦克斯韦电磁场理论,如果在空间某区域内存在随时间变化的电场,那么在它邻近区域将产生变化的磁场,而变化的磁场又会在较远的区域产生新的变化的电场,如此下去,变化的电场和变化的磁场将会不断相互交替产生,以一定的速度由近及远在空间传播,形成电磁波。由此可见,电磁波的传播机制与机械波有着本质上的区别,电磁波可以在真空或介质中传播,而机械波必须在弹性介质中才能传播。

那么产生电磁波的波源需要满足什么条件呢?任何加速运动的电荷体系都可作为发射电磁波的波源,例如原子或分子中电荷的振动都会在其周围产生电磁波。上一章中介绍的LC振荡电路,电路中的电流和电容器极板上的电荷均随着时间作周期性的变化,它们可以产生变化的磁场和电场。但是要作为发射电磁波的波源,还必须进行两方面的改进。一方面,必须提高频率。理论证明,电磁波的辐射功率正比于频率的四次方,只有振荡电路的固有频率足够高,才能把能量有效地发射出去。根据上一章的分析,LC振荡电路的固有角频率为 $\omega_0 = \dfrac{1}{\sqrt{LC}}$,因此,必须减小电路中的 L 和 C 的值。另一方面,电路必须开放。LC振荡电路中的电场及电场能量都集中在电容器的两个极板之间,磁场及磁场能量都集中在自感线圈中,无法使电磁场和电磁能量发射出去。所以,必须对电路加以改造。缩小电容器的极板面积,拉大极板间距,同时减少线圈的匝数,直至最后成为一直线,如图14-38所示,这样改造后,电场和磁场便可以分散到周围的空间中去。同时,也使得 C 和 L 的数值减小,提高了固有振荡频率。这种改造后的LC振荡电路称为振荡的电偶极子,电流在其中往复振荡,两端出现正负交替的等量异号电荷。它已适于作有效发射电磁波的波源了。广播电台或电视台的天线,就是这样的振荡偶极子。

图14-38 由LC振荡电路改造成振荡的电偶极子

2. 赫兹实验

1887年,赫兹用振荡偶极子产生了电磁波并成功地接收到了电磁波,从而从实验上证实了电磁波的存在。其实验示意图如图14-39所示。两段共轴的黄铜杆 A、B,分别接到感应圈的两个电极上,则感应圈对 A、B 充电,当电压达到空气击穿电压时,A、B 中间空隙中的空气被击穿,发生火花放电,这时,两段黄铜杆构成一条导电通路,就相当于一个振荡偶极子,其固有振荡频率很高,达 $10^8 \sim 10^9$ Hz。由于能量不断辐射,所以放电引起的高频振荡很快衰减。因此,随着感应圈以 $10 \sim 10^2$ Hz 的频率对 A、B 充电,将产生一种间歇性的阻尼振荡。

为了探测由振荡的电偶极子发射出来的电磁波,赫兹将一个留有空隙的金属圆环,放在适当远处。当偶极子振荡并发射电磁波时,由于电

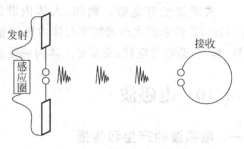

图 14-39 赫兹实验示意图

磁感应,金属圆环中的感应高电压将使空隙之间产生火花。调节圆环空隙的距离,当圆环的固有频率等于振荡偶极子的振荡频率时,将形成共振,火花更强。

赫兹用振荡偶极子和共振偶极子做了许多实验,证明了电磁波具有一切波动的共同特性,可以发生反射、折射、干涉、衍射和偏振等现象。证明了电磁波和光波的传播的速度相同,证实了麦克斯韦的电磁波理论。

3. 振荡的电偶极子周围的电磁场

振荡电偶极子所产生的电场和磁场的函数表达式可以根据麦克斯韦方程进行求解,但比较复杂。在此,我们仅对电场和磁场的分布作定性的分析。

振荡电偶极子在振荡过程中,两端的正负电荷间距处于不断交替变化中,因此电场和磁场也将随时间不断变化。如图 14-40 所示,设初始时刻正负电荷均在如图 14-40(a)所示的中心处,然后,正负电荷分别向上、向下运动。当它们相距一定距离时,两电荷间的某一条电场线形状如图 14-40(b)所示。然后,当两个电荷到达最大位移后,将改变运动方向,逐渐向中心处靠近。在靠近的过程中,电场线也将逐渐变成如图 14-40(c)所示的形状。当正负电荷又回到中心处重合(完成前半个周期的振动)时,其电场线变成一闭合的曲线,而且,当正负电荷越过中心位置继续运动时,新的电场线出现了,如图 14-40(d)所示。类似于以上的分析,可知在后半个周期结束时,又会形成一条方向与上述相反的闭合电场线。闭合电场线的形成表明,振荡电偶极子所激发的是涡旋电场,而涡旋电场将在空间激发感生磁场,随时间变化的感生磁场又将产生变化的电场,这样,两者之间相互激发,就形成了由近往远传播的电磁波。图 14-41 所示为某时刻振荡电偶极子周围电磁场的大致分布情况。图中的曲线代表电场线,磁感线是一系列以电偶极子为轴的同心圆,"×"和"·"分别表示穿入纸面和由纸面穿出的磁感线。

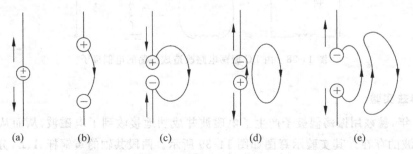

图 14-40 不同时刻振荡的电偶极子附近的电场线

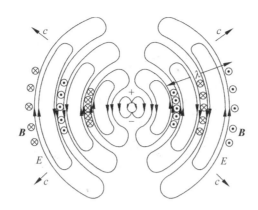

图 14-41 振荡的电偶极子周围的电磁场

而且波面随着距离的增大逐渐趋于球面形,电场强度也趋于切线方向。

二、电磁波的性质

由图 14-41 所示的振荡电偶极子周围电磁场的大致分布情况可以看出,随着传播距离的增大,电磁波面逐渐趋于球面,电场强度也趋于切线方向,空间某处的电场强度 E、磁场强度 H 和矢径 r 三个矢量相互垂直,并成右手螺旋关系,即矢积 $E \times H$ 的方向与 r 的方向(即电磁波的传播方向)一致,如图 14-42 所示。随着距离的进一步增大,球面可近似为平面处理,也就是说,在远离振荡电偶极子的自由空间(无自由电荷和传导电流存在的空间),电磁波可近似看成是平面波。设平面波沿着 x 轴方向传播,从麦克斯韦方程组出发,可以得到平面波所满足的波动方程为

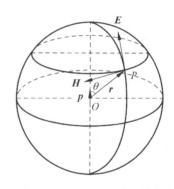

图 14-42 远场区 E、H 和 r 的方向

$$\frac{\partial^2 \boldsymbol{E}}{\partial x^2} = \varepsilon\mu \frac{\partial^2 \boldsymbol{E}}{\partial t^2} = \frac{1}{u^2}\frac{\partial^2 \boldsymbol{E}}{\partial t^2} \qquad (14\text{-}68)$$

$$\frac{\partial^2 \boldsymbol{H}}{\partial x^2} = \varepsilon\mu \frac{\partial^2 \boldsymbol{H}}{\partial t^2} = \frac{1}{u^2}\frac{\partial^2 \boldsymbol{H}}{\partial t^2} \qquad (14\text{-}69)$$

式中 ε 和 μ 分别为介质的介电常数和磁导率,u 为电磁波传播的速度。方程的解为

$$\boldsymbol{E}(x,t) = \boldsymbol{E}_0 \cos\omega\left(t - \frac{x}{u}\right) \qquad (14\text{-}70)$$

$$\boldsymbol{H}(x,t) = \boldsymbol{H}_0 \cos\omega\left(t - \frac{x}{u}\right) \qquad (14\text{-}71)$$

式中 ω 为电磁波的角频率。

【训练】 从麦克斯韦方程组出发,推导自由空间电磁波的波动方程。

通过实验和理论上的分析和归纳,自由空间传播的平面电磁波具有如下性质:

1. 电磁波是横波。电磁波的电场强度矢量 E 与磁场强度矢量 H 处处互相垂直,且都垂直于波的传播方向,三者构成右手螺旋关系。如图 14-43 所示,矢积 $E \times H$ 的方向与波速 u 的方向一致。E 和 H 分别在各自的平面上振动,这一特性称为偏振性。偏振性是横波所

特有的性质。

图 14-43 平面电磁波

2. 电场强度 E 和磁场强度 H 相位相同。从平面波的表达式(14-70)和式(14-71)可知，空间任一位置的 E 和 H 随时间变化的步调完全一致，两者同时达到最大，另一时刻又同时减小为零。

3. E 和 H 的数值成比例关系。在空间任一位置，任一时刻 E 和 H 的数值满足下列关系：

$$\sqrt{\mu}H = \sqrt{\varepsilon}E \tag{14-72}$$

4. 由式(14-68)和式(14-69)可以看出，在介质中，电磁波的传播速度为

$$u = \frac{1}{\sqrt{\varepsilon\mu}} \tag{14-73}$$

此式表明波速 u 的大小取决于介质的介电常数 ε 和磁导率 μ。若电磁波在真空中传播，则传播速度为

$$\frac{1}{\sqrt{\varepsilon_0\mu_0}} = 2.998 \times 10^8 \text{(m/s)} = c \tag{14-74}$$

这个数值即为光在真空中的传播速度 c。这可作为光是电磁波的重要依据。

【例题 14-16】 真空中沿 x 正方向传播的平面简谐波，其磁场分量的波长为 λ，幅值为 H_0，在 $t=0$ 时刻的波形如图 14-44 所示。(1)写出磁场分量的波函数；(2)写出电场分量的波函数。

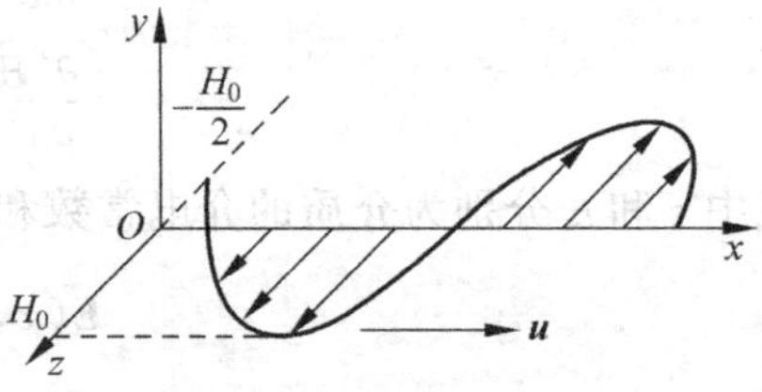

解：(1)设磁场强度矢量沿 z 轴分量 H 的波函数为

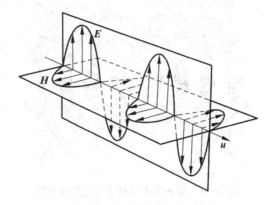

图 14-44 例题 14-16 用图

$$H_z = H_0 \cos\left[\omega\left(t - \frac{x}{u}\right) + \varphi_0\right]$$

由图 14-44 上可见，当 $x=0$、$t=0$ 时，有

$$H_z(0,0) = -\frac{H_0}{2}$$

所以 $\cos\varphi_0 = -\frac{1}{2}$，$\varphi_0 = \pm\frac{2\pi}{3}$，再根据波的传播方向可以判断出

$$\varphi_0 = -\frac{2\pi}{3}$$

真空中的波速 $u=c$,角频率为 $\omega=\dfrac{2\pi c}{\lambda}$,所以

$$H_z = H_0 \cos\left[\frac{2\pi c}{\lambda}\left(t - \frac{x}{c}\right) - \frac{2\pi}{3}\right]$$

（2）因为电场强度矢量 $\boldsymbol{E}$ 垂直于磁场强度矢量 $\boldsymbol{H}$ 和波的传播方向,所以,$\boldsymbol{E}$ 只有 E_y 分量。由式(14-72)可知

$$E_y = \sqrt{\frac{\mu_0}{\varepsilon_0}} H_z = \mu_0 c H_z$$

所以,电场分量的波函数为

$$E_y = E_0 \cos\left[\frac{2\pi c}{\lambda}\left(t - \frac{x}{c}\right) - \frac{2\pi}{3}\right]$$

三、电磁波的能量和动量

电场和磁场都具有能量,因此,电磁波在传播过程中必然伴随着电磁能量的传播。这种以电磁波形式传播出去的能量称为辐射能。

1. 电磁能量密度

单位体积中的电磁场能量称为电磁能量密度。它等于电场能量密度和磁场能量密度之和。根据电磁学中的知识,空间某处的电场能量密度 w_e 与磁场能量密度 w_m 分别为 $w_e = \dfrac{1}{2}\varepsilon E^2$ 和 $w_m = \dfrac{1}{2}\mu H^2$,因此,电磁能量密度为

$$w = w_e + w_m = \frac{1}{2}(\varepsilon E^2 + \mu H^2) \tag{14-75}$$

根据式(14-72)和式(14-73),上式也可表示为

$$w = \varepsilon E^2 = \mu H^2 = \sqrt{\varepsilon\mu}\, EH = \frac{1}{u}EH \tag{14-76}$$

电磁能量的表达式说明电磁能量密度在空间不同位置不同时刻的值一般是不同的,也就是说,在电磁波传播的过程中,伴随着电磁能量的传播。

2. 电磁波的能流密度矢量——坡印廷矢量

类似于机械波中的定义,我们把单位时间内通过与波的传播方向垂直的单位截面的能量,称为能流密度。在此处,用 $\boldsymbol{S}$ 表示能流密度矢量,它的方向为能量传播的方向,即波速 $\boldsymbol{u}$ 的方向。根据机械波中的讨论,能流密度的值为

$$S = wu$$

依据式(14-76),S 可表示为

$$S = EH$$

再考虑到 $\boldsymbol{E},\boldsymbol{H}$ 和 $\boldsymbol{S}$ 三者方向之间的关系,即矢积 $\boldsymbol{E}\times\boldsymbol{H}$ 的方向与 $\boldsymbol{S}$ 的方向一致(如图 14-45 所示),所以能流密度矢量 $\boldsymbol{S}$ 表示为

$$\boldsymbol{S} = \boldsymbol{E} \times \boldsymbol{H} \tag{14-77}$$

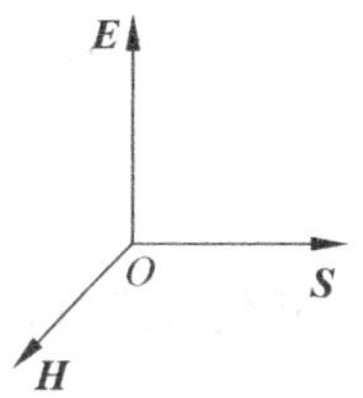

图 14-45 $\boldsymbol{E},\boldsymbol{H}$ 和 $\boldsymbol{S}$ 满足右手螺旋系统

S 也称为坡印廷矢量。

电磁波中 E 和 H 都随时间迅速变化,所以电磁波的瞬时能流密度也随着时间快速变化。在实际中重要的是它在一个周期内的平均值,即平均能流密度,也称为电磁波的辐射强度。以平面电磁波为例,简谐波的平均能流密度为

$$\overline{S} = \frac{1}{T}\int_0^T S dt = \frac{1}{T}E_0 H_0 \int_0^T \cos^2\omega\left(t - \frac{x}{u}\right) dt = \frac{1}{2}E_0 H_0 \quad (14\text{-}78)$$

式中 E_0 和 H_0 是电场强度和磁场强度的振幅。由于 E_0 和 H_0 之间的关系为 $\sqrt{\mu}H_0 = \sqrt{\varepsilon}E_0$,所以有 $\overline{S} \propto E_0^2$,或 $\overline{S} \propto H_0^2$,也就是说,电磁波的强度正比于电场或磁场振幅的平方。例如,光波属于电磁波,因此在光学中,我们常提到光的强度 I 与电场振幅的平方成正比。

3. 电磁波的动量

根据狭义相对论,我们可以从电磁波的能量获知它的质量和动量。

设真空中的电磁波在单位体积内的能量为 w,那么,根据狭义相对论中的质能关系式,电磁波单位体积的质量 ρ 为

$$\rho = \frac{w}{c^2}$$

所以,单位体积中的动量大小 p 为

$$p = \rho c = \frac{w}{c}$$

考虑到真空中电磁波的能流密度为 $S = wc$,并且动量的方向与能流密度的方向相同,则上式可表示为

$$\boldsymbol{p} = \frac{\boldsymbol{S}}{c^2} \quad (14\text{-}79)$$

由于电磁波具有动量,所以当它照射到物体表面时,能够对物体产生压力,这个压力称为光压。光压的存在已被实验所证实。

【**例题 14-17**】 某电台辐射电磁波,其平均辐射功率为 10^5 W。若电磁波的能流均匀分布在以电台为球心的半个球面上,试求出离电台 10km 处电磁波的坡印廷矢量和电场强度的振幅。

解:(1) 设电磁波的功率用 P 表示。由于电磁波在空间以球面辐射,所以在距离球心为 $r = 10$ km 处的平均能流密度 $\overline{S}$ 为

$$\overline{S} = \frac{P}{2\pi r^2} = \frac{10^5}{2\pi \times 10000^2} = 1.59 \times 10^{-4} \text{J/(m}^2 \cdot \text{s)}$$

此即坡印廷矢量。

(2) 在真空中,有

$$H_0 = \sqrt{\frac{\varepsilon_0}{\mu_0}} E_0$$

将上式代入式(14-78),得

$$E_0^2 = 2\sqrt{\frac{\mu_0}{\varepsilon_0}} \overline{S}$$

所以，电场强度的振幅为

$$E_0 = \left(2\bar{S} \cdot \sqrt{\frac{\mu_0}{\varepsilon_0}}\right)^{\frac{1}{2}} = 0.346 \text{V/m}$$

四、电磁波谱

自从赫兹证实了电磁波的存在之后，科学家们通过许多实验不仅证明了光波是电磁波，而且证明了红外线、紫外线、X射线和γ射线等均是不同频率范围内的电磁波，它们在真空中的传播速度都是 c，都具有电磁波的共同特性。为了对各种电磁波有较全面的了解，便于比较，常将电磁波按照波长 λ 或频率 ν 的大小，依次排列成谱，称之为电磁波谱，如图14-46所示。

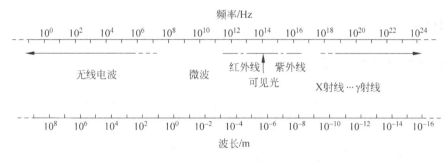

图 14-46 电磁波谱

不同波谱区域的电磁波，它们的产生方式不尽相同，特性和作用也有很大的差异。

(1) 长波部分是无线电波和微波，它是利用电磁振荡电路通过天线发射的电磁波。无线电波根据其波长的不同（波长大于 10^{-2} 米），常分为长波、中波、短波、超短波等。微波的波长在 $10^{-3} \sim 0.3$ 米之间。长波在介质中传播时损耗很小，故常用于远距离通信和导航；中波多用于航海和航空定向及无线电广播；短波多用于无线电广播、电报和通信等；超短波和微波多用于电视、雷达和无线电导航等方面。习惯上常称此部分为波谱。

(2) 中间部分包括红外线、可见光和紫外线，常称为光学光谱，简称光谱。它是物质中外层电子的跃迁所发射的电磁波。其中，红外线的波长在 $7.6 \times 10^{-7} \sim 10^{-3}$ 米之间，它多用于红外雷达、红外照相和夜视仪上。另外，红外线有显著的热效应（也称为热波），所以可用来取暖，在工农业生产上常用作红外烘干等。波长在 $4 \times 10^{-7} \sim 7.6 \times 10^{-7}$ 米之间的波，能被人眼所感知，故称为可见光波。波长在 $5 \times 10^{-9} \sim 4 \times 10^{-7}$ 米之间的波称为紫外线，它能引起化学反应和荧光效应，在医学上常用来杀菌，农业上可用来诱杀害虫。

(3) 短波部分包括X射线和γ射线（以及宇宙射线），此部分可称为射线谱，是能量很大的波谱区域。X射线中是物质中内层电子的跃迁而产生的电磁波，它的波长在 $4 \times 10^{-11} \sim 5 \times 10^{-9}$ 米之间，X射线具有很强的穿透能力，是医疗透视、检查金属部件内部损伤和分析物质晶体结构的有力工具。γ射线是原子核内部状态发生改变时辐射出的电磁波，其波长小于 4×10^{-11} 米，能量和穿透能力比X射线还大，可用来进行放射性试验，产生高能粒子，还可借助它研究天体和宇宙。

延伸阅读——科学发现

同步辐射光源

同步辐射是速度接近光速（$v \approx c$）的带电粒子在磁场中沿弧形轨道运动时发射的电磁辐射。它最初是在同步加速器上观察到的，因为它消耗了加速器的能量，阻碍粒子能量的提高，所以不受科学家的欢迎。但是人们很快便了解到同步辐射是从远红外到 X 光范围内的连续光谱，具有高强度、高度准直、高度极化、特性可精确控制等优异性能的脉冲光源，可以用以开展其他光源无法实现的许多前沿科学技术研究。于是在几乎所有的高能电子加速器上，都建造了"寄生运行"的同步辐射光束线及各种应用同步光源的实验装置。目前，在固体物理学、表面物理学和表面化学、结构化学以及生物学、医学和自动控制、光通信技术等方面已得到广泛应用。

本章小结

一、机械波的波函数及其相关知识点

1. 机械波的产生条件：波源和弹性介质；机械波分为横波和纵波

2. 机械波的几何描述：波阵面、波射线、波前

3. 描述机械波的物理量：波长 $\lambda = uT$，周期 $T = \dfrac{2\pi}{\omega} = \dfrac{1}{\nu}$，波数 $k = \dfrac{2\pi}{\lambda} = \dfrac{\omega}{u}$。其中，频率 ν 由波源决定，波速 u 由介质决定。

4. 平面简谐波的波函数 $y(x,t)$ 的确定：

已知 $\boldsymbol{u} = \pm u\boldsymbol{i}$，$y(x_0,t) = A\cos(\omega t + \varphi_0)$，则波函数为

$$y(x,t) = A\cos\left[\omega\left(t \mp \dfrac{x-x_0}{u}\right) + \varphi_0\right]$$

波函数的其他形式：

$$y(x,t) = A\cos\left[2\pi\left(\dfrac{t}{T} - \dfrac{x}{\lambda}\right) + \phi\right], \quad y(x,t) = A\cos(\omega t - kx + \phi)$$

5. 波函数的物理意义：波函数具有时空双重周期性；当 $t = t_0$ 时，y-x 曲线代表此时的波形图；当 $x = x_0$ 时，y-t 曲线代表该质元的振动曲线。

6. 应变与应力：波在弹性介质中传播时，介质发生弹性形变。常用应变和应力来量度这种形变与弹性恢复力，分别有：线变与杨氏模量、切变与切变模量、体变与体变模量。

7. 波动方程、波速：通过对质量元受力分析并列出牛顿定律，导出波动方程，可得到波速表达式：

弦线上的波速：$u = \sqrt{\dfrac{F}{\rho_l}}$，$F$ 为张力，ρ_l 为线密度

棒中纵波的传播速度：$u = \sqrt{\dfrac{E}{\rho}}$

各向同性均匀固体介质中传播的横波的波速：$u = \sqrt{\dfrac{G}{\rho}}$

液体和气体中传播的纵波波速：$u=\sqrt{\dfrac{K}{\rho}}$

二、波的能量、波的强度

1. 任一质元的动能和势能相等：$\Delta E_k = \Delta E_p = \dfrac{1}{2}\rho\omega^2 A^2 \sin^2\left[\omega\left(t-\dfrac{x}{u}\right)+\varphi_0\right]\Delta V$

2. 能量密度：$w=\dfrac{\Delta E}{\Delta V}=\rho\omega^2 A^2 \sin^2\left[\omega\left(t-\dfrac{x}{u}\right)+\varphi_0\right]$

   平均能量密度：$\bar{w}=\dfrac{1}{2}\rho\omega^2 A^2$

3. 波的强度（平均能流密度）：$I=\bar{w}u=\dfrac{1}{2}\rho\omega^2 A^2 u$

三、惠更斯原理

在波的传播过程中，波面（波前）上的每一点都可以看作是发射子波的波源，在其后的任一时刻，这些子波的包络面就是该时刻的波面。

四、波的干涉

满足相干条件的两列波相遇时将发生干涉
1. 相干条件：频率相等、振动方向相同、相位差恒定
2. 干涉增强和干涉相消满足的条件：两列波在 P 点相遇

P 点合振动的振幅：$A=\sqrt{A_1^2+A_2^2+2A_1 A_2 \cos\Delta\varphi}$

P 点两个振动的相位差：$\Delta\varphi=(\varphi_{20}-\varphi_{10})-\dfrac{2\pi}{\lambda}(r_2-r_1)$

φ_{10} 和 φ_{20} 分别为两个波源的初相位，r_2 和 r_1 为传播的距离。
当 $\Delta\varphi=2k\pi, k=0,\pm 1,\pm 2,\cdots$ 时，两个振动同相，$A_{\max}=A_1+A_2$，干涉增强；
当 $\Delta\varphi=(2k+1)\pi, k=0,\pm 1,\pm 2,\cdots$ 时，两个振动反相，$A_{\min}=|A_1-A_2|$，干涉相消；
若 $A_1=A_2$，则 $A_{\min}=0$，此时干涉相消为零。

五、驻波

1. 条件：两列振幅相同、传播方向相反的相干波（频率相等、振动方向相同、相位差恒定）相遇叠加，形成驻波。
2. 驻波表达式
若正向波为 $y_1=A\cos[\omega t-kx+\varphi_{10}]$，反向波为 $y_2=A\cos[\omega t+kx+\varphi_{20}]$，则驻波表达式为 $y=y_1+y_2=2A\cos\left(kx-\dfrac{\varphi_{10}-\varphi_{20}}{2}\right)\cos\left(\omega t+\dfrac{\varphi_{10}+\varphi_{20}}{2}\right)$。

3. 波腹与波节

波腹：振幅为 $2A$ 的位置，满足 $\left|\cos\left(kx-\dfrac{\varphi_{10}-\varphi_{20}}{2}\right)\right|=1$，相邻波腹的间距为 $\lambda/2$。

波节：振幅为零的位置，满足 $\left|\cos\left(kx-\dfrac{\varphi_{10}-\varphi_{20}}{2}\right)\right|=0$，相邻波节的间距为 $\lambda/2$。

4. 驻波特征
各质元的振幅不同；相邻波节之间的各质元相位相同；波节两侧的质元相位相反。

5. 半波损失
当波由波疏介质往波密介质传播时，如果发生反射，则反射波与入射波在反射点引起的振动有 π 的相位差。

驻波中，当反射点为固定端（波节）时，有半波损失，反射波与入射波在该点有 π 的相位差；当反射点为自由端（波腹）时，没有半波损失，反射波与入射波在该点相位相同。

6. 弦线上的驻波
注意不同边界条件下的振动模式。

六、多普勒效应

设波源频率为 ν_S，观察者接收到的频率为 ν_R。

1. 波源不动，观察者相对介质以速率 v_R 运动：$\nu_R=\dfrac{u\pm v_R}{u}\nu_S$

2. 观察者不动，波源相对介质以速率 v_S 运动：$\nu_R=\dfrac{u}{u\mp v_S}\nu_S$

3. 若波源和观察者都在运动：$\nu_R=\dfrac{u\pm v_R}{u\mp v_S}\nu_S$

总之，波源和观察者相互接近时，$\nu_R>\nu_S$；波源和观察者相互远离时，$\nu_R<\nu_S$。

七、声波、超声波、次声波

1. 声波的频率介于 20Hz 和 20000Hz 之间，能引起人的听觉。

声压：介质中有声波传播时的压强与无声波时的静压强之间的差额。

声强级：$L=10\lg\dfrac{I}{I_0}$dB，其中 I_0 为听觉域（能引起听觉的最小声强）。

2. 超声波：频率高于 20000Hz 的机械纵波。

3. 次声波：频率低于 20Hz 的机械纵波。

八、电磁波

1. 电磁波的产生和传播：振荡偶极子可以有效地产生电磁波；变化的电场和变化的磁场将会不断相互交替产生，以一定的速度由近及远在空间传播出去，形成了电磁波。

2. 平面电磁波的性质：电磁波是横波；电场强度 E 和磁场强度 H 相位相同；电磁波的量值满足 $\sqrt{\mu}H=\sqrt{\varepsilon}E$；电磁波的传播速率为 $u=\dfrac{1}{\sqrt{\varepsilon\mu}}$；真空中电磁波的传播速率为 $c=2.998\times$

10^8m/s

3. 电磁波能量密度：$w = \dfrac{1}{2}\varepsilon E^2 + \dfrac{1}{2}\mu H^2$

4. 电磁波的能流密度矢量——坡印廷矢量：$\boldsymbol{S} = \boldsymbol{E} \times \boldsymbol{H}$

5. 电磁波的动量：$\boldsymbol{p} = \dfrac{\boldsymbol{S}}{c^2}$

6. 电磁波谱

习题

一、选择题

1. 机械波的表达式为 $y = 0.03\cos 6\pi(t + 0.01x)$ (SI)，则（　　）。

　　(A) 其振幅为 3m　　　　　　　　(B) 其周期为 $\dfrac{1}{3}$ s

　　(C) 其波速为 10m/s　　　　　　(D) 波沿 x 轴正向传播

2. 图 14-47 中画出一向右传播的简谐波在 t 时刻的波形图，BC 为波密介质的反射面，波由 P 点反射，则反射波在 t 时刻的波形图为（　　）。

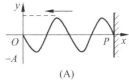 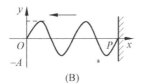
　　　(A)　　　　　　　　　　　(B)

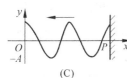 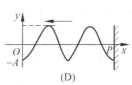 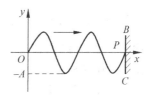
　　　(C)　　　　　　　　　　　(D)

图 14-47　习题 2 用图

3. 一沿 x 轴负方向传播的平面简谐波在 $t = 2$s 时的波形曲线如图 14-48 所示，则原点 O 的振动方程为（　　）。

　　(A) $y = 0.50\cos\left(\pi t + \dfrac{1}{2}\pi\right)$ (SI)　　　　(B) $y = 0.50\cos\left(\dfrac{1}{2}\pi t - \dfrac{1}{2}\pi\right)$ (SI)

　　(C) $y = 0.50\cos\left(\dfrac{1}{2}\pi t + \dfrac{1}{2}\pi\right)$ (SI)　　　　(D) $y = 0.50\cos\left(\dfrac{1}{4}\pi t + \dfrac{1}{2}\pi\right)$ (SI)

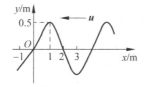

图 14-48　习题 3 用图

4. 一平面简谐波沿 Ox 轴正方向传播，$t=0$ 时刻的波形图如图 14-49 所示，则 P 处介质质点的振动方程是（　　）。

(A) $y_P = 0.10\cos\left(4\pi t + \dfrac{1}{3}\pi\right)$ (SI)   (B) $y_P = 0.10\cos\left(4\pi t - \dfrac{1}{3}\pi\right)$ (SI)

(C) $y_P = 0.10\cos\left(2\pi t + \dfrac{1}{3}\pi\right)$ (SI)   (D) $y_P = 0.10\cos\left(2\pi t + \dfrac{1}{6}\pi\right)$ (SI)

5. 一平面简谐波在弹性介质中传播，在某一瞬时，介质中某质元正处于平衡位置，此时它的能量是（　　）。

(A) 动能为零，势能最大   (B) 动能为零，势能为零

(C) 动能最大，势能最大   (D) 动能最大，势能为零

6. 如图 14-50 所示，两相干波源 S_1 和 S_2 相距 $\dfrac{1}{4}\lambda$（λ 为波长），S_1 的相位比 S_2 的相位超前 $\dfrac{1}{2}\pi$，在 S_1、S_2 的连线上，S_1 外侧各点（例如 P 点）两波引起的两谐振动的相位差是（　　）。

(A) 0   (B) $\dfrac{1}{2}\pi$ (C) π (D) $\dfrac{3}{2}\pi$

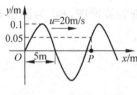

图 14-49 习题 4 用图

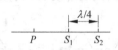

图 14-50 习题 6 用图

7. S_1 和 S_2 是波长均为 λ 的两个相干波的波源，相距 $3\lambda/4$，S_1 的相位比 S_2 超前 $\dfrac{1}{2}\pi$。若两波单独传播时，在过 S_1 和 S_2 的直线上各点的强度相同，不随距离变化，且两波的强度都是 I_0，则在 S_1、S_2 连线上 S_1 外侧和 S_2 外侧各点，合成波的强度分别是（　　）。

(A) $4I_0, 4I_0$ (B) $0, 0$ (C) $0, 4I_0$ (D) $4I_0, 0$

8. 在驻波中，两个相邻波节间各质点的振动（　　）。

(A) 振幅相同，相位相同   (B) 振幅不同，相位相同

(C) 振幅相同，相位不同   (D) 振幅不同，相位不同

9. 在弦线上有一简谐波，其表达式是 $y_1 = 2.0\times10^{-2}\cos\left[2\pi\left(\dfrac{t}{0.02} - \dfrac{x}{20}\right) + \dfrac{\pi}{3}\right]$ (SI)，为了在此弦线上形成驻波，并且在 $x=0$ 处为一波节，此弦线上还应有一简谐波，其表达式为（　　）。

(A) $y_2 = 2.0\times10^{-2}\cos\left[2\pi\left(\dfrac{t}{0.02} + \dfrac{x}{20}\right) + \dfrac{\pi}{3}\right]$ (SI)

(B) $y_2 = 2.0\times10^{-2}\cos\left[2\pi\left(\dfrac{t}{0.02} + \dfrac{x}{20}\right) + \dfrac{2\pi}{3}\right]$ (SI)

(C) $y_2 = 2.0\times10^{-2}\cos\left[2\pi\left(\dfrac{t}{0.02} + \dfrac{x}{20}\right) + \dfrac{4\pi}{3}\right]$ (SI)

(D) $y_2 = 2.0\times10^{-2}\cos\left[2\pi\left(\dfrac{t}{0.02} + \dfrac{x}{20}\right) - \dfrac{\pi}{3}\right]$ (SI)

10. 一辆汽车以 25m/s 的速度远离一辆静止的正在鸣笛的机车。机车汽笛的频率为

600Hz,汽车中的乘客听到机车鸣笛声音的频率是(已知空气中的声速为330m/s)(　　)。
(A) 550Hz　　　(B) 558Hz　　　(C) 645Hz　　　(D) 649Hz

二、填空题

11. 已知波源的振动周期为 4.00×10^{-2}s,波的传播速度为300m/s,波沿 x 轴正方向传播,则位于 $x_1=10.0$m 和 $x_2=16.0$m 的两质点振动相位差为_____。

12. 设沿弦线传播的一入射波的表达式为

$$y_1 = A\cos\left(\omega t - 2\pi \frac{x}{\lambda}\right)$$

波在 $x=L$ 处(B 点)发生反射,反射点为自由端(如图 14-51)。设波在传播和反射过程中振幅不变,则反射波的表达式是 $y_2 =$ _____。

13. 一横波的表达式是 $y=0.02\sin 2\pi(100t - 0.4x)$ (SI),则振幅是_____,波长是_____,频率是_____,波的传播速度是_____。

14. 图 14-52 为 $t=T/4$ 时一平面简谐波的波形曲线,则其波的表达式为_____。

15. 一平面简谐机械波在介质中传播时,若一介质质元在 t 时刻的总机械能是 10J,则在 $t+T$(T 为波的周期)时刻该介质质元的振动动能是_____。

16. 在同一介质中两列频率相同的平面简谐波的强度之比 $I_1/I_2 = 16$,则这两列波的振幅之比是 $A_1/A_2 =$ _____。

17. 一列强度为 I 的平面简谐波通过一面积为 S 的平面,波速 u 与该平面的法线 n_0 的夹角为 θ,则通过该平面的能流是_____。

18. 如图 14-53 所示,波源 S_1 和 S_2 发出的波在 P 点相遇,P 点距波源 S_1 和 S_2 的距离分别为 3λ 和 $\frac{10}{3}\lambda$,λ 为两列波在介质中的波长,若 P 点的合振幅总是极大值,则两波在 P 点的振动频率_____,波源 S_1 的相位比 S_2 的相位领先_____。

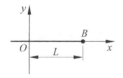
图 14-51 习题 12 用图

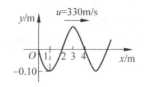
图 14-52 习题 14 用图

图 14-53 习题 18 用图

19. 在固定端 $x=0$ 处反射的反射波表达式是 $y_2 = A\cos 2\pi(\nu t - x/\lambda)$。设反射波无能量损失,那么入射波的表达式是 $y_1 =$ _____,形成的驻波表达式是 $y =$ _____。

20. 一驻波的表达式为 $y = 2A\cos(2\pi x/\lambda)\cos(2\pi\nu t)$,两个相邻波腹之间的距离是_____。

21. 在真空中传播的平面电磁波,在空间某点的磁场强度为 $H = 1.20\cos\left(2\pi\nu t + \frac{1}{3}\right)$ (SI),则在该点的电场强度为_____。

(真空介电常量 $\varepsilon_0 = 8.85 \times 10^{-12}$ F/m,真空磁导率 $\mu_0 = 4\pi \times 10^{-7}$ H/m)

22. 一广播电台的平均辐射功率为 20kW。假定辐射的能量均匀分布在以电台为球心的球面上。那么,距离电台为 10km 处电磁波的平均辐射强度为_____。

23. 一列火车以20m/s的速度行驶,若机车汽笛的频率为600Hz,一静止观测者在机车前和机车后所听到的声音频率分别为_____和_____(设空气中声速为340m/s)。

三、计算题

24. 一简谐横波以0.8m/s的速度沿一长弦线传播。在$x=0.1$m处,弦线质点的位移随时间的变化关系为$y=0.05\sin(1-4t)$。试写出波函数。

25. 一横波沿绳传播,其波函数为
$$y = 2\times 10^{-2}\sin 2\pi(200t - 2.0x)$$
(1) 求此横波的波长、频率、波速和传播方向;
(2) 求绳上质元振动的最大速度并与波速比较。

26. 频率为500Hz的简谐波,波速为350m/s。
(1) 沿波的传播方向,相位差为60°的两点间相距多远?
(2) 在某点,时间间隔为10^{-3}s的两个振动状态,其相位差为多大?

27. 一平面简谐纵波沿着线圈弹簧传播。设波沿着x轴正向传播,弹簧中某圈的最大位移为3.0cm,振动频率为25Hz,弹簧中相邻两疏部中心的距离为24cm。当$t=0$时,在$x=0$处质元的位移为零并向x轴正向运动。试写出该波的表达式。

28. 一平面简谐波沿x轴正向传播,其振幅为A,频率为ν,波速为u;设$t=t'$时刻的波形曲线如图14-54所示。求:
(1) $x=0$处质元的振动方程;
(2) 该波的表达式。

29. 一列平面简谐波在媒质中以波速$u=5$m/s沿x轴正向传播,原点O处质元的振动曲线如图14-55所示。
(1) 求出波的表达式;
(2) 求解并画出$x=25$m处质元的振动曲线;
(3) 求解并画出$t=3$s时的波形曲线。

30. 如图14-56所示为一平面简谐波在$t=0$时刻的波形图,设此简谐波的频率为250Hz,且此时质点P的运动方向向下,求:
(1) 该波的表达式;
(2) 在距原点O为100m处质元的振动方程与振动速度表达式。

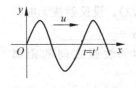

图14-54 习题28用图

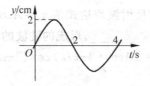

图14-55 习题29用图

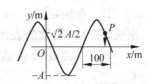

图14-56 习题30用图

31. 一平面简谐波沿x轴正向传播,其振幅和角频率分别为A和ω,波速为u,设$t=0$时的波形曲线如图14-57所示。
(1) 写出此波的表达式;
(2) 求距O点分别为$\lambda/8$和$3\lambda/8$的两处质元的振动方程;

(3) 求距 O 点分别为 $\lambda/8$ 和 $3\lambda/8$ 的两处质元在 $t=0$ 时的振动速度。

32. 如图 14-58 所示，一平面简谐波沿 Ox 轴正向传播，波速大小为 u，若 P 处质点的振动方程为 $y_P=A\cos(\omega t+\phi)$，求：

(1) O 处质点的振动方程；

(2) 该波的波动表达式；

(3) 与 P 处质点振动状态相同的质点的位置。

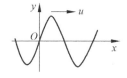

图 14-57 习题 31 用图

图 14-58 习题 32 用图

33. 证明固体或液体受到均匀压强 p 时的弹性势能密度为 $\dfrac{1}{2}K\left(\dfrac{\Delta V}{V}\right)^2$（注意，对固体和液体来说，$\Delta V \ll V$）。

34. 某种材料的杨氏模量为 Y，用这种材料制成的细线绷紧后，欲使其上的纵波速率等于横波速率的 10 倍，线中的拉应力（单位横截面积上的拉力）应是多大？

35. 一平面简谐波，频率为 300Hz，波速为 340m/s，在截面面积为 $3.00\times10^{-2}\ \text{m}^2$ 的管内空气中传播，若在 10s 内通过截面的能量为 2.70×10^{-2} J，求：

(1) 通过截面的平均能流；

(2) 波的平均能流密度；

(3) 波的平均能量密度。

36. 在空气中一声源向各方向均匀地发射球面声波，频率为 440Hz，声速为 345m/s。空气的体变模量为 $K=1.42\times10^5$ Pa。距声源 5m 处的声强级是 80dB。

(1) 求该处的位移振幅和声压振幅；

(2) 声强级为 60dB 处距声源多远？

37. 为了维持一波源的振动不变，需要消耗 8W 的功率。假如此波源发出的是均匀球面波，且介质不吸收波的能量，则距波源 2m 远处波的平均能流密度 I 是多少？

38. 如图 14-59 所示，S_1、S_2 为两平面简谐波相干波源。S_2 的相位比 S_1 的相位超前 $\pi/4$，波长 $\lambda=8.00$m，$r_1=12.0$m，$r_2=14.0$m，S_1 在 P 点引起的振动振幅为 0.30m，S_2 在 P 点引起的振动振幅为 0.20m，求 P 点的合振幅。

39. 如图 14-60 所示，两相干波源在 x 轴上的位置为 S_1 和 S_2，其间距离为 $d=30$m，S_1 位于坐标原点 O；设波只沿 x 轴正负方向传播，单独传播时强度保持不变。$x_1=9$m 和 $x_2=12$m 处的两点是相邻的两个因干涉而静止的点。求两波的波长和两波源间最小相位差。

40. 在均匀介质中，有两列余弦波沿 Ox 轴传播，波动表达式分别为
$$y_1=A\cos[2\pi(\nu t-x/\lambda)]$$
$$y_2=2A\cos[2\pi(\nu t+x/\lambda)]$$
试求 Ox 轴上合振幅最大与合振幅最小的那些点的位置。

41. 在弹性介质中有一沿 x 轴正向传播的平面波，其表达式为 $y=0.01\cos\left(4t-\pi x-\right.$

$\frac{1}{2}\pi$)(SI)。若在 $x=5.00\text{m}$ 处有一介质分界面,且在分界面处反射波相位突变 π,设反射波的强度不变,试写出反射波的表达式。

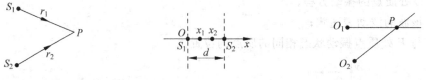

图 14-59 习题 38 用图　　图 14-60 习题 39 用图　　图 14-61 习题 42 用图

42. 如图 14-61 所示,O_1 与 O_2 为二简谐波的波源,它们的频率相同,但振动方向相互垂直。设二波源的振动方程分别是

$$x_{10} = A\cos\omega t$$
$$y_{20} = A\cos(\omega t + \phi)$$

若二波在 P 点相遇,求下述两种情况下 P 处质点的振动规律。设 λ 为两列波的波长。

(1) 设 $\phi=-\frac{1}{2}\pi$,$\overline{O_1P}=5.5\lambda$,$\overline{O_2P}=8.25\lambda$;

(2) 设 $\phi=0$,$\overline{O_1P}=5.5\lambda$,$\overline{O_2P}=8.25\lambda$。

43. 设入射波的表达式为 $y_1 = A\cos 2\pi\left(\frac{x}{\lambda} + \frac{t}{T}\right)$,在 $x=0$ 处发生反射,反射点为一固定端。设反射时无能量损失,求:

(1) 反射波的表达式;

(2) 合成的驻波的表达式;

(3) 波腹和波节的位置。

44. 一驻波中相邻两波节的距离为 $d=5.00\text{cm}$,质元的振动频率为 $\nu=1.00\times10^3\text{Hz}$,求形成该驻波的两个相干行波的传播速度 u 和波长 λ。

45. 一口竖直的水井,从井中水面到井口的部分可看作上端开口的圆柱空腔,它对于某些频率的沿竖直方向传播的平面声波发生共鸣,共鸣的最低频率为 21Hz。设井中空气密度 $\rho=1.1\text{kg/cm}^3$,压强 $p=9.5\times10^4\text{Pa}$,空气的比热比 $\gamma=1.4$,求从井中水面到井口的深度 l。

46. 火车以 $u=30\text{m/s}$ 的速度行驶,汽笛的频率为 $\nu_0=650\text{Hz}$。在铁路近旁的公路上坐在汽车里的人在下列情况听到火车鸣笛的声音频率分别是多少?(设空气中声速为 $v=340\text{m/s}$)。

(1) 汽车静止;

(2) 汽车以 $v=45\text{km/h}$ 的速度与火车同向行驶。

47. 如图 14-62 所示,图中振动频率为 510Hz 的声源 S 以速度 u 向墙壁 P 接近,站在 A 点的观察者听到的拍音频率为 3Hz;求振源的移动速度 u(已知空气中的声速 $v=340\text{m/s}$,且 $u\ll v$)。

48. 设一平面电磁波在真空中沿着 z 轴负方向传播,其电场强度沿 x 方向振动。在空间某点的电场强度为

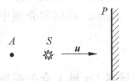

图 14-62 习题 47 用图

$$E_x = 300\cos\left(2\pi\nu t + \frac{\pi}{3}\right) \text{V/m}$$

试求在该点的磁场强度表示式,并画图表示电场强度、磁场强度和传播速度之间的关系。

49. 有一根氦氖激光管,它所发射的激光功率为 1.0×10^{-2} W,设发出的激光为圆柱形光束,圆柱截面的直径为 2.0×10^{-3} m。试求激光的最大电场强度 E_0 和磁感应强度 B_0。

50. 在地球上测得太阳的平均辐射强度为 $S=1.4 \text{kW/m}^2$。设太阳到地球的平均距离约为 1.5×10^{11} m,试求太阳每秒的总辐射能量。

  这是一张蝴蝶采花的照片。碧草青青花盛开,彩蝶飞舞久徘徊。这仿佛成了人们眼中美景、心中舒畅的标配。有些人会想到为爱至死不渝的梁山伯与祝英台,几百年的传说一直流传到今天,影响了音乐、戏剧等一切可能进入我们生活的艺术,没有谁去深究那些花花绿绿的翅膀为何如此炫目。

  蝴蝶翅膀上的美丽颜色,其来源与其他一般动物完全不一样,它并不是来自其身体上的细胞而是来自鳞片的颜色。一个鳞片并不是一个细胞,而是由构成翅膜的细胞向外分泌伸展的所谓细胞的衍成物。通常鳞片成扁平羽毛状,而在基部缩成针柄状穿入翅膜。通常鳞片轻轻地依附在翅膜上,很容易脱落。鳞片本身是透明的,但是它的表面有特殊的物理构造,通常是有纵向的许多深沟,沟内更有密排而具周期性的构造,当外来光线以不同的角度射到鳞片上时,就能发生薄膜干涉现象,产生美丽的金属光泽。

第15章

光 的 干 涉

本章概要 干涉现象是波的基本特征之一,光的波动性可以从光的干涉现象中得到证实。本章介绍了光程与光程差的概念,说明了如何利用普通光源获得相干光的两种方法,通过杨氏双缝干涉、薄膜干涉实验说明了光的相干性和光的干涉规律,包括干涉的条件和明暗条纹分布的规律,最后,对迈克耳孙干涉仪作了简单介绍。

15.1 光源 单色光 光的相干性

一、光源

光是一种电磁波。它包括红外光、可见光和紫外线三个部分。通常意义上的光是指可见光,即能引起人视觉的电磁波。它的频率约在 $(3.9 \sim 7.5) \times 10^{14}$ Hz 之间,相应的真空中的波长在 350~770nm 之间。

任何发光的物体,都可称之为光源。如太阳、恒星、灯以及燃烧着的物质等都是光源。但像月亮表面、桌面等依靠它们反射外来光才能使人们看到它们,这样的反射物体不能称为光源。不同的光源其发光的机理有所不同,激发方式也不同,常见的普通光源按其激发的方式可分为:

1. 热辐射发光——任何物体都在向外辐射电磁波。不断给物体加热来维持一定的温度,物体就会持续发光。低温时以发射红外线为主,高温时则辐射可见光、紫外线等。如太阳、白炽灯、弧光灯等的激发方式就属于此类。

2. 电致发光——利用电场激发引起的发光。这种是通过加在两电极的电压产生电场,被电场激发的电子撞击发光中心,而引起电子在能级间的跃迁、变化、复合导致的发光。如日光灯、水银灯、闪电、霓虹灯、半导体发光二极管等的发光属于这一类。

3. 化学发光——由化学反应引起的发光。如腐烂物质中的磷在空气中氧化发出的光(坟地上有时出现的"鬼火")属于这类。

同一光源中光的激发往往不是单一的,上述光的各种激发过程不能截然分开。那么,普通光源的发光机理及特征是什么呢?下面就针对这个问题进行讨论。

普通光源的发光是其中大量分子、原子所进行的一种微观过程。现代物理理论指出：分子或原子的能量只能取分立值，这些值分别称**能级**。例如氢原子能级如图 15-1 所示。能量最低的态称为**基态**，其他能量较高的态称为**激发态**。

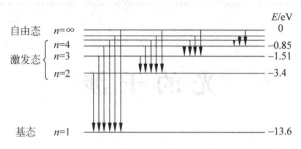

图 15-1　氢原子能级及发光跃迁

通常原子处于最稳定的基态，在外界激励的条件下，原子吸收外界的能量后跃迁到能量较高的激发态，而处于这些激发态的原子是不稳定的，在其激发态的寿命非常短，大约 10^{-11} s 至 10^{-8} s 后，它就自发地向基态或低激发态跃迁，同时向外辐射出光波，这一跃迁过程经历的时间就是一个原子一次发出光波所持续的时间（约 10^{-8} s）。因此，原子每次发射的是具有**一定频率**、**一定振动方向**、**长度有限**的光波。这段光波叫一个**波列**。如图 15-2 所示。

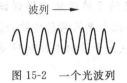

图 15-2　一个光波列

普通光源中大量原子或分子各自独立地、自发地发射出互不相干的各个波列，它们每次何时发光具有不确定性，是一种随机过程，因此，同一原子先后产生的各波列之间，以及不同原子产生的各波列间，都没有固定的相位关系，振动方向也并不相关。

二、单色光

单色光（monochnomatic）是指具有单一频率（或单一波长）的光，严格的单色光是不存在的。任何光源发出的光都具有一定的频率（或波长）范围，在此范围内各种频率（或波长）所对应的强度是不同的，如图 15-3 所示，以波长（或频率）为横坐标，光的强度为纵坐标，可以直观地表示出这种光强与波长的关系，这一关系曲线称之为光谱曲线（或谱线（spectrum））。对于一定的光源，就会有一与光的强度最强（I_0）所对应的波长 λ_0，该波长称为中心波长。通常把光的强度由 I_0 下降到 $\dfrac{I_0}{2}$ 的两点间所对应的波长范围 $\Delta\lambda$ 定义为谱线宽度，它是表征谱线单色性好坏的物理量。如图 15-3 所示，谱线宽度越窄，即 $\Delta\lambda$ 越小，则光的单色性越好。

在可见光范围内，不同波长的光引起人眼不同颜色的感知。大致来说，波长与单色光的对应关系如图 15-4 所示。

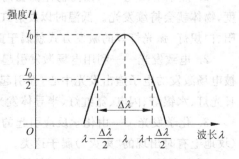

图 15-3　谱线及宽度

每种单原色光对应于一种波长

颜色	波长/nm
红	630～780
橙	600～630
黄	565～600
绿	500～565
蓝	435～500
紫	380～435

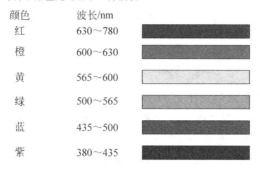

图 15-4　波长与单色光的对应关系

延伸阅读——科学发现

白光的组成

同伽利略、笛卡儿等前辈一样，牛顿和跟他同时代的胡克、惠更斯等人用极大的兴趣和热情对光学进行研究。1666 年，牛顿在家休假期间，得到了三棱镜，并用其进行了著名的色散试验。一束太阳光通过三棱镜后，分解成几种颜色的光谱带，牛顿再用一块带狭缝的挡板把其他颜色的光挡住，只让一种颜色的光通过第二个三棱镜，结果出来的只是同样颜色的光。这样，他发现了白光是由各种不同颜色的光组成的，这是牛顿对光学的第一大贡献。为了验证这个发现，牛顿设法把几种不同的单色光合成白光，并且计算出不同颜色光的折射率，精确地说明了色散现象。揭开了物质的颜色之谜，原来物质的色彩是不同颜色的光在物体上有不同的反射率和折射率造成的。公元 1672 年，牛顿把自己的研究成果发表在《皇家学会哲学杂志》上，这是他第一次公开发表的论文。

三、光的相干性

光既然是电磁波，就应具有波动的一般特性。前面已经讨论了波的叠加原理，波的一个重要特征就是能产生干涉现象，即两列或两列以上的光波叠加时引起强度在空间上的稳定分布。对光波而言，光的干涉现象表现为光的强度或明暗在空间上的稳定分布。

光波作为电磁波，它包含 $\boldsymbol{H}$ 和 $\boldsymbol{E}$ 两个矢量，真正能引起人的视觉或使感光材料感光的主要是 $\boldsymbol{E}$ 矢量，称为光矢量或电矢量。因此，在以后的讨论中提到光波的振动矢量时，即指 $\boldsymbol{E}$ 矢量。

如图 15-5 所示，设从两点光源 S_1 和 S_2 发出频率和振动方向均相同的两列单色光波，它们的振动表达式分别为

$$E_1 = E_{10}\cos(\omega t + \varphi_{10}), \quad E_2 = E_{20}\cos(\omega t + \varphi_{20})$$

其中 E_{10}，E_{20} 和 φ_{10}，φ_{20} 分别为两光源振动的振幅和初相。

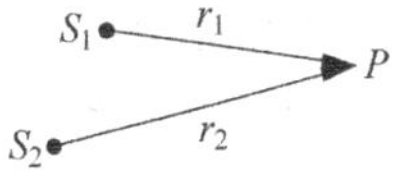

图 15-5　相位差计算

这两例光波在空间任一点 P 处相遇，则在该点的振动表达式(不考虑振幅衰减)分别为

$$E_1 = E_{10}\cos\left(\omega t - \frac{2\pi}{\lambda}r_1 + \varphi_{10}\right), \quad E_2 = E_{20}\cos\left(\omega t - \frac{2\pi}{\lambda}r_2 + \varphi_{20}\right)$$

利用三角函数法或旋转矢量法都可以得到在该点合成光矢量的量值，为

$$E = E_0 \cos(\omega t + \varphi_0) \tag{15-1}$$

$$E_0 = \sqrt{E_{10}^2 + E_{20}^2 + 2E_{10}E_{20}\cos\Delta\varphi} \tag{15-2}$$

其中

$$\Delta\varphi = (\varphi_{20} - \varphi_{10}) - \frac{2\pi}{\lambda}(r_2 - r_1) \tag{15-3}$$

因为光的强度正比于振幅的平方($I \propto E^2$),在相位差为任意角的情况下,两振动叠加时,合振动的强度不等于分振动的强度之和。由于分子或原子每次发光持续时间极短(约为 10^{-8} s)而人眼和感光材料对光的响应时间相比较长(人眼响应时间约 0.05 s,感光材料响应时间约 10^{-3} s),不能在这么短的时间内对两光波间的干涉作出反应。因而实际观察到的总是在一段较长时间内的平均强度。在某一时间间隔 τ 内(远大于光振动周期,光振动周期约 10^{-15} s),其振动的平均相对强度为

$$\bar{I} = \overline{E_0^2} = \frac{1}{\tau}\int_0^\tau E^2 \mathrm{d}t$$

$$= \frac{1}{\tau}\int_0^\tau (E_{10}^2 + E_{20}^2 + 2E_{10}E_{20}\cos\Delta\varphi)\mathrm{d}t$$

$$= E_{10}^2 + E_{20}^2 + 2E_{10}E_{20}\frac{1}{\tau}\int_0^\tau \cos\Delta\varphi \mathrm{d}t$$

即

$$\bar{I} = I_1 + I_2 + 2\sqrt{I_1 I_2}\frac{1}{\tau}\int_0^\tau \cos\Delta\varphi \mathrm{d}t \tag{15-4}$$

下面分两种情况进行讨论:

1. 相干叠加

若在观察的时间 τ 内,两光振动各自继续进行而不中断,则它们间的位相差 $\Delta\varphi$ 始终保持不变,与时间无关。$\frac{1}{\tau}\int_0^\tau \cos\Delta\varphi \mathrm{d}t = \cos\Delta\varphi$,于是合振动平均强度为

$$\bar{I} = I_1 + I_2 + 2\sqrt{I_1 I_2}\cos\Delta\varphi \tag{15-5}$$

式中 $2\sqrt{I_1 I_2}\cos\Delta\varphi$ 称为干涉项,此时的光波叠加称为**相干叠加**。

(1) 如果两振动位相相同,$\Delta\varphi = \pm 2k\pi$, $k = 0, 1, 2, \cdots$

则 $\bar{I} = I_1 + I_2 + 2\sqrt{I_1 I_2}$,合振动平均强度达到最大值(称为干涉相长)、干涉条纹最亮;

(2) 如果两振动相位相反,$\Delta\varphi = \pm(2k+1)\pi$, $k = 0, 1, 2, \cdots$

则 $\bar{I} = I_1 + I_2 - 2\sqrt{I_1 I_2}$,合振动平均强度达到最小值(称为干涉相消)、干涉条纹最暗;

若相位差 $\Delta\varphi$ 介于两者之间,则 P 点的光强依照式(15-5)。

相位差 $\Delta\varphi$ 恒定,则 P 点光强度一定,在空间不同的点,因 $r_2 - r_1$ 不同,相位差不同,因而不同的点一般会有不同的、恒定的光强度。因此,光波在叠加区域内形成稳定、明暗分布的干涉图样。

2. 非相干叠加

若在观察的时间 τ 内,两光振动时断时续,致使它们的初相各自独立地作不规则的变化,几率均等地在观察时间 τ 内多次经历 $0 \sim 2\pi$ 间的一切可能值,则

$$\frac{1}{\tau}\int_0^\tau \cos\Delta\varphi \mathrm{d}t = 0$$

因此，$I = I_1 + I_2$，此时两光波的强度直接相加而并无干涉项，在光的叠加区域内，不会出现强度分布不均匀的干涉图样，这种叠加称为**非相干叠加**。大量的日常经验及事实说明两独立的光源或从同一光源的不同部分发出的光叠加时不产生干涉现象就属于这种情况。

四、如何获得相干光

根据前面的波动理论，我们知道两列波相干的条件是频率相同、振动方向相同、相位差相同或相位差恒定。对于光波而言，频率相同的条件比较容易满足，选用准单色光源就可以了，然而，要使两光波振动方向相同且具有恒定的相位差，对普通光源来说并不是一件容易的事。因为普通光源发光的随机性和不连续性，使得两光波间无固定的相位差，振动方向也不一定相同。怎样利用普通光源来获得相干光？

利用普通光源来获得相干光的原理，是把光源上同一点发的光设法分成两部分，然后使这两部分光叠加。实际上因为这两部分光都是来自**同一发光原子的同一次发光**，即每一光波列分成了频率相同、振动方向相同、相位差恒定的两部分，因而这两部分光是满足相干条件的两束相干光。获得相干光的方法有两种。

1. 分波阵面法

分波阵面法就是在同一波阵面上取出两部分或更多部分作为相干光源的方法。如图 15-6 所示。由于波阵面上任一部分均可视为新的光源，同一波阵面上各部分有相同的相位，因此，这些被分离出的波阵面可作为初相位相同的光源，不论光源相位如何频繁地改变，但其初相位之差却恒定不变。所以，这些光源发出的光波，在相遇区就能产生干涉现象。

分波阵面法的典型实验为杨氏双缝干涉实验。除此以外，还有菲涅耳双棱镜实验、菲涅耳双面镜实验及洛埃镜实验等。

2. 分振幅法

分振幅法就是将一束光线投射到两种介质的分界面上，经过第一表面和第二表面对入射光的依次反射，将入射光的振幅分成若干部分，由这些部分的光相遇所产生干涉的方法。如图 15-7 所示。

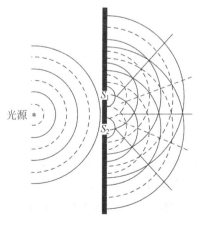

图 15-6　分波阵面法

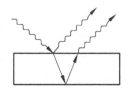

图 15-7　分振幅法

分振幅法的典型实验装置是迈克尔孙(Michelson)干涉仪,而最典型的事例是薄膜干涉。

以上论述的是利用普通光源获得相干光的方法,然而,自从激光光源出现后,由于激光器中原子步调一致地向同一方向发光,所以,激光是一种极好的相干光,利用这种高亮度、高强度、方向性和单色性都很好的新光源,可以很方便地进行各种光干涉的演示或实验。

15.2 光程 光程差

由前面的讨论,我们知道当两列相干光波在同一介质中传播并在相遇区产生干涉现象时,在该空间中的某一点干涉的强弱取决于这两相干波振动在该点的相位差 $\Delta\varphi$,因此,相位差在分析光的叠加现象时显得相当重要。为方便分析光在不同介质传播时引起的相位差,引入光程和光程差的概念。

一、光程

对于一定的单色光,其振动频率 ν 在不同的介质中是相同的,但波长和传播速度要发生变化。设单色光在真空和介质中的传播速率分别为 c 和 u,则介质的折射率 n 为

$$n = \frac{c}{u}$$

设真空中波长为 λ,由波长、频率和波速的关系,可知光在此介质中的波长

$$\lambda_n = \frac{u}{\nu} = \frac{c}{n\nu} = \frac{\lambda}{n} \tag{15-6}$$

光在介质中传播时,它的相位沿传播方向逐点落后。当光在折射率为 n 的介质中通过的几何路程为 r 时,光振动落后的相位值为

$$\Delta\varphi = \frac{2\pi}{\lambda_n}r = \frac{2\pi}{\lambda}nr$$

此式中 $\frac{2\pi}{\lambda}nr$ 表示光在真空中传播路程 nr 所引起的相位落后值,由此可知,同一频率的光在折射率为 n 的介质中通过 r 的路程时引起的相位落后与在真空中通过 nr 的路程时引起的相位落后相同。光学中把 nr 叫做与几何路程 r 相应的**光程**。实际上,它是把光在介质中通过的路程折算到真空中的路程(按相位变化相同)。这样就可以统一用光在真空中的波长 λ 来计算相位差。

二、光程差

前面讨论光的相干性时,考虑的是光在真空(实际是在同一均匀介质空气)中传播,相位差的计算用到了波程差的概念。如图 15-8(a)所示,有两相干光源 S_1 和 S_2 分别处于折射率为 n_1 和 n_2 的介质中,两光源的初相分别为 φ_{10} 和 φ_{20},发出频率为 ν 的单色光在两介质的交界处 P 点相遇而叠加,在该点引起的光振动的相位差为

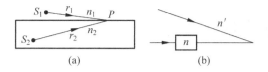

图 15-8 光程的计算

$$\Delta\varphi = \left[2\pi\left(\frac{r_2}{\lambda_2} - \frac{r_1}{\lambda_1}\right)\right] - (\varphi_{20} - \varphi_{10}) = \frac{2\pi}{\lambda}(n_2 r_2 - n_1 r_1) - (\varphi_{20} - \varphi_{10})$$

其中 λ_1 和 λ_2 分别为光在折射率为 n_1 和 n_2 的介质中的波长。若这两光源有相同的初相,即 $\varphi_{10} = \varphi_{20}$,则 $\Delta\varphi = \frac{2\pi}{\lambda}(n_2 r_2 - n_1 r_1)$,由此可见,两相干光波在相遇点的相位差不由几何路程差 $r_2 - r_1$ 决定,而由**光程差** $n_2 r_2 - n_1 r_1$ 决定。通常光程差用符号 δ 来表示。即

$$\delta = n_2 r_2 - n_1 r_1 \tag{15-7}$$

这样两相干光波在 P 点叠加时光振动引起的相位差就可用光程差表示,它们的关系式为

$$\Delta\varphi = \frac{2\pi}{\lambda}\delta \tag{15-8}$$

在图 15-8(b)中有两种介质,折射率分别 n 和 n',由两光源发出的光到达 P 点所经过的光程分别为 $n'r_1$ 和 $n'(r_2 - d) + nd$,则它们的光程差为 $\delta = n'(r_2 - d) + nd - n'r_1$。

三、透镜的光程问题

透镜是一种常用的光学元件,使用透镜后对光路中的光程是否会产生影响?下面简单说明光通过透镜后各光线的等光程性。

由几何光学知识我们知道,一束平行光通过透镜后会聚到焦点生成一个明亮的实像。这说明在焦点处各光线是同相的。如图 15-9(a)、(b)所示,因平行光的同相面与光线垂直,所以从任一垂直于入射平行光的平面到焦点,各光线的光程都相等,从 A、B、C 到 F(或 F')或 a、b、c 到 F(或 F')的这三条光线光程都是相等的。

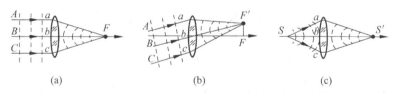

图 15-9 透镜的等光程性

这一等光程性可解释如下:从任一垂直于入射平行光的平面到焦点的各光线,虽然具有不同的几何路程,但几何路径较长的光线在透镜中经过的路程较短,几何路径较短的光线在透镜中经过的路程较长,而玻璃的折射率大于空气的折射率,折合成光程后,各光线的光程将相等。由此可见,透镜只改变光线的传播方向,不产生附加光程差。如图 15-9(c)所示,物点 S 发出的光,经透镜成像于 S',可根据费马原理导出(略),物点和像点之间的各光线也是等光程的。

15.3 分波阵面干涉

一、杨氏双缝干涉实验

英国物理学家托马斯·杨(T. Young)于1801年最先利用点光源得到了两列相干的光波,他的实验装置极其简单,但构思却相当巧妙,是后来许多其他干涉装置的原型,并且最早以明确的形式确立了光波叠加原理,用光的波动性解释了干涉现象,是使光的波动理论被普遍承认的一个决定性的实验。无论从光学的哪个角度来看,杨氏实验都具有十分重要的意义。

1. 杨氏点光源实验装置

杨氏干涉实验装置如图15-10所示,用普通单色光照射开有小孔 S 的屏,作为单色点光源,在它附近放置一个开有两小孔 S_1 和 S_2 的屏,两小孔间距离 d 很小,S_1 和 S_2 构成一对相干光源。在较远一点的地方再放一接收屏 E,它与 G 的距离为 $D(D \gg d)$,在屏上将观测到一组以 O 为对称中心的一组近乎平行的直条纹——**干涉条纹**。

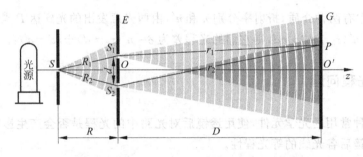

图15-10 杨氏干涉实验装置

2. 设计思想

设 $\varphi_0(t)$ 表示点光源 S 的初相位,则 S_1 和 S_2 的初相位和相位差为

$$\varphi_{10} = \varphi_0(t) + \frac{2\pi}{\lambda}R_1, \quad \varphi_{20} = \varphi_0(t) + \frac{2\pi}{\lambda}R_2$$

$$\varphi_{20} - \varphi_{10} = \frac{2\pi}{\lambda}(R_2 - R_1)$$

由此可见,尽管 $\varphi_0(t)$ 可能随时间变化,致使 φ_{10}、φ_{20} 不稳定,然而 $\varphi_{20} - \varphi_{10}$ 仅与 $R_2 - R_1$ 有关,与时间无关,满足相位差恒定的条件,由 S_1 和 S_2 发出的光具有相同的频率,光矢量也近似平行,所以,S_1 与 S_2 确实是一对相干光源。

从同一列波的波阵面上取出两个次波源,一分为二,总是相干的。这就是杨氏干涉实验设计的精巧之处。在这一实验中,光源 S 发出的光的波阵面同时到达 S_1 和 S_2,通过 S_1 和 S_2 发生衍射现象,然后在空间叠加区形成一系列稳定的、明暗相间的干涉条纹。

3. 杨氏双缝干涉实验

为提高干涉条纹的亮度,实际中 S、S_1 和 S_2 用三个相互平行的狭缝来代替,这样的实验称为杨氏双缝干涉实验。现在可以利用激光束直接射入双缝而获得一组极为清晰的平行直条纹干涉图样。如图 15-11 所示。

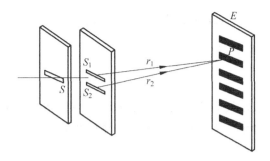

图 15-11 杨氏双缝干涉实验

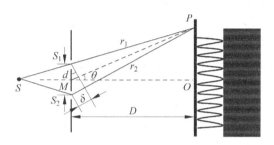

图 15-12 杨氏双缝计算用图

如图 15-12 所示，P 为屏幕上任一点，它与 S_1 和 S_2 的距离分别 r_1 和 r_2，P 到对称中心的距离为 x，从光源 S_1 和 S_2 发出的光到达 P 点的光程差为 $\delta = n_2 r_2 - n_1 r_1$，现设 $n_1 = n_2 = 1$，于是 $\delta = r_2 - r_1$，因为 $D \gg d$，$D \gg x$，及 θ 很小，有

$$\delta = r_2 - r_1 \approx d\sin\theta \tag{15-9}$$

$$\sin\theta \approx \tan\theta \approx \frac{x}{D} \tag{15-10}$$

所以
$$\delta = r_2 - r_1 \approx \frac{xd}{D}$$

式中 θ 是 S_1、S_2 的中垂线 MO 与 MP 之间的夹角。

点 P 发生干涉相长（明条纹）的条件为

$$\delta = \frac{xd}{D} = k\lambda, \quad k = 0, \pm 1, \pm 2, \cdots \tag{15-11}$$

其中 k 称为明纹的级次。对应 $k=0$ 称为零级（或中央）明纹，两侧对称分布着级次较高的明纹，$k = \pm 1, \pm 2, \cdots$ 分别对应第一级，第二级，……明纹。

点 P 发生干涉相消（暗条纹）的条件为

$$\delta = \frac{xd}{D} = (2k+1)\frac{\lambda}{2}, \quad k = 0, \pm 1, \pm 2, \cdots \tag{15-12}$$

与明纹类似，$k = 0, \pm 1, \pm 2, \cdots$ 对应的暗纹分别称为第一级，第二级，……暗纹。

光程差为其他值的各点，其光强介于明纹和暗纹之间。各明纹中心到 O 点的距离（明纹中心位置）为

$$x = k\frac{D\lambda}{d}, \quad k = 0, \pm 1, \pm 2, \cdots \tag{15-13}$$

暗纹中心位置为

$$x = (2k+1)\frac{D\lambda}{d}, \quad k = 0, \pm 1, \pm 2, \cdots \tag{15-14}$$

相邻明纹或暗纹间的距离为

$$\Delta x = x_{k+1} - x_k = \frac{D}{d}\lambda \tag{15-15}$$

此式表明相邻明纹或暗纹间的间距 Δx 与级次 k 无关，条纹等间隔排列。

【思考】 在杨氏双缝干涉实验装置的 S_1、S_2 缝后面分别放一红色和绿色滤光片，能否观测到干涉条纹？为什么？

【例题 15-1】 如图 15-13 所示，将折射率为 $n=1.58$ 的云母片覆盖在杨氏干涉实验中的一条狭缝 S_1 上，这时屏幕上的零级明纹上移到原来的第七级明纹位置上，若入射光的波长为 550nm，试求此云母片的厚度。

解：设屏幕上原来的第七级明纹位置在 P 处，覆盖云母片前两束相干光在 P 点的光程差为

$$\delta = r_2 - r_1 = k\lambda = 7\lambda$$

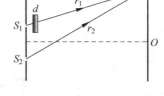

图 15-13 例题 15-1 用图

设云母片厚度为 d，在 S_1 上覆盖云母片后，依题意，两束相干光在 P 点的光程差为零，即

$$\delta' = r_2 - [r_1 + (n-1)d] = 0$$

联立以上两式可得

$$d = \frac{7\lambda}{n-1} = \frac{7 \times 5.5 \times 10^{-7}}{1.58 - 1} = 6.6 \times 10^{-6}(\text{m}) = 6.6(\mu\text{m})$$

所以云母片厚度为 $6.6\mu\text{m}$，上式同时也提供了一种测量介质折射率的方法。

【例题 15-2】 用白光作光源观察双缝干涉，设缝间距离为 d，试求能观察到的清晰可见光谱的级次。

解：白光的波长范围为 390~750nm。

明纹条件为 $d\sin\theta = \pm k\lambda$

在 $\theta = 0$ 处，各种波长的光程差均为零，所以各种波长的零级条纹中央重叠，形成中央白色明纹。

在中央明纹两侧，各种波长的同级明纹，因波长不同而对应不同的角位置，因而彼此错开，并产生不同级次的条纹重叠。在重叠区域内，靠近中央明纹的两侧，观察到的是由各种色光形成的彩色条纹，再远处则各色光重叠形成一片白色，看不到条纹。

最先发生重叠的是某一级次的红光和高一级次的紫光：

$$k\lambda_\text{红} = (k+1)\lambda_\text{紫}$$

因而

$$k = \frac{\lambda_\text{紫}}{\lambda_\text{红} - \lambda_\text{紫}} = \frac{390}{750-350} = 1.08$$

由于 k 只能取整数，所以，这一计算结果表明，从紫到红排列的清晰可见的光谱，只有正负各一级。

【思考】 为什么白光引起的双缝干涉条纹数比单色光引起的双缝干涉条纹数目少？

延伸阅读——物理学家

托马斯·杨

托马斯·杨(Thomas Young, 1773—1829),英国医生、物理学家,光的波动说的奠基人之一。1773年6月13日,托马斯·杨出生于英国萨默塞特郡米尔弗顿一个富裕的贵格会教徒家庭,是10个孩子中的老大,他从小受到良好教育,是个不折不扣的神童。19岁时,杨来到伦敦学习医学,21岁时,由于研究了眼睛的调节机理,他成为皇家学会会员。1795年,他来到德国的格丁根大学学习医学,一年后便取得了博士学位。他天资聪颖,兴趣广泛,是一个多才多艺的人。值得一提的是,尽管父母送他进过不少名校,但杨还是把自学当作最主要的学习手段。杨热爱物理学,在行医之余,他也花了许多时间研究物理。

托马斯·杨的主要贡献包括以下几方面:

牛顿曾在其《光学》的论著中提出光是由微粒组成的,在之后的近百年时间,人们对光学的认识几乎停滞不前,直到托马斯·杨提出双缝干涉实验,它成为开启光学真理的一把钥匙,为后来的研究者指明了方向。托马斯·杨在1801年进行了著名的杨氏双缝实验,发现了光的干涉性质,证明光以波动形式存在,而不是牛顿所想象的光颗粒(corpuscles),该实验被评为"物理最美实验"之一。

杨氏模量是材料力学中的名词,用来测量一个物体的弹性。杨在1807年将"材料的弹性模量"定义为"同一材料的一个柱体在其底部产生的压力与引起某一压缩度的重量之比等于该材料长度与长度缩短量之比"。如果把这里的柱体理解为单位底面积柱体的重量,则这个定义就是现在通用的杨氏弹性模量。杨认识到剪切是一种弹性变形,称之为横推量(detrusion),并注意到材料对剪切的抗力不同于材料对拉伸或压缩的抗力,但他没有引进不同的刚度模量来表示材料对剪切的抵抗。杨氏模量的引入曾被英国力学家乐甫誉为科学史上的一个新纪元。

托马斯·杨曾被誉为是生理光学的创始人。他在1793年提出人眼里的晶状体会自动调节以适应所见的物体的远近。他也是第一个研究散光的医生(1801年)。后来,他提出色觉取决于眼睛里的三种不同的神经,分别感觉红色、绿色和紫色。后来亥姆霍兹对此理论进行了改进。此理论在1959年由实验证明。他提出颜色的理论,即三原色原理,他认为一切色彩都可以从红、绿、蓝三种原色的不同比例混合而成,这一原理,已成为现代颜色理论的基础。

二、洛埃镜实验

分波阵面干涉除杨氏干涉实验外,还有菲涅耳双面镜实验、菲涅耳双棱镜实验、洛埃镜实验等,这些都是杨氏双缝实验的变形,这里只介绍洛埃镜实验。

洛埃(H. Lloyd)于1834年提出了一种更简单的装置,如图15-14所示。

MN是一块平面反射镜,从狭缝光源S_1发出的光,一部分直接照到屏幕上,另一部分掠射(即入射角接近90°),经平面镜反射后到达屏幕,这两部分光也是相干光,在叠加区域内的屏幕上也能产生干涉条纹,显然,这是一束来自实光源S_1和另一束好像来自虚光源S_2两光束之间产生的干涉。关于杨氏双缝干涉实验的分析也适用于这个实验。

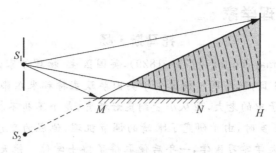

图 15-14 洛埃镜实验简图

这个实验最具有重要意义的发现是：当将观察屏 H 移到和平面镜边缘 N 相接触的位置，在平面镜与屏接触处竟然出现的是暗纹。然而，根据理论分析及计算，从 S_1 和 S_2 到 N 的光程相等，N 处的光强为最大值，出现的应该是亮纹，而实际观察到的恰恰相反。因该位置相当于双缝干涉实验的中央条纹，此处出现暗纹就说明 S_1 和 S_2 两个是反相的相干光源，另外还说明光在平面镜该处反射的光与直接射到屏幕上的光相位相反，相位差为 π。由于直射光相位不会发生变化，由此推断只能是光在该处发生反射时相位突变了 π，这也就是说反射光的光程在反射过程中损失了半个波长。这种现象称**半波损失**。洛埃镜实验揭示了一重要的事实：光在介质（玻璃）表明上反射，且入射角接近 90°（掠射）时，会产生半波损失。

　　进一步的理论分析和实验都表明：光从折射率较小（光速较大）的光疏介质射向折射率较大（光速较小）的光密介质发生反射时，在掠射（入射角接近 90°）或正射（入射角为 0）的情况下，反射光的相位相比入射光相位发生了 π 的突变。

15.4 分振幅干涉（Ⅰ）——等倾干涉

一、概述

　　分振幅干涉的典型事例是薄膜干涉，薄膜干涉的现象在日常生活中十分常见并有广泛的应用。平常看到的肥皂膜、油膜及许多昆虫（蝴蝶、蜻蜓、蝉、甲虫等）的翅膀在阳光照射下产生的彩色花纹都是薄膜干涉的结果。在近代的一些光学元件上广泛采用蒸镀介质膜的技术，在镜片上镀一层或多层介质薄膜（如高级照相机镜头或其他高级光学镜头），可很大程度上优化光学性质，达到增透、滤光或高反射的目的。世界上有许多科研机构及公司都在研究这种镀膜技术，已形成了很大规模的光学产业，这种镀膜技术的原理就是利用光在薄膜上、下表面反射或折射时所产生的干涉。

　　薄膜干涉的一般情况相当复杂，其干涉特征与光源尺寸、膜的厚度、形状、薄膜表面是否平整及观察方式（用屏、透镜加屏或是直接用人眼）都有密切的关系，在这里我们仅讨论两种典型而又有实用价值的干涉——等倾干涉和等厚干涉。

　　为方便后面的讨论，首先比较两束反射光的相位突变和附加光程差。

　　在上一节洛埃镜实验讨论中已经指出，当光从光疏介质射向光密介质发生反射时，在掠射或正射的情况下，反射光有半波损失。事实上，反射光的相位变化与入射角的关系是相当复杂的，超出我们的教学要求。

如图 15-15 所示,折射率为 n_2、厚度均匀的平面介质膜,其上、下介质的折射率分别为 n_1 和 n_3,一束光由介质Ⅰ射向介质Ⅱ,在两介质的分界面上,一部分被上表面反射得到光束 1,另一部分被折射入薄膜内,射向薄膜下表面时,又被分成两部分,其中一部分被介质膜第二表面反射,再在第一表面折射,得到光束 2。这两束反射光相位突变和附加光程差的情况是怎样的呢?

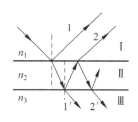

图 15-15 薄膜两界面反射光附加光程差

理论和实验都表明:

(1) 若三种介质的折射率满足 $n_1<n_2<n_3$ 或 $n_1>n_2>n_3$,则两束反射光无附加的相位差,或者说无附加的光程差。

(2) 若三种介质的折射率满足 $n_1>n_2$、$n_3>n_2$ 或 $n_1<n_2$、$n_3<n_2$,则两束反射光有附加的相位差 π,或者说有附加的光程差 $\dfrac{\lambda}{2}$。

对于折射光,则任何情况下都不会产生相位突变(或附加的光程差)。

二、等倾干涉

1. 原理

如图 15-16 所示,折射率为 n_2,厚度为 d 均匀透明的平行平面介质薄膜,放在折射率分别为 n_1 和 n_3 的介质中,一点光源发出的一束单色光,其波长为 λ,以入射角 i 射向薄膜,在入射点 A 产生反射光 1,而折射后进入膜内的光在 C 点经一次反射到 B 点,再折回膜的上方成为光束 2,还有在上、下两表面间多次来回反射的其他光 3,4,… 平行的反射光,同时多次透射的光 $1',2',\cdots$ 平行的透射光。这里仅考虑反射光 1 和 2。因为 1 和 2 这两束光是从同一条入射光,或者说入射光波阵面上的同一部分分出来的,所以它们一定相干。因多次来回反射的其他光 3,4,… 的强度迅速下降,这两束反射光包含了绝大部分能量。

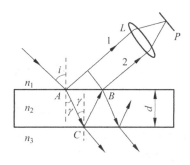

图 15-16 薄膜的干涉

观察方法:因两束反射光 1 和 2 平行,所以它们只能在无穷远处相交而发生干涉。在实验室中用一会聚透镜 L 使它们在其焦平面 P 上的一点发生干涉。如果不用透镜和屏,用肉眼直接观察,则需使眼睛沿着反射光观察。

屏上的光强由光束 1 和 2 的光程差决定,现在来计算它们之间的光程差。

$$\delta = n_2(AC+BC) - n_1 AD + \delta' \tag{15-16}$$

δ' 是附加光程差 0 或 $\dfrac{\lambda}{2}$,由 n_1,n_2,n_3 三者的大小关系决定。

几何关系:

$$AC = BC = \frac{d}{\cos\gamma}, \quad AD = AB\sin i = 2d\tan\gamma\sin i$$

d 为薄膜厚度,γ 为折射角,再将折射定律 $n_1\sin i = n_2\sin\gamma$ 代入上式得

$$\delta = 2n_2\frac{d}{\cos\gamma} - n_1 2d\tan\gamma\sin i + \delta'$$

$$= 2n_2 d\cos\gamma + \delta'$$
$$= 2d\sqrt{n_2^2 - n_1^2 \sin^2 i} + \delta' \tag{15-17}$$

由此可见，凡入射角 i 相同，则 δ 相同，对应于同一干涉条纹，故称此干涉为等倾干涉。

干涉明纹条件： $\delta = 2n_2 d\cos\gamma + \delta' = k\lambda, \quad k = 1, 2, \cdots$ (15-18)

干涉暗纹条件： $\delta = 2n_2 d\cos\gamma + \delta' = (2k+1)\dfrac{\lambda}{2}, \quad k = 0, 1, 2, \cdots$ (15-19)

2. 实验装置

观察等倾干涉的实验装置如图 15-17(a) 所示，S 为一面光源，M 为半反半透的平面镜，L 为透镜，E 为置于平面镜焦平面上的屏。从光源 S 上任一点沿同一圆锥面发射的光，是以相同的入射角经 M 反射的部分光射到薄膜下表面的，它们的反射光经透镜会聚在屏上的同一圆周上，形成同一个干涉圆环。

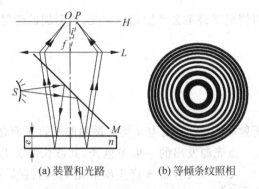

(a) 装置和光路　　(b) 等倾条纹照相

图 15-17　等倾干涉的实验装置及光路图

因此，整个干涉图样是光一组明暗相间的同心圆环（如图 15-17(b) 所示）。那为什么要使用面光源呢？

光源每一点发出的光都要产生一组相应的干涉圆环纹，由于方向相同的平行光都被透镜会聚到焦平面上的同一点，所以光源上不同点发出的光线，凡具有相同倾角的干涉条纹重叠在一起，总光强是各个干涉环光强的非相干叠加，因而，干涉条纹更加清晰明亮。这就是为什么实验中使用面光源的原因。

3. 干涉条纹特征

根据干涉明纹条件：$\delta = 2n_2 d\cos\gamma + \delta' = k\lambda, \quad k = 1, 2, \cdots$

(1) 当膜的厚度 d 一定时，越靠近中心，入射角 i 越小，折射角 γ 越小，光程差 δ 越大，k 值也越大，说明越靠近中心条纹的级次越高。中心处级次最高，越到边缘，级次越低。

(2) 对干涉明纹条件式两边求微分可得
$$-2n_2 d\sin\gamma \cdot \Delta\gamma = \Delta k \lambda$$
$$|-\Delta\gamma| = \dfrac{\Delta k \lambda}{2n_2 d\sin\gamma}$$

取 $\Delta k = 1$，则相邻两明纹间角距离为
$$|-\Delta\gamma| = \dfrac{\lambda}{2n_2 d\sin\gamma} \tag{15-20}$$

由式(15-20)可知：

① n_2，d 一定，越靠近中心，入射角 i 越小，折射角 γ 越小，相邻两明纹间角距离 $\Delta\gamma$ 越大，说明中央条纹稀疏，边缘条纹越密。

② d 一定，n_2 越大，干涉条纹越密，反之，相反。

③ n_2 一定，d 越大（即膜越厚），干涉条纹越密，反之，相反。

如图 15-17(b)所示。

实验中，如果是 d 连续增加，慢慢地增大膜的厚度，k 也将增大，即环心级次增大，将会观察到，所有圆环在扩大，环纹增大变密，环心不断"生长"出新的环纹，好像水从泉眼冒出一样。与此相反，若慢慢地减小膜的厚度，将会观察到，环心条纹不断被"吞入"。

【思考】 对薄膜干涉中的膜厚度有无限制？膜厚度太大或太小还能否看到干涉条纹？

三、增透膜与高反膜

由于光从空气射入玻璃（正射）的过程中大约有 4% 的光强被反射而受到损失，实际光学系统中，为矫正像差或是其他原因，往往一个光学系统需由多个透镜组成。如高级照相机的镜头由六七个透镜组成，其反射损失近 50%，潜水艇的望远镜由约二十个透镜组成，其反射损失近 90%，同时反射杂光还会影响成像质量。为减少这种损失，常在镜面上镀一层厚度均匀的透明薄膜，利用等倾干涉使反射光干涉相消，达到使透射光增强的目的，这样的膜被称为增透膜。

1. 增透膜

如图 15-18 所示，单层膜是最为简单的增透膜。在一玻璃基片（折射率为 $n_3=1.5$）表面镀一层厚度为 d、折射率为 n_2 的均匀透明介质膜（常用的实际材料为氟化镁（MgF_2），$n_2=1.38$）。

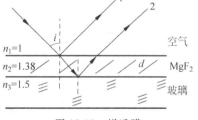

图 15-18 增透膜

波长为 λ 的光在接近正入射（入射角 $i=0$）的情况下，薄膜两表面反射光 1 和 2 的光程差为

$$\delta = 2n_2 d + \delta'$$

因 $n_1 < n_2 < n_3$，$\delta'=0$，所以，$\delta = 2n_2 d$，两反射光要发生干涉相消，只需满足

$$\delta = 2n_2 d = (2k+1)\frac{\lambda}{2}, \quad k=0,1,2,\cdots$$

其中，$k=0$ 时，膜对应取最小厚度

$$d = \frac{\lambda}{4n_2}$$

这样就能满足透射光增强以到达增透的目的。在光学中定义 nd 为光学厚度。可见，单层增透膜的光学厚度应为 $nd = \frac{\lambda}{4}$。

我们常见到的照相机镜头表面为什么呈蓝紫色？

因为单层增透膜只能增透某一特定波长的光，对于一般的照相机或可见光范围内的光学仪器，常选人眼最为敏感的绿光（$\lambda \approx 550\text{nm}$）为增透波长，使膜的光学厚度为该波长的 1/4，这样镜片上敷的这层膜使反射光中的绿光干涉相消，绿光透过透镜，在白光下看到镜头反射到人眼的光是除绿光之外的紫蓝色光，所以，我们看到的照相机镜头表面呈蓝紫色。

【例题 15-3】 已知用波长 550nm，照相机镜头的折射率 $n_3=1.5$，其上涂一层 $n_2=1.38$ 的氟化镁增透膜，光线垂直入射。问：若反射光干涉相消的条件中取 $k=1$，膜的厚度为多少？此增透膜在可见光范围内有没有增反？

解：因为 $n_1<n_2<n_3$，所以反射光经历两次半波损失，无附加光程差，即 $\delta'=0$。反射光相干相消的条件为

$$2n_2d=(2k+1)\lambda/2$$

代入 k 和 n_2，求得

$$d=\frac{3\lambda}{4n_2}=\frac{3\times 550\times 10^{-9}}{4\times 1.38}=2.982\times 10^{-7}(\text{m})$$

此膜对反射光相干相长的条件为

$$2n_2d=k\lambda$$

$$k=1,\lambda_1=855(\text{nm}),\quad k=2,\lambda_2=412.5(\text{nm}),\quad k=3,\lambda_3=275(\text{nm})$$

可见光波长 400~700nm 范围内，波长 412.5nm 的可见光有增反。

2. 高反膜

实际中有时提出相反的要求，需要减少其透射光强，而增加反射光的强度。如激光器谐振腔中的反射镜，对某一特定波长的反射率要求高达 99.9%。那么，与增透膜相反，如果将低折射膜改为等光学厚度的高折射膜，则两反射光将产生干涉相长，使其反射光增强，削弱透射光，这样的膜称为**高反膜**（或**增反膜**）。在玻璃基片（折射率为 $n_3=1.5$）表面镀一层光学厚度为 $\lambda/4$、折射率为 $n_2(n_2>n_3)$ 的均匀透明硫化锌 $ZnS(n_2=2.4)$ 介质膜，反射率可提高到 30% 以上。为达到更高反射率的要求，常采用镀制多层膜的方法。如图 15-19 所示，通常在玻璃片上交替镀高折射率的膜和低折射率膜（H 表示高折射率，L 表示低折射率），只要高低膜的光学厚度分别满足

$$n_Hd_H=\frac{\lambda}{4},\quad n_Ld_L=\frac{\lambda}{4}$$

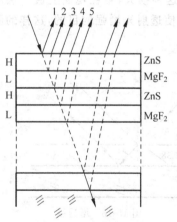

图 15-19　多层高反射膜

读者可自己分析，最后的反射光 1，2，3，4，…都具有相同的相位，这样做会极大地提高反射光的强度。这种反射膜镀上十几层，反射率可提高到 99.9%。

15.5　分振幅干涉（Ⅱ）——等厚干涉

以上考虑的是光在厚度均匀透明的平行平面介质薄膜上产生的干涉，下面介绍实际上还常利用到的厚度非均匀的平面介质膜表面上所产生的干涉。

如图 15-20 所示，一束平行光射入厚度不均匀、折射率为 n_2 的平面介质膜（很薄）上，膜的上、下方介质的折射率分别为 n_1 和 n_3，A，B 是膜的上表面上靠得很近的两点（$AC\approx$

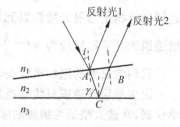

图 15-20　等厚干涉

BC),两束反射光 $1'$,$2'$ 在膜的上表面相遇产生干涉,干涉条纹就像定域在上表面(极靠近膜表面),人眼可直接观察。

由前面的计算可知两束反射光的光程差为

$$\delta = 2d\sqrt{n_2^2 - n_1^2 \sin^2 i} + \delta'$$

式中因三种介质折射率不变,δ' 不变,当入射角 i 一定时,光程差 δ 仅与膜的厚度有关。凡厚度相等之处,光程差相同,对应于同一干涉条纹,所以称**等厚干涉**。

在等厚干涉中若采用正入射(入射角 $i=0$)于薄膜的平行光,则可将等厚干涉的光程差公式简化为

$$\delta = 2n_2 d + \delta' \tag{15-21}$$

因此,等厚干涉的明纹条件为

$$\delta = 2n_2 d + \delta' = k\lambda, \quad k = 1, 2, \cdots \tag{15-22}$$

在 $n_1 < n_2 < n_3$ 或 $n_1 > n_2 > n_3$ 时,式中附加光程差 $\delta' = 0$;

在 $n_1 > n_2 < n_3$ 或 $n_1 < n_2 > n_3$ 时,$\delta' = \dfrac{\lambda}{2}$。

暗纹条件: $\quad \delta = 2n_2 d + \delta' = (2k+1)\dfrac{\lambda}{2}, \quad k = 0, 1, 2, \cdots \tag{15-23}$

在 $n_1 < n_2 < n_3$ 或 $n_1 > n_2 > n_3$ 时,式中附加光程差 $\delta' = 0$;

在 $n_1 > n_2 < n_3$ 或 $n_1 < n_2 > n_3$ 时,$\delta' = \dfrac{\lambda}{2}$。

上面针对等厚干涉进行了理论上的分析,而实验室中常见的等厚干涉装置是劈尖膜和牛顿环。

一、劈尖膜

形状如同劈尖一样的透明薄膜称为劈尖膜。如图 15-21(a)所示,是由两块玻璃片一端叠合,另一端夹一薄纸片构成的空气劈尖。两玻璃片的交线称为棱边,其间的夹角 θ 很小。两玻璃片各自有两个表面,若一束平行单色光近似垂直地入射到劈尖膜表面,一部分光在上玻璃片的下表面反射,形成光束 $①'$,另一部分光在下玻璃片的上表面反射,形成光束 $②'$,它们相遇产生干涉。两光束光程差为

$$\delta = 2n_2 d + \delta'$$

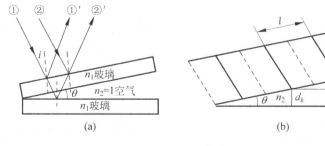

图 15-21 空气劈尖

$\delta' = \frac{\lambda}{2}$，所以 $\delta = 2n_2 d + \frac{\lambda}{2}$。

明纹条件：$\delta = 2n_2 d + \frac{\lambda}{2} = k\lambda, \quad k = 1, 2, \cdots$ (15-24)

暗纹条件：$\delta = 2n_2 d + \frac{\lambda}{2} = (2k+1)\frac{\lambda}{2}, \quad k = 0, 1, 2, \cdots$ (15-25)

干涉条纹特征($n_2 = 1$)

1. 在棱边处 $d = 0, \delta = \frac{\lambda}{2}$，由于有半波损失，两束光相位相反，对应 $k=0$ 的零级暗纹。

2. 第 k 级明纹满足

$$\delta_k = 2n_2 d_k + \frac{\lambda}{2} = k\lambda$$

第 $k+1$ 级明纹满足

$$\delta_{k+1} = 2n_2 d_{k+1} + \frac{\lambda}{2} = (k+1)\lambda$$

两式相减可得

$$2n_2(d_{k+1} - d_k) = \lambda$$

如图 15-21(b)所示，因此，相邻明纹(或暗纹)间膜的厚度为

$$\Delta d = d_{k+1} - d_k = l\sin\theta = \frac{\lambda}{2n_2} \quad (15\text{-}26)$$

两相邻明纹(或暗纹)间的间距为

$$l = \frac{\lambda}{2n_2 \sin\theta} \approx \frac{\lambda}{2n_2 \theta} \quad (15\text{-}27)$$

由此可见，劈尖干涉形成的干涉条纹是等间距的。如图 15-21(b)所示，其间距与劈尖倾角 θ 有关，θ 越大，条纹间距越小，条纹越密。当 θ 增大到一定程度后，条纹密不可分。所以，只有当劈尖倾角 θ 很小时才能观察到清晰的干涉条纹。由式(15-27)知 θ 可求 λ（或知 λ 可求 θ），工程技术上常利用这一原理测定细丝的直径或薄片的厚度。还可以利用等厚条纹的特点来检查工件的平整度。

说明：以上讨论的是空气劈尖的干涉，对如图 15-22 所示的更具普遍性的劈尖，附加光程差与介质 n_1, n_2 及 n_3 的大小有关，根据光程差 $\delta = 2n_2 d + \delta'$ 分析可知，在劈尖棱边（两块材料的交界处）处干涉条纹可以是明纹，也可以是暗纹。当无半波损失时，棱边为明纹，(对应 $k=1$，一级明纹)，这种情况下，条纹间距不变。如图 15-21 讨论的空气劈尖，当存在半波损失时，棱边为暗纹。

【例题 15-4】 把金属细丝夹在两块平玻璃之间，形成空气劈尖，如图 15-23 所示。金属细丝与棱边间距离 $D = 28.880\text{mm}$。用波长 $\lambda = 589.3\text{nm}$ 的钠黄光垂直照射，测得 30 条明条纹之间的距离为 4.295mm，求金属丝的直径 d。

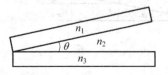

图 15-22 任意介质劈尖

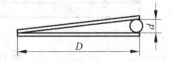

图 15-23 利用等厚干涉原理测金属丝直径

解：相邻两明纹间距离 $l=\dfrac{4.295}{29}$，由图 15-23 中几何关系可得

$$d = D\tan\theta$$

式中 θ 为劈尖的夹角，相邻两明纹间距离与 θ 的关系为

$$l = \dfrac{\lambda}{2\sin\theta}$$

因 θ 很小，$\tan\theta \approx \sin\theta = \dfrac{\lambda}{2l}$，于是有

$$d = D\dfrac{\lambda}{2l} = 28.880 \times \dfrac{589.3 \times 10^{-9}}{2 \times \dfrac{4.295}{29}} = 5.746 \times 10^{-5}\,\text{m} = 0.05746\,(\text{mm})$$

金属丝的直径为 0.05746mm。

【例题 15-5】 利用等厚条纹可以检验精密加工工件表面的质量。在工件上放一平玻璃，使其间形成一空气劈尖，如图 15-24(a) 所示。今观察到干涉条纹如图 15-24(b) 所示，试根据纹路弯曲方向，判断工件表面上纹路是凹还是凸，并求纹路深度 h。

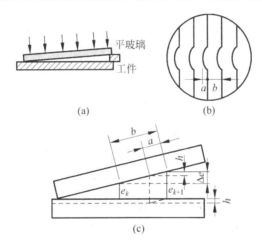

图 15-24 检查工件表面的纹路示意图及计算用图

解：由于平玻璃下表面是"完全"平的，所以若工件表面也是平的，空气劈尖的等厚干涉条纹应为平行于棱边的直条纹。现在观察到条纹局部弯向棱边，说明在工件表面的相应位置处有一条垂直于棱边的不平的纹路。我们知道同一条等厚条纹应对于相同的膜厚度，所以在同一条纹上，弯向棱边的部分和直的部分所对应的膜厚度应该相等。本来越靠近棱边膜的厚度应越小，而现在同一条纹上近棱边处和远棱边处厚度相等，说明工件表面的纹路是凹下去的。

为计算纹路深度，参考图 15-24(b) 所示，图中 b 是条纹间距，a 是条纹弯曲深度，e_k 和 e_{k+1} 分别是和 k 级及 $k+1$ 级条纹对应的正常空气膜厚度，所以 Δe 表示相邻两条纹对应的空气膜的厚度，h 为纹路深度，则由相似三角形关系可得

$$\dfrac{h}{\Delta e} = \dfrac{a}{b}$$

对空气膜，$\Delta e = \dfrac{1}{2}\lambda$，代入上式可得

$$h = \frac{\lambda a}{2b}$$

二、牛顿环

牛顿环干涉装置如图 15-25(a)所示,在一块平面玻璃板上放置一个曲率半径很大的平凸透镜,两者之间形成一厚度不均匀的空气层。在以接触点 O 为中心的任一圆周上的各点,其空气层的厚度都相等,因而,当单色平行光垂直入射到平凸透镜时,将于平凸透镜下表面处,形成一组明暗相间的同心干涉环。这种干涉环是牛顿首先观察到并加以描述的,故称为牛顿环。

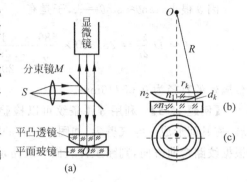

图 15-25 牛顿环

牛顿环是由平凸透镜下表面的反射光与平面玻璃上表面的反射光干涉所形成的。如图 15-25(b)所示,两反射光的光程差为

$$\delta = 2n_2 d + \delta'$$

$n_2 = 1, n_1 = n_3, \delta' = \frac{\lambda}{2}(n_1 > n_2, n_3 > n_2)$,所以,$\delta = 2d + \frac{\lambda}{2}$。

明纹条件:$\delta = 2d + \frac{\lambda}{2} = k\lambda$, $k = 1, 2, \cdots$

暗纹条件:$\delta = 2d + \frac{\lambda}{2} = (2k+1)\frac{\lambda}{2}$, $k = 0, 1, 2, \cdots$

中心点 O 的厚度 $d = 0, \delta = \frac{\lambda}{2}$,即对于 $k = 0$(零级)的暗纹存在半波损失。下面来推导第 k 级明纹和暗纹半径 r_k 与透镜曲率半径 R 间的关系。

由几何关系可知:$r_k^2 = R^2 - (R - d_k)^2 = 2Rd_k - d_k^2$
因 $R \gg d_k$,略去 d_k^2,所以

$$d_k = \frac{r_k^2}{2R} \tag{15-28}$$

因 d_k 与 r^2 成正比,所以,离接触中心点 O 越远,光程差增加越快,所观察到的牛顿环越密,因此牛顿环是中央粗疏、边缘细密的同心干涉环。如图 15-25(c)所示。将其代入明纹和暗纹所满足的光程差关系式可得

明纹半径:$r_k = \sqrt{\frac{(2k-1)R\lambda}{2}}$, $k = 1, 2, \cdots$ (15-29)

暗纹半径:$r_k = \sqrt{kR\lambda}$, $k = 0, 1, 2, \cdots$ (15-30)

在实验中,可利用牛顿环来测量透镜的曲率半径 R。由于牛顿环的中心零级暗环较大,难以准确测定其半径,因此实际测定 R 的方法是:测出某一暗环的半径 r_k 和由它往外数的第 m 级暗环的半径 r_{k+m},由

$$\begin{cases} r_k^2 = kR\lambda \\ r_{k+m}^2 = (k+m)R\lambda \end{cases}$$

得
$$R = \frac{1}{m\lambda}(r_{k+m}^2 - r_k^2) \tag{15-31}$$

除此之外,工业生产中常利用牛顿环来检测透镜的质量。

将牛顿环与前面所述的等倾干涉条纹比较发现,它们都是中央粗疏、边缘细密的同心干涉环,但牛顿环的环纹级次是由环心向外递增,而等倾条纹则相反。

说明：以上讨论的牛顿环结构装置是两反射光存在半波损失的情况,中心接触点为**零级暗纹**；反之,若让其结构装置发生改变,使两反射光**无半波损失**,则中心接触点为**一级亮纹**。读者可自己推导该情况下的明纹(或暗纹)半径公式。

【**例题 15-6**】 光学元件的球面加工过程中,要用标准球面检验,待测工件表面与标准球面间形成一薄空气层,再用光线垂直照射,观看形成的干涉条纹来判断待测面的加工情况,这叫"看光圈"。现有一球面工件,用标准球面测试,如图 15-26 所示。求证：待测球面半径 R' 和标准球面半径 R_0 之差 ΔR 与干涉条纹(同心圆)的圈数 N 有如下关系：

$$\Delta R = \frac{4\lambda N R_0^2}{D^2}$$

式中 λ 为入射光的波长,D 为第 N 圈干涉环直径,设 $R'<R_0,R_0 \gg e_0,R' \gg e'$。

解：在两球面间有一薄空气层,当光线垂直入射时形成的等厚条纹是一组同心圆。设第 N 圈干涉暗条纹处的空气膜厚度为

$$e = e' - e_0$$

由图 15-26 中几何关系可知

$$\left(\frac{D}{2}\right)^2 + (R_0 - e_0)^2 = R_0^2$$

进一步有

$$\left(\frac{D}{2}\right)^2 + R_0^2 - 2R_0 e_0 + e_0^2 = R_0^2$$

因为 $R_0 \gg e_0$

所以
$$e_0 = \frac{\left(\frac{D}{2}\right)^2}{2R_0}$$

同理可得
$$e' = \frac{\left(\frac{D}{2}\right)^2}{2R'}$$

则 $e = e' - e_0 = \left(\frac{D}{2}\right)^2 \left(\frac{1}{2R'} - \frac{1}{2R_0}\right)$

$$= \frac{D^2}{8} \frac{R_0 - R'}{R' R_0} = \frac{D^2 \Delta R}{8 R' R_0}$$

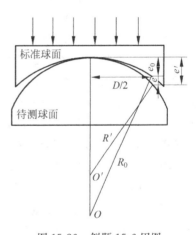

图 15-26 例题 15-6 用图

所以
$$\Delta R \approx \frac{8 R_0^2 e}{D^2}$$

在根据等厚干涉暗纹条件

$$2e + \frac{\lambda}{2} = (2N+1)\frac{\lambda}{2}$$

$$e = \frac{N\lambda}{2}$$

所以
$$\Delta R = \frac{\Delta \lambda N R_0^2}{D^2}$$

15.6 迈克耳孙干涉仪

1880年,美籍德国物理学家迈克耳孙(A. A. Michelson)根据分振幅干涉的原理制作了一种精密干涉仪,并用它完成了著名的迈克耳孙-莫雷实验,这是一个最重大的否定性实验,从实验上否定了绝对参考系的存在,动摇了经典物理的基础,为创立狭义相对论奠定了重要的实验基础。这种干涉仪可以精密地测量长度及长度的微小变化,是很多近代干涉仪的原型,在科学技术上有着广泛而重要的应用。

如图 15-27 所示是迈克耳孙干涉仪的结构示意图,图中 M_1 和 M_2 是精密磨光的两圆平面反射镜,分别安装在相互垂直的两臂上。其中 M_2 固定,M_1 用精密螺旋控制,可沿臂轴方向来回移动。G_1 和 G_2 是两块厚度和折射率都相同的玻璃平板(在制作两块板时,先将一整块玻璃板磨成两面严格平行的光学平面,然后将它割成完全相同的两块),两者平行放置,与 M_1 和 M_2 成 45°。在 G_1 的背面镀有一半透明的薄银层,能使入射光分为振幅近似相等的反射光和透射光,称为分光板。由光源发出的光束,通过分光板分成一束反射光 1 和一束透射光 2,分别射向 M_1 和 M_2,并被反射

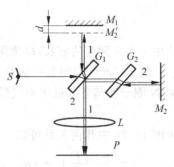

图 15-27 迈克耳孙干涉仪

回 G_1,光束 1 透过银膜的部分与光束 2 从银膜返回的部分被目镜会聚与观察屏上叠加相干。G_2 无银膜称为补偿板,目的是为了使光束 2 与光束 1 一样,三次通过玻璃板,这样就能使光束 1 和光束 2 的光程差与在玻璃板中的光程无关。

因 G_1 银膜的反射,使得在 M_1 附件形成 M_2 的一个虚像 M_2'。因而干涉产生的图样就如同 M_1 和 M_2' 之间的空气膜产生的干涉一样。

当 M_1 和 M_2 相互严格垂直时,M_1 和 M_2' 之间形成等厚空气膜,可观察到的是等倾干涉条纹,当 M_1 和 M_2 相互不是严格垂直时,M_1 和 M_2' 之间形成空气劈尖,观察到的是等厚干涉条纹。移动 M_1 使"空气薄膜"的厚度改变,可以方便地观察条纹的变化。如图 15-28 所示,为各种干涉条纹的图样及与之对应的等效空气膜。

当 M_1 和 M_2' 之间形成等厚空气膜并观察到等倾条纹时,M_1 每移动 $\frac{\lambda}{2}$ 距离,视场中心就"生长出"(或"吞入")一个环纹。M_1 和 M_2' 之间形成空气劈尖并观察到等厚条纹时,M_1 每移动 $\frac{\lambda}{2}$ 距离,视场中也有一个条纹移过。视场中干涉条纹移过的数目 N 与 M_1 移动的距离 d 之间的关系为

$$d = N\frac{\lambda}{2} \tag{15-32}$$

上式表明,已知波长 λ 和干涉条纹移过的数目 N,便可算出 M_1 移动的距离 d。反之,测出

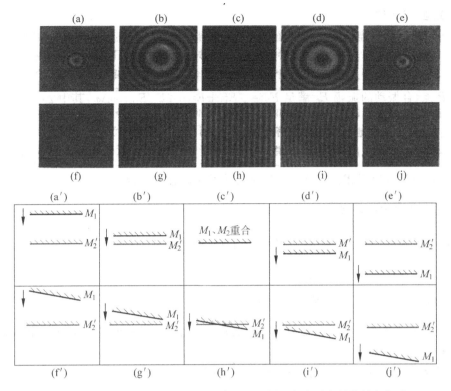

图 15-28　迈克耳孙干涉仪中干涉条纹的图样及与之对应的等效空气膜

M_1 移动的距离 d 和记录 N，也就可以测出未知入射光的波长 λ。通常，M_1 移动数毫米长度，视场中条纹就会移动上万条，为此，常采用光电自动计数器自动记录移过的条纹数，就可精确地测得光波波长。由于光波的波长数量级是 10^{-7}m，因而利用此式可对长度进行精密的测量。1892 年，迈克耳孙利用他自己创制的干涉仪，以法国的米原器为标准，在温度 $t=15$℃ 的干燥空气中，压强为 $P=1.01\times10^5$Pa 时，测定了镉（Cd）红线的波长 $\lambda_{Cd}=643.84696$nm，于是，标准米（长度的标准——米）相当于 1553163.5 倍镉红线波长。这是人类首次获得了一种永恒不变且毁坏不了的长度基准（用光的波长作为长度基准）。由于这种精心的测量，他获得了 1907 年度的物理学诺贝尔奖。1960 年第 11 届国际计量大会，规定用 ^{86}Kr 发射的橙色线在真空中的波长 λ_{Kr} 作为长度基准（因 ^{86}Kr 橙色线单色性好），规定

$$1\text{m} = 11650763.73\lambda_{Kr}$$

1983 年，这种波长标准的精度不能再适应新科技的要求，由于激光技术的发展，因此它也就被新的标准所取代。这个新的标准是同年 10 月的第 17 届国际计量大会通过的，表述为"米是光在真空中 $\dfrac{1}{299792485}$s 时间间隔所经路径的长度"。

本章小结

1. 光波的简谐表达式：$E=E_0\cos\left(\omega t-\dfrac{2\pi}{\lambda}r+\varphi\right)$

2. 光强：$I = E_0^2$

从 S_1 和 S_2 两点光源发出的同频率的两列相干光波，在空间任一点 P 处相遇，

$$E_1 = E_{10}\cos\left(\omega t - \frac{2\pi}{\lambda}r_1 + \varphi_{10}\right), \quad E_2 = E_{20}\cos\left(\omega t - \frac{2\pi}{\lambda}r_2 + \varphi_{20}\right)$$

在 P 点，合振动的振幅 E_0 满足 $E_0 = \sqrt{E_{10}^2 + E_{20}^2 + 2E_{10}E_{20}\cos\Delta\varphi}$，其中 $\Delta\varphi = (\varphi_{20} - \varphi_{10}) - \frac{2\pi}{\lambda}(r_2 - r_1)$。

在 P 点光强为 $I = I_1 + I_2 + 2\sqrt{I_1 I_2}\cos\Delta\varphi$，式中 $2\sqrt{I_1 I_2}\cos\Delta\varphi$ 为干涉项。可见，光强最大值与最小值取决于相位差 $\Delta\varphi$，这就是与普通光源叠加的合光强 $I = I_1 + I_2$ 的区别。

3. 光在介质中的折射率：$n = \dfrac{c}{u}$

光在介质中的波长：$\lambda_n = \dfrac{\lambda}{n}$，其中 λ 为真空中的波长。

4. 光程差：$\delta = (n_2 r_2 - n_1 r_1)$

5. 两相干光位相差与光程差的关系：$\Delta\varphi = \dfrac{2\pi}{\lambda}(n_2 r_2 - n_1 r_1)$

6. 光的相干条件：两列光是相干光必须满足：光波的频率相同、振动方向相同、相位差相同或相位差恒定。

7. 获得相干光的方法：分波阵面法和分振幅法。

8. 杨氏双缝干涉：

在 $x \gg d, D \gg x$ 情况下，$\delta = n(r_2 - r_1) \approx nd\sin\theta \approx nd\tan\theta = nd\dfrac{x}{D}$。

$$\delta = nd\frac{x}{D} = \begin{cases} k\lambda & (k = 0, \pm 1, \pm 2, \cdots) \quad 明纹 \\ (2k+1)\dfrac{\lambda}{2} & 暗纹 \end{cases}$$

(1) 屏幕上干涉明、暗条纹中心的位置

k 级明纹中心的坐标为

$$x = k\frac{D\lambda}{d}, \quad k = 0, \pm 1, \pm 2, \cdots$$

k 级暗纹中心的坐标为

$$x = (2k+1)\frac{D\lambda}{2d}, \quad k = 0, \pm 1, \pm 2, \cdots$$

(2) 相邻明（暗）纹中心的间隔

$$\Delta x = x_k - x_{k-1} = \frac{D\lambda}{d}$$

9. 薄膜干涉

一束单色光，其波长为 λ，以入射角 i 射向厚度为 d 的均匀薄膜，在薄膜上下表面的反射相干光 1 与 2 的光程差为

$$\delta = 2n_2 d\cos\gamma + \delta' = 2d\sqrt{n_2^2 - n_1^2\sin^2 i} + \delta'$$

其中 δ' 根据几种介质折射率的大小具体情况而定：

① 若三种介质的折射率满足 $n_1 < n_2 < n_3$ 或 $n_1 > n_2 > n_3$，则 $\delta' = 0$；

② 若三种介质的折射率满足 $n_1 > n_2 < n_3$ 或 $n_1 < n_2 > n_3$，则 $\delta' = \dfrac{\lambda}{2}$；

对于折射光，则任何情况下都不会产生相位突变（或附加的光程差）。

(1) 等倾干涉

当膜的厚度 d 不变时，凡入射角 i 相同，则 δ 相同，对应于同一干涉条纹，明暗相间的干涉条纹是对应着以不同角度入射的光束。利用会聚透镜可使它们相遇于透镜的焦平面，对薄膜的入射角相同时，有相同的干涉结果。

① 等倾干涉的光程差：

$$\delta = 2n_2 d\cos\gamma + \delta' = 2d\sqrt{n_2^2 - n_1^2\sin^2 i} + \delta'$$

由此可见，凡入射角 i 相同，则 δ 相同，对应于同一干涉条纹，故称此干涉为等倾干涉。

明纹条件：$\delta = 2n_2 d\cos\gamma + \delta' = k\lambda$，$k = 1, 2, \cdots$

暗纹条件：$\delta = 2n_2 d\cos\gamma + \delta' = (2k+1)\dfrac{\lambda}{2}$，$k = 0, 1, 2, \cdots$

② 干涉条纹特点

一组同心圆环；级次内高外低；内疏外密。

(2) 等厚干涉

两束反射光 1 与 2 的光程差与上述等倾干涉一样：

$$\delta = 2n_2 d\cos\gamma + \delta' = 2d\sqrt{n_2^2 - n_1^2\sin^2 i} + \delta'$$

式中因三种介质折射率不变，δ' 不变，入射角 i 一定时，光程差 δ 仅与膜的厚度有关。凡厚度相等之处，光程差相同，对应于同一干涉条纹，所以称等厚干涉。常见的干涉有劈尖干涉和牛顿环干涉等。

10. 劈尖干涉

干涉条纹条件入射角 $i = 0$：

$$2n_2 d + \delta' = \begin{cases} k\lambda, & \text{明纹} \\ (2k+1)\dfrac{\lambda}{2}, & \text{暗纹} \end{cases}$$

劈尖干涉特点：(1) 干涉条纹定域在薄膜上表面附近，相邻明纹或暗纹之间的间隔为

$$l = \dfrac{\lambda}{2n_2 \sin\theta} \approx \dfrac{\lambda}{2n_2 \theta}$$

(2) 在劈尖两块材料的交界处（$d = 0$）可以是明纹，也可以是暗纹。当无半波损失时，棱边为明纹（对应 $k = 1$，一级明纹），当存在半波损失时，棱边为暗纹（对应 $k = 0$，零级暗纹）。

11. 牛顿环：当平行光垂直照射到平凸透镜时，是透镜下表面的反射光与平面玻璃上表面的反射光发生干涉

(1) 几何关系：$d_k = \dfrac{r^2}{2R}$

(2) 牛顿环的半径：假设存在半波损失，则干涉条纹半径为

$$r_k = \sqrt{\left(k - \dfrac{1}{2}\right)\dfrac{R\lambda}{n_2}}, \quad k = 1, 2, \quad \text{明纹}$$

$$r_k = \sqrt{\dfrac{kR\lambda}{n_2}}, \quad k = 0, 1, 2, \cdots, \quad \text{暗纹}$$

(3) 干涉条纹特点

① 若有半波损失,则中心接触点处为暗纹;若无,则中心接触点处为明纹。干涉图样是以接触点为中心的明暗相间的同心圆环

② 从中心向外,条纹极次内低外高,条纹内疏外密

12. 增透膜:增透膜的机理是使薄膜上、下两表面反射的光发生干涉相消,结果反射光减弱,透射光增强,满足条件

$$2n_2 d = (2k+1)\frac{\lambda}{2}, \quad k = 0, 1, 2, \cdots$$

13. 高反膜:高反膜的机理是使薄膜上、下两表面反射的光发生干涉相长,结果反射光增强,透射光减弱,通常情况,n_2 大于 n_3,此时满足条件

$$2n_2 d + \frac{\lambda}{2} = k\lambda, \quad k = 1, 2, \cdots$$

14. 迈克耳孙干涉仪

$$d = N\frac{\lambda}{2}$$

习题

一、选择题

1. S_1、S_2 是两个相干光源,它们到 P 点的距离分别为 r_1 和 r_2。路径 S_1P 垂直穿过一块厚度为 t_1,折射率为 n_1 的介质板,路径 S_2P 垂直穿过厚度为 t_2,折射率为 n_2 的另一介质板,其余部分可看作真空,如图 15-29 所示,这两条路径的光程差等于(　　)。

(A) $(r_2 + n_2 t_2) - (r_1 + n_1 t_1)$ 　　(B) $[r_2 + (n_2 - 1)t_2] - [r_1 + (n_1 - 1)t_1]$
(C) $(r_2 - n_2 t_2) - (r_1 - n_1 t_1)$ 　　(D) $n_2 t_2 - n_1 t_1$

2. 真空中波长为 λ 的单色光,在折射率为 n 的均匀透明介质中,从 A 点沿某一路径传播到 B 点,路径的长度为 l。A、B 两点光振动相位差记为 $\Delta\phi$,则(　　)。

(A) $l = 3\lambda/2, \Delta\phi = 3\pi$ 　　(B) $l = 3\lambda/2n, \Delta\phi = 3n\pi$
(C) $l = 3\lambda/2n, \Delta\phi = 3\pi$ 　　(D) $l = 3n\lambda/2, \Delta\phi = 3n\pi$

3. 在双缝干涉实验中,两缝间距离为 d,双缝与屏幕之间的距离为 $D(D \gg d)$。波长为 λ 的平行单色光垂直照射到双缝上。屏幕上干涉条纹中相邻暗纹之间的距离是(　　)。

(A) $2\lambda D/d$ 　　(B) $\lambda d/D$
(C) Dd/λ 　　(D) $\lambda D/d$

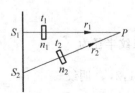

图 15-29　习题 1 用图

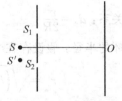

图 15-30　习题 4 用图

4. 在双缝干涉实验中,若单色光源 S 到两缝 S_1、S_2 距离相等,则观察屏上中央明条纹位于图中 O 处。现将光源 S 向下移动到图中 15-30 的 S' 位置,则(　　)。

(A) 中央明条纹也向下移动,且条纹间距不变

(B) 中央明条纹向上移动,且条纹间距不变

(C) 中央明条纹向下移动,且条纹间距增大

(D) 中央明条纹向上移动,且条纹间距增大

5. 如图 15-31 所示,平行单色光垂直照射到薄膜上,经上下两表面反射的两束光发生干涉,若薄膜的厚度为 e,并且 $n_1 < n_2$,$n_3 < n_2$,λ_1 为入射光在折射率为 n_1 的介质中的波长,则两束反射光在相遇点的相位差为(　　)。

(A) $2\pi n_2 e/(n_1\lambda_1)$ 　　　　(B) $[4\pi n_1 e/(n_2\lambda_1)]+\pi$

(C) $[4\pi n_2 e/(n_1\lambda_1)]+\pi$ 　　(D) $4\pi n_2 e/(n_1\lambda_1)$

6. 如图 15-32(a)所示,一光学平板玻璃 A 与待测工件 B 之间形成空气劈尖,用波长 $l=500\text{nm}(1\text{nm}=10^{-9}\text{m})$ 的单色光垂直照射。看到的反射光的干涉条纹如图 15-32(b)所示,有些条纹弯曲部分的顶点恰好与其右边条纹的直线部分的连线相切。则工件的上表面缺陷(　　)。

(A) 不平处为凸起纹,最大高度为 500nm

(B) 不平处为凸起纹,最大高度为 250nm

(C) 不平处为凹槽,最大深度为 500nm

(D) 不平处为凹槽,最大深度为 250nm

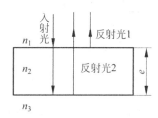
图 15-31 习题 5 用图

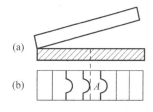
图 15-32 习题 6 用图

7. 在迈克耳孙干涉仪的一支光路中,放入一片折射率为 n 的透明介质薄膜后,测出两束光的光程差的改变量为一个波长 λ,则薄膜的厚度是(　　)。

(A) $\lambda/2$　　　(B) $\lambda/(2n)$　　　(C) λ/n　　　(D) $\lambda/(2n-1)$

二、填空题

8. 光强均为 I_0 的两束相干光相遇而发生干涉时,在相遇区域内有可能出现的最大光强是_____。

9. 在双缝干涉实验中,若使两缝之间的距离增大,则屏幕上干涉条纹间距_____;若使单色光波长减小,则干涉条纹间距_____。

10. 波长为 λ 的平行单色光垂直地照射到劈形膜上,劈形膜的折射率为 n,第二条明纹与第五条明纹所对应的薄膜厚度之差是_____。

11. 用波长为 λ 的单色光垂直照射牛顿环装置,观察从空气膜上下表面反射的光形成的牛顿环。若使平凸透镜慢慢地垂直向上移动,从透镜顶点与平面玻璃接触到两者距离为

d 的移动过程中,移过视场中某固定观察点的条纹数目等于_____。

12. 空气中一玻璃劈形膜其一端厚度为 0,另一端厚度为 0.005cm,折射率为 1.5。现用波长为 600nm(1nm＝10^{-9}m)的单色平行光,沿入射角为 30°的方向射到劈形膜的上表面,则在劈形膜上形成的干涉条纹数目为_____。

13. 在空气中有一劈形透明膜,其劈尖角 $\theta=1.0\times10^{-4}$rad,在波长 $\lambda=700$nm 的单色光垂直照射下,测得两相邻干涉明条纹间距 $l=0.25$cm,由此可知此透明材料的折射率 $n=$_____。

14. 若在迈克耳孙干涉仪的可动反射镜 M 移动 0.620mm 过程中,观察到干涉条纹移动了 2300 条,则所用光波的波长为_____ nm。(1nm＝10^{-9}m)

三、计算题

15. 在图 15-33 所示的双缝干涉实验中,若用薄玻璃片(折射率为 $n_1=1.4$)覆盖缝 S_1,用同样厚度的玻璃片(但折射率为 $n_2=1.7$)覆盖缝 S_2,将使原来未放玻璃时屏上的中央明条纹处 O 变为第五级明纹。设单色光波长 $\lambda=480$nm(1nm＝10^{-9}m),求玻璃片的厚度 d(可认为光线垂直穿过玻璃片)。

16. 如图 15-34 所示,牛顿环装置的平凸透镜与平板玻璃有一小缝隙 e_0。现用波长为 λ 的单色光垂直照射,已知平凸透镜的曲率半径为 R,求反射光形成的牛顿环的各暗环半径。

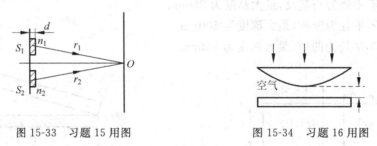

图 15-33　习题 15 用图　　　　图 15-34　习题 16 用图

17. 用波长为 500nm (1nm＝10^{-9}m)的单色光垂直照射到由两块光学平玻璃构成的空气劈形膜上。在观察反射光的干涉现象中,距劈形膜棱边 $l=1.56$cm 的 A 处是从棱边算起的第四条暗条纹中心。

(1) 求此空气劈形膜的劈尖角 θ;

(2) 改用 600nm 的单色光垂直照射到此劈尖上,仍观察反射光的干涉条纹,A 处是明条纹还是暗条纹?

(3) 在第(2)问的情形中,从棱边到 A 处的范围内共有几条明纹?几条暗纹?

18. 折射率为 1.60 的两块标准平面玻璃板之间形成一个劈形膜(劈尖角 θ 很小)。用波长 $\lambda=600$nm (1nm＝10^{-9}m)的单色光垂直入射,产生等厚干涉条纹。假如在劈形膜内充满 $n=1.40$ 的液体时的相邻明纹间距比劈形膜内是空气时的间距缩小 $\Delta l=0.5$mm,那么劈尖角 θ 应是多少?

  1990年4月25日,由美国航天飞机送上太空轨道的哈勃空间望远镜长13.3米,直径4.3米,重11.6吨,造价近30亿美元。它以2.8万公里的时速沿太空轨道运行,清晰度远高于普通望远镜。

  哈勃空间望远镜的位置在地球的大气层之上,因此影像不会受到大气湍流的扰动,视相度绝佳又没有大气散射造成的背景光,还能观测会被臭氧层吸收的紫外线,是天文史上最重要的仪器之一。它成功弥补了地面观测的不足,帮助天文学家解决了许多天文学上的基本问题,使得人类对天文物理有更多的认识。

  哈勃空间望远镜相比于普通望远镜的优越性,除了没有大气湍流的干扰外,它所获得的图像和光谱具有更高的清晰度和稳定性。这也与它的直径比普通望远镜大很多因而分辨率大很多直接相关。

第16章

光 的 衍 射

本章概要 光的衍射现象是光的波动性另一主要特征,也是光波在传播过程中的最重要属性之一。本章从光的衍射实验现象出发,介绍了处理衍射问题的基本理论——惠更斯-菲涅耳原理,以最常用的夫琅禾费衍射为例,讨论了单缝、圆孔、光栅(周期性结构的多缝)的衍射规律及其应用,并以此为基础,分析了影响光学仪器的分辨本领的因素,进一步研究 X 光的衍射在晶体结构分析中的应用。

16.1 光的衍射现象及分类

光波在传播途中遇到小障碍物时,所发生的偏离光的直线传播的现象称为光的衍射现象。

如图 16-1(a)所示,点光源 Q 发出的光穿过开孔屏照到屏幕上。当圆孔足够大时,在屏幕上看到一个均匀照亮的光斑,光斑的大小即圆孔的几何投影。随着圆孔逐渐缩小,起初光斑也相应逐渐缩小,然后光斑边缘开始模糊,并在光斑周围出现若干强度较弱的同心亮环。当 Q 是单色点光源时,屏幕上生成一组明暗相间的同心环带;当 Q 是复色点光源时,则生成一组彩色环带,此后再缩小圆孔,光斑和圆环不但不跟着缩小,反而会扩大。同样,在图 16-1(b)中,当不透明圆盘障碍物直径足够大时,在屏幕上形成与圆盘相似的"影",影区外呈现均匀的照度;当圆盘直径很小时,在影区内形成明暗相间的圆环,若左右平移屏幕,图像中心始终是亮的。在图 16-1(c)中,即使 L 是一个理想的透镜,在与光源 Q 的共轭点处,并不产生点光源 Q 的点像,而是形成一个有一定大小的光斑,光斑周围出现几圈强度很弱的同心圆孔,其光强分布如图 16-1(c)右侧曲线所示。图中的孔屏、圆盘等障碍物称为衍射屏。

上述实验表明,光的直线传播不是绝对的。当光波遇到小障碍物时,物体的几何投影失去清晰的轮廓,同时出现明暗相间的条纹,在几何投影区内外均有光强分布。可见衍射现象不简单是偏离直线传播的问题,看来它应与光的干涉效应相联系。

衍射和干涉一样,是各种波(如电磁波、声波、水波等)所共有的特征。对于无线电波和声波,由于它们的波长较长,衍射现象容易被察觉;对于波长较短的光波,一般情况下不容易察觉到它的衍射。通常只有在实验室的条件下才能明显地演示出光的衍射现象。

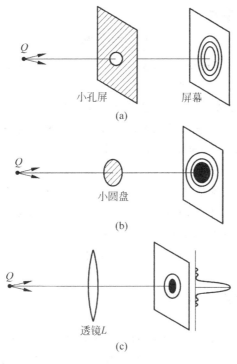

图 16-1 光的衍射实验现象

从理论计算上考虑,通常按照光源、衍射屏和考察点三者之间的相对位置,把光的衍射现象分为两种类型:(1)光源和考察点到衍射屏的距离为有限远时,所观察到的衍射现象称为菲涅耳衍射或近场衍射,如图 16-2(a)所示;(2)光源和考察点到衍射屏的距离可看成无限远时,所观察到的衍射现象称为夫琅禾费(I. V. Fraunhofer)衍射或远场衍射,如图 16-2(b)所示。图 16-3 是观察夫琅禾费衍射的实验装置,其中光源置于透镜 L_1 的焦平面上。显然菲涅耳衍射是普遍的,夫琅禾费衍射是它的一个特例。但由于后者的计算比较简单、在光学仪器中常见,因而单独归类。

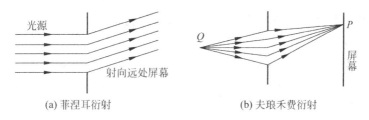

(a) 菲涅耳衍射   (b) 夫琅禾费衍射

图 16-2 光的衍射现象分类

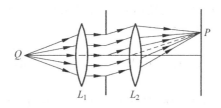

图 16-3 夫琅禾费衍射观察装置

延伸阅读——物理学家

菲 涅 耳

菲涅耳(Augustin-Jean Fresnel,1788—1827),法国物理学家和铁路工程师。1788 年 5 月 10 日生于布罗利耶,1806 年毕业于巴黎工艺学院,1809 年毕业于巴黎桥梁与公路学校。1923 年当选为法国科学院院士,1825 年被选为英国皇家学会会员。1827 年 7 月 14 日因肺病医治无效而逝世,终年仅 39 岁。菲涅耳的科学成就主要有两个方面。一是衍射。他以惠更斯原理和干涉原理为基础,用新的定量形式建立了惠更斯-菲涅耳原理,完善了光的衍射理论。他的实验具有很强的直观性、敏锐性,很多现在仍通行的实验和光学元件都冠有菲涅耳的姓氏,如:双面镜干涉、波带片、菲涅耳透镜、圆孔衍射等。另一个方面就是偏振。他与阿拉果一起研究了偏振光的干涉,确定了光是横波(1821);他发现了光的圆偏振和椭圆偏振现象(1823),用波动说解释了偏振面的旋转;他推出了反射定律和折射定律的定量规律,即菲涅耳公式;解释了马吕斯的反射光偏振现象和双折射现象,奠定了晶体光学的基础。

16.2 惠更斯-菲涅耳原理

惠更斯从波动的观点出发,提出次波的假设来表达波的传播。在惠更斯的次波假设中,由于没有涉及各个次波之间的相互关系,更没有涉及各个次波对新波面上任一点所产生的光振动的振幅和相位问题,所以惠更斯原理只能定性地说明光波的传播方向,而不能解释光波的干涉现象和衍射现象。

菲涅耳在研究了光的干涉现象以后,认为惠更斯原理中的次波来自同一波源,它们应该是相干波,并用次波相干叠加的思想把惠更斯原理和相干叠加原理结合起来发展成为惠更斯-菲涅耳原理。这个原理可表达为:点光源 Q 在空间某点 P 所产生的振动可以看成是(Q 的)波面 S 上连续分布的次波源在该点所产生振动的相干叠加。

在图 16-4 中,波面 S 上的每一面元 ds 在 P 点所产生振动的复振幅为 $d\tilde{A}(P)$,则 P 点的振动的复振幅 $\tilde{A}(P)$ 是波面 S 上所有次波源在 P 点所产生振动的叠加,于是可以表示为

$$\tilde{A}(P) = \iint_S d\tilde{A}(P) \tag{16-1}$$

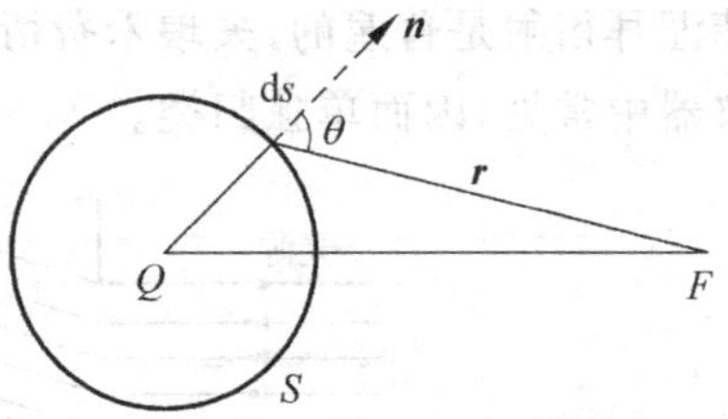

图 16-4 惠更斯-菲涅耳原理示意图

上式即复振幅的数字表示式。为了计算,根据次波为球面波、菲涅耳假设:次波源在 P 点所产生复振幅 $d\tilde{A}(P)$ 不仅与 $\tilde{A}(s)\frac{1}{r}\exp(-ikr)$ 成正比,还与元波面 ds 的大小成正比,也与元波面 ds 的法线方向 n 和 r 之间的夹角 θ 有关,于是次波源 ds 在 P 点所产生振动的复振幅为

$$d\tilde{A}(P) = C\frac{\tilde{A}(s)F(\theta)ds}{r}\exp(-ikr) \tag{16-2}$$

式中 C 是一比例常数;$\tilde{A}(s)$ 是点光源 Q 在波面 S 上产生的光振动的复振幅;$F(\theta)$ 称为倾斜因子,它是随 θ 而变的一个函数,其值随 θ 的增大而减小。按菲涅耳的假设,当 $\theta=0$ 时,F

有最大值,随着 θ 的增大,F 迅速减小,当 $\theta \geqslant \pi/2$ 时,$F=0$,即 $\theta \geqslant \pi/2$ 的元波面发出的次波对 P 点的光振动没有贡献。将式(16-2)代入式(16-1)可得 P 点光振动的复振幅为

$$\widetilde{A}(P) = \iint_S \mathrm{d}\widetilde{A}(P) = C\iint_S \frac{\widetilde{A}(s)F(\theta)}{r}\exp(-\mathrm{i}kr)\mathrm{d}s \tag{16-3}$$

式(16-3)称为菲涅耳衍射积分公式。利用这一公式原则上可以计算衍射屏上任意形状开孔(或障碍)的衍射问题。在计算时只需考虑在开口范围内的那部分波面对 P 点产生的作用。其余部分波面由于受到不透明屏的阻挡对 P 点不产生影响,因此,只要对开孔范围内露出的波面进行积分,便可求得 P 点的复振幅和光强。但这一积分在一般情况下常常是很复杂的,只对某些简单情况才能精确求解,在大多数情况下求得的都是近似解。惠更斯-菲涅耳原理是波动光学的基本原理,是处理衍射问题的依据。利用这个原理可以解释和描述光通过特种形状的障碍物时所产生的衍射现象。

延伸阅读——拓展应用

二元光学器件

二元光学元件(binary optical element,BOE)以光的衍射为其工作原理,采用计算机设计与微电子加工技术在片基表面制作深度为亚微米级、台阶形分布的纯相位元件。二元光学是光学设计和元件制作工艺上的一场革命,它的诞生促进了光学设计原理从折射向衍射发展,光学元件从宏观与散件向微型与集成发展。二元光学元件具有其他光学元件不可比拟的特点:微型化与轻型化,可大批量复制,价格低廉,可设计制作任意形状的波前元件,可把多种功能集中于一个器件等。可研制各种体全息元件、带阻激光全息滤波片、衍射光栅、(平面、凹面光栅)棱镜光栅、平视显示器、体全息分束器、注塑光栅、全息透镜、全息四象限探测器、红外全息元件等。此外,二元光学元件在制作激光束灵巧扫描器、增大显微系统的焦深、提高红外焦平面探测器的光束耦合效率、可见及近红外宽带消反射、光计算与光互连,以及惯性约束核聚变中光束匀滑等等方面均有良好的应用前景。

16.3 单缝夫琅禾费衍射

夫琅禾费衍射是光学仪器中最常见的衍射现象,单缝、圆孔等夫琅禾费衍射较为常见。本节讨论单缝夫琅禾费衍射。

一、实验装置和现象

实验装置如图 16-5 所示,单色点光源 S 放在透镜 L_1 的物方焦点上,经 L_1 变成平行光,若波面未受限制,将在透镜 L_2 像方焦点 P_0 处会聚成一亮点。如果在两透镜之间插进单狭缝来限制成像光波的波面(透镜的边框也会限制波面,这里设想透镜的通光口径很大,忽略这种限制带来的衍射效应),这时在屏上出现的不再是亮点,而是与狭

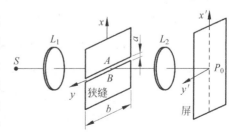

图 16-5 单缝夫琅禾费衍射实验装置

缝正交方向上扩展开来的一组明暗相间的短亮线。

若使用与狭缝平行的单色线光源,线光源可看成由不相干点光源组成,各点光源在屏上形成一组衍射花样,只是位置沿 y' 方向彼此错开,它们不相干叠加的结果,形成中央有一特别明亮的条纹,两侧对称地排列着一些强度越来越弱的、方向与狭缝平行的明暗相间条纹。两侧条纹大体上是等宽的,而中央亮纹的宽度约为两侧亮纹的两倍。

二、衍射光的强度分布

采用半波带法、振幅矢量图解法来讨论单缝夫琅禾费衍射的光强分布。第一种方法可以很简单地得到定性的结果,后一种方法可以给出定量的衍射光强度分布公式。

1. 半波带法

图 16-5 所示装置中,若狭缝长度 b 与宽度 a 相比,以及 b 与波长 λ 相比均为无限大,则可认为在狭缝长度方向不发生衍射。因此,只要考虑与狭缝正交截面上的衍射光强分布,图 16-6 给出了图 16-5 装置的截面图。

狭缝 AB 上每个次波源朝各个方向发射衍射线,同方向的衍射线会聚于屏上同一点。

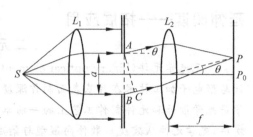

图 16-6 夫琅禾费衍射装置的光程差

考虑衍射角 θ 不为零的一组平行衍射线,在屏上 P 点叠加,但光程彼此不同。从狭缝上缘 A 点作这些衍射线的垂线 AC,AC 上各点到 P 的光程彼此相等,而 AB 又是等相面,所以狭缝边缘衍射线之间有光程差:$\Delta = BC = a\sin\theta$,随衍射角 θ 的增加而增加。若 BC 刚好等于半个波长的偶数倍,例如 2 倍,则可将 BC 分成两等份,并过等分点作平行于 AC 及狭缝平面的直线,把狭缝上的波面分成等面积的两份,每一份称为一个半波带,由于面积相等,可以认为半波带上的次波数目相等。在这两个半波带中,存在着一一对应的点,从这些对应点发出的次波,在 P 点的光程差为 $\dfrac{\lambda}{2}$,于是这两个半波带在 P 点产生的合振动为零,P 点的衍射强度为极小值。如果半波带数为一个偶数,则相邻两个半波带在 P 点产生的振动仍然互相抵消,P 点的合振动仍为零。

若半波带数为奇数,则其中偶数个半波带的振动相互抵消,剩下的一个半波带在 P 点产生的振动就是 P 点的振动,这时 P 点为一个衍射强度极大值所在处,称为次极大。

对于衍射角 θ 为零的一组平行的衍射线,它们在透镜 L_2 的像方焦点 P_0 叠加,由于光程彼此相等,在 P_0 点各振动互相加强,这时 P_0 点的光强最大,称为中央主极大。

如果对于某个 θ 值,BC 不为 $\dfrac{\lambda}{2}$ 的整数倍,则 P 点的光强介于极大值与极小值之间。

综合以上结果,我们得到衍射极大与极小的条件为

$$\begin{cases} \text{中央主极大:} \theta = 0 \\ \text{极小:} a\sin\theta = k\lambda, \quad k = \pm 1, \pm 2, \cdots \\ \text{次极大:} a\sin\theta = \left(k + \dfrac{1}{2}\right)\lambda, \quad k = \pm 1, \pm 2, \cdots \end{cases} \tag{16-4}$$

【思考】 利用半波带法对次极大的光强作定性分析——次极大的强度随衍射角 θ 的增加而减小。

延伸阅读——物理方法

半 波 带 法

运用菲涅耳衍射公式计算衍射效果,是比较烦琐的积分运算。1818 年,菲涅耳提出了一种波带作图法,也叫半波带法,用于分析衍射效果。光源和观察屏离障碍物(孔或屏)为有限远时的衍射为菲涅耳衍射。以单色点光源照射圆孔,在有限远处设置观察屏,在屏上将观察不到圆孔的清晰几何影,而是一组明暗交替的同心圆环状衍射条纹。以不透光的圆屏代替圆孔,在原几何影中心可观察到亮点,外围与圆孔衍射一样是明暗交替的圆环条纹。以上是菲涅耳衍射的典型例子。根据惠更斯-菲涅耳原理计算菲涅耳衍射的强度分布时,必须对波前作无限分割,然后用积分求次波的合振幅,计算比较复杂。在处理圆孔或圆屏衍射时常用菲涅耳半波带法,它是用较粗糙的分割来代替对波前的无限分割,相应地,次波叠加时的积分可简化成多项式求和。此法虽然不够精确,但可较方便地得出菲涅耳衍射的主要特征。

2. 矢量图解法

半波带法只适用于分析波面可以分割成整数个半波带的情况,更精细的讨论则应利用矢量图解法。

把单缝波面分割成许多宽度相等且极窄的条形元波带,其截面如图 16-7 所示,图中从上到下各元波带在场点 P 的振幅相等,但相位依次落后。故在图 16-8 中各元波带相应的元矢量长度相同,但辐角依次增大。将所有这些元矢量首尾相接,即得到代表 P 点光场振幅的场矢量 $\mathbf{A}_\theta$。显然,当元波带无限变窄时矢量合成图由多边形的一部分变成圆的一部分,图中线段 $\overline{OM}$ 和弧 $\overparen{ON}$ 分别表示 $\theta=0$ 和 $\theta\neq 0$ 的情况。由边缘光线光程差 Δ 可求出边缘光线相位差为 $2\pi a\sin\theta/\lambda$,将它记为 2α,即令

$$\alpha = \frac{\pi}{\lambda}a\sin\theta \tag{16-5}$$

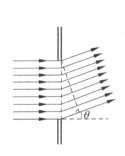
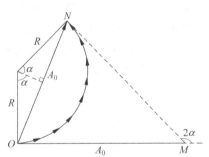

图 16-7　单缝元波带分割的截面　　　图 16-8　矢量图解法求单缝衍射光强

显然,2α 即 N 处元矢量指向与 $\mathbf{A}_0=\overline{OM}$ 指向的夹角。在 θ 较小时,可忽略 $F(\theta)$ 的影响,即认为每一元矢量的长度不随 θ 而变化,这时弧 $\overparen{ON}$ 应与 $\overline{OM}$ 等长。设圆弧半径为 R,由图中几何关系可得

$$A_\theta = 2R\sin\alpha, \quad R \cdot 2\alpha = \overparen{ON} = \overline{OM} = A_0, \quad R = \frac{A_0}{2\alpha}$$

故有
$$A_\theta = A_0 \frac{\sin\alpha}{\alpha} \quad (16\text{-}6)$$

相应光强为
$$I_\theta = A_\theta^2 = I_0 \left(\frac{\sin\alpha}{\alpha}\right)^2 \quad (16\text{-}7)$$

三、单缝衍射的特点

衍射光强 I_θ 随衍射角 θ 变化的关系曲线如图16-9所示。

为了求出强度分布的极值,将式(16-7)对 α 求微分并令其等于零得

$$2\alpha\sin\alpha(\alpha\cos\alpha - \sin\alpha) = 0 \quad (16\text{-}8)$$

(1) $\alpha = 0$,由式(16-5)得 $\sin\theta = 0$,这时 $I = I_0$,强度为最大,即主极大。

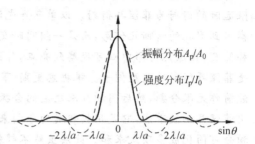

图16-9 衍射光强 I 随衍射角 θ 的变化的关系曲线

(2) $\sin\alpha = 0$,即 $\alpha = k\pi, k = \pm 1, \pm 2, \pm 3, \cdots$($k = 0$ 除外)。由式(16-5)得 $\sin\theta = k\lambda/a$,这时 $I = 0$,强度为最小。

(3) $\alpha = \tan\alpha$,这是一个超越方程,由图解法可得

$$\alpha = \pm 1.43\pi, \quad \pm 2.46\pi, \quad \pm 3.47\pi, \quad \cdots$$

或
$$\sin\theta = \pm 1.43\lambda/a, \quad \pm 2.46\lambda/a, \quad \pm 3.47\lambda/a, \quad \cdots \quad (16\text{-}9)$$

这时的强度为次极大。例如在主极大附近的第一次极大的强度为

$$I_1 = I_0 \frac{\sin^2(1.43\pi)}{(1.43\pi)^2} \approx \frac{I_0}{21.2} \approx 0.047 I_0$$

同理,得各次极大的光强为

$$I_1 \approx 4.7\%, \quad I_2 \approx 1.7\%, \quad I_3 \approx 0.8\%, \quad \cdots$$

可见高级衍射斑的光强比零级少得多。这里尚未考虑倾斜因子的作用,若考虑到它,高级衍射斑的强度还要进一步减少。故经衍射后,绝大部分光能集中在零级衍射斑内。

我们规定,以相邻暗纹的角距离作为其间亮斑的角宽度。在傍轴条件下,由于 $\sin\theta \approx \theta$,此时,中央主极大在 $\theta = \pm\lambda/a$ 之间,其半角宽度为

$$\Delta\theta = \frac{\lambda}{a} \quad (16\text{-}10)$$

【训练】 自行推导,在衍射角 θ 不太大时,中央亮条纹的角宽度为其他亮条纹宽度的2倍。

通过以上分析,我们对单缝衍射花样的特点进一步综述和讨论如下:

(1) 各级极大值光强不相等。中央极大值的光强最大,次极大值远小于中央极大值,并随着级数 k 的增大而迅速减小,即使第一级次极大值也不到中央极大值的5%。

(2) 中央亮条纹和其他亮条纹的角宽度不相等。中央亮条纹的角宽度等于其他亮条纹角宽度的2倍。

(3) 极小值处形成的每一侧的暗纹是等间距的,而次极大值彼此间则是不等间距的,不过随着级数 k 的增大,次最大值越趋近等间距。

(4) 缝宽和光波长的对衍射花样的影响如下。由式(16-10)可知,波长一定的情况下,$\Delta\theta$ 与缝宽成反比。缝越窄,对光束限制越大,衍射场越弥散;反之,若缝越宽,$\Delta\theta$ 越小,各衍射斑向中心收缩,衍射效应越不明显。当缝很宽($a\gg\lambda$)时,衍射场基本上集中在沿直线传播的方向上,我们就看不到衍射现象了。可见,式(16-10)包含着深刻的物理意义,反映了障碍物与光波之间限制和扩展的辩证关系,故又称为衍射反比律。另一方面,缝宽不变的条件下,$\Delta\theta$ 与 λ 成正比,波长越长,衍射效应越显著;波长越短,衍射效应越不明显。这又表明几何光学可认为是波动光学波长趋于零时的极限情形。

【思考1】 如果采用白光作为光源,观察到的衍射花样又将如何?

【思考2】 在观察单缝夫琅禾费衍射时,如果单缝沿与它后面的透镜的光轴垂直的方向上、下移动少许,屏上衍射图样是否改变?为什么?

【例题 16-1】 如图 16-10 所示,狭缝的宽度 $a=0.60$mm,透镜焦距 $f=0.40$m,有一与狭缝平行的屏放置在透镜焦平面处。若以单色平行可见光垂直照射狭缝,则在屏上离点 O 为 $x=1.4$mm 处的点 P 处可见衍射明条纹。试求:(1)该入射光的波长;(2)点 P 条纹的级数;(3)从点 P 看来,对该光波而言,狭缝处的波阵面可作半波带的数目。

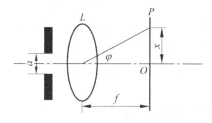

图 16-10 例题 16-1 用图

解:(1) 由于 $f\gg x$,对点 P 而言,有 $\sin\varphi\approx\dfrac{x}{f}$。根据单缝衍射明纹条件 $a\sin\varphi=(2k+1)\dfrac{\lambda}{2}$,有 $\dfrac{ax}{f}=(2k+1)\dfrac{\lambda}{2}$。将 a,f,x 的值代入,并考虑可见光波长的上、下限值,有 $\lambda_{\min}=400$nm 时,$k_{\max}=4.75$;$\lambda_{\max}=760$nm 时,$k_{\min}=2.27$。因 k 只能取整数值,故在可见光范围内只允许有 $k=4$ 和 $k=3$,它们所对应的入射光波长分别为 $\lambda_1=466.7$nm 和 $\lambda_2=600$nm。

(2) 点 P 的条纹级次因入射光波长而异,当 $\lambda_1=600$nm 时,$k=3$;当 $\lambda_2=466.7$nm 时,$k=4$。

(3) 当 $\lambda_1=600$nm 时,$k=3$,半波带数目为 $2k+1=7$;当 $\lambda_2=466.7$nm 时,$k=4$,半波带数目为 $2k+1=9$。

延伸阅读——科学发现

泊松亮斑

说起泊松亮斑还真有点儿意思。在经典物理学时期,关于光的本性有两种观点,即波动论和粒子论(当然现在已经知道其实是波粒二象性了)。而数学家泊松是坚定的粒子论者,他对光的波动说很不屑。我们知道,波是可以产生衍射的,于是泊松为了推翻光的波动说就用很严谨的数学方法计算,得出的结论是"假如光是一种波,那么光在照到一个尺寸适当的圆盘时,其后面的阴影中心会出现一个亮斑",这在当时看来是一个很可笑的结论,影子的中心应该是最暗的,如果光是波动的,则中心反而成了最亮的地方了。泊松自认为这个结论完全可以推翻光的波动说,然而物理学家菲涅耳的试验却使泊松大跌眼镜——事实的确如此,在阴影的中心就是有一个亮斑。泊松本来想推翻光的波动说,结果反而又一次证明了光的波动性。由于圆盘衍射中的那个亮斑是由泊松最早证明、计算出来的,所以叫做"泊松亮斑"。

16.4 圆孔夫琅禾费衍射 光学仪器的分辨本领

一、圆孔夫琅禾费衍射

平行光通过小圆孔时产生的衍射现象,称为圆孔夫琅禾费衍射。望远镜、显微镜、照相机等的物镜,眼睛的瞳孔,光学仪器中的孔径光阑等都相当于圆孔,当平行光通过圆孔时产生的衍射都属于圆孔夫琅禾费衍射。

如果在观察的实验中,将单缝夫琅禾费衍射装置中的单缝以直径为 D 的圆孔代替,即为圆孔夫琅禾费衍射实验装置。

当平行光垂直照射到小圆孔上时,在位于透镜焦平面处的屏上可观测到衍射图样,如图 16-11 所示。衍射图样的中央是一较亮的圆斑——艾里(G. B. Airy)斑,如图 16-12 所示,它大约集中了全部衍射光能的 84%,外围是明暗相间亮度减弱的一组同心圆环。由理论计算可得第一暗环的衍射角 θ_1 满足

$$D\sin\theta_1 = 1.22\lambda \tag{16-11}$$

式中 D 表示圆孔直径,λ 为入射光的波长,显然,θ_1 就是艾里斑角半径,因角度很小,$\sin\theta_1 \approx \theta_1$,所以

$$\theta_1 \approx \sin\theta_1 = \frac{1.22\lambda}{D} \tag{16-12}$$

若知道这个透镜的焦距 f,则艾里斑半径为

$$R = f\tan\theta_1 \approx f\sin\theta \approx f\theta_1$$

$$R = 1.22\frac{\lambda}{D}f \tag{16-13}$$

由此可知,D 越小,或 λ 越大,艾里斑半径越大,衍射现象越明显。

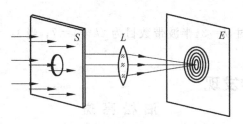

图 16-11 圆孔夫琅禾费衍射实验装置

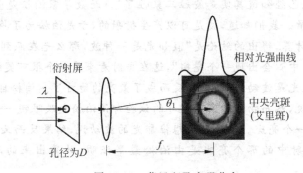

图 16-12 艾里斑及光强分布

二、光学仪器的分辨本领

由以上关于衍射的讨论可知，一个物点通过一光学系统中的光阑、透镜等光学元件时发生衍射所形成的像不再是一个几何点，而是一个有一定大小的衍射斑。当我们用光学仪器去观察细微物体时，由于衍射的存在，即使是没有任何像差的理想光学成像系统，它分辨物体细节的能力也要受到衍射的限制。两个物点或同一物体上两点发的光通过这些衍射孔时，就会形成两个衍射斑，如果两个衍射光斑靠得太近，则两个艾里斑就会重叠，致使两个物点或同一物体上两点的像不能分辨，如图 16-13 所示。于是，便产生这样的问题：对于一给定的光学系统，它所能分辨的最靠近的两个物点（或同一物体上最靠近的两点）的距离是多少？这是实际光学系统中复杂而又十分重要的问题。为此，瑞利提出了一个判据：当一个像点的艾里斑的边缘（衍射图样的第一级暗环）与另一个像点的艾里斑的中心正好重合时，此时对应的两个物点恰能被人眼或光学仪器所分辨，这个判据称为**瑞利判据**。

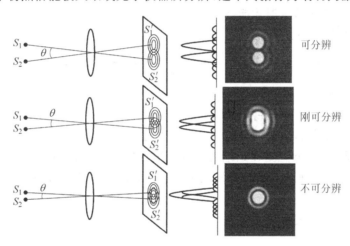

图 16-13 分辨两个衍射图样的条件

以透镜为例，如图 16-14 所示，符合瑞利判据"恰能分辨"的两物点 S_1 和 S_2 的两衍射图样中心之间的距离等于艾里斑的半径，它们对透镜中心的张角 θ_R 等于艾里斑的角半径 θ_1（即第一暗环的衍射角），即

$$\theta_R = \theta_1 \approx 1.22 \frac{\lambda}{D} \tag{16-14}$$

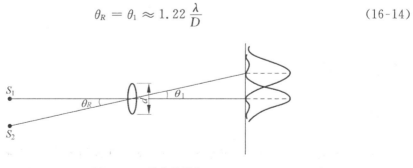

图 16-14 最小分辨角

我们把两物点在透镜处的张角 θ_R 称为最小分辨角,最小分辨角的倒数称为分辨本领(或分辨率)。则

$$R = \frac{1}{\theta_R} = \frac{D}{1.22\lambda} \qquad (16\text{-}15)$$

上式表明,光学仪器的分辨率与仪器的通光孔径 D 成正比,与所用光波的波长成反比。因此,在天文观测上,采用大口径的物镜,就是为了提高望远镜的分辨本领。对于显微镜则常采用波长较短的紫外线(或采用极短波长的光)来获得高分辨率。尤其对于电子显微镜,在几万伏的加速电压下,电子束的波长可达 0.1nm,所以电子显微镜可获得极高的分辨率,电子显微镜的最小分辨距离可达几纳米,放大率可高达几万甚至几百万倍。

说明:瑞利判据只是一种近似,我们视觉系统的分辨能力会受到许多因素的影响,如光源的相对亮度,光源与观察者间空气湍流和观察者视觉系统的功能等。

【例题 16-2】 设人眼在正常照度下的瞳孔直径约为 3mm,而在可见光中,人眼最敏感的波长为 550nm,问:(1)人眼的最小分辨角有多大?(2)若物体放在距人眼 25cm(明视距离)处,则两物点间距为多大时才能被分辨?

解:(1)人眼的最小分辨角

$$\theta_R = 1.22 \frac{\lambda}{D} = \frac{1.22 \times 1.55 \times 10^{-7}}{3 \times 10^{-3}} = 2.2 \times 10^{-4} (\text{rad})$$

(2)两物点间距

$$d = l\theta_R = 25 \times 2.2 \times 10^{-4} (\text{cm}) = 0.055 (\text{mm})$$

即明视距离处两物点能被人眼所分辨的最小距离为 0.055mm。

【例题 16-3】 设侦察卫星在距地面 160 公里的轨道上运行,其上有一个焦距为 1.5m 的透镜,要使该透镜能分辨出地面上相距为 0.3m 的两个物体,试求该透镜的最小孔径为多大?

解:最小分辨角公式为

$$\theta_R = 1.22 \frac{\lambda}{D}$$

由题意可得

$$\theta_R = \frac{\Delta x}{r} = \frac{0.3}{160 \times 10^3} = 1.87 \times 10^{-6} (\text{rad})$$

λ 取人眼视觉最敏感的黄绿光波长 550nm,则该透镜的最小孔径为

$$d = \frac{1.22\lambda}{\theta_R} = \frac{1.22 \times 550 \times 10^{-10}}{1.87 \times 10^{-6}} = 0.36 (\text{m})$$

16.5 光栅衍射

一、光栅

由大量等宽、等间距的平行狭缝构成的光学元件称为光栅(广义地说,具有周期性的空间结构或光学性能的衍射屏,统称光栅)。光栅分为两种,一种是利用透射光衍射的透射光栅,另一种是利用反射光衍射的反射光栅。常用的透射光栅是在一块很平的玻璃上刻出大

量平行刻痕制成,如图 16-15 所示,刻痕处因漫反射而不太透光,相当于不透光部分,未刻过的部分相当于透光的狭缝。反射光栅则是在不透光的材料(如镀金属层的表面)上刻许多的等间距的平行刻痕,两刻痕间的光滑表面可以反射光。一般光栅在 1cm 宽度内刻有几千条乃至上万条痕,随应用的光谱区域而异,在可见光和紫外区域的光栅

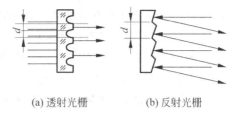

(a) 透射光栅　　　(b) 反射光栅

图 16-15　透射光栅和反射光栅

大多数是 6000～12000 条/cm。所以,制作光栅的技术难度很大。本节以**透射光栅**为例,讨论光栅衍射的基本规律。

二、实验装置与现象

实验装置如图 16-16 所示,S 是一与纸面垂直的单色光源狭缝,它位于透镜 L_1 的焦平面上,G 为光栅,紧挨着其后放置透镜 L_2,屏放在 L_2 的焦平面上。

当平行单色光垂直入射到光栅上时,衍射光通过透镜 L_2 会聚在焦平面上,就能在屏上观察到光栅的衍射图样。如图 16-17 所示,分别是 1(单)缝、2、3(左列自上而下)、5、6、20(右列自上而下)缝的衍射图样。实验观察到的图样强度分布具有以下主要特征:

(1) 与单缝衍射图样相比,多缝衍射图样中出现一系列新的强度极大值和极小值(暗纹)。其中强度极大的亮线称为**主极大**,强度较弱的亮线称为**次极大**。

(2) 主极大的位置与缝数 N 无关,但它们的宽度随 N 减小,其强度正比于 N^2。

(3) 相邻主极大间有 $N-1$ 条暗纹和 $N-2$ 个次极大。

(4) 强度分布中都保留了单缝衍射的痕迹,那就是曲线的包迹(即外部"轮廓")与单缝衍射强度曲线的形状一样。

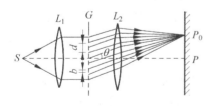

图 16-16　透射光栅衍射实验装置示意图

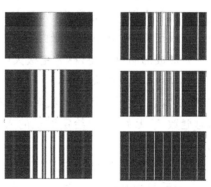

图 16-17　1、2、3、5、6、20 缝的衍射图样

三、光栅衍射图样的形成及规律

1. 光栅方程　主极大

前面已经讨论了双缝干涉及单缝衍射的图样形成及规律。光栅由许多狭缝构成,由此

可以推想光栅的多条缝发出的光波叠加将会发生干涉,同时每条缝发出的光也将产生衍射。基于这种思想,下面就来探讨光栅衍射图样的形成及特征。

如图 16-18 所示,设透射光栅的总缝数为 N,每一条透光部分宽为 a,不透光部分宽为 b,$d = a + b$,称为光栅常数,表征光栅的空间周期性。首先考虑多缝干涉的效果,当平面单色光垂直入射到光栅上,此时可认为各缝共形成 N 个同相位的子波波源,这 N 个间距为 d 的新子波波源沿每个方向都发出频率和振幅均相等的光波,这些相干光波经透镜会聚在其焦平面上叠加形成**多光束干涉**。

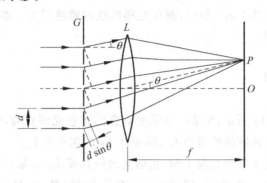

图 16-18 光栅的多光束干涉

由图 16-18 可知,对应于衍射角 θ,光栅上任意相邻两缝对应点(如上边缘和上边缘各自的中点)发出的光到达 P 点时的光程差都相等,且为

$$\delta = (a + b)\sin\theta$$

当这一光程差满足波长的整数倍,即

$$(a + b)\sin\theta = k\lambda, \quad k = 0, \pm 1, \pm 2, \cdots \tag{16-16}$$

时,所有缝发出的光到达 P 点将干涉相长而形成明条纹,此式称为**光栅方程**。

因为透射光栅的总缝数为 N,P 点的合振幅应是来自一条缝光振幅的 N 倍,光强与振幅的平方成正比,则 P 点的合光强是来自一条缝光强的 N^2 倍,强度极大,所以,由光栅的多光束干涉形成的明纹很亮,称为**主极大**(或**主明纹**)。因此,光栅方程决定主极大的位置。光栅方程中,$k = 0$ 对应中央明纹,$k = \pm 1, \pm 2, \cdots$ 的明纹分别称为第一级、第二级、……主极大条纹(明纹),正、负号表示各明纹对称分布在中央明纹两侧。由光栅方程可知,主极大的位置与总缝数 N 无关,对应给定波长的入射光,光栅常数越小,各级明纹的衍射角越大,即条纹间隔越大。

其次,就是考虑 N 条缝衍射的影响。透过光栅每条缝的光都要产生衍射,在 16.3 节(单缝夫琅禾费衍射)中有一思考题,即单缝上下平移少许时,幕上衍射图样不动。因此,如果让图 16-16 中的 N 条缝轮流开放,幕上获得的衍射图样完全一样。当它们同时开放时,幕上的强度分布形式仍与单缝一样,只是按比例地处处增大了 N 倍。也就是说,这 N 个缝的 N 套衍射条纹通过透镜后完全重合。所以,光栅的衍射条纹是多缝干涉和单缝衍射的总效果,即 N 个缝的干涉条纹要受到单缝衍射的调制。

2. 光栅衍射的光强分布

现在我们采用振幅矢量法来计算总缝数为 N 的光栅衍射的光强度分布。

设想在图 16-16 的装置中,把光栅上的各缝除一条外都遮住,屏上将呈现单缝衍射图样,其光强分布见式(16-6)、式(16-7),即

$$A_\theta = A_0 \frac{\sin\alpha}{\alpha}, \quad I_\theta = A_\theta^2 = I_0 \left(\frac{\sin\alpha}{\alpha}\right)^2 \tag{16-17}$$

若 N 条缝同时开放,考虑沿某一任意方向 θ 的各衍射线,它们有的来自同一狭缝的不同部分,有的来自不同狭缝,经 L_2 会聚在观察屏上同一点 P,该点的光振动是所有这些衍射光相干叠加的结果。计算时可先将来自各缝的子波叠加,得到 N 个合振动,然后再将这 N 个合振动叠加起来就是 P 点的总振动。因来自每一狭缝的合振幅前面已计算过,现只需计算这 N 个合振动的叠加。

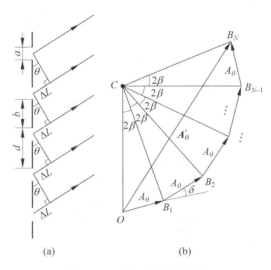

图 16-19 缝间干涉因子计算

如图 16-19(a)所示,对应点衍射光间的光程差 δ 和相位差 $\Delta\varphi$ 分别为

$$\delta = d\sin\theta, \quad \Delta\varphi = \frac{2\pi d}{\lambda}\sin\theta$$

屏上总振幅 A'_θ 可用矢量图 16-19(b)来计算,图中 **OB_1**,**B_1B_2**,…,**$B_{N-1}B_N$** 都是单缝的合振幅 A_θ,方向逐个相差 $\Delta\varphi$,所以折线 $OB_1B_2\cdots B_N$ 是等边多边形的一部分。令 C 代表多边形的中心,即 $\overline{OC}=\overline{B_1C}=\overline{B_2C}=\cdots=\overline{B_NC}$。由于等腰三角形 OCB_1 的顶角 $\Delta\varphi=2\beta$,故 $2\overline{OC}\sin\beta=\overline{OB_1}=A_\theta$,于是

$$\overline{OC} = \frac{A_\theta}{2\sin\beta} \tag{16-18}$$

由于等腰三角形 OCB_N 的顶角 $\Delta\varphi=N2\beta$,故代表总振动的矢量 **OB_N** 的长度为

$$\overline{OB_N} = 2\overline{OC}\sin N\beta \tag{16-19}$$

这就是 N 缝的总振幅 A'_θ,结合以上两式,可得

$$A'_\theta = A_\theta \frac{\sin N\beta}{\sin\beta} \tag{16-20}$$

所以,N 缝的光强度为

$$I'_\theta = A_\theta^2 \left(\frac{\sin N\beta}{\sin\beta}\right)^2 \tag{16-21}$$

将式(16-17)代入,最后可得 N 缝的光强度公式:

$$I'_\theta = A_0^2 \left(\frac{\sin\alpha}{\alpha}\right)^2 \left(\frac{\sin N\beta}{\sin\beta}\right)^2 \tag{16-22}$$

其中

$$\alpha = \frac{\pi}{\lambda} a\sin\theta, \quad \beta = \frac{\pi d}{\lambda}\sin\theta \tag{16-23}$$

$\left(\frac{\sin N\beta}{\sin\beta}\right)^2$ 来源于多缝间的干涉,所以称为多缝干涉因子,式(16-22)表明 P 点的光强是单缝衍射光强与 N 个狭缝的多缝干涉因子的乘积。图 16-20 是光栅衍射形成的光强分布的示意图。多光束干涉和单缝衍射共同决定了光栅衍射的总光强分布。

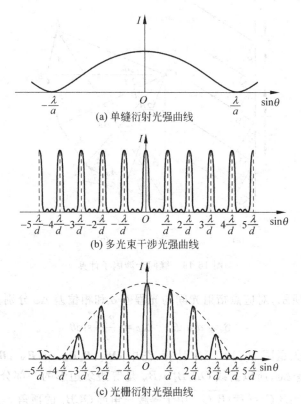

图 16-20 光栅衍射形成的光强分布的示意图

由多缝干涉因子可得以下结论:
(1) 主极大

当 $\beta = k\pi (k=0, \pm 1, \pm 2, \cdots)$ 时,多缝干涉因子 $\left(\frac{\sin N\beta}{\sin\beta}\right)^2 = \frac{0}{0}$,利用洛必达法则可求得

$$\lim_{\beta \to k\pi}\left(\frac{\sin N\beta}{\sin\beta}\right)^2 = \pm N \tag{16-24}$$

若 P 点正好是主极大位置,则该点光强为

$$I'_\theta = A_\theta^2 N^2 = A_0^2 \left(\frac{\sin\alpha}{\alpha}\right)^2 N^2 \tag{16-25}$$

上式也说明光栅主极大位置的光强是同样条件下单缝衍射光强的 N^2 倍。从 $\beta = k\pi$ 时干涉

因子有极大值可得出

$$(a+b)\sin\theta = k\lambda, \quad k = 0, \pm 1, \pm 2, \cdots \tag{16-26}$$

这就是**光栅方程**。

(2) 极小(暗纹)、次极大的数目

光栅衍射光强分布公式中,多缝干涉因子和单缝衍射因子中的任何一个为零,都会使光强为零而出现极小(暗纹)。在多缝干涉因子中,当 $N\beta$ 等于 π 的整数倍但 β 不等于 π 的整数倍时,$\sin N\beta=0$,而 $\sin\beta\neq 0$,光强为零。即零点在下列位置:$\beta=\left(k+\dfrac{m}{N}\right)\pi$,即

$$\sin\theta = \left(k+\frac{m}{N}\right)\frac{\lambda}{d} \tag{16-27}$$

其中 $k=0,\pm 1,\pm 2,\cdots,m=1,\cdots,N-1$。

所以,在两个相邻主极大之间有 $N-1$ 个极小值(零点),相邻暗纹间有一个次极大,故共有 $N-2$ 个次极大,计算表明,这些次极大(次明纹)的光强仅为主极大光强的 4% 左右,所以称次极大。因光栅常数 N 很大,实际上这些次极大几乎是看不到的。由以上分析可见,**光栅衍射的图样特征是:在暗弱的背景上呈现一系列又细又亮的明条纹**。

【思考】 光栅衍射实验中,入射光由垂直入射改为斜入射时,光栅方程、衍射条纹的级次及条纹数目是否发生变化?

3. 缺级现象与条件

光栅衍射中还有一个值得注意的情况是,由于多缝干涉要受到单缝衍射的调制,单缝衍射的光强分布在某些 θ 值位置上为零,所以,在与这些 θ 值对应的位置上,即使满足多缝干涉的主极大(明纹),这些主极大(明纹)也将消失,对应的这些明纹不会出现。这种因衍射调制出现的特殊现象叫**缺级现象**。所缺的级次 k 可由 θ 方向同时满足多缝干涉的主极大(明纹)和单缝衍射暗纹条件推得:

$$(a+b)\sin\theta_k = k\lambda, \quad k=0,\pm 1,\pm 2,\cdots \quad \text{多缝干涉的主明纹}$$
$$a\sin\theta_{k'} = k'\lambda, \quad k'=\pm 1,\pm 2,\cdots \quad \text{单缝衍射暗纹}$$

两式相除可得**缺级条件**为

$$k = \frac{a+b}{a}k', \quad k'=\pm 1,\pm 2,\cdots \tag{16-28}$$

即**光栅常数 d 与缝宽构成整数比时,就会发生缺级现象**。

例如,当 $\dfrac{d}{a}=4$ 时,即 $\dfrac{d}{a}=\dfrac{k}{k'}=\dfrac{4}{1}=\dfrac{8}{2}=\cdots$,则缺 $k=\pm 4,\pm 8,\cdots$ 级次的主极大。

延伸阅读——拓展应用

光碟的结构

光碟俗称 DVD,由如图 16-21 所示的三层构成,最下面一层是聚碳酸酯(PC)构成的较厚的透明基底;接着是铝金属薄膜片,用于储存有用信息;最上面的是保护层。铝金属薄膜片经过模具压制,上面充满很多小凹坑(槽),这些小坑在空间上呈现周期性排列的螺旋轨道,它的最小凹坑线度为 $0.834\mu\mathrm{m}$,轨道间距为 $1.6\mu\mathrm{m}$。所以可把光碟

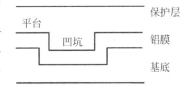

图 16-21 光碟的结构

看作一种反射光栅。当激光斜入射到光栅时,可以观察到沿一直线的一个个衍射亮斑,也可以认为是单槽衍射因子对槽间干涉的调制。

【例题 16-4】 以 $\lambda_1 = 5000\text{Å}$ 和 $\lambda_2 = 6000\text{Å}$ 的两单色光同时垂直射至某光栅,实验发现,除零级外,它们的谱线第三次重叠时在 $\theta = 30°$ 方向上,求此光栅的光栅常数 d。

解:由光栅方程,谱线重叠的条件为

$$d\sin\theta = k_1\lambda_1 = k_2\lambda_2$$

即

$$k_1 = \frac{\lambda_2}{\lambda_1}k_2 = \frac{6}{5}k_2$$

显然,当 $k_2 = 5, 10, 15, \cdots$ 时,谱线重叠。因此,第三次重叠时,$k_2 = 15$;$k_1 = \frac{6}{5} \times 15 = 18$,则

$$d = \frac{k_2\lambda_2}{\sin\theta} = \frac{15 \times 6000 \times 10^{-10}}{\sin 30°} = 1.8 \times 10^{-5} \text{ (m)}$$

【例题 16-5】 有一波长为 6000Å 的平行单色光垂直入射到多缝上,形成多缝衍射光强分布曲线,如图 16-22(a)所示,试求:

(1) 缝宽 a、缝间距 b 及总缝数 N;

(2) 屏上最多可呈现多少条明条纹?

(3) 若多缝是相对透镜对称放置的,现将奇数的缝挡住,则屏幕上将呈现出什么图样?试画出光强分布示意图。

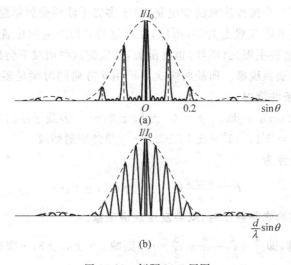

图 16-22 例题 16-5 用图

解:(1) 由图 16-22(a)可知,两相邻主极大之间有 3 个次极大,于是 N 满足

$$N - 2 = 3$$

即

$$N = 5$$

同时,在衍射强度分布曲线中,$k = 2$ 时,$\sin\theta = 0.2$,由光栅方程

$$d\sin\theta = k\lambda$$

可得光栅常数

$$d = \frac{k\lambda}{\sin\theta} = \frac{2\lambda}{0.2} = \frac{2 \times 6000 \times 10^{-10}}{0.2} = 6.0 \times 10^{-6} \text{ (m)}$$

因 $\pm 3, \pm 6$ 级主极大缺极,故有

$$\frac{d}{a} = 3$$

于是

$$a = \frac{d}{3} = 2.0 \times 10^{-6}(\text{m}), \quad b = 4.0 \times 10^{-6}(\text{m})$$

(2) 由光栅方程

$$d\sin\theta = k\lambda$$

可知,当 $\sin\theta = 1$ 时,k 有最大值,即

$$k_{\max} = \frac{d}{\lambda}\sin\theta = \frac{d}{\lambda} = \frac{6.0 \times 10^{-6}}{6000 \times 10^{-10}} = 10$$

而 $k = \pm 3, \pm 6, \pm 9$ 级缺极,又因 $k = \pm 10$ 在 $\theta = \pm \frac{\pi}{2}$ 方位,实际上是看不到的,故屏幕上可呈现的明条纹有

$$k = 0, \quad \pm 1, \quad \pm 2, \quad \pm 4, \quad \pm 5, \quad \pm 7, \quad \pm 8$$

共 13 条。

(3) 若将光栅上奇数 1、3、5 缝挡住,则 5 缝干涉装置就变成了双缝。此时,$d = 6a$,衍射图样为双缝衍射,其光强分布示意图如图 16-22(b)所示。

【思考】 在双缝实验中,如何区分双缝干涉和双缝衍射?

四、光栅光谱

由光栅方程 $d\sin\theta = k\lambda$ 可知,当光栅常数 d 一定时,同一级条纹的衍射角 θ 与入射光的波长 λ 有关。单色光经光栅衍射后形成各级主极大的细亮线,称为这种单色光的光栅衍射光谱。如果入射光是包含几种不同波长的复色光,则除中央零级明纹外,不同波长的同一级谱线的衍射角位置不同,同一级的不同颜色的明纹将按波长由短到长的顺序由中央向外侧排列成**光栅光谱**。这就是光栅的分光作用,每一干涉级次都有这样的一组谱线。

如果光源发出的是具有连续光谱的白光,因零级主极大位置与波长无关,故零级光谱仍为白色。对于同一级光谱,如图 16-23 所示,波长最短的紫色谱线排在光谱内缘,波长最长的红色谱线排在光谱外缘。同一级谱线中,两不同波长的谱线间距随光谱级次的增高而增大。

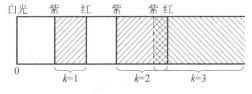

图 16-23 复色光光栅光谱

不同种类的光源发光所形成的光谱各不相同,这些光谱是了解原子、分子的结构及运动规律的重要依据。测定光谱中各谱线的波长及相对强度,可确定发光物质的成分及含量,这

种分析方法叫光谱分析。光谱分析是现代物理学研究的重要手段,在科学研究和工程技术中,也广泛用于分析、鉴定等方面。

五、光栅的分辨本领

光栅是一个十分重要而精密的分光元件,评定光栅性能好坏的一个主要指标就是它分辨光谱中两邻近波长的本领。通常定义**光栅的分辨本领**(用 R 表示)为

$$R = \frac{\lambda}{\Delta \lambda} \tag{16-29}$$

式中 λ 是恰能被光栅分辨的两谱线的平均波长(因两谱线波长相差极小,可任取其一代替),$\Delta \lambda$ 是这两谱线的波长差。显然,一个光栅能分开的两谱线的波长差 $\Delta \lambda$ 越小,该光栅的分辨本领就越大。下面来研究光栅的分辨本领究竟与什么因素有关。

根据瑞利判据,当波长为 $\lambda + \Delta \lambda$ 的第 k 级主极大与波长为 λ 最邻近的极小的重合时,即与第 $kN+1$ 级极小相重合(图 16-24),这两条谱线恰能被分辨。由光栅方程式(16-26)和暗纹方程式(16-27),取 $m=1$,有

$$d\sin\theta = k(\lambda + \Delta\lambda)$$

$$d\sin\theta = \left(k + \frac{1}{N}\right)\frac{\lambda}{d} = \frac{kN+1}{N}\lambda$$

联立以上两式得

$$k(\lambda + \Delta\lambda) = \frac{kN+1}{N}\lambda$$

化简得

$$\lambda = kN\Delta\lambda$$

所以

$$R = \frac{\lambda}{\Delta\lambda} = kN \tag{16-30}$$

此式表明,**光栅的分辨本领与级次成正比,还与光栅的总缝数成正比**。因此,要想提高光栅的分辨本领,必须增大光栅的总缝数,这就是为什么要将光栅刻为几万甚至几十万条缝的原因。

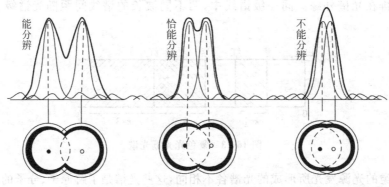

图 16-24 瑞利判据

【例题 16-6】 用每毫米内有 500 条缝的光栅,观察钠黄光谱线,问:

(1) 光线以 $i=30°$ 斜入射到光栅时,谱线的最高级次是多少?并与垂直入射时比较。

(2) 若在第三级谱线处恰能分辨出钠双线,光栅必须有多少条缝?(钠黄光的波长一般取 5893Å。它实际上由 5890Å 和 5896Å 两个波长的光组成,称为钠双线)

解:(1) 按题意,光栅常数 $d=a+b=\frac{1}{500}\text{mm}=2\times 10^{-6}\text{m}$,斜入射时,如图 16-25 所示,相邻两缝的入射光束在入射前有光程差 AB,衍射后有光程差 CD,总光程差为

$$CD - AB = d(\sin\theta - \sin i)$$

因此,斜入射的光栅方程为

$$d(\sin\theta - \sin i) = k\lambda, \quad k=0,1,2,\cdots$$

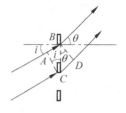

图 16-25 斜入射时光栅光程差

这里角 θ 和角 i 的正负号规定为:从光栅平面的法线算起,逆时针转向光线时的夹角取正值,反之取负值。k 的可能最大值对应 $\sin\theta=\pm 1$。图 16-25 中 θ 和 i 都是正值。

从 O 点上方观察到的谱线最高级次为

$$k_1 = \frac{d(\sin\theta - \sin i)}{\lambda} = \frac{d(\sin 90° - \sin 30°)}{\lambda} = 1.70$$

级次取较小的整数,最高级次取 $k_1 = 1$。从 O 点下方观察到的谱线最高级次为

$$k_2 = \frac{d(\sin\theta - \sin i)}{\lambda} = \frac{d(\sin(-90°) - \sin 30°)}{\lambda} = -5.09$$

最高级次取 $k_2 = -5$。所以,斜入射时,总共有 $k_1 + |k_2| + 1 = 7$ 条明纹。

垂直入射时,$i=0$,最高级次对应于 $\theta=\frac{\pi}{2}$,由光栅方程 $d\sin\theta = k\lambda$,有

$$k_\text{max} = \frac{d}{\lambda}\sin\theta = \frac{d}{\lambda} = \frac{2\times 10^{-6}}{5893\times 10^{-10}} = 3.4$$

最高级次取 $k_2 = 3$。可见,斜入射比垂直入射时可以观察到更高级次的谱线。

(2) 根据 $R=\frac{\lambda}{\Delta\lambda}=kN$,由此得

$$N = \frac{\lambda}{\Delta\lambda}\frac{1}{k} = \frac{\lambda}{\lambda_2 - \lambda_1}\frac{1}{k}$$

将 $\lambda_1 = 5890\text{Å}$、$\lambda_2 = 5896\text{Å}$ 和 $k_2 = 3$ 代入,可得

$$N = \frac{\lambda}{\lambda_2 - \lambda_1}\frac{1}{k} = \frac{5830}{5896 - 5890}\times\frac{1}{3} = 327$$

这个要求并不高。

六、干涉与衍射的区别和联系

干涉与衍射现象的本质,都是波的相干叠加,使光场的能量重新分布,形成稳定的加强和减弱分布的图像。从这个意义上看,干涉与衍射并没有本质上的区别,只是参与叠加的对象有所不同。按公认的说法,衍射是指波面受到限制时偏离直线传播的现象。产生的条件是波面受到限制,其特征是偏离直线传播,能量相对集中。由于波面的无限而光学仪器的口

径有限,因而,使用任何光学仪器接收到的光波都是衍射波,其衍射效应的大小可以不同。所以说衍射是普遍存在的。在处理衍射问题时,需对无限多个子波的积分叠加,这种叠加可以是振幅的叠加(相干波),也可以是光强的叠加(非相干波)。干涉是若干个有限相干波的叠加。要求参与叠加的各列波必须是相干的(至少也是部分相干的)。其干涉特征是明暗相间的条纹分布。如果参与相干叠加的各光束是按几何光学直线传播的,这种干涉叠加是纯干涉问题,如薄膜干涉。

干涉与衍射虽然都是波的叠加,但叠加的对象方法及叠加后所表现的特征均不相同。

干涉与衍射又有什么联系呢? 这要考虑获得相干光的方法问题。前面说过,相干光波的获得必须是光源同一点发出的光分割出来的数列波,无论采用哪种分割方式,分割出来的诸相干波都是由光源发出的波经分光装置的衍射波,干涉和衍射并存,干涉条纹受到衍射的调制。衍射现象是普遍存在的,只有当衍射效应可以忽略时,我们看到的才是纯干涉。这就是干涉与衍射的联系。

16.6 X 射线的衍射

X 射线是德国物理学家伦琴(W. K. Röntgen)于 1895 年发现的,故又称伦琴射线。产生 X 射线的装置如图 16-26 所示。G 是一抽成真空的玻璃泡,K 和 A 是密封在其内的两电极。K 是发射电子的**热阴极**,A 是由钼、钨或铜等金属制成的**阳极**,也叫**对阴极**。两极间加上数万伏特以上的高压,从热阴极 K 逸出的电子被强电场加速后撞击阳极(靶)时,就从靶上发出 **X 射线**。

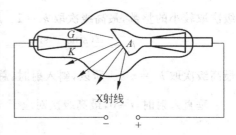

图 16-26 X 射线产生装置

这种新的射线虽然人眼看不见,但具有极强的穿透能力,能透过许多对可见光不透明的物质,如墨纸、木料等,这种肉眼看不见的射线可以使很多固体材料产生可见的荧光,使照相底片感光并产生空气电离等效应。因对其本性尚不清楚,它在当时是一种前所未知的射线,故称为 X 射线。

后来人们认识到,X 射线本质上是一种波长很短的电磁波,波长在 0.1Å 到 100Å 之间,数量级相当于原子直径。X 射线既然是电磁波,也应该会产生干涉和衍射现象。但在当时却很难做这类实验,因 X 射线的波长太短,用普通的光栅无法观察它的衍射现象,人们苦于无法用机械方法来制作供 X 射线用的光栅。例如,波长 $\lambda = 1\text{Å}(0.1\text{nm})$ 的 X 射线垂直入射到光栅常数 $d = 3000\text{nm}$ 的光栅上,按原光栅方程 $d\sin\theta = k\lambda$ 估算,第一主极大出现在

$$\theta = \arcsin\frac{k\lambda}{d} = \arcsin\frac{1 \times 0.1}{3000} = 0.0019°$$

的方向上,实际上是无法观察到的,必须制造出更精密的、适合于 X 射线的光栅才行。1912 年德国物理学家劳厄(M. von Laue)想到,天然晶体是由原子或离子规则排列的点阵,它的原子间隔与 X 射线波长的数量级相同,这种晶型固体可能形成对 X 射线的天然三维"衍射光栅"(空间光栅),应该出现衍射现象。实验果然证实了他的想法,第一次成功地获得 X 射线的衍射图样,从而证实了 X 射线的波动性。劳厄的实验装置如图 16-27(a)所示,图中

PP' 为铅板,其上有一小孔,C 为晶体,E 为照相底片。当 X 射线穿过铅板上的小孔射向薄片晶体 C 时,放置在晶体后的底片 E 上就会显影出具有某种对称性的一些斑点,称为**劳厄斑**,如图 16-27(b)所示,就是将 X 射线通过红宝石晶体所摄得的劳厄斑照片。这是由于 X 射线照射晶体时,组成晶体的每一微粒都是发射子波的衍射中心,向各个方向发射子波(称为散射),来自晶体中许多微粒所发的子波相互干涉,使某些方向上的 X 射线加强,从而在底片上形成劳厄斑。

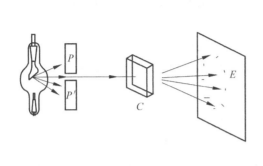
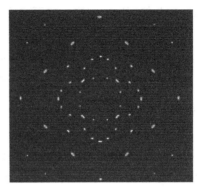

(a) 劳厄的实验装置　　　　　　　　　　(b) 劳厄斑

图 16-27　劳厄斑实验

对劳厄斑的定量研究,这里不作介绍。

下面介绍苏联物理学家乌利夫和英国的布拉格父子(W. H. Brang 和 W. L. Brang)独立提出的研究 X 射线衍射的简单方法。他们把晶体看作由一系列平行排列的原子层组成,这些原子层称为**晶面**。如图 16-28 所示,小圆点表示晶体点阵中的原子或离子,各晶面间距离称为**晶面间距**,用 d 表示。当一束波长为 λ 的 X 射线以掠射角 θ(X 射线入射方向与原子层面的夹角)入射到晶面上时,衍射强度最大值出现在符合反射定律的方向上。但由于各晶面上衍射中心所发的子波相互干涉,这一强度也随掠射角而改变。如图 16-29 所示,任意相邻的两个晶面反射的两 X 射线的光程差

$$\delta = AC + AB = 2d\sin\theta$$

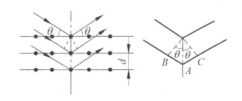

图 16-28　晶面间距　　　　　　图 16-29　推导布拉格公式用图

因此,两反射光线干涉相长的条件为

$$2d\sin\theta = k\lambda, \quad k = 1, 2, 3, \cdots \tag{16-31}$$

该式称为**布拉格公式**。式中 k 为强度极大的级次。

应当指出,同一晶体的空间点阵,可以按不同的方式组成许多沿不同方向平行排列的晶面族。晶面间距 d 和掠射角 θ 各不相同,但凡满足乌利夫-布拉格公式的,都能在符合反射

定律的方向上得到加强的衍射光,即产生劳厄斑。

X射线的衍射在现代科技中有着广泛而重要的应用,主要用于解决以下两个重要问题:

(1) 若已知作为衍射光栅的晶体结构(由别的方法测出晶面间距d),就可用其测定X射线的波长。从而研究X射线谱,进行X射线的光谱分析,这是对原子的内部结构进行探索的重要手段。

(2) 用已知波长的X射线投射到晶体上发生衍射,由出现最大强度的掠射角θ也可以算出相应的晶体间距d。这一方面的研究已发展成为物理学的一个专门的分支——X射线结构分析。

X射线是19世纪末、20世纪初物理学的三大发现(X射线发现于1895年、放射线发现于1896年、电子发现于1897年)之一,这一发现标志着现代物理学的诞生。

延伸阅读——物理学家

伦 琴

伦琴(Wihelm Röntgen,1845—1923),德国物理学家,X射线的发现者,世界上第一个诺贝尔物理学奖获得者。他对光与电的关系、物质的弹性、毛细现象等方面的研究都作出了一定的贡献,由于他发现X射线而赢得了巨大的荣誉,以致其他贡献大多不为人所注意。

1895年11月8日,伦琴在进行阴极射线的实验时第一次注意到放在射线管附近的氰亚铂酸钡小屏上发出微光。经过几天废寝忘食的研究,他确定了荧光屏的发光是由于射线管中发出的某种射线所致。因为当时对于这种射线的本质和属性还了解得很少,所以他称它为X射线,表示未知的意思。同年12月28日,《维尔茨堡物理学医学学会会刊》发表了他关于这一发现的第一篇报告。他对这种射线继续进行研究,先后于1896年和1897年又发表了新的论文。

1896年1月23日,伦琴在自己的研究所中作了第一次报告;报告结束时,用X射线拍摄了维尔茨堡大学著名解剖学教授克利克尔一只手的照片;克利克尔带头向伦琴欢呼三次,并建议将这种射线命名为伦琴射线。1901年他成为第一位诺贝尔物理学奖获得者。

本章小结

1. 惠更斯-菲涅耳原理:光传播过程中波阵面上各点都可以作为相干的子波波源,它们发出的子波在空间各点相遇时,其强度分布是相干叠加的结果

2. 单缝夫琅禾费衍射:可用半波带法分析。

当单色光垂直入射时,衍射暗纹中心位置条件:

$$a\sin\theta = k\lambda, \quad k = \pm 1, \pm 2, \pm 3, \cdots$$

衍射明纹中心位置条件:

$$a\sin\theta = (2k+1)\frac{\lambda}{2}, \quad k = \pm 1, \pm 2, \pm 3, \cdots$$

3. 圆孔夫琅禾费衍射:当单色光垂直入射时,中央亮纹的角半径为θ,且

$$D\sin\theta_1 = 1.22\lambda \quad (D\text{为圆孔直径})$$

4. 光学仪器的分辨本领：根据圆孔衍射规律和瑞利判据可得

$$最小分辨角（角分辨率）：\theta_R = 1.22\frac{\lambda}{D}$$

$$分辨本领（分辨率）：R = \frac{1}{\theta_R} = \frac{D}{1.22\lambda}$$

5. 光栅衍射：在黑暗的背景上显现窄细明亮的谱线。缝数越多，谱线越细越亮

（1）光栅方程：当单色光垂直入射时，谱线（主极大）的位置满足

$$(a+b)\sin\theta = k\lambda, \quad k = 0, \pm 1, \pm 2, \cdots$$

此式为光栅方程，光栅常数 $d=a+b$

（2）关于缺级：光栅的衍射条纹是多缝干涉和单缝衍射的总效果，是 N 个缝的干涉条纹要受到单缝衍射的调制。当光栅常数 d 与透光宽度 a 为整数比时，光栅谱线出现缺级现象，即

$$k = \frac{a+b}{a}k', \quad k' = \pm 1, \pm 2, \cdots$$

（3）光栅的分辨本领（用 R 表示）

$$R = \frac{\lambda}{\Delta\lambda} = kN$$

6. X 射线衍射的布拉格公式

$$2d\sin\theta = k\lambda, \quad k = 1, 2, 3, \cdots$$

式中 k 为强度极大的级次

习题

一、选择题

1. 根据惠更斯-菲涅耳原理，若已知光在某时刻的波阵面为 S，则 S 的前方某点 P 的光强决定于波阵面 S 上所有面积元发出的子波各自传到 P 点的（　　）。

　　（A）振动振幅之和　　　　　　（B）光强之和

　　（C）振动振幅之和的平方　　　（D）振动的相干叠加

2. 在单缝夫琅禾费衍射装置中，将单缝宽度 a 稍稍变宽，则屏幕 C 上的中央衍射条纹将（　　）。

　　（A）变窄　　　（B）不变　　　（C）变宽　　　（D）无法确定

3. 在如图 16-30 所示的单缝夫琅禾费衍射实验中，若将单缝沿透镜光轴方向向透镜平移，则屏幕上的衍射条纹（　　）。

　　（A）间距变大

　　（B）间距变小

　　（C）不发生变化

　　（D）间距不变，但明暗条纹的位置交替变化

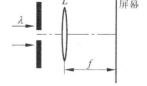

图 16-30　习题 3 用图

4. 在单缝衍射实验中，缝宽 $a = 0.2$mm，透镜焦距 $f = 0.4$m，入射光波长 $\lambda = 500$nm，则在距离中央亮纹中心位置 2mm 处是亮纹还是暗纹？从这

个位置看上去可以把波阵面分为几个半波带？（　　）。

  （A）亮纹，3 个半波带　　　　　　　　（B）亮纹，4 个半波带

  （C）暗纹，3 个半波带　　　　　　　　（D）暗纹，4 个半波带

 5. 波长为 600nm 的单色光垂直入射到光栅常数为 2.5×10^{-3}mm 的光栅上，光栅的刻痕与缝宽相等，则光谱上呈现的全部级数为（　　）。

  （A）$0,\pm1,\pm2,\pm3,\pm4$　　　　　　　（B）$0,\pm1,\pm3$

  （C）$\pm1,\pm3$　　　　　　　　　　　（D）$0,\pm2,\pm4$

 6. 一束平行单色光垂直入射在光栅上，当光栅常数 $a+b$ 为下列哪种情况时（a 代表每条缝的宽度），$k=3,6,9$ 次的主极大均不出现？（　　）。

  （A）$a+b=2a$　　　　　　　　　　　（B）$a+b=3a$

  （C）$a+b=4a$　　　　　　　　　　　（D）$a+b=6a$

 7. 一束白光垂直照射在一光栅上，在形成的同一级光栅光谱中，偏离中央明纹最远的是（　　）。

  （A）紫光　　　　（B）绿光　　　　（C）黄光　　　　（D）红光

 8. 对某一定波长的垂直入射光，衍射光栅的屏幕上只能出现零级和一级主极大，欲使屏幕上出现更高级次的主极大，应该（　　）。

  （A）换一个光栅常数较小的光栅　　　　（B）换一个光栅常数较大的光栅

  （C）将光栅向靠近屏幕的方向移动　　　（D）将光栅向远离屏幕的方向移动

 9. 波长 $\lambda=550$nm（1nm$=10^{-9}$m）的单色光垂直入射于光栅常数 $d=2\times10^{-4}$cm 的平面衍射光栅上，可能观察到的光谱线的最大级次为（　　）。

  （A）2　　　　　（B）3　　　　　（C）4　　　　　（D）5

 10. 设光栅平面、透镜均与屏幕平行。则当入射的平行单色光从垂直于光栅平面入射变为斜入射时，能观察到的光谱线的最高级次 k（　　）。

  （A）变小　　　　（B）变大　　　　（C）不变　　　　（D）无法确定

二、填空题

 11. 一束单色光垂直入射在光栅上，衍射光谱中共出现 5 条明纹。若已知此光栅缝宽度与不透明部分宽度相等，那么在中央亮纹一侧的两条明纹分别是第＿＿＿＿级和第＿＿＿＿级谱线。

 12. 用波长为 λ 的单色平行光垂直入射在一块多缝光栅上，其光栅常数 $d=3\mu$m，缝宽 $a=1\mu$m，则在单缝衍射的中央明纹中共有＿＿＿＿条谱线（明条纹）。

 13. 在单缝的夫琅禾费衍射实验中，屏上第三级暗纹对应于单缝处波面可划分为＿＿＿＿个半波带，若将缝宽缩小一半，原来第三级暗纹处将是＿＿＿＿纹。

 14. 在单缝夫琅禾费衍射实验中，设第一级暗纹的衍射角很小，若钠黄光（$\lambda_1\approx589$nm）中央明纹宽度为 4.0mm，则 $\lambda_2=442$nm（1nm$=10^{-9}$m）的蓝紫色光的中央明纹宽度为＿＿＿＿。

 15. 平行单色光垂直入射在缝宽为 $a=0.15$mm 的单缝上。缝后有焦距为 $f=400$mm 的凸透镜，在其焦平面上放置观察屏幕。现测得屏幕上中央明条纹两侧的两个第三级暗纹之间的距离为 8mm，则入射光的波长为 $\lambda=$＿＿＿＿。

三、计算题

16. 在某个单缝衍射实验中,光源发出的光含有两种波长 λ_1 和 λ_2,垂直入射于单缝上。假如 λ_1 的第一级衍射极小与 λ_2 的第二级衍射极小相重合,试问:(1)这两种波长之间有何关系?(2)在这两种波长的光所形成的衍射图样中,是否还有其他极小相重合?

17. 在用钠光($\lambda=589.3$nm)做光源进行的单缝夫琅禾费衍射实验中,单缝宽度 $a=0.5$mm,透镜焦距 $f=700$mm。求透镜焦平面上中央明条纹的宽度。

18. 在单缝的夫琅禾费衍射中,缝宽 $a=0.100$mm,平行光垂直入射在单缝上,波长 $\lambda=500$nm,会聚透镜的焦距 $f=1.00$m。求中央亮纹旁的第一个亮纹的宽度 Δx。

19. 一束具有两种波长 λ_1 和 λ_2 的平行光垂直照射到一衍射光栅上,测得波长 λ_1 的第三级主极大衍射角和 λ_2 的第四级主极大衍射角均为 30°。已知 $\lambda_1=560$nm,试求:(1)光栅常数 $a+b$;(2)波长 λ_2。

20. 一衍射光栅,每厘米 200 条透光缝,每条透光缝宽为 $a=2\times 10^{-3}$cm,在光栅后放一焦距 $f=1$m 的凸透镜,现以 $\lambda=600$nm 的单色平行光垂直照射光栅,求:(1)透光缝 a 的单缝衍射中央明条纹宽度为多少?(2)在该宽度内,有几个光栅衍射主极大?

21. 用波长为 589.3nm 的钠黄光垂直入射在每毫米有 500 条缝的光栅上,求第一级主极大的衍射角。

22. 在圆孔夫琅禾费衍射实验中,已知圆孔半径 a,透镜焦距 f 与入射光波长 λ。求透镜焦面上中央亮斑的直径 D。

23. 迎面开来的汽车,其两车灯相距 l 为 1m,汽车离人多远时,两灯刚能为人眼所分辨?(假定人眼瞳孔直径 d 为 3mm,光在空气中的有效波长为 $\lambda=500$nm)

24. 在通常亮度下,人眼瞳孔直径约为 3mm,若视觉感受最灵敏的光波长为 550nm,试问:(1)人眼最小分辨角是多大?(2)在教室的黑板上,画的等号的两横线相距 2mm,坐在距黑板 10m 处的同学能否看清?(要有计算过程)

25. 将一束波长 $\lambda=589$nm 的平行钠光垂直入射在 1cm 内有 5000 条刻痕的平面衍射光栅上,光栅的透光缝宽度 a 与其间距 b 相等,求:(1)光线垂直入射时,能看到几条谱线?是哪几级?(2)若光线以与光栅平面法线的夹角 $\theta=30°$ 的方向入射时,能看到几条谱线?是哪几级?

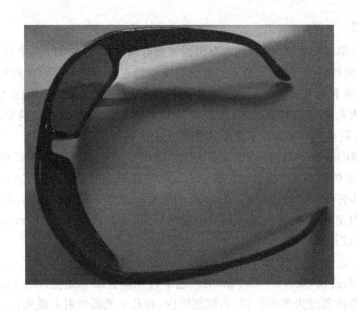

这是一张在观看立体电影时必须佩戴的偏振眼镜照片。

立体电影是用两个镜头如人眼那样从两个不同方向同时拍摄下景物的像,制成电影胶片。在放映时,通过两个放映机,把用两个摄影机拍下的两组胶片同步放映,使略有差别的两幅图像重叠在银幕上。这时如果用眼睛直接观看,看到的画面是模糊不清的,要看到立体电影,就要在每架电影机前装一块偏振片,它的作用相当于起偏器。从两架放映机射出的光,通过偏振片后,就成了偏振光。左右两架放映机前的偏振片的偏振化方向互相垂直,因而产生的两束偏振光的偏振方向也互相垂直。这两束偏振光投射到银幕上再反射到观众处,偏振光方向不改变。观众戴上透振方向互相垂直的偏振眼镜观看,每只眼睛只看到相应的偏振光图像,即左眼只能看到左机映出的画面,右眼只能看到右机映出的画面,这样就会像直接观看那样产生立体感。

第17章

光 的 偏 振

本章概要 光的干涉和衍射现象揭示了光的波动性,但不能由此确定光是横波还是纵波,光的偏振现象是区别横波与纵波的一个最为明显的标志。本章先介绍三类偏振光:自然光(无偏振)、完全偏振光(线偏振、椭圆偏振、圆偏振)、部分偏振光,然后说明了起偏和检偏的方法并阐述了马吕斯定律,接着介绍了光反射和折射时的偏振规律及一些应用。最后,讨论了晶体的双折射现象及所遵循的规律和应用。

17.1 光的偏振性

一、横波的偏振性

我们首先来观察一个实验,如图 17-1 所示,取一根软绳,一端固定在墙上,手持另一端上下抖动,就在绳上形成一横波。现在,让软绳穿过一带有狭缝的木板,若狭缝与绳上质点振动方向平行,则绳上质点振动可以通过狭缝传递到木板的另一侧(图 17-1(a))。如果狭缝与绳上质点振动方向垂直,则绳上质点振动就被狭缝挡住不能向前传播(图 17-1(b))。如果将这根绳换成细软的弹簧,前后推动弹簧形成纵波,则无论狭缝怎样放置,弹簧上的纵波都可以通过狭缝传到木板的另一侧(图 17-1(c))。

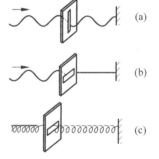

图 17-1 横波与纵波通过狭缝的比较

由此可知,对于纵波而言,它包含传播方向和振动方向的任一平面,通过波的传播方向所作的所有平面内的运动情况都相同,其中没有一个平面显示出比其他平面特殊,通常称此为波的振动方向对传播方向具有对称性。对于横波,包含传播方向和振动方向的平面,与不包含振动方向的平面是有区别的,这种区别称之为波的振动方向对传播方向不具有对称性。振动方向对于传播方向的不对称性称为偏振,是区别横波与纵波的一个最为明显的标志。

前面已经指出光波是电磁波,由于电磁波是横波,它具有偏振性,所以,光矢量(E 矢量)的振动方向总是与光的传播方向垂直。在垂直于光传播的平面内,光矢量可能有各种不同的偏振状态,称为光的偏振态。最常见的光的偏振态分为三种:自然光(无偏振),完全偏振光(线偏振、椭圆偏振、圆偏振),部分偏振光。

二、线偏振光和自然光

1. 线偏振光

在光传播过程中,通常将光矢量和光的传播方向所构成的平面称为偏振光的振动面。图 17-2(a)所示。若光矢量仅沿一个固定的方向振动,这种光称为线偏振光。图 17-2(b)是线偏振光的表示方法,短线表示光矢量振动在纸面内,点表示光矢量振动垂直于纸面。由于线偏振光的光矢量始终保持在固定的振动面内,所以又叫平面偏振光。

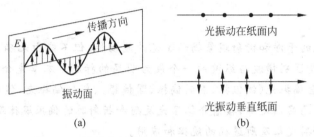

图 17-2　偏振光的振动面及线偏振光的表示方法

2. 自然光

通常普通光源发出的光是自然光,一般的测量技术无法判断自然光的偏振性。在 16.1 节曾提到过,光是由光源中大量的发光原子或分子发出的。每个发光原子(或分子)每次所发射的光波列可认为是一线偏振光,具有一定的方向。然而普通光源中各个原子或分子发光波列不仅初位相彼此不相关,而且振动方向彼此也毫不相关,随机分布,毫无规则可言。在相对长的时间内(约为 10^{-8}s),从统计规律来说,在光的传播方向上的任意一个场点,光矢量既有空间分布的均匀性,又有时间分布的均匀性。平均而言,光矢量具有轴对称且均匀的分布,各个方向光振动的振幅也相同,具有这种特点的光叫做自然光(非偏振光)。如图 17-3(a)所示。

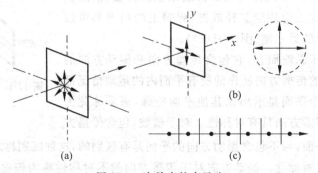

图 17-3　自然光的表示法

值得注意的是对于自然光,沿不同方向振动的各光矢量的振幅和位相都是随机的,互不相关,所以自然光可以等效成(即设想把自然光沿任意方向分解为)两个振幅相等、振动方向相互垂直、互不相关的两个线偏振光。这两个线偏振光的光强各占自然光强的一半。如图 17-3(b)所示。图 17-3(c)是自然光的图示法。图中短线和点分别表示纸面内的光矢量振动和垂直于纸面的光矢量振动,短线和点交替均匀,表示光矢量对称且均匀分布。

3. 部分偏振光

若光矢量在某一方向的振动比与之垂直的方向上的振动更占优势,这种光叫部分偏振光。在垂直于这种光传播方向的平面内,各方向都有光振动,但其振幅不相等。如图 17-4(a)所示,进一步的理论分析表明,可认为部分偏振光是由自然光和偏振光叠加而成。图 17-4(b)是部分偏振光的表示方法。

注意:这种偏振光各方向的光矢量之间的相位也是随机的(无固定相位关系)。

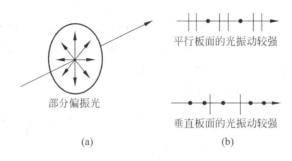

图 17-4　部分偏振光的表示方法

在自然界中,实际上避开阳光直射所测得的来自天空的光,就是部分偏振光,水面或其他反射面的反射光大都是部分偏振光。

4. 圆偏振光和椭圆偏振光

这两种光的特征是随着光向前传播,其光矢量按一定频率旋转(左旋或右旋)。在垂直于光的传播方向的平面内,若光矢量的端点轨迹是一个圆,这种振动状态的光叫圆偏振光。若光矢量的端点轨迹是一个椭圆,这种振动状态的光叫椭圆偏振光。如图 17-5 所示。

根据相互垂直的简谐振动的合成规律可知,圆偏振光和椭圆偏振光中光矢量的旋转都相当于两个相互垂直的简谐振动的合成。所以,圆偏振光和椭圆偏振光可看成两个光振动面相互垂直、有固定相位关系的线偏振光的叠加。

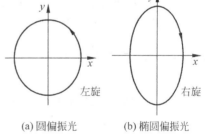

图 17-5　部分偏振光的表示方法

【例题 17-1】　一束光垂直入射在偏振片上,以入射光线为轴转动偏振片,观察通过偏振片后的光强变化过程。如果观察到光强不变,则入射光是什么光? 如果观察到明暗交替变化,有时出现全暗,则入射光是什么光? 如果观察到明暗交替变化,但不出现全暗,则入射光是什么光?

解:当一束光垂直入射在偏振片上时,以入射光线为轴转动偏振片,如果观察到通过偏振片后的光强不发生变化,入射光是自然光;如果观察到光强有明暗交替变化,并且有时出现全暗,则入射光是完全偏振光;如果观察到光强有明暗交替变化,但不出现全暗,则入射光是部分偏振光。

17.2 马吕斯定律

一、起偏和检偏

使自然光(或非偏振光)变为线偏振光的过程叫起偏,能产生线偏振光的器件叫起偏器。在实验室怎样起偏？怎么检验光的偏振态呢？

最为常用的一种起偏器是偏振片,它是 1828 年一位 19 岁的美国大学生兰德(E. H. Land)发明的。某些物质能吸收某一方向的光振动,而只让与这个方向垂直的光振动通过,这种性质称二向色性。偏振片就是由涂有二向色性材料制作的透明薄片。当自然光照射在偏振片上时,它只让某一特定方向的光通过,这个方向称为偏振片的偏振化方向(或透振方向)。通常这个特殊方向用"↕"或一组平行线表示。

如图 17-6 所示,两平行放置的偏振片 P_1 和 P_2,偏振化方向分别用它们上面的一组平行线表示,当自然光(强度为 I_0)垂直入射于偏振片 P_1 时,凡光矢量振动方向平行于 P_1 的偏振化方向的光皆能透过,通过偏振片 P_1 后变为线偏振光(因为自然光的光矢量对称且均匀分布,强度为 $I_1 = I_0/2$),如果将 P_1 绕光的传播

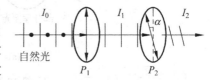

图 17-6 起偏和检偏

方向慢慢地转动,可以观察到透过 P_1 的光强将不因 P_1 的转动而发生变化。然后再入射到偏振片 P_2,若 P_1 与 P_2 两者的偏振化方向平行时,光能全部透过 P_2,若 P_1 与 P_2 两者的偏振化方向垂直,光完全不能透过 P_2,因此,如果将 P_2 绕光的传播方向慢慢地转动,可以观察到透过 P_2 的光强将随 P_2 的转动而发生变化,当 P_2 转动一周时,透射光强将出现两次最明和两次最暗(光强为零,称为消光现象)。此处可见偏振片 P_2 起到了检验入射光是否为偏振光的作用,故称为检偏器。需要指出的是,凡能用作起偏器的器件,必能用作检偏器。

延伸阅读——科学发现

人造偏振片

1852 年,英国人菲尔普斯(Phelps)把碘滴到犬尿里,他发现经过反应后的液体中呈现出闪烁悦目的绿色小晶体,他把这一现象禀告给他的导师——生理学家赫勒帕思(Herapath)后,赫勒帕思用显微镜对该晶体进行了细致的观察和研究,发现在晶体与晶体交叠的一些地方是亮的,而在另一些地方却是暗的。于是知道这是一种二向色性很强的晶体,是一种新型的偏振材料,后人称其为赫勒帕思晶体。

1828 年,就读于哈佛大学物理系的 19 岁大学生兰德(E. H. Land)将拌有赫勒帕思晶体而尚未固化的塑料经一条细狭缝挤压出来,使那些微小的针状晶体相互平行地排列在塑料薄膜里,经固化后,制成了世界上第一种人造偏振片——J 偏振片。1938 年,他又发明了一种目前广泛应用的 H 偏振片。后来制成了多种偏振材料,将其用于太阳镜和其他光学仪器上。

二、马吕斯定律

上面所述,从 P_1 透射出来的强度为 I_1 的线偏振光入射到 P_2 后,从 P_2 透射出来的光强是连续变化的,那么其透射光强 I_2 如何变化? 1808 年法国工程师马吕斯(L. E. Malus)由实验发现:透射偏振光强 I_2(在不考虑检偏器对透射光吸收的情况下)与入射线偏振光强的关系为

$$I_2 = I_1 \cos^2\alpha \tag{17-1}$$

式中 α 是入射线偏振光的光矢量振动方向与检偏器的偏振化方向间的夹角(图 17-6),上式称为**马吕斯定律**。

马吕斯定律证明如下:

设起偏器 P_1 与检偏器 P_2 间偏振化方向的夹角为 α,如图 17-7 所示,A_1 为入射线偏振光的光矢量振幅,透过检偏器 P_2 的光矢量振幅为 A_2,是 A_1 在 P_2 方向的投影,即

$$A_2 = A_1 \cos\alpha$$

另一投影分量垂直 P_2,完全不能通过,因光强正比于振幅的平方,所以透射光强

$$I_2 = I_1 \cos^2\alpha$$

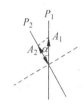

图 17-7 马吕斯定律计算用图

【**思考**】 一束光可能是:(1)自然光;(2)线偏振光;(3)部分偏振光,你如何用实验来确定这束光是哪种光?

【**例题 17-2**】 一束光由自然光和线偏振光混合组成,当它通过一偏振片时,发现透射光的强度随偏振片的转动可以变化到 5 倍。试求入射光中自然光和线偏振光的强度各占入射光强度的百分之几?

解:设入射光的强度为 I_0,其中自然光和偏振光的强度分别为 I_{10} 和 I_{20},则有

$$I_0 = I_{10} + I_{20}$$

又设通过偏振片后的偏振光强度为 I,其中由原入射自然光产生的偏振光强为 I_1,而原入射偏振光产生的偏振光强为 I_2,则

$$I_1 = \frac{I_{10}}{2}$$

$$I_2 = I_{20} \cos^2\alpha$$

式中 α 为原偏振光的振动方向与偏振片的偏振化方向的夹角。

依题意,当 $\alpha = 0$ 时,透射光强度最大,即

$$I = I_{\max} = \frac{1}{2}I_0 + I_{20}$$

当 $\alpha = 90°$ 时,透射光强度最小。

$$I = I_{\min} = \frac{1}{2}I_{10}$$

且有

$$I_{\max} = 5 I_{\min}$$

即

$$\frac{1}{2}I_0 + I_{20} = 5 \times \frac{1}{2} I_{10}$$

可得

$$\frac{I_{10}}{I_0} = \frac{1}{3} \quad \text{及} \quad \frac{I_{20}}{I_0} = \frac{2}{3}$$

即入射光中自然光和线偏振光的强度各占入射光强度的 $\frac{1}{3}$ 和 $\frac{2}{3}$。

延伸阅读——拓展应用

立 体 电 影

双目立体视觉：人眼除能感受物体的大小、形状、亮暗及物体表面的颜色外，还能产生远近的感觉及分辨不同物体在空间的相对位置，这种对物体远近的估计就是空间感觉。对物体空间的相对位置及物体的体积感觉即为立体视觉。由于人的左右眼相隔一定的距离，实际上两只眼睛从不同位置和方位观察这个物体，由于同一物体相对左右两眼的位置不同，所以该物体在人的两眼视网膜上的成像是有差别的。而且，被观察物体离我们越近，两眼观察到的像差别越大，反之相反。这两个略有差别的像通过神经末梢传到大脑，经人的生理及心理作用，在大脑形成一个具有长、宽、高的三维立体实像。所以，立体像的形成就是因为人的两眼之间存在距离。当用单眼看物体时，在视网膜上成的是平面像，人们可将其想象成一空间物体，产生空间感，但这种空间感极差。

立体电影原理就建立在双目立体视觉的基础上，用两台摄影机模拟人的左右两眼视线，分别拍摄两条影片，然后将这两条影片同时放到银幕上，观众在观看时要戴上眼镜，目的就是使观众的左眼只能看到左侧摄影机拍摄的图片，右眼只能看到右侧摄影机拍摄的图片，两幅图片经过大脑处理就对银幕图片产生立体纵深感——立体视觉也就产生了。在立体电影中，对摄影和放映的左右眼画面分像有许多方法：红蓝眼镜法、液晶开关眼镜法、光栅法、偏振光法等。应用最为广泛的是偏振光法分像，采用这种方法分像的电影称为偏振光立体电影。在拍摄偏振光立体电影时，用两台同步摄影机，使它们的拍摄角度刚好与双眼观看物体的角度一致。在放映时也采用两台同步放映机，但在两台放映机前各放一枚偏振片（相当于起偏器），使它们的透振方向相互正交，即银幕上的两个画面是用透振方向相互正交的平面偏振光放映出来的。为了使观众看到立体图像，必须使他们的左右眼分别戴上与透振方向一致的偏振片眼镜观看。若摘下眼镜，观众从屏幕上看到的是稍许错开的平面图片。

17.3 反射和折射时光的偏振

自然光在两种各向同性的介质分界面上反射和折射时，不仅光的传播方向改变，而且偏振的状态也要改变。实验表明，一般情况下，反射光和折射光都将是偏振光。在反射光中垂直于入射面的光振动多于平行振动，而在折射光中平行于入射面的光振动多于垂直振动（图17-8）。

理论和实验都证明，反射光和折射光的偏振化程度与入射角有关。

(1) 当入射角为某一特定值 i_B 时，反射光为完全偏振光（线偏振光）（图17-9），其光振动方向垂直于入射面，没有光振动平行于入射面的分量，这部分平行与入射面的光振动全部被折射。这个特定角 i_B 称布儒斯特角，也称起偏角。

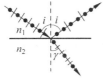
图 17-8 自然光反射和折射后产生的部分偏振光

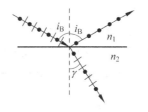
图 17-9 布儒斯特角

(2) 当光线以布儒斯特角 i_B 入射时,反射光线和折射光线相互垂直,即
$$i_B + \gamma = 90° \quad (17\text{-}2)$$
根据折射定律,有
$$n_1 \sin i_B = n_2 \sin i_\gamma = n_2 \cos i_B$$
$$\tan i_B = \frac{n_2}{n_1} = n_{21} \quad (17\text{-}3)$$

式中 $n_{21} = n_2/n_1$,是介质 2 关于介质 1 的相对折射率。式(17-3)称为**布儒斯特定律**,为纪念 1813 年由实验确定这一定律的布儒斯特而命名。由后来的麦克斯韦电磁场方程可从理论上严格证明这一定律。

当自然光从空气以儒斯特角 i_B 入射到折射率为 1.50 的玻璃时,如图 17-10(a)所示, $n_1 = 1, n_2 = 1.50$,可计算得 $i_B \approx 56.3°$。反之,根据光的可逆性,当光线反过来以角 γ(也是布儒斯特角)由玻璃射向空气反射时,如图 17-10(b)所示,入射角为布儒斯特角,同理可计算得入射 $i'_B = \gamma = 33.7°$,显然,这两者互为余角。

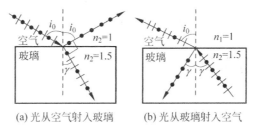

(a) 光从空气射入玻璃　　(b) 光从玻璃射入空气

图 17-10 两种情况

自然光以布儒斯特角 i_B 入射时,反射光虽然是完全偏振光,但光强较弱,以上述自然光从空气以布儒斯特角 i_B 入射到折射率为 1.50 的单块玻璃为例,垂直于入射面的光振动仅 15% 被反射,大约 85% 被折射进玻璃板并透射出来。

为增加反射光的强度和折射光的偏振化程度,将许多玻璃片叠在一起构成玻璃片堆,如图 17-11 所示。自然光以布儒斯特角 i_B 入射玻璃片堆时,光在各层玻璃片上经多次反射和折射,这样可使反射光的光强得到加强,同时折射光中的垂直分量也因多次被反射而减小。

当玻璃片数目足够多时,最后透射光接近完全偏振光,且透射偏振光的振动面与反射偏振光的振动面相互垂直。

【思考】 在拍摄玻璃橱窗的物体时,如何去掉反射光的干扰?

【例题 17-3】 如图 17-12 所示,介质Ⅰ为空气($n_1 = 1.00$),Ⅱ为玻璃($n_2 = 1.60$),两个交界面相互平行。一束自然光由介质Ⅰ中以角 i 入射。若使Ⅰ、Ⅱ交界面上的反射光为线偏振光,则：

(1) 入射角 i 是多大？

(2) 图 17-12 中玻璃上表面处折射角是多大？

(3) 在图 17-12 中玻璃板下表面处的反射光是否也是线偏振光？

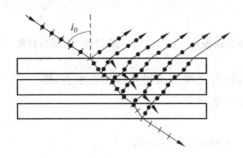

图 17-11 利用玻璃片堆产生完全偏振光

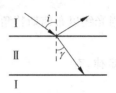

图 17-12 例题 17-3 用图

解：(1) 由布儒斯特定律得

$$\tan i = \frac{n_2}{n_1} = \frac{1.60}{1.00} = 1.60$$

$$i = 58.0°$$

(2) $r = 90° - i = 32.0°$

(3) 因二界面平行,所以下表面处入射角等于 γ。

$$\tan\gamma = \cot i = \frac{n_1}{n_2}$$

满足布儒斯特定律,所以图 17-12 中玻璃板下表面处的反射光也是线偏振光。

17.4 光的双折射现象

一、双折射现象

一光束在各向同性介质表面上反射及折射时,除产生光的偏振现象外,其折射光只有一束。但是对于光学性质随方向而异的一些晶体,一束入射光常被分解为两束线偏振光,如图 17-13 所示,这称为光的双折射现象。

1. 寻常光与非常光

设一束光以入射角 i 射入晶体而产生双折射,这时,两束折射光中的一束恒遵守折射定律,这束光称为寻常光(也称作 o 光)；另一束光则不遵守折射定律,即当入射角改变时,入射角的正弦与折射角的正弦之比不再是一个常数,该光束一般也不在入射面内,这束光称为非常光(也称作 e 光)。用检偏器观察,o 光及 e 光都为线偏振光,二者的振动方向垂直。双折射现象表明非常光在晶体内各个方向的折射率不同,因而非常光在晶体内的传播速度 v_e 随方向的不同而不同。

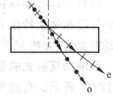

图 17-13 光的双折射现象

2. 光轴

光轴：在晶体中存在一个特殊的方向，当光线沿这一方向传播时不发生双折射现象（o光和e光折射率相等）。这一方向称为晶体的光轴。应该说明的是，光轴仅标志着一定的方向，并不限于某一条特殊的直线。

单轴晶体：只有一个光轴的晶体（方解石、石英、红宝石等）。

双轴晶体：有两个光轴的晶体（云母、硫磺、橄榄石等）。

3. 主截面、主平面

以方解石为例，通过光在其中的双折射来说明主截面、主平面等概念。方解石是碳酸钙的六角系晶体，方解石在很宽的光谱区域中都显示出较强的双折射性质，目前几乎所有用于可见光谱、近紫外光谱和近红外光谱区域的起偏棱镜都是用光学方解石制成的。方解石对于非常光的透明区域为 $0.214\sim3.3\mu m$，但对寻常光的透明区域大约只有 $0.23\sim2.2\mu m$。

方解石晶体是负单轴晶体，它有显著的双折射性。这种材料极易沿三个不同的面劈开而成为六面棱体，如图17-14(a)所示。在 B、H 两点，任一面和其他两个面都成角 $101°55'$，在其他顶点，两个角为 $78°5'$，另一个角是 $101°55'$。光轴 HI 在 H 点与三个面构成相等的角度。我们把含有光轴并垂直于两个相对的菱形面 $ABCD$ 和 $EFGH$ 的任一平面，如 $DBFH$ 面，称为主截面。表示主截面边线（DB）的菱面体的正视图见图17-14(b)，主截面的侧视图如图17-14(c)所示。

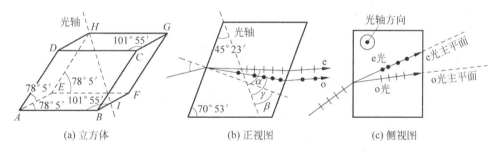

图17-14 方解石晶体结构示意图

当晶体的光轴在入射面内（Ⅰ）时，o光和e光的主平面重合。此时，两光的振动方向相互垂直。o光垂直于主平面振动，e光在主平面内振动。一般来说，o光主平面和e光主平面并不重合，二者的振动方向不完全垂直（Ⅱ）。o光的电矢量 E_o 垂直于o光的主平面，e光的电矢量 E_e 平行于e光的主平面，如图17-15所示。

当一束光强为 I 的自然光入射在双折射晶体表面上时，经折射后产生o光和e光的光强相等，即

$$I_o = I_e = I/2$$

当一束光强为 I 的线偏振光入射在双折射晶体表面上时，经折射后产生o光和e光的光强随入射光的偏振面与晶体主截面的夹角 θ 而变。光强分别为 $E_e = E\cos\theta, E_o = E\sin\theta$，如图17-16所示。

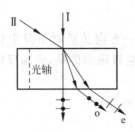

图 17-15 方解石中 o 光和 e 光的传播

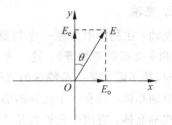

图 17-16 o 光和 e 光的光强

二、单轴晶体中的波面

光在各向异性的晶体中传播和折射的规律,可以利用惠更斯作图法得到,这需要知道各向异性晶体中波面的情况。

o 光的波振面为球面,e 光的波振面为椭球回转面,二波面在光轴方向相切,即 o、e 二光沿光轴方向的速度相等。在垂直于光轴方向,o、e 二光的传播速度相差最大。

用 v_o,n_o 分别表示 o 光的传播速度和折射率;用 v_e,n_e 分别表示 e 光在垂直于光轴方向上的传播速度与折射率,则 $n_o = c/v_o$,$n_e = c/v_e$ 称为晶体的主折射率,它们是晶体的两个重要光学参量,c 为真空中的光速。在一般情况下,光的折射率介于 n_e,n_o 之间。若晶体的 $v_e > v_o$,即 $n_e < n_o$,称为负晶体,如方解石等;若晶体的 $v_e < v_o$,即 $n_e > n_o$,称为正晶体,如石英等。常见单轴晶体主折射率见表 17-1。

表 17-1 几种单轴晶体的主折射率($\lambda = 0.5993\mu m$)

正单轴晶体			负单轴晶体		
晶体	n_o	n_e	晶体	n_o	n_e
石英	1.5443	1.5534	方解石	1.6584	1.4864
冰	1.309	1.313	电气石	1.669	1.638
金红石	2.616	2.903	白云石	1.6811	1.500

负单轴晶体的椭球回转面在球面之外,正单轴晶体的椭球回转面在球面之内,如图 17-17 所示。

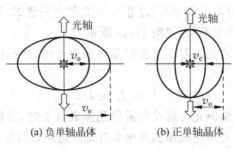

(a) 负单轴晶体　　(b) 正单轴晶体

图 17-17 椭球回转面

三、平面波在单轴晶体内的传播

在晶体中 o 光的波振面是球面,e 光的波面是椭球回转面。这里的波振面是指相位面。利用作图方法求单轴晶体中折射光的传播方向(以负单轴晶体为例)。

惠更斯原理作图法基本步骤如下：

Ⅰ 光轴在入射面内并与晶体折射面成一夹角。如图 17-18 所示。

1. 画出平行入射光束,边缘光线与介质表面分别交于 A、C。
2. 由先到界面的 A 点作另一边缘光线的垂线 AB,即为入射光波面。光线由 B 到 C 的时间为 $t = BC/c$,c 为真空中的光速。
3. 以 A 为中心,vt 为半径在折射介质中作半圆(实际上为半球面),这就是 BC 光线到达 C 点时由 A 点光线发出的次波面。
4. 由通过 C 点作上述半圆的切线(实际为切面),这就是折射线 o 光波面,切点为 D。
5. 连接 AD 方向即为 o 光的传播方向。e 光的波面及传播方向与上述 o 光方向求法相同。

Ⅱ 光轴平行于折射面并与入射面垂直。如图 17-19 所示。

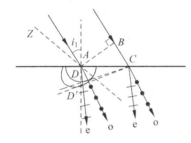

图 17-18　光轴在入射面内并与晶体折射面成一夹角　　图 17-19　光轴平行于折射面并与入射面垂直

对单轴晶体,有两个主折射率,其中

$$n_o = c/v_o$$

e 光在晶体中不同方向有不同的传播速度,所以特别规定以真空中光速与 e 光在垂直于光轴方向的传播速率 v_e 的比值为 e 光主折射率,即 $n_e = c/v_e$,此特定速度 v_e 与图中外圆半径成正比。

设入射角为 i_1,e 光的折射角为 i_{2e},即有

$$\frac{\sin i_1}{\sin i_2} = \frac{\overline{BC}/\overline{AC}}{b/\overline{AC}} = \frac{\overline{BC}}{b} = \frac{c\tau}{v_e \tau} = \frac{c}{v_e} = n_e \text{ (b 为外圆半径)}$$

即通过在给定情况下测量入射角 i_1 和 e 光的折射角 i_2,即可得该晶体对 e 光的主折射率 n_e。

注意：只有 e 光的主折射率才符合上式中的折射定律,一般情况下,e 光折射率在 n_o 和 n_e 之间,由折射定律决定。

Ⅲ 当光轴平行于晶体的折射表面并在入射面内。如图 17-20 所示。

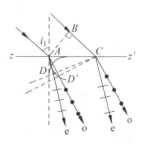

图 17-20　当光轴平行于晶体的折射表面并在入射面内

Ⅳ 光轴平行于晶体的折射表面,光线垂直地射至折射表面。如图 17-21 所示。

Ⅴ 光轴垂直于折射表面,光线垂直地射至折射表面。如图 17-22 所示。

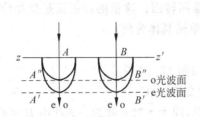

图 17-21 光轴平行于晶体的折射表面,
光线垂直地射至折射表面

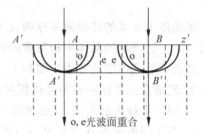

图 17-22 光轴垂直于折射表面,光线
垂直地射至折射表面

四、晶体偏振棱镜

利用透明双折射晶体,可以制成偏振器件,这种器件能产生 100% 的偏振光。经过棱镜的这种偏振光两个振动面相互垂直,两者的折射规律不同,通过在界面的折射,在空间分开。偏振器件是获得线偏振光的主要器件之一。下面介绍几种常用的光学器件。

1. 渥拉斯顿棱镜(Wollaston prism)

渥拉斯顿棱镜的结构如图 17-23 所示,由两块三角形状的冰洲石黏合而成,第一块冰洲石的光轴平行于入射面,第二块的光轴和第一块垂直。

自然光垂直入射到 AB 面时,o 光和 e 光将分别以速率 v_o 和 v_e 无折射地沿同一方向传播;当它们进入第二棱镜后,由于第二棱镜光轴与第一棱镜光轴垂直,原来第一棱镜中的 o 光进入第二棱镜时变为 e 光,折射角应大于入射角($n_e < n_o$,

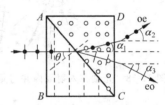

图 17-23 渥拉斯顿棱镜

光密介质到光疏介质),折射光远离 BD 面的法线传播;原来第一棱镜中的 e 光进入第二棱镜时,折射角应小于入射角,折射光靠近 BD 面的法线传播。因此,两束线偏振光在第二棱镜中分开。当两束光由第二棱镜 CD 面出射、进入空气时,它们各自都由光密介质进入光疏介质,它们将进一步分开,二者振动方向互相垂直。

考虑 oe 光线偏角,此光线在第一棱镜中为 o 光,而在第二棱镜中变成了 e 光,则

$$n_o \sin\theta = n_e \sin(\theta - \alpha_1)$$

在 CD 面上,由折射定律有

$$n_e \sin\alpha_1 = \sin\alpha_2$$

因为 n_o,n_e 相差不多,α_1,α_2 均为小角,故

$$\alpha_2 \approx \sin\alpha_2 = (n_e - n_o)\tan\theta$$

设光 eo 沿相反方向的偏角为 α_3,用上述方法可得其值与 α_2 相同,即

$$\alpha_3 = (n_e - n_o)\tan\theta$$

故 eo、oe 二出射光线间夹角为 $\alpha = \alpha_2 + \alpha_3 = 2(n_e - n_o)\tan\theta$。

入射角不为零但很小时,角剪切量 α 的误差对实际应用来说是可以忽略的。

2. 渥拉斯顿镜(Wollaston prism)

渥拉斯顿镜由两块直角楔形棱镜粘合而成,均由光学方解石组成。光轴方向互相垂直。自然光正入射时,出射为两束分开的线偏振光。如图 17-24 所示。

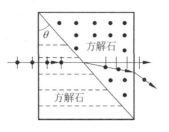

图 17-24 渥拉斯顿镜

3. 尼科耳棱镜(Nicol prism)

1828 年,苏格兰物理学家尼科耳(William Nicol)发明了双折射起偏器,其结构如图 17-25 所示,取一块长约为宽三倍的冰洲石,把一个角磨平,光轴同这个平面垂直,沿 $ABCDE$ 面将它切开,然后再用加拿大树胶将两者粘合在一起。树胶的折射率 n 介于冰洲石 n_o,n_e 之间,对于钠黄光,$n_o=1.65836$,$n_e=1.48541$,而 $n_{胶}=1.55$。使用时,光沿棱边 BB' 入射,光进入晶体后,o 光将以大于临界角的入射角在树胶的表面发生全反射,从上棱边出射,而 e 光不会发生全反射,通过树胶从另一端出射。

尼科耳棱镜的一个缺点是要求入射光的方向在一定的范围内,以保证 o 光在树胶层上全反射。此外由于加拿大树胶吸收紫外光,不能适用此波段的光。

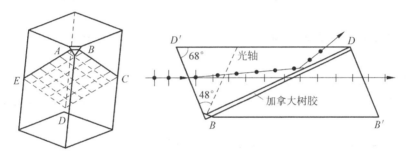

图 17-25 尼科耳棱镜

(1) 对 o 光:$n_o>n_{胶}$,加拿大树胶对其为从光密到光疏介质,其全反射临界角为

$$\arcsin\left(\frac{n_{加}}{n_o}\right)\approx 69°$$

而入射角 76°大于临界角,发生全反射。

(2) $n_o>n_{胶}$,e 光不会发生全反射。

4. 波晶片-相位延迟器(wave plates-retarders)

双折射晶体除了可以制作偏振器,还可以用来制作波晶片,即所谓的相位延迟片。波晶片是从单轴晶体中(如冰洲石)中切割下来的薄片,薄片的表面同光轴平行,如图 17-26 所示。切割得到的波晶片厚度为 d,光轴平行于晶面,当一束平行光正入射时,将分解成 o、e 二光,虽传播方向不变,但二光的传播速 v_o,v_e 不等,即折射率 $n_e\neq n_o$。设晶体为正晶体,则 $n_e>n_o$;负晶体时,$n_e<n_o$,光经过晶体之后,o 和 e 的光程不同。

$$\text{o 光的光程}\qquad L_o=n_o d$$
$$\text{e 光的光程}\qquad L_e=n_e d$$

两光在出射界面的相位比入射面的相位落后

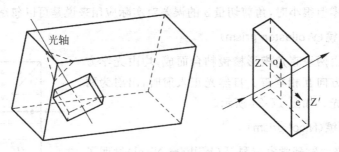

图 17-26 波晶片

$$\varphi_o = \frac{2\pi}{\lambda} n_o d \quad (\text{o 光})$$

$$\varphi_e = \frac{2\pi}{\lambda} n_e d \quad (\text{e 光})$$

o 光和 e 光的相位差（位相延迟）为

$$\delta = \varphi_o - \varphi_e = \frac{2\pi}{\lambda}\Delta = \frac{2\pi}{\lambda}(n_e - n_o)d$$

λ 为光在真空中的波长。适当地选择晶片厚度 d，可以使两光束之间产生任意大小的光程差：

当光程差 Δ 为一个波长（相位差为 2π）时，称为全波片（full wave plate）；

当 Δ 为半个波长时，称为半波片（half wave plate）；

当 Δ 为四分之一波长时，称为四分之一波片（quarter-wave plate）。

因此当这两相互垂直的线偏振光经过波晶片后，出射光的偏振态就取决于这两偏振光的相位差。

【例题 17-4】 平面偏振光垂直入射到一块光轴平行于表面的方解石晶片上，光的振动面和晶片的主截面成 30°。问：(1)透射出来的 o 光和 e 光的相对强度是多少？(2)利用钠光(589.3nm)时如要产生 90°的相位差，晶片的厚度为多少？

解：(1) o 光的振幅为 $A\sin 30°$

e 光的振幅为 $A\cos 30°$

相对强度之比为 $\left(\dfrac{A\sin 30°}{A\cos 30°}\right)^2 = \dfrac{1}{3}$

(2) 设晶片厚度为 d，相位差

$$\Delta\varphi = \frac{2\pi d}{\lambda}(n_o - n_e)$$

$$d = \frac{\lambda \Delta\varphi}{2\pi(n_o - n_e)} = \frac{(\pi/2)\lambda}{2\pi(n_o - n_e)} = 8.2 \times 10^{-5}\,(\text{cm})$$

本章小结

1. 光的三种偏振态：自然光（无偏振），偏振光（线偏振、椭圆偏振、圆偏振），部分偏振光

2. 自然光、线偏振光及部分偏振光的图示方法

3. 偏振光的起偏、检偏和马吕斯定律

偏振片：用能吸收某一方向的光振动的某些物质制成的透明薄片称为偏振片。偏振片允许通过的光振动方向称为偏振片的偏振化方向（或透振方向）。

起偏：当强度为 I_0 的自然光射到偏振片时，只有平行于偏振化方向的光振动能透过，因而透射光是线偏振光，透射光强度为 $I_1 = I_0/2$。

检偏：用偏振片观察线偏振光，偏振片旋转过程中有光强变化，且有消光现象，这就是检偏。

线偏振光：可用偏振片产生和检验。

马吕斯定律：强度为 I_0 线偏振光，当其偏振方向与检偏器的偏振化方向夹角为 α 时，则透射过偏振器后的透射光强为

$$I_2 = I_1 \cos^2\alpha$$

该式称为马吕斯定律。

4. 光反射和折射时的偏振及布儒斯特定律

（1）光反射和折射时的偏振：一般情况下，当自然光从介质 1 射向介质 2 时，反射光中垂直于入射面的光振动多于平行振动，而在折射光中平行于入射面的光振动多于垂直振动（图 17-10）。

（2）布儒斯特定律

光向两种介质的分界面入射，当入射角为布儒斯特角 i_B 时，反射光为垂直入射面振动的线偏振光。其中 i_B 为起偏角，且满足：$\tan i_B = \dfrac{n_2}{n_1}$，称布儒斯特定律。$i_B + r = \pi/2$，如图 17-11 所示。

5. 光的双折射

（1）晶体的双折射现象：用自然光照射某些晶体（方解石）表面产生两条折射光线。

特点：

① 寻常光（o 光）遵守折射定律，非常光（e 光）不遵守折射定律。

② 两条光线都是线偏振光，振动方向不同。

（2）产生双折射的原因：o 光、e 光在晶体中的传播速度不同，沿光轴方向 o 光、e 光速度相同；垂直光轴方向 o 光、e 光速度相差最大。

6. 偏振棱镜

（1）尼科耳棱镜：把一块方解石晶体切成两半，用加拿大树胶粘在一起，加拿大树胶对 o 光产生全反射。

（2）渥拉斯顿镜：由两块方解石直角棱镜构成，两者光轴相垂直，负晶体，$v_e > v_o$，$n_e < n_o$。

垂直板面振动的光线：对第一块棱镜是 o 光，对第二块棱镜是 e 光。

垂直板面振动的光线由 o→e 光，光密→光疏，折射光偏离法线。

平行板面振动的光线：对第一块棱镜是 e 光，对第二块棱镜是 o 光。

平行板面振动的光线由 e→o 光，光疏→光密，折射光靠近法线。

两条光线分开，都是线偏振光。

7. 偏振片

（1）二向色性：某些双折射晶体对 o 光和 e 光的吸收率不同。

(2) 获得偏振光的方法：①偏振片；②偏振棱镜；③以布儒斯特角照射玻璃片。

习题

一、选择题

1. 在双缝干涉实验中,用单色自然光在屏上形成干涉条纹,若在两缝后放一个偏振片,(　　)。

  (A) 干涉条纹的间距不变,但明纹的亮度加强

  (B) 干涉条纹的间距不变,但明纹的亮度减弱

  (C) 干涉条纹的间距变窄,且明纹的亮度减弱

  (D) 无干涉条纹

2. 一束光是自然光和线偏振光的混合光,让它垂直通过一偏振片。若以此入射光束为轴旋转偏振片,测得透射光强度的最大值为最小值的7倍,那么入射光束中自然光与线偏振光的光强之比为(　　)。

  (A) 1/2   (B) 1/3   (C) 1/4   (D) 1/5

3. 若一光强为 I_0 的线偏振光先后通过两个偏振片 P_1 和 P_2。P_1 和 P_2 的偏振化方向与原入射光矢量振动方向的夹角分别为 α 和 $90°$,则通过这两个偏振片后的光强 I 为(　　)。

  (A) $\frac{1}{4}I_0\sin^2(2\alpha)$ (B) 0   (C) $\frac{1}{4}I_0\cos^2\alpha$ (D) $\frac{1}{4}I_0\sin^2\alpha$

4. 一束光强为 I_0 的自然光,相继通过三个偏振片 P_1、P_2、P_3 后出射光的光强为 $I=I_0/8$。已知 P_1 和 P_3 的偏振化方向相互垂直,若以入射光线为轴,旋转 P_2,要使出射光的光强为零,P_2 最少要转过的角度是(　　)。

  (A) 30°   (B) 45°   (C) 60°   (D) 90°

5. 两偏振片堆叠在一起,一束自然光垂直入射其上时没有光线通过,当其中一偏振片慢慢转动90°时透射光强度发生的变化为(　　)。

  (A) 光强单调增加

  (B) 光强先增加,后又减小至零

  (C) 光强先增加,后减小,再增加

  (D) 光强先增加,然后减小,再增加,再减小至零

6. 自然光以布儒斯特角由空气入射到一透明介质表面上,则反射光是(　　)。

  (A) 在入射面内振动的完全线偏振光

  (B) 平行于入射面的振动占优势的部分偏振光

  (C) 垂直于入射面振动的完全线偏振光

  (D) 垂直于入射面的振动占优势的部分偏振光

二、填空题

7. 一束光垂直入射在偏振片 P 上,以入射光线为轴转动 P,观察通过 P 的光强的变化过程。若入射光是＿＿＿＿,则将看到光强不变;若入射光是＿＿＿＿,则将看到明暗交替变化,有时出现全暗;若入射光是＿＿＿＿,则将看到明暗交替变化,但不出现全暗。

8. 一束自然光通过两个偏振片,若两偏振片的偏振化方向夹角由 30°转到 45°,则转动前后透射光强度之比为_____。

9. 光强为 I_0 的自然光垂直通过两个偏振片后,出射光强 $I=I_0/4$,则两个偏振片的偏振化方向之间的夹角为_____。

10. 一束自然光从空气投射到玻璃板上(空气折射率为1),当折射角为 30°时,反射光是完全偏振光,则此玻璃板的折射率等于_____。

11. 某种透明介质对于空气的临界角(指全反射角)是 45°,则光从空气射向此介质时的布儒斯特角是_____。

12. 在光学各向异性晶体内部有一确定的方向,沿这一方向寻常光和非常光的_____相等,这一方向称为晶体的光轴。只具有一个光轴方向的晶体称为_____晶体。

三、作图题

13. 如图 17-27 所示,一个晶体偏振器由两个直角棱镜组成(中间密合)。其中一个直角棱镜由方解石晶体制成,另一个直角棱镜由玻璃制成,其折射率 n 等于方解石对 e 光的折射率 n_e。一束单色自然光垂直入射,试定性地画出折射光线,并标明折射光线光矢量的振动方向。

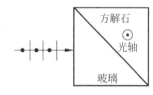

图 17-27 习题 13 用图

14. 图 17-28 中,图(a)~图(d)表示线偏振光入射于两种介质分界面上,图(e)表示入射光是自然光。n_1 和 n_2 为两种介质的折射率,图中入射角 $i_0=\arctan\dfrac{n_2}{n_1}$,$i\neq i_0$,试在图上画出实际存在的折射光线和反射光线,并用点或短线把振动方向表示出来。

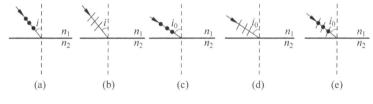

图 17-28 习题 14 用图

四、计算题

15. 有三个偏振片堆叠在一起,已知第一个与第三个偏振片的偏振化方向相互垂直,一束强度为 I_0 的自然光垂直入射于偏振片上,已知通过三个偏振片后的光强为 $I_0/8$。求第二个偏振片与第一个偏振片的偏振化方向之间的夹角。

16. 如果测得从一池静水(折射率 $n=1.33$)的表面反射出来的太阳光是线偏振的,试求太阳的仰角大致等于多少以及反射光中的 E 矢量的方向是否垂直入射面(如图 17-29 所示)?

17. 如图 17-30 所示,P_1、P_2 为偏振化方向夹角为 α 的两个偏振片。光强为 I_0 的平行自然光垂直入射到 P_1 表面上时,通过 P_2 的光强等于多少?如果在 P_1、P_2 之间插入第三个偏振片 P_3,则通过 P_2 的光强发生了变化。实验发现,以光线为轴旋转 P_2,使其偏振化方向旋转角 θ 后,发生消光现象,从而可以推算出 P_3 的偏振化方向与 P_1 的偏振化方向之间的夹角 α' 等于多少?(假设题中所涉及的角均为锐角,并且 $\alpha'<\alpha$。)

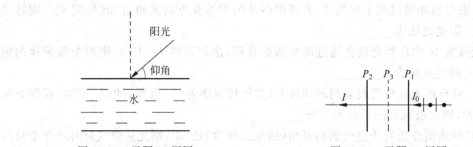

图 17-29 习题 16 用图　　　　　图 17-30 习题 17 用图

18. 如图 17-31 所示，安排的透光介质Ⅰ、Ⅱ、Ⅰ，介质Ⅰ为空气(折射率 $n_1 = 1.00$)，介质Ⅱ为玻璃(折射率 $n_2 = 1.60$)，两个交界面互相平行。一束自然光从介质Ⅰ中以角 i 入射。若使介质Ⅰ、Ⅱ交界面上的反射光为线偏振光，则：

(1) 入射角 i 为多少？

(2) 图 17-31 中玻璃上表面处折射角为多少？

(3) 在图 17-31 中玻璃板下表面处的反射光是否也是线偏振光？

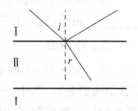

图 17-31 习题 18 用图

　　时间的起点到底在哪里？在基础层面上，时间之源仍然是一个谜。20世纪初，两大物理革命撼动了人们对时间的认识。第一场革命，是爱因斯坦的相对论；第二场革命就是量子力学。量子力学显示，在微观尺度下，事物的实质与存在变得很奇怪。比如，两个粒子可以以某种方式"纠缠"起来，这样它们就总会同时运动和变化。对其中一个进行的实验会立即影响到另一个，且不论两者距离多远都是如此。换言之，相距甚远的粒子对能够即时"交流"，这明显与"任何物体都不能超光速运动"及时间本身的概念相左。"神秘"的量子纠缠效应也是量子通信的基础，我们期待着量子物理学和量子通信焕发更大的魅力，带给人类更大的惊喜。

第18章

量子物理学基础

本章概要 19世纪末到20世纪初,人们发现了许多经典物理无法解释的有趣的实验现象,例如黑体辐射、光电效应、康普顿效应和氢原子光谱的规律等。普朗克为了解释黑体辐射,于1900年首先提出了能量子的假设。接着爱因斯坦提出了光子的概念,成功地从理论上解释了光电效应。随后,光子理论对康普顿散射的解释进一步支持了光子的假设。1913年,玻尔在卢瑟福核式模型的基础上,将普朗克、爱因斯坦的量子理论推广到原子系统,揭开了氢原子线状光谱的秘密。德布罗意在光的波粒二象性的启发下,大胆提出了实物粒子也具有波粒二象性的假设,并很快得到了戴维孙-革末的电子衍射实验的证实。早期的量子理论取得的这些成就为量子力学的建立奠定了坚实的基础。本章主要介绍上述实验规律以及相关的假设和概念,以使大家对量子力学的建立有一个初步的认识。

18.1 黑体辐射 普朗克能量子假设

一、热辐射 描述热辐射的物理量

在任何温度下,处于热平衡的物体都在向周围空间辐射各种频率的电磁波,其强度按照频率的分布与物体的温度有关,故这种电磁辐射称为热辐射。例如,铁块在炉中加热时,随着温度的不断升高,从开始的发热而不发光,到逐渐发红光、橙色光,以至黄白光,形象地说明了铁块的热辐射强度分布随着温度的升高在向高频移动。

为了定量地描述物体热辐射的规律,引入以下几个物理量。

1. 单色辐出度 $M_\lambda(T)$

设单位时间内从物体单位表面积上辐射出的波长在 λ 到 $\lambda+d\lambda$ 范围内的电磁辐射能量为 dE_λ,则单色辐出度 $M_\lambda(T)$ 为

$$M_\lambda(T) = \frac{dE_\lambda}{d\lambda} \tag{18-1}$$

其单位为 W/m^3。它与热力学温度 T 和波长 λ 有关,还与物体的材料和表面情况等有关。

2. 辐射辐出度 $M(T)$

在单位时间内从物体单位表面积上辐射出的各种波长的总辐射能称为辐射辐出度,简

称辐出度。显然,辐出度和单色辐出度有如下关系:

$$M(T) = \int_0^\infty M_\lambda(T) d\lambda \qquad (18\text{-}2)$$

其单位为 W/m²。它仅与物体处于热平衡时的热力学温度 T 有关。当然,热力学温度 T 相同的情况下,不同材料和表面情况的物体,$M(T)$不同。

3. 单色吸收比和单色反射比

处于热平衡的物体,既会发出电磁辐射,也会吸收电磁辐射。一般来讲,照射到物体表面上的电磁辐射,并不完全被物体吸收,还可能反射和透射。我们把被物体吸收的波长在 λ 到 $\lambda+d\lambda$ 范围内的能量与入射的该波长区间的能量之比定义为物体的单色吸收比,用 $\alpha_\lambda(T)$ 表示;把被物体反射的波长在 λ 到 $\lambda+d\lambda$ 范围内的能量与入射的该波长区间的能量之比称为单色反射比,用 $r_\lambda(T)$ 表示。它们也都与热力学温度 T 和辐射的波长 λ 有关。由能量守恒定律可知,它们的取值范围在 0 到 1 之间。

二、基尔霍夫热辐射定律

实验表明,在相同的温度下,不同物体的辐射和吸收能力是不同的,即 $M_\lambda(T)$ 和 $\alpha_\lambda(T)$ 与物体有关。若在任何温度下,一个物体都能够完全吸收照射在它上面的各种频率的电磁波,即 $\alpha_\lambda(T)=1$,则称该物体为黑体。显然,黑体是一个理想模型。

理论上可以证明,在相同的温度下,任何物体在相同波长处的单色辐出度与单色吸收比成正比,比值等于在该温度下黑体在同一波长处的单色辐出度。也就是说,该比值仅与温度和波长有关,而与物质无关。可表示为

$$\frac{M_{\lambda 1}(T)}{\alpha_{\lambda 1}(T)} = \frac{M_{\lambda 2}(T)}{\alpha_{\lambda 2}(T)} = \cdots = \frac{M_{\lambda 0}(T)}{\alpha_{\lambda 0}(T)} = M_{\lambda 0}(T) \qquad (18\text{-}3)$$

式中 $M_{\lambda 0}(T)$ 和 $\alpha_{\lambda 0}(T)$ 分别为黑体的单色辐出度和单色吸收比。这一关系称为基尔霍夫定律。基尔霍夫定律说明,辐射能力越强的物体,其吸收能力也越强。黑体是完全的吸收体,因此它也是最理想的辐射体。

三、黑体辐射

从式(18-3)可见,如果能获知黑体辐射的单色辐出度和某种物体的单色吸收比,那么就可以了解该物体的热辐射规律。因此,有必要从实验和理论上研究黑体辐射的规律。

什么样的物体可以看成是黑体呢?实际生活中的黑色物体还不是理想的黑体,因为它只能吸收不超过 99% 的入射光能,且仍然存在一定的反射。如图 18-1 所示,在一个任意材料做成的足够大的空腔壁上开一个足够小的孔,则小孔可看成是黑体表面。因为射入小孔的电磁辐射将在腔壁上被多次反射,而每次反射,腔内壁都将吸收一部分能量,最后,能量几乎全部被吸收,很难有机会再从小孔出来了。

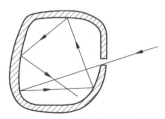

图 18-1 黑体模型

黑体辐射的能谱曲线是什么样的呢?可以从实验上测

定。加热这个空腔到不同温度,则从空腔小孔发射的电磁辐射就可看成不同温度下的黑体辐射。然后,用分光技术探测黑体的单色辐出度按照波长和温度的分布曲线,可以得到黑体辐射能谱的规律,如图 18-2 所示。图中横坐标为辐射波长,纵坐标为黑体的单色辐出度 $M_{\lambda 0}(T)$,曲线下的面积就是式(18-2)定义的辐射辐出度(简称辐出度)$M_0(T)$。

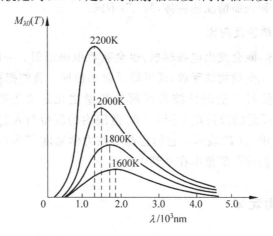

图 18-2 黑体的单色辐出度按波长分布的实验曲线

由图 18-2 中可以看出黑体辐射的两个规律。

第一,辐出度(即曲线下的面积)随着温度的升高而急剧增大。经过实验总结,发现黑体的辐出度 $M(T)$ 与热力学温度的四次方成正比,可表示成

$$M_0(T) = \int_0^\infty M_{\lambda 0}(T) d\lambda = \sigma T^4 \tag{18-4}$$

这个实验定律称为斯特藩-玻耳兹曼定律,式中的比例系数 σ 称为斯特藩-玻耳兹曼常量,由实验测得其值为 $\sigma = 5.67051 \times 10^{-8} \text{W}/(\text{m}^2 \cdot \text{K}^4)$。

第二,随着温度的升高,曲线的峰值波长(即单色辐出度 $M_{\lambda 0}(T)$ 的最大值所对应的波长)λ_m 向短波方向移动。经过实验确定,这个性质可表示为

$$\lambda_m T = b \tag{18-5}$$

该定律称为维恩定律,式中的 b 称为维恩常量,其值为

$$b = 2.897756 \times 10^{-3} \text{m} \cdot \text{K}$$

这两条实验定律将黑体辐射的主要性质简洁而定量地表示了出来,很有实用价值,应用非常广泛。它们是高温测量、遥感、红外追踪等技术的物理基础。

延伸阅读——拓展应用

遥 感 技 术

一切物体,由于其种类及环境条件的不同,因而具有吸收、反射或辐射不同波长电磁波的特性。遥感(remote sensing),顾名思义,就是遥远地感知。即从远距离,高空,以至外层空间的遥感平台(platform)上,利用可见光、红外、微波等遥感器(remote sensor),通过摄影、扫描等各种方式,接收来自地球表层各类地物的电磁波信息,并对这些信息进行加工处理,从而识别地面物质的性质和运动状态的综合技术。常用的遥感器有照相机和扫描仪等。装载遥感器的运载工具,叫做遥感平台,如飞机、飞艇和人造卫星等。遥感技术具有可快速

获取大范围信息的特点,且信息受限制条件少,获取信息的手段多,信息量大。

由于遥感在地表资源环境监测、农作物估产、灾害监测、全球变化等等许多方面具有显而易见的优势,它正处于飞速发展中。更理想的平台、更先进的遥感器和影像处理技术正在不断地发展,以促进遥感在更广泛的领域里发挥更大的作用。

【例题 18-1】 估计星体表面温度的方法之一是将其看作黑体,从星体能谱曲线中测量它的峰值波长 λ_m,然后利用维恩定律求出 T。已知太阳、北极星和天狼星的 λ_m 分别为 0.50×10^{-6}m,0.43×10^{-6}m 和 0.29×10^{-6}m,试计算它们的表面温度。

解:根据维恩定律 $\lambda_m T = b$,可得

太阳表面的温度:$T = \dfrac{b}{\lambda_m} = \dfrac{2.898\times10^{-3}}{0.5\times10^{-6}} = 5796(\text{K})$

北极星表面的温度:$T = \dfrac{b}{\lambda_m} = \dfrac{2.898\times10^{-3}}{0.43\times10^{-6}} = 6740(\text{K})$

天狼星表面的温度:$T = \dfrac{b}{\lambda_m} = \dfrac{2.898\times10^{-3}}{0.29\times10^{-6}} = 9993(\text{K})$

【例题 18-2】 天文学中常用热辐射定律估算恒星的半径。现观测到某恒星热辐射的峰值波长为 λ_m;辐射到地面上单位面积的功率为 W。已知该恒星与地球表面间的距离为 l,若将恒星看作黑体,试求该恒星的半径。

解:恒星辐射到地面上单位面积的功率×半径为 l 的球面面积=恒星表面辐射出的功率,即

$$W \cdot 4\pi l^2 = 4\pi R_{恒星}^2 \cdot M$$

式中 M 为恒星的辐出度,即从恒星单位表面积上辐射出的各种波长的总功率。由斯特藩-玻耳兹曼定律 $M = \sigma T_{恒星}^4$ 和维恩定律 $T_{恒星}\lambda_m = b$,可得

$$M = \sigma T_{恒星}^4 = \sigma \left(\dfrac{b}{\lambda_m}\right)^4$$

将 M 代入第一个式子,即得

$$R_{恒星} = \dfrac{l\lambda_m^2}{b^2}\sqrt{\dfrac{W}{\sigma}}$$

延伸阅读——科学发现
3K 宇宙微波背景辐射

20 世纪 60 年代初,美国科学家彭齐亚斯(A. A. Penzias)和威尔逊(R. W. Wilson)为了改进卫星通信,建立了高灵敏度的接收天线系统。1964 年,他们用它测量银晕气体射电强度时,发现总有消除不掉的无线电背景噪声,各个方向上信号的强度都一样,而且历时数月而无变化。他们认为,这些波长在微波波段的噪声对应于有效温度为 3.5K 的黑体辐射。1965 年他们将其修正为 3K,并将这一发现公布,为此获得了 1978 年的诺贝尔物理学奖。

后来,经过进一步测量和计算,得出背景辐射温度是 2.7K,一般称之为 3K 宇宙微波背景辐射。黑体能谱现象表明,微波背景辐射是极大时空范围内的事件。因为只有通过辐射与物质之间的相互作用,才能形成黑体谱。由于现今宇宙空间的物质密度极低,辐射与物质

的相互作用极小，所以，我们今天观测到的黑体能谱必定起源于很久以前。

微波背景辐射的另一特征是具有极高的各向同性。这说明，在各个不同方向上，各个相距非常遥远的天区之间，应当存在过相互联系。目前的看法认为背景辐射起源于热宇宙的早期。

宇宙背景辐射的发现在近代天文学上具有非常重要的意义，它给了大爆炸理论一个有力的证据，并且与类星体、脉冲星、星际有机分子一起，并称为20世纪60年代天文学"四大发现"。

四、普朗克的能量子假说

从实验上得到黑体辐射的能谱曲线后，人们希望能从理论上给予解释。19世纪末，许多物理学家在经典物理学的框架内做了大量的努力和尝试，但都不尽如人意，理论公式和实验结果都不能很好地相符。其中较典型的有维恩公式和瑞利-金斯公式。

1893年，维恩（W. Wien）从经典的热力学理论和麦克斯韦分布律出发，得出一个公式，称为维恩公式：

$$M_{\lambda 0}(T) = A\lambda^{-5} \frac{1}{e^{\frac{B}{\lambda T}}} \tag{18-6}$$

式中 A 和 B 为常量。这一公式给出的结果，在短波范围和实验曲线符合得很好，但在长波部分理论值偏小，与实验曲线有较大的偏差，如图18-3所示。

1900年到1905年间，瑞利和金斯根据经典电磁学和能量均分定理推导出了瑞利-金斯公式

$$M_\lambda(T) = \frac{2\pi c}{\lambda^4} kT \tag{18-7}$$

式中 c 为真空中的光速，k 为玻耳兹曼常量，$k=1.380658\times 10^{-23}$ J·K^{-1}。由这一公式得到的结果，在长波部分与实验结果比较接近，但是，在波长小于紫外光的短波范围，理论值与实验结果相差很大，当波长趋向于零时，理论值将趋向无限大（图18-3）。这在科学史上被称为"紫外灾难"。

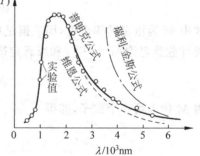

图18-3 黑体辐射的理论公式与实验结果的比较

经典物理学在解释黑体辐射能谱曲线上的失败，说明了经典物理学中存在着缺陷。按照开尔文的说法，黑体辐射是物理学晴朗天空中的一朵令人不安的乌云。

1900年，普朗克用内插法将上述两个公式结合起来，提出了一个新的公式：

$$M_{\lambda 0}(T) = 2\pi hc^2 \lambda^{-5} \frac{1}{e^{\frac{hc}{\lambda kT}}-1} \tag{18-8}$$

式中出现了一个新的普适常量 h，称为普朗克常量，它是近代物理学中的重要常量之一，其值为

$$h = 6.6260693(11)\times 10^{-34} \text{J·s}$$

这一公式称为普朗克公式。它在全部波长范围内都和实验值相符（图18-3）。

可以证明,在短波区域,$\frac{hc}{\lambda kT} \gg 1$,普朗克公式可以近似为维恩公式;在长波区域,$\frac{hc}{\lambda kT} \ll 1$,普朗克公式则转化为瑞利-金斯公式。从普朗克公式还可以推出斯特藩-玻耳兹曼定律和维恩定律。

【训练】 从普朗克公式出发,利用峰值波长满足 $\frac{\mathrm{d}M_{\lambda 0}(T)}{\mathrm{d}\lambda}=0$ 的条件,推导维恩定律;计算 $M_0(T)=\int_0^\infty M_{\lambda 0}(T)\mathrm{d}\lambda$ 并导出斯特藩-玻耳兹曼定律。

这么成功的公式中蕴含着怎样的物理思想呢?普朗克决心探求这个公式的理论依据。他发现,必须放弃不少经典物理学的观点,例如,能量均分定理中认为的能量可连续取值的观点。经过反复思考和论证,他大胆提出了**能量量子化**的假设,因为只有这样,才能得到普朗克公式。这个假设对于经典物理来说是离经叛道的,就连普朗克本人当时都觉得难以置信。为了回到经典的理论体系,在一段时间内他总想用能量的连续性来解决黑体辐射问题,但都没有成功。他的假设中有这样一些观点:

1. 组成黑体腔壁的分子或原子可视为带电谐振子,谐振子只能处于某些分立的状态,这些状态的能量是量子化的,只能是一些分立的值:

$$\varepsilon, 2\varepsilon, 3\varepsilon, \cdots, n\varepsilon$$

2. 空腔黑体处于热平衡状态时,谐振子和空腔中的辐射场相互作用,可以吸收和发射能量,并从一个状态跃迁到另一个状态。也就是说,吸收或发射的能量只能是 ε 的整数倍;

3. 频率为 ν 的谐振子的最小能量 ε 称为能量子,其值为 $\varepsilon=h\nu$,h 为普朗克常量。

能量子的假说是物理学史上第一次提出量子的概念。它的重要意义不仅在于成功解释了黑体辐射的实验规律,而且标志着物理学量子时代的到来,标志着人类的研究从宏观领域进入了微观领域,为量子力学的发展奠定了基础。普朗克因此获得了1918年诺贝尔物理学奖。

延伸阅读——物理学家

普 朗 克

普朗克(Max Karl Ernst Ludwig Planck,1858—1947),德国物理学家,量子论的奠基人。1858年,普朗克生于德国基尔一个法学家家庭。1874年进入慕尼黑大学读数学,后转入柏林大学学物理。1879年在慕尼黑大学取得博士学位后,先后在该校和基尔大学任教。1888年柏林大学任命他为基尔霍夫的继任人和理论物理学研究所主任,1892年升为教授。1900年,他在黑体辐射研究中引入能量量子,因此于1918年获诺贝尔物理学奖。1918年选为英国皇家学会会员,1930—1937年担任威廉皇家科学促进协会会长。后因反对纳粹暴政,普朗克1935年被免去院长职务。晚年退出科学界,从事反法西斯活动。1947年10月3日卒于格丁根。普朗克早年的研究领域主要是热力学。但他在物理学上最主要的成就是提出了著名的普朗克辐射公式,创立了能量子概念。1900年10月,他找到了一个适用于电磁波谱所有波段的黑体辐射的经验公式。在公式推导中,他提出一个革命性的假定,认为能量只能取某一基本量 $h\nu$(即能量子)的整数倍,h 为作用量子,即普朗克常量。普朗克的这个工作第一次把能量的不连续性引入人类对自然过程的更进一步的认识中,对20世纪20年代量子理论的进一步发展起了主要作用。

18.2 光电效应 爱因斯坦光子理论

一、光电效应的实验规律

所谓光电效应,是指在光的照射下,金属中的电子吸收光子的能量,从金属表面逸出的现象。这种电子称为光电子,光电子作定向运动形成的电流称为光电流。

1887年,赫兹发现了光电效应。1905年,爱因斯坦发展了普朗克的能量子假设,提出了光子理论,成功地从理论上解释了光电效应。因此,爱因斯坦获得了1921年的诺贝尔物理学奖。

研究光电效应的实验装置如图18-4所示。图中 GD 为一个抽成高真空的光电管,管内装有阴极(金属板)K 和阳极 A。当一束频率合适的单色光通过石英窗口照射阴极 K 时,阴极表面就会有光电子逸出。如果通过外电路在阴极和阳极之间施加电压,那么光电子将会受到电场的加速而飞向阳极 A,形成光电流。实验中,测量出光电流 i 随外加电压 U 的变化曲线,这条曲线称为光电效应的伏安特性曲线。

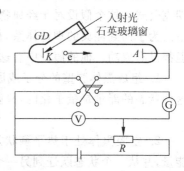

图18-4 光电效应实验装置图

如何研究光电效应的规律呢?我们注意到有几个实验因素是可以改变的,例如入射光的强度、入射光的频率以及阴极材料等,因此,可以通过观测伏安特性曲线随上述因素的变化情况来研究光电效应的规律。现叙述如下。

1. 饱和光电流 i_m 和入射光强 I 成正比。

保持光的频率不变,测量伏安特性曲线随入射光强的变化情况。实验结果如图18-5所示。从图中可见,当光强一定时,光电流 i 随加速电压 U 的增加而增加,当 U 增加到一定值时,光电流便趋向一最大值 i_m,称之为**饱和光电流**。此时,表明从阴极逸出的光电子已全部到达阳极。

比较图18-5中三条曲线,可知饱和光电流 i_m 随着光强的增大而增大,更详细的研究表明 i_m 与入射光强 I 成正比。

2. 光电子的最大初动能 $\frac{1}{2}mv_m^2$ 与入射光强无关;最大初动能随入射光频率的增大而增大,成线性关系。

从图18-5中还可看出,阴极和阳极之间电压为零时,光电流并不为零,这说明从金属中逸出的光电子具有初动能。只有在阴极和阳极间加上反向电压,并且反向电压达到一定值时,才能阻止光电子到达阳极,此时,光电流为零。这一反向电压称为遏止电压,其值用 U_a 表示。根据动能定理,遏止电压 U_a 与光电子的最大初动能 $\frac{1}{2}mv_m^2$ 的关系应为

$$eU_a = \frac{1}{2}mv_m^2 \tag{18-9}$$

其中 m 和 e 分别为电子的质量和电量,v_m 是光电子逸出金属表面时的最大速度。

从图 18-5 中的三条曲线可知,遏止电压 U_a,也就是光电子的最大初动能 $\frac{1}{2}mv_m^2$,它们与入射光强无关。

那么,最大初动能与光的频率有无关系呢？实验发现,初动能随入射光频率的增大而增大,二者成线性关系,如图 18-6 所示。线性关系可用下式表示：

$$U_a = k\nu - U_0 \tag{18-10}$$

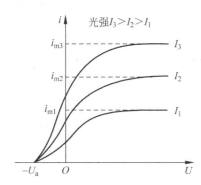
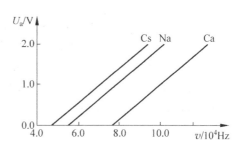

图 18-5　光电效应的伏安特性曲线随入射光强的变化　　图 18-6　遏止电压与入射光频率的关系

从图 18-6 中可以看出,直线的斜率 k 是一个与金属材料无关的普适常量；而 U_0 与金属材料有关,但对某种材料而言,它是一个常量。将式(18-9)代入式(18-10),可以得到

$$\frac{1}{2}mv_m^2 = ek\nu - eU_0 \tag{18-11}$$

3. 存在截止频率 ν_0(称为红限),其值与材料的性质有关。

我们知道,光电子的最大初动能不可能小于零,即必须 $\frac{1}{2}mv_m^2 \geqslant 0$,也就是遏止电压 $U_a \geqslant 0$,由式(18-10)可知,入射光的频率必须满足

$$\nu \geqslant \frac{U_0}{K} = \nu_0 \tag{18-12}$$

也就是说,如果频率小于 ν_0,那么无论光强多强,都不会产生光电效应。这一极限频率 ν_0 称为光电效应的截止频率,又称为红限。

显然,图 18-6 中直线与横轴的交点即为 ν_0,由图可见,ν_0 的值与金属材料有关。

4. 光电效应是瞬时发生的。

实验证实,即使入射光强很弱,但只要频率大于截止频率,那么从入射光照射金属,到光电子逸出金属,时间不超过 10^{-9} 秒,可以说是瞬间发生的。

二、爱因斯坦的光子理论

上述光电效应的实验规律完全不能用光的经典电磁理论(即光的波动学说)来解释。第一,按照光的波动理论,光的能量取决于光的强度,而不是光的频率。因此,光电效应中的光电子吸收了光的能量而逸出,其初动能应由光强决定,而与光的频率无关。这显然与实验结果相矛盾。第二,根据光的波动理论,只要光强足够,光电子就可以逸出金属表面,对频率的

大小应无任何要求,也就是说,不应该存在截止频率 ν_0,这点也与实验结果不符。第三,由波动理论可得,光电子从光波中吸收能量需要一段积累能量的时间,那么,光强越弱,积累时间就应该越长,但实际情况并非如此。

为了从理论上解释光电效应,爱因斯坦在普朗克能量子假设的基础上,提出了光的能量子(光子)的概念。普朗克只是假设谐振子的能量是量子化的,而爱因斯坦认为辐射能,即空间的电磁波,也是量子化的。爱因斯坦的光子理论提出,一束频率为 ν 的光束是以光速运动着的光子流,每个光子的能量为

$$E = h\nu \qquad (18\text{-}13)$$

式中 h 为普朗克常量。因此,频率越高,光子的能量就越大。对于给定频率的光束,光的强度越大,就意味着单位时间内通过单位垂直截面的光子数越多。

对于光电效应,光子理论是这样解释的。当频率为 ν 的光束照射金属表面时,金属中一个电子将吸收一个光子的能量 $h\nu$,此能量一部分用于电子克服金属表面对它的束缚而逸出所需要做的功 A(称为逸出功),剩余部分就成为逸出电子的初动能,则由能量守恒可得

$$h\nu = \frac{1}{2}mv_m^2 + A \qquad (18\text{-}14)$$

此式称为爱因斯坦光电效应方程,其中,$\frac{1}{2}mv_m^2$ 表示光电子的最大初动能,A 表示逸出功,与金属材料有关。此式与实验上总结出来的式(18-11)是一致的。

爱因斯坦的光子理论可以很好地解释光电效应的实验结果。第一,给定频率时,入射光强越强,单位时间内达到金属表面上的光子数就越多,逸出的光电子数也越多,故饱和光电流就越大。因此,饱和光电流正比于光强。第二,从式(18-14)可得,电子的最大初动能为 $\frac{1}{2}mv_m^2 = h\nu - A$,它与光的频率 ν 成线性关系,而与光强无关。另外,直线的斜率为 h,与金属材料无关。第三,由式(18-14)可以看出,只有当 $h\nu \geqslant A$,即 $\nu \geqslant \frac{A}{h} = \nu_0$ 时,电子才能逸出,也就是说,光电效应才能发生。因此,存在截止频率 $\nu_0 = \frac{A}{h}$,截止频率与逸出功有关,因而与金属材料有关。第四,光子与电子作用时,只要光子的频率大于截止频率,电子就可以立即吸收光子的能量并逸出,不需要能量积累,即光电效应是瞬时发生的。至此,说明爱因斯坦的光子理论在解释光电效应上是成功的。

光电效应把光信号直接转变成了电信号,因此,它在近代技术及科学研究中有广泛的应用。可以用于自动控制,例如自动计数、自动报警、自动跟踪等;可制成多种光电器件,例如光电倍增管、电视摄像管等,用于对光信号的接收、放大和测量。在工程、天文、军事等方面也有重要的应用。

三、光的波粒二象性

在 19 世纪,光的干涉、衍射等现象使人们认识到光是一种波动。而爱因斯坦光子理论的提出,使人们对光的本性有了一个全面的认识。光既具有波动性,又具有粒子性,我们把这种本性称作光的波粒二象性。在有些情况下,光突出地显示出其波动性;而在另一些情

况下,例如光电效应中,则突出地显示出其粒子性。这时,光子与电子一样,也是物质的一种基本单元,电子吸收光子的全部能量,而不能只是一部分。

光作为一种波动,它具有一定的频率 ν 和波长 λ;光作为光子流,光子除了具有能量,还具有质量和动量等一般粒子的共性。

一个光子的能量如式(18-13)所示,为 $E=h\nu$,根据相对论的质能关系 $E=mc^2$,一个光子的质量为

$$m = \frac{E}{c^2} = \frac{h\nu}{c^2} \tag{18-15}$$

光子的质量 m 是有限的,而光子在真空中的速率为 c,所以光子的静止质量为零,即 $m_0=0$。光子的动量为

$$p = mc = \frac{h\nu}{c} = \frac{h}{\lambda} \tag{18-16}$$

式(18-13)和上述两个式子把描述光的粒子性和描述光的波动性的物理量通过普朗克常量有机地结合在了一起。

延伸阅读——拓展应用

光电倍增管

光电倍增管(photomultiplier tube,PMT)是光子技术器件中的一种重要产品,是一种能将微弱的光信号转换成可测电信号的光电转换器件。它以光电效应为工作原理。在真空管中除了一个阴极和一个阳极外,还有一个聚焦极和一系列的倍增电极,当光照射阴极时阴极发出光电子,经聚焦极进入倍增级(或称打拿级(dynode))产生二次电子发射,使到达阳极的光电流信号大大地增强。所以光电倍增管在探测紫外、可见和近红外区的辐射能量时,具有极高的灵敏度和极低的噪声。另外,还具有响应快速、成本低、阴极面积大等优点。可广泛应用于光子计数、极微弱光探测、化学发光、生物发光研究、极低能量射线探测、分光光度计、旋光仪、色度计、照度计、尘埃计、浊度计、光密度计、热释光量仪、辐射量热计、扫描电镜、生化分析仪等仪器设备中。按照电子倍增系统进行分类,有环形聚焦型、盒栅型、直线聚焦型、百叶窗型、细网型、微通道板(MCP)型、金属通道型、混合型光电倍增管等。

【**例题 18-3**】 钾的截止频率为 4.62×10^{14} Hz,用波长为 435.8nm 的光照射。

(1) 求光子的能量、质量和动量;

(2) 请问能否产生光电效应?如果能产生光电效应,试求出光电子的速度和相应的遏止电压。

解:(1) 根据爱因斯坦的光子理论,光子的能量为

$$E = h\nu = \frac{hc}{\lambda} = \frac{6.626\times10^{-34}\times 3\times 10^8}{435.8\times 10^{-9}} = 4.56\times 10^{-19}(\text{J}) = 2.85(\text{eV})$$

由式(18-15)得光子的质量为

$$m = \frac{E}{c^2} = \frac{4.56\times 10^{-19}}{(3\times 10^8)^2} = 5.07\times 10^{-36}(\text{kg})$$

由式(18-16)得光子的动量为

$$p = \frac{h}{\lambda} = \frac{6.626\times 10^{-34}}{435.8\times 10^{-9}} = 1.52\times 10^{-27}(\text{kg}\cdot\text{m/s})$$

(2) 由 $A=h\nu_0$ 可得逸出功
$$A = 6.626 \times 10^{-34} \times 4.62 \times 10^{14} = 3.06 \times 10^{-19} (\text{J}) = 1.91 (\text{eV})$$
可见光子的能量大于逸出功,所以能产生光电效应。

由光电效应方程:$E=h\nu=\frac{1}{2}mv_m^2+A$,可得光电子的速度为
$$v_m = \sqrt{\frac{2(E-A)}{m}} = \sqrt{\frac{2\times(4.56\times10^{-19}-3.06\times10^{-19})}{9.11\times10^{-31}}} = \sqrt{3.293\times10^{11}}$$
$$= 5.74\times10^5 (\text{m/s})$$

根据初动能与遏止电压之间的关系 $eU_a=\frac{1}{2}mv^2$,可求得遏止电压为
$$U_a = \frac{\frac{1}{2}mv^2}{e} = \frac{E-A}{e} = \frac{4.56\times10^{-19}-3.06\times10^{-19}}{1.6\times10^{-19}} = 0.937(\text{V})$$

【**例题 18-4**】 设太阳照射到地球上时,光的强度为 $8\text{J}\cdot\text{s}^{-1}\cdot\text{m}^{-2}$。设平均波长为 500nm,则每秒落到地面 1m^2 面积上的光子数是多少?若人眼瞳孔直径为 3mm,每秒钟进入人眼的光子数是多少?

解:设光的强度用 I 表示,则由已知条件得 $I=8\text{J}\cdot\text{s}^{-1}\cdot\text{m}^{-2}$。

一个光子的能量为
$$E = h\nu = \frac{hc}{\lambda} = \frac{6.626\times10^{-34}\times3\times10^8}{500\times10^{-9}} = 3.98\times10^{-19}(\text{J}) = 2.485(\text{eV})$$

所以,每秒落到地面上 1m^2 面积的光子数为
$$n = \frac{I}{h\nu} = \frac{8}{3.98\times10^{-19}} = 2.01\times10^{19}(\text{s}^{-1}\cdot\text{m}^{-2})$$

每秒进入人眼的光子数为
$$N = n\frac{\pi d^2}{4} = 2.01\times10^{19}\times\frac{3.14\times(3\times10^{-3})^2}{4} = 1.42\times10^{14}(\text{s}^{-1})$$

18.3 康普顿效应

一、康普顿效应

1922—1923 年间,康普顿研究了 X 射线在石墨上的散射,实验装置图如图 18-7 所示。R 为 X 射线源,A 为光阑系统,S 为散射物质石墨。波长为 λ_0 的 X 射线入射到石墨上,经石墨散射后,散射光的波长及其强度用晶体和探测器组成的 X 射线谱仪进行测量,测量散射光的波长及其强度随散射角 φ(散射光线与入射光线的夹角)的变化规律。

实验中发现,在散射的 X 射线中,除了有波长与入射线波长 λ_0 相同的成分外,还出现了一种新的波长比 λ_0 更长的成分 λ。这种散射现象称为康普顿散射(或称为康普顿效应)。如图 18-8 所示,实验结果如下:

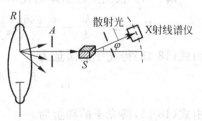

图 18-7 康普顿散射实验装置图

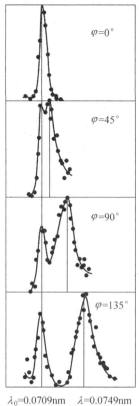

$\lambda_0 = 0.0709\text{nm}$　$\lambda = 0.0749\text{nm}$

图 18-8　康普顿散射实验结果

(1) 新波长 λ 随散射角 φ 的增大而增大,即波长的偏移量 $\Delta\lambda = \lambda - \lambda_0$ 随散射角 φ 的增大而增大,与 λ_0 无关。

(2) 当散射角增大时,原波长 λ_0 的谱线强度降低,而新波长 λ 的谱线强度增强。

(3) 1926 年,我国物理学家吴有训对不同的散射物质进行了研究,发现在同一散射角下,波长的偏移量 $\Delta\lambda = \lambda - \lambda_0$ 与散射物质无关;原波长 λ_0 的谱线强度随散射物质原子序数的增加而增加,而新波长 λ 的谱线强度随原子序数的增加而减少。

二、光子理论的解释与康普顿散射公式

经典电磁理论不能解释康普顿散射中为什么会出现 $\lambda > \lambda_0$ 的散射成分。因为按照光的波动理论,当电磁波通过散射物质时,散射物质中的电子将作与电磁波同频率的受迫振动,因此,将向各个方向发射同频率的电磁辐射。也就是说,散射电磁波的波长应与入射电磁波的波长相同,不会出现波长大于入射波长的散射成分。这种散射波长与入射波长相同的散射称为瑞利散射。

康普顿用光子理论对这种散射作了成功的解释。将入射的 X 射线与散射物质的作用看成是 X 射线的光子与散射物质中原子束缚较弱的外层电子发生弹性碰撞的结果。因为这些电子的束缚能远小于 X 射线光子的能量,故可视为自由电子。根据能量守恒,碰撞后,

电子要获得一部分能量,因此,碰撞后散射光子的能量将小于入射光子的能量,即散射光的频率将小于入射光的频率,或者说,散射光的波长将比入射光的波长大。这样,用光子理论合理地解释了散射光线出现的 $\lambda > \lambda_0$ 的现象。

那么,如何解释散射光中仍有与入射光波长相同的成分呢?康普顿认为,这是由于 X 射线的光子除了与原子中外层电子碰撞外,还会与束缚很紧的内层电子碰撞,而这种碰撞,相当于是与整个原子的碰撞。原子的质量远大于光子的质量,所以,碰撞后,散射光子的能量几乎没有改变,即散射光的波长与入射光的波长相同。而且,随着散射物质原子序数的增大,内层电子束缚很紧,且数目增多,因此,波长为 λ_0 的谱线强度将增强,而波长为 λ 的谱线强度将减弱。

波长的偏移 $\Delta\lambda = \lambda - \lambda_0$ 与散射角 φ 之间的定量关系,可分析如下。

由于外层电子的热运动平均动能远小于入射的 X 射线光子的能量($10^4 \sim 10^5 \mathrm{eV}$),因此可以近似认为这些电子在碰撞前是静止的。如图 18-9 所示,设碰撞前,静止电子的静止能量为 $m_0 c^2$,动量为零;入射光的波长为 λ_0,频率为 ν_0,所以入射光子的能量为 $h\nu_0$,其动量为 $\dfrac{h\nu_0}{c}\boldsymbol{e}_0$。$\boldsymbol{e}_0$ 表示入射光子运动方向的单位矢量。发生弹性碰撞后,反冲电子以 $\boldsymbol{v}$ 的速度运动,其动量为 $m\boldsymbol{v} = \dfrac{m_0}{\sqrt{1-\left(\dfrac{v}{c}\right)^2}}\boldsymbol{v}$,电子的能量为 $mc^2 = \dfrac{m_0}{\sqrt{1-\left(\dfrac{v}{c}\right)^2}}c^2$;

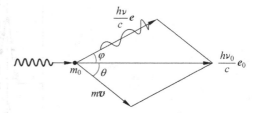

图 18-9 光子与静止电子的弹性碰撞

散射光的波长为 λ,频率为 ν,故散射光子的能量为 $h\nu$,动量为 $\dfrac{h\nu}{c}\boldsymbol{e}$,$\boldsymbol{e}$ 表示散射光子运动方向的单位矢量。设散射角为 φ。根据弹性碰撞中的能量和动量守恒定律,得

$$h\nu_0 + m_0 c^2 = h\nu + mc^2 \tag{18-17}$$

$$m\boldsymbol{v} = \dfrac{h\nu_0}{c}\boldsymbol{e}_0 - \dfrac{h\nu}{c}\boldsymbol{e} \tag{18-18}$$

式中,反冲电子的质量 $m = m_0 / \sqrt{1-\left(\dfrac{v}{c}\right)^2}$。将式(18-18)等号两边取模,得

$$m^2 v^2 = \dfrac{h^2 \nu_0^2}{c^2} + \dfrac{h^2 \nu^2}{c^2} - 2\dfrac{h^2 \nu_0 \nu}{c^2}\cos\varphi \tag{18-19}$$

由式(18-17)和式(18-19)两式,并利用 $\lambda = \dfrac{c}{\nu}$,得到波长的偏移量为

$$\Delta\lambda = \lambda - \lambda_0 = \dfrac{2h}{m_0 c}\sin^2\dfrac{\varphi}{2} = 2\lambda_c \sin^2\dfrac{\varphi}{2} \tag{18-20}$$

此式称为康普顿散射公式。式中 λ 和 λ_0 分别表示散射光和入射光的波长。式中 $\lambda_c = \dfrac{h}{m_0 c} = 2.426310238(16) \times 10^{-3} \mathrm{nm}$ 叫作电子的**康普顿波长**,与短波 X 射线的波长相当。由此式可见,波长的偏移 $\Delta\lambda$ 与散射物质以及入射 X 射线的波长 λ_0 无关,仅与散射角 φ 有关。当 $\varphi = 0$ 时,$\Delta\lambda = 0$;然后随着 φ 的增大,$\Delta\lambda$ 增大;当 $\theta = \pi$ 时,$\Delta\lambda$ 达到最大值 $(\Delta\lambda)_{\max} = 2\lambda_c \approx 4.85 \times 10^{-3} \mathrm{nm}$。分析得到的这些结论与实验结果完全相符。

要说明一点,康普顿散射中为何入射电磁波选用 X 射线呢?这是因为 X 射线的波长较短的缘故。从式(18-20)可知,在康普顿散射中,最大的波长偏移量为$(\Delta\lambda)_{max}=2\lambda_c$,因此只有当入射波的波长 λ_0 与电子的康普顿波长 λ_c 相差不多时,这种偏移才能明显观测到。所以,可见光和红外线不适合用来观测康普顿散射。例如,设入射波为可见光,其波长 $\lambda_0 =500\text{nm}$,可算得$\frac{(\Delta\lambda)_{max}}{\lambda_0}\approx 0.001\%$,相对偏移是如此之小,以至很难观测得到。而 X 射线则不同,设 X 射线的波长 $\lambda_0'=0.1\text{nm}$,则相对偏移可达$\frac{(\Delta\lambda)_{max}}{\lambda_0'}\approx 5\%$,所以易于观测到康普顿散射。

康普顿散射理论分析和实验结果的一致性,不仅有力地支持了光子理论,证实了光子的能量和动量的公式,证明了光的波粒二象性;而且还证明了在光子和微观粒子的相互作用过程中,也严格遵守动量守恒定律和能量守恒定律。康普顿因此获得了 1927 年诺贝尔物理学奖。

【**例题 18-5**】 波长为 0.10nm 的 X 射线入射在碳上,从而产生康普顿效应。从实验中测量到散射 X 射线的方向与入射 X 射线的方向垂直。求:(1)散射 X 射线的波长;(2)反冲电子的动能和运动方向。

解:(1)由已知条件得,散射角 $\varphi=\frac{\pi}{2}$;由康普顿散射公式(18-20)得,散射 X 射线的波长为

$$\lambda = \lambda_0 + \Delta\lambda = \lambda + 2\lambda_c \sin^2 \frac{\varphi}{2}$$

$$= 0.10 + 2\times 2.43\times 10^{-3}\times \sin^2 \frac{\pi}{4} = 0.1024(\text{nm})$$

(2)反冲电子的动能就等于光子失去的能量,因此有

$$E_k = h\nu_0 - h\nu = hc\left(\frac{1}{\lambda_0} - \frac{1}{\lambda}\right)$$

$$= 6.626\times 10^{-34}\times 3\times 10^8 \times \left(\frac{1}{0.10\times 10^{-9}} - \frac{1}{0.1024\times 10^{-9}}\right)$$

$$= 4.66\times 10^{-17}(\text{J})$$

根据动量守恒的矢量关系,可确定反冲电子的方向如图 18-10 所示,反冲电子的运动方向与光子入射方向之间的夹角为

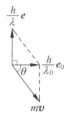

图 18-10 例题 18-5 用图

$$\theta = \arctan\left(\frac{h}{\lambda}\bigg/\frac{h}{\lambda_0}\right) = \arctan\left(\frac{\lambda_0}{\lambda}\right) = 44.32°$$

【**例题 18-6**】 在康普顿散射中,入射光的波长为 0.0030nm,反冲电子的速度为 $0.60c$,求散射光的波长及散射角(电子的静止质量为 $m_0 = 9.1\times 10^{-31}\text{kg}$)。

解:反冲电子获得的动能为

$$E_k = mc^2 - m_0 c^2 = \frac{m_0 c^2}{\sqrt{1-\left(\frac{v}{c}\right)^2}} - m_0 c^2$$

$$= \frac{m_0 c^2}{\sqrt{1-(0.60)^2}} - m_0 c^2 = 0.25 m_0 c^2$$

由能量守恒定律,电子获得的动能等于散射光子与入射光子的能量差,故有

$$\frac{hc}{\lambda_0} - \frac{hc}{\lambda} = 0.25 m_0 c^2$$

可得散射光的波长为

$$\lambda = \frac{h\lambda_0}{h - 0.25 m_0 c \lambda_0}$$

$$= \frac{6.626 \times 10^{-34} \times 0.0030 \times 10^{-9}}{6.626 \times 10^{-34} - 0.25 \times 9.1 \times 10^{-31} \times 3 \times 10^8 \times 0.0030 \times 10^{-9}} = 0.0043 (\text{nm})$$

由康普顿散射公式,得

$$\Delta\lambda = \lambda - \lambda_0 = 2\frac{h}{m_0 c}\sin^2\frac{\varphi}{2} = 2 \times 0.00243 \sin^2\frac{\varphi}{2}$$

可得

$$\sin^2\frac{\varphi}{2} = \frac{0.0043 - 0.0030}{2 \times 0.00243} = 0.2675$$

散射角为

$$\varphi = 62.29°$$

18.4 氢原子光谱 玻尔的氢原子理论

一、氢原子光谱的实验规律

所谓光谱,即光的强度随频率的分布关系。原子所发射的光谱称为原子的发射光谱。当频率连续分布的光(称为连续光谱)通过某种原子系统时,其中有些谱线将被原子吸收,这种光谱称为原子的吸收光谱。同一元素的发射谱线与吸收谱线是一一对应的。实验发现,原子光谱是由一些离散的谱线构成的,称为线状光谱。而且,不同元素的原子都有自己的特征谱线。这样,原子光谱就成为辨认不同原子的"指纹"。所以,原子光谱的分析对新元素的发现和原子结构的研究有重大意义。

早在 19 世纪中叶,人们就已发现了氢原子在可见光和近紫外波段有一组光谱线;后来,到了 19 世纪后半期,科学家对氢原子和许多其他元素的光谱进行了观测,积累了大量的实验数据。摆在人们面前的问题是,如何从这些数据中找出规律,作出理论解释。

图 18-11 为实验上观测到的氢原子在可见和近紫外波段的光谱图。其中,可见光部分的四条谱线分别叫做 H_α、H_β、H_γ 和 H_δ 线,对应的波长分别为 $\lambda_\alpha = 656.3\text{nm}$,$\lambda_\beta = 486.1\text{nm}$,$\lambda_\gamma = 434.0\text{nm}$,$\lambda_\delta = 410.2\text{nm}$。随着波长减小,谱线间隔越来越小,强度越来越弱,最后趋向于连续光谱。

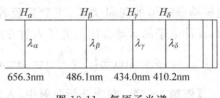

图 18-11 氢原子光谱

1885 年,瑞士中学教师巴耳末(J. J. Balmer)发现,可见光部分的这组谱线,有着简单的规律,可以用下式表示

$$\lambda = B\frac{n^2}{n^2 - 4}, \quad n = 3, 4, 5, \cdots \tag{18-21}$$

式中 B 为常量,$B = 364.56\text{nm}$。

在光谱学中,谱线常用波长的倒数来表示,称为波数,即 $\tilde{v} = \dfrac{1}{\lambda}$。1890年,里德伯将式(18-21)用 $\tilde{v}$ 表示,改写成对称的形式:

$$\tilde{v} = R\left(\dfrac{1}{2^2} - \dfrac{1}{n^2}\right), \quad n = 3,4,5,\cdots \tag{18-22}$$

式中,$R = \dfrac{4}{B} = 1.096776 \times 10^7 \, \text{m}^{-1}$,称为氢原子的里德伯常量。上式称为巴耳末公式。它所描述的一组谱线就称为氢原子光谱的巴耳末系。

如此简洁对称的公式,使人们不禁猜想是否还有其他的线系存在? 后来果然又发现了其他的线系。它们分别是

莱曼系:$\tilde{v} = R\left(\dfrac{1}{1^2} - \dfrac{1}{n^2}\right), n = 2,3,4,\cdots,$ 紫外波段;

帕邢系:$\tilde{v} = R\left(\dfrac{1}{3^2} - \dfrac{1}{n^2}\right), n = 4,5,6,\cdots,$ 红外波段;

布拉开系:$\tilde{v} = R\left[\dfrac{1}{4^2} - \dfrac{1}{n^2}\right], n = 5,6,7,\cdots,$ 红外波段;

普丰德系:$\tilde{v} = R\left[\dfrac{1}{5^2} - \dfrac{1}{n^2}\right], n = 6,7,8,\cdots,$ 红外波段。

显然,这些线系可以归纳为一个更普遍的公式,

$$\tilde{v} = R\left(\dfrac{1}{n^2} - \dfrac{1}{k^2}\right) \quad \begin{array}{l} n = 1,2,3,\cdots \\ k = n+1, n+2, \cdots \end{array} \tag{18-23}$$

这个公式称为里德伯公式。不同的 n 值代表不同的谱线系;式中 $n = 1,2,3,4,5$ 依次代表莱曼系、巴耳末系、帕邢系、布拉开系、普丰德系。n 值一定时,不同的 k 值对应同一线系的不同谱线。

式(18-23)也可以写成如下形式:

$$\tilde{v} = T(n) - T(k) \tag{18-24}$$

该式称为里兹组合原理,式中 $T(n) = \dfrac{R}{n^2}$ 和 $T(k) = \dfrac{R}{k^2}$ 称为光谱项。因此,氢原子光谱线的波数可表示为两个光谱项之差。里德伯、里兹等人发现,其他元素的原子谱线也有类似的规律,但对于不同的元素,光谱项的表达式不同。

综上所述,原子光谱线满足如此简单而又规则的公式,它必定反映了原子内在的规律。

二、玻尔的氢原子理论

1. 卢瑟福的核式模型

为了解释原子光谱的规律,必须知道原子的结构。当时,人们提出了不少的原子结构模型,其中,卢瑟福根据 α 粒子的散射实验提出的原子的核式模型被人们所公认。图18-12 为 α 粒子散射实验装置示意图及 α 粒子流发生大角散射的示意图。绝大多数 α 粒子穿过金箔沿原方向(散射角 $\theta = 0$)或散射角很小的方向运动。但在8000个 α 粒子中,约有一个 α 粒子发生大角散射,其散射角大于 90°,甚至接近 180°。卢瑟福据此提出了核式模型。他认为,原子中心有一带正电 Ze(Z 为原子序数)的原子核,它几乎集中了原子的全部质量,电子围

绕这个核转动,核的大小与整个原子相比很小。

卢瑟福核式模型成功地解释了α粒子的散射实验。但与经典电磁理论有着深刻的矛盾,出现了两个与实际不符的问题。

(1) 原子不稳定。按照经典电磁理论,电子绕核作加速运动,因此必然要辐射电磁波,电子的能量不断减少,致使电子轨道不断变小,最终将要落入原子核,使原子"消失"。

(2) 原子光谱是连续光谱,谱线不分立。由于电子能量是连续变化的,所以发射的电磁波能量也是连续的,即原子光谱应是连续光谱。

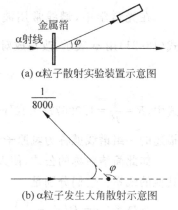

图 18-12 α粒子散射实验

实际情况是,原子很稳定,而且原子光谱是线状的,并非连续的。

2. 玻尔理论的三个基本假设

如何解决这个矛盾呢?核式模型的提出是有实验依据的,因此,必须建立适用于原子内部微观运动的理论。当时,许多科学家都对此进行了积极的探索。1913 年,玻尔(N. Bohr)在卢瑟福模型的基础上,将量子理论推广到原子系统,引入了三个假设,提出了关于氢原子内部运动的理论,成功地解释了氢原子光谱问题。这三个基本假设是:

(1) 定态假设。原子中的电子只能在一些特定的圆周轨道上运动,运动时不辐射(或吸收)能量,因而处于稳定的状态,称为定态。相应的轨道称为定态轨道。这些定态的能量取值是量子化的,分别为 E_1, E_2, E_3。

(2) 频率条件。只有当原子从一个能量为 E_k 的定态向另一个能量为 E_n 的定态跃迁时,才会发射或吸收一个频率为 ν 的光子。

$$\nu = \frac{|E_k - E_n|}{h} \tag{18-25}$$

式中 h 为普朗克常量。

(3) 角动量量子化条件。电子在定态轨道上绕核作圆周运动时,电子的角动量 L 只能取 $h/2\pi$ 的整数倍,即

$$L = mvr = n\frac{h}{2\pi} = n\hbar, \quad n = 1, 2, 3, \cdots \tag{18-26}$$

式中 n 称为量子数。$\hbar = \frac{h}{2\pi} = 1.05457168 \times 10^{-34}$ J·s,称为约化普朗克常量。m 为电子的质量,v 为电子运动的速率,r 为轨道半径。

3. 氢原子能量、电子运动的轨道半径及速度的计算

玻尔认为,氢原子中的核外电子受到核的库仑引力并绕核作圆周运动时,遵循牛顿运动定律,因此,有

$$\frac{e^2}{4\pi\varepsilon_0 r^2} = m\frac{v^2}{r} \tag{18-27}$$

再结合式(18-26)的量子化条件消去 v,可求得轨道半径为

$$r_n = n^2 \frac{\varepsilon_0 h^2}{\pi m e^2} = n^2 r_1, \quad n = 1, 2, 3, \cdots \tag{18-28}$$

式中,当 $n=1$ 时,$r_1=\dfrac{\varepsilon_0 h^2}{\pi m e^2}=0.529\times10^{-10}\,\mathrm{m}$,这是电子轨道的最小半径,称为玻尔半径,常用 a_0 表示。其他轨道的半径 r_n 与 n^2 成正比,也就是说,电子轨道半径只能取分立值 r_1,$4r_1$,$9r_1$,$16r_1$,$\cdots$。

将式(18-28)代入式(18-26),可以得到电子的运动速率为

$$v_n=\frac{1}{n}\frac{e^2}{2\varepsilon_0 h}=\frac{1}{n}v_1,\quad n=1,2,3,\cdots \tag{18-29}$$

式中,当 $n=1$ 时,$v_1=\dfrac{e^2}{2\varepsilon_0 h}=2.18\times10^6\,\mathrm{m/s}$ 为电子在最小轨道上的运动速度。可见,电子运动速率也只能取分立值 $v_1,\dfrac{v_1}{2},\dfrac{v_1}{3},\dfrac{v_1}{4},\cdots$。

设电子距离核无限远处为势能零点,则氢原子的能量为

$$E_n=E_\mathrm{k}+E_\mathrm{p}=\frac{1}{2}mv_n^2-\frac{e^2}{4\pi\varepsilon_0 r_n}$$

根据式(18-28)和式(18-29),将 r_n 和 v_n 的表达式代入上式,可算得

$$E_n=-\frac{1}{n^2}\frac{me^4}{8\varepsilon_0^2 h^2}=\frac{E_1}{n^2},\quad n=1,2,3,\cdots \tag{18-30}$$

该式即为电子在第 n 个轨道上运动时的能量。因此,根据玻尔氢原子理论,我们得到的氢原子能量取值是量子化的。这种量子化的能量称为能级。当 $n=1$ 时,氢原子能量为

$$E_1=-\frac{me^4}{8\varepsilon_0^2 h^2}=-13.6\,\mathrm{eV} \tag{18-31}$$

这是氢原子的最低能级,称为基态。$n>1$ 的所有能级均称为激发态。例如,$n=2$ 的能级称为第一激发态,$n=3$ 的能级称为第二激发态……依次类推。从式(18-30)可见,当 $n\to\infty$ 时,能量 $E_\infty\to0$,此时,电子距离原子核无限远,处于自由态,我们称该电子电离了。因此,如果要使处于基态的电子电离,外界至少要供给电子的能量为 $E_\infty-E_1=13.6\,\mathrm{eV}$,这个能量称为氢原子的基态电离能。

【思考】 若要将原来处于 E_n 的电子电离,所需的电离能为多少?

图 18-13 为氢原子能级示意图。由图中可见,能级间隔随着量子数 n 的增大而减小,直至连续。当电子从一个能级向另一个能级跃迁时,将发射或吸收一个光子。那么,玻尔理论能否成功解释实际观测到的氢原子光谱呢?

4. 解释氢原子光谱的规律

处于激发态的原子不稳定,设原子从较高能级 E_k 跃迁到较低能级 E_n,根据玻尔假设,发射的光子的频率 ν 为

$$\nu=\frac{1}{h}(E_k-E_n)$$

相应的波数(即波长的倒数)$\tilde{\nu}$ 为

$$\tilde{\nu}=\frac{1}{\lambda}=\frac{\nu}{c}=\frac{1}{hc}(E_k-E_n)$$

由式(18-30),将能量的表达式代入上式,得

$$\tilde{\nu}=\frac{me^4}{8\varepsilon_0^2 h^3 c}\left(\frac{1}{n^2}-\frac{1}{k^2}\right) \tag{18-32}$$

可以算出式中的常量为 $\dfrac{me^4}{8\varepsilon_0^2 h^3 c}=1.097373153\,\text{m}^{-1}$，该值与观测得到的里德伯常量是一致的。因此，由玻尔理论得到的式(18-32)与氢原子光谱的实际经验公式(18-23)完全相符，这说明玻尔理论成功地解释了氢原子光谱的规律性。得到的各个线系如图 18-13 所示。

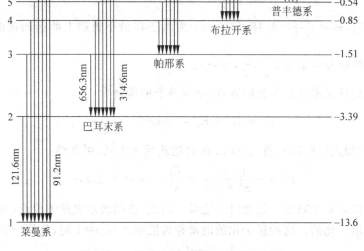

图 18-13 氢原子能级及各个线系示意图

玻尔理论在氢原子光谱上取得的成功，开创了原子物理研究的新纪元，揭开了微观世界的神秘面纱，为量子理论体系奠定了基础。他提出的定态概念和光谱线的频率条件至今仍在量子力学中沿用。因为他在原子结构和原子辐射方面作出的贡献，玻尔荣获 1922 年诺贝尔物理学奖。

但是，玻尔理论也有明显的不足之处。它无法解释氢原子(或类氢原子)光谱的强度、偏振、谱线宽度及精细结构等问题；无法解释复杂原子的光谱规律。这说明玻尔理论体系(在科学史被称为旧量子论)存在缺陷和局限性。这主要是因为他的理论没有完全摆脱经典理论的束缚。玻尔仍把微观粒子(电子、原子等)看作是满足牛顿定律的经典质点，用坐标和轨迹等概念来描述其运动。只是人为地加上了量子化条件和定态的概念，并且没有对此作出适当的理论解释。所以，玻尔理论是经典理论和量子化条件的混合体。

尽管如此，玻尔理论仍是人们在原子结构探索中的重要里程碑。

【例题 18-7】 处于基态的氢原子被外来单色光激发后发出的巴耳末线系中只有两条谱线，试求这两条谱线的波长及外来光的频率。

解：巴耳末系是由 $n>2$ 的高能级跃迁到 $n=2$ 的能级发出的谱线。只有 2 条谱线说明激发后最高能级是 $n=4$ 的激发态。

根据氢原子能量公式 $E_n=\dfrac{E_1}{n^2}$，$E_1=-13.6\,\text{eV}$，得

$$E_2=\dfrac{-13.6}{2^2}=-3.40(\text{eV}),\ E_3=\dfrac{-13.6}{3^2}=-1.51(\text{eV}),\ E_4=\dfrac{-13.6}{4^2}=-0.850(\text{eV})$$

设发射的光子的频率为 ν，则有 $h\nu = \dfrac{hc}{\lambda} = E_k - E_n$，$\lambda = \dfrac{hc}{E_k - E_n}$，据此可算得巴耳末线系中两条谱线的波长分别为

"$k=3 \to n=2$": $\lambda_\alpha = \dfrac{hc}{E_3 - E_2} = \dfrac{6.626 \times 10^{-34} \times 3 \times 10^8}{(3.40 - 1.51) \times 1.60 \times 10^{-19}} = 6.57 \times 10^{-7} \text{(m)}$

"$k=4 \to n=2$": $\lambda_\beta = \dfrac{hc}{E_4 - E_2} = \dfrac{6.626 \times 10^{-34} \times 3 \times 10^8}{(3.40 - 0.85) \times 1.6 \times 10^{-19}} = 4.87 \times 10^{-7} \text{(m)}$

一般氢原子核外电子处于基态（$n=1$），所以外来光子的能量至少应将电子激发到 $n=4$ 的激发态，即外来光子的能量应满足 $h\nu = E_4 - E_1$，算得其频率为

$$\nu = \dfrac{E_4 - E_1}{h} = \dfrac{(13.6 - 0.85) \times 1.6 \times 10^{-19}}{6.626 \times 10^{-34}} = 3.08 \times 10^{15} \text{(Hz)}$$

【例题 18-8】 试求出氢原子光谱的莱曼系的最长和最短波长（里德伯常量为 $R = 1.097 \times 10^7 \text{m}^{-1}$）。

解：莱曼系是由 $n>1$ 的高能级跃迁到 $n=1$ 的能级发出的谱线系。根据里德伯公式 $\tilde{\nu} = \dfrac{1}{\lambda} = R\left(\dfrac{1}{n^2} - \dfrac{1}{k^2}\right)$ 可得，莱曼系谱线的波长满足

$$\dfrac{1}{\lambda} = R\left(\dfrac{1}{1^2} - \dfrac{1}{n^2}\right), \quad n = 2, 3, 4, \cdots$$

（1）$n=2$ 时，波长最长，$\lambda = \lambda_{\max}$，数值如下

$$\lambda_{\max} = \left[1.097 \times 10^7 \times \left(\dfrac{1}{1^2} - \dfrac{1}{2^2}\right)\right]^{-1} = 1.215 \times 10^{-7} \text{(m)}$$

（2）$n=\infty$ 时，波长最短，$\lambda = \lambda_{\min}$，数值如下

$$\lambda_{\min} = \left[1.097 \times 10^7 \left(\dfrac{1}{1^2} - \dfrac{1}{\infty^2}\right)\right]^{-1} = 0.9116 \times 10^{-7} \text{(m)}$$

三、弗兰克-赫兹实验

玻尔理论发表的第二年，即 1914 年，德国物理学家弗兰克（J. Franck）和赫兹（G. Hertz）通过用电子束穿过汞蒸气，与汞原子碰撞的实验，观测到汞原子从基态被激发到了第一激发态，从而第一次证明了原子中量子能态的存在。后来他们又观测了实验中被激发的原子回到正常态时所辐射的光，测出的辐射光的频率很好地满足了玻尔理论，从而极大地支持了玻尔理论。弗兰克和赫兹也因这一成果获得了 1925 年的诺贝尔物理学奖。

图 18-14 为弗兰克-赫兹实验装置示意图。在充有汞蒸气的玻璃容器中，加热的阴极 K 发出的电子在加速电场的作用不断被加速，并向栅极 G 运动。在 G 和接收极 A 之间加一很小的反向电压，电子进入 GA 空间时，若电子能量够大，则能通过反向电场而到达 A，形成板极电流。图 18-15 为实验结果。随着加速电压的增大，板极电流并非单调上升，而是出现了"波浪"式起伏的变化过程。分别在 4.9V，$2 \times 4.9 = 9.8\text{V}$，$3 \times 4.9 = 14.7\text{V}$ 处到达极大值，而后掉头急剧下降。

上述实验结果可以用玻尔理论进行解释。设汞原子的基态能量为 E_1，第一激发态的能量为 E_2，电子加速后获得的动能为 E_k。电子从 K 到 G 的过程中将与汞原子碰撞，若 $E_k < E_2 - E_1$，则原子无法被激发，电子与汞原子作的是弹性碰撞，电子动能没有损失。所以在这

段时间内板极电流将随加速电压的增加而增大。当 E_k 达到 E_2-E_1 时,原子获得能量被激发,电子与原子作的是非弹性碰撞,电子的能量减小以至达不到 A,使得板极电流急剧下降,故出现了图 18-15 中的第一个峰值。可见,$E_2-E_1=4.9\text{eV}$,也称为汞的第一激发电势为 4.9V。那么,9.8V 处的第二个峰值如何解释呢?可以认为是电子连续与两个汞原子作非弹性碰撞,使两个汞原子从基态激发到第一激发态所造成的,依此类推。

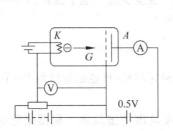

图 18-14 弗兰克-赫兹实验装置示意图

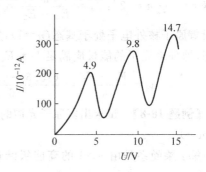

图 18-15 板极电流与加速电压之间的关系

当汞原子从第一激发态跃迁回到基态时,根据玻尔理论,应放出能量为 4.9eV 的光子,相应的光的波长为

$$\lambda = \frac{c}{\nu} = \frac{hc}{E_2-E_1} = \frac{6.626\times 10^{-34} \times 3\times 10^8}{4.9\times 1.6\times 10^{-19}} = 2.5\times 10^{-7}\text{m}$$

在实验中确实观测到了一条波长为 $2.537\times 10^{-7}\text{m}$ 的谱线,与上述计算值符合得较好。

因此,弗兰克-赫兹实验证实了原子能级确实存在。

四、对应原理

1918 年玻尔提出,在大量子数的极限情况下,量子体系的统计结果将与经典体系的理论相同。或者说,在可以把普朗克常数 h 看成零的情况下,量子力学将归结为经典力学。此即玻尔的对应原理。对应原理是在量子物理的发展中产生的,并且成为发展量子力学的一条方法论原则。它告诉我们物理学发展的一个重要特点,即新理论在其特征参量取极值的情况下,应得到相应的旧理论的结果。它对于新理论和新模型的诞生有着重要的指导意义。所以,对应原理是玻尔对量子物理发展的又一重大贡献。

【例题 18-9】 根据玻尔理论,计算电子从量子数为 n 的状态跃迁到 $n-1$ 的状态时所发出的光子的频率,并证明当 n 很大时,这个频率等于电子在量子数为 n 的轨道上作圆周运动的频率。

解:根据玻尔理论的式(18-30),$E_n = -\frac{1}{n^2}\frac{me^4}{8\varepsilon_0^2 h^2}$,可得电子从状态 n 跃迁到状态 $n-1$ 所发出光子的频率为

$$\nu' = \frac{me^4}{8\varepsilon_0^2 h^2}\left[\frac{1}{(n-1)^2} - \frac{1}{n^2}\right] = \frac{me^4}{8\varepsilon_0^2 h^3}\cdot\frac{2n-1}{n^2(n-1)^2}$$

当 n 很大时,上式变为

$$\nu' = \frac{me^4}{8\varepsilon_0^2 h^3} \cdot \frac{2-(1/n)}{n(n-1)^2} \approx \frac{me^4}{4\varepsilon_0^2 h^3 n^3}$$

我们再来计算电子在量子数为 n 的轨道上作圆周运动的频率。设半径为 r_n，则根据牛顿定律和玻尔的角动量量子化条件，有

$$\frac{e^2}{4\pi\varepsilon_0 r^2} = m\frac{v^2}{r}$$

$$mvr = n\frac{h}{2\pi}$$

$$\omega = \frac{v}{r}$$

联立上述三式，可解出

$$\omega_n = \frac{\pi me^4}{2\varepsilon_0^2 h^3} \cdot \frac{1}{n^3}$$

$$\nu_n = \frac{\omega_n}{2\pi} = \frac{me^4}{4\varepsilon_0^2 h^3} \cdot \frac{1}{n^3}$$

可见，ν_n 的值与 n 很大时的 ν' 值相等。因此，证实了玻尔的对应原理。

18.5　德布罗意波　戴维孙-革末实验

一、德布罗意波　实物粒子的波粒二象性

光具有波粒二象性。光的干涉和衍射等现象说明了光在传播过程中表现出波动性，而光电效应和康普顿效应等则证实光在与物质的相互作用中表现出粒子性。1924 年法国青年物理学家德布罗意(L. V. de Broglie)受到光的二象性的启发而想到，是否对实物粒子的认识是片面的，过多地考虑了粒子的图像，而忽略了波的图像呢？自然界在许多方面都是明显地对称的，如果光具有波粒二象性，则实物粒子，是否也应该具有波粒二象性呢？顺着这样的思路，德布罗意大胆地提出了实物粒子也具有波粒二象性的猜测，并且把联系光的波动性和粒子性的关系式，应用到了实物粒子。他的假设是，速度为 v，质量为 m 的自由粒子，可以用能量 E 和动量 p 来描述它的粒子性；另外，可以用一频率为 ν，波长为 λ 的简谐波来描述它的波动性。两者之间的关系为

$$E = h\nu \tag{18-33}$$

$$p = \frac{h}{\lambda} \tag{18-34}$$

式(18-34)称为德布罗意公式。与实物粒子相联系的这种波称为德布罗意波或物质波，相应的波长称为德布罗意波长。波长可用下式计算

$$\lambda = \frac{h}{p} = \frac{h}{mv} = \frac{h}{m_0 v}\sqrt{1-\left(\frac{v}{c}\right)^2} \tag{18-35}$$

式中 m_0 为实物粒子的静止质量，c 为真空中的光速。若 $v \ll c$，则可以忽略相对论效应，$m \approx m_0$，这时，波长为

$$\lambda = \frac{h}{m_0 v} \tag{18-36}$$

玻尔氢原子理论中的轨道量子化条件可以通过德布罗意物质波的概念得到理想的解释。他认为,电子沿着轨道运动,就是电子的物质波沿着轨道传播,只有满足驻波条件,才能稳定持续地传播,这样的轨道才是稳定的轨道。如图 18-16 所示,设 r 为电子稳定轨道的半径,当满足驻波条件时,应有

$$2\pi r = n\lambda, \quad n = 1, 2, 3, \cdots$$

将电子的德布罗意波长 $\lambda = \dfrac{h}{mv}$ 代入上式,得到

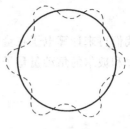

图 18-16　电子驻波图像

$$mvr = n\frac{h}{2\pi}, \quad n = 1, 2, 3, \cdots$$

上式就是玻尔理论中的角动量量子化条件。这样,用德布罗意提出的物质波的概念很自然地导出了玻尔理论中的角动量量子化条件。

延伸阅读——科学方法

类　比　法

类比法也叫"比较类推法",是指由一类事物所具有的某种属性,可以推测与其类似的事物也应具有这种属性的推理方法。其结论必须由实验来检验,类比对象间共有的属性越多,则类比结论的可靠性越大。

在物理学发展中,人们利用因果类比、数学类比、概念类比和模型类比探索了许多未知的领域,使许多物理学中的疑难问题得到解决。阿基米德的浮力定律、库仑定律的发现经过、富兰克林发现避雷针的过程、宇宙膨胀假说的提出、德布罗意物质波假设、薛定谔方程的提出等,类比方法起着极其重要的作用。德国天文学家开普勒曾说过:"我珍视类比胜于任何别的东西,它是我最可信赖的老师,它能揭示自然的秘密。"

【例题 18-10】　试求出一个质量为 0.02kg,速率为 250m/s 的子弹的德布罗意波长。

解:根据式(18-36),子弹的德布罗意波长为

$$\lambda = \frac{h}{m_0 v} = \frac{6.626 \times 10^{-34}}{0.02 \times 250} = 1.325 \times 10^{-34} (\text{m})$$

其德布罗意波长非常小,这是由于宏观质点的 $m_0 v \gg h$,因此很难显示出波动性,仅表现出粒子性。

【例题 18-11】　用电子显微镜来分辨大小为 2nm 的物体,试估算所需要电子动能的最小值(以 eV 为单位)。

解:由于需要分辨大小为 2nm 的物体,所以电子束的德布罗意波长 λ 至少应为 2nm;根据 $p = \dfrac{h}{\lambda}$,可得电子的动量为

$$p = \frac{6.626 \times 10^{-34}}{2 \times 10^{-9}} = 3.313 \times 10^{-25} (\text{kg} \cdot \text{m/s})$$

电子的速度为

$$v = \frac{p}{m_0} = \frac{3.313 \times 10^{-25}}{9.11 \times 10^{-31}} = 3.64 \times 10^{5} (\text{m/s})$$

这个速度远小于真空中的光速,因此,相对论效应不明显,电子的动能可以用下式表示

$$E_k = \frac{p^2}{2m_0} = 6.02 \times 10^{-20} (\text{J}) = 0.38 (\text{eV})$$

【例题 18-12】 试求出实物粒子的德布罗意波长与粒子动能 E_k 和静止质量 m_0 的关系,并说明:(1)当 $E_k \ll m_0 c^2$ 时,$\lambda \approx h/\sqrt{2m_0 E_k}$;(2)$E_k \gg m_0 c^2$ 时,$\lambda \approx hc/E_k$。

解:根据相对论的质能关系 $E_k = mc^2 - m_0 c^2$,可解出

$$m = (E_k + m_0 c^2)/c^2$$

再根据 $m = \dfrac{m_0}{\sqrt{1-(v/c)^2}}$,得

$$v = \frac{c\sqrt{E_k^2 + 2E_k m_0 c^2}}{E_k + m_0 c^2}$$

根据德布罗意公式,实物粒子的德布罗意波长为

$$\lambda = \frac{h}{p} = \frac{h}{mv}$$

把上述 m,v 代入得

$$\lambda = \frac{hc}{\sqrt{E_k^2 + 2E_k m_0 c^2}}$$

(1) 当 $E_k \ll m_0 c^2$ 时,上式分母中,$E_k^2 \ll 2E_k m_0 c^2$,所以 E_k^2 可略去,得

$$\lambda \approx \frac{hc}{\sqrt{2E_k m_0 c^2}} = \frac{h}{\sqrt{2E_k m_0}}$$

(2) 当 $E_k \gg m_0 c^2$ 时,上式分母中,$E_k^2 \gg 2E_k m_0 c^2$,$2E_k m_0 c^2$ 可略去,得

$$\lambda \approx \frac{hc}{E_k}$$

二、戴维孙-革末实验

根据德布罗意的假设,电子具有波动性,那么,电子也应该存在衍射现象。1927 年,戴维孙(C. J. Davisson)和革末(L. A. Germer)首先观察到慢电子束在晶体表面上散射时,在某些确定的方向上,反射电子的强度较大,出现了和 X 射线衍射类似的电子衍射现象,证实了电子的波动性。他们的实验装置如图 18-17 所示,阴极 K 发射出的电子经电势差 U 加速后,通过狭缝 D,成为一很细的电子束入射到单晶 M 上,向各方向散射。散射的电子进入集电器 B 中,散射电子流的强度由电流计 G 测量。实验中发现,当入射电子的能量为 54eV 时,在 $\phi = 50°$ 的方向上散射电子束强度最大,如图 18-18 所示。

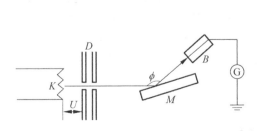

图 18-17 电子衍射实验

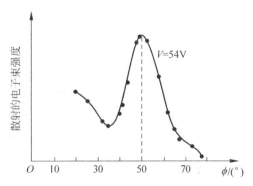

图 18-18 散射电子束强度随散射角的分布曲线

这一结果无法用电子的粒子性来解释。但是,按照类似于 X 射线在晶体表面衍射的分析,可以得到满意的答案。根据 X 射线衍射的布拉格公式,散射电子束的强度出现极大的方向应满足下列条件:

$$2d\sin\theta = k\lambda \tag{18-37}$$

式中,θ 是掠射角,$\theta = 90° - \dfrac{\phi}{2} = 65°$;$d$ 是晶面间距,它与镍单晶的原子间距 a 之间的关系为 $d = a\sin\dfrac{\phi}{2}$(图 18-19),$a = 2.15 \times 10^{-10}$ m,所以,$d = 9.1 \times 10^{-11}$ m;取 $k = 1$,由式(18-37),可得电子的波长为

$$\lambda = 2d\sin\theta = 1.65 \times 10^{-10} \text{ m}$$

根据实验数据算出的这一波长值与德布罗意假设是否一致呢?根据德布罗意公式,电子的德布罗意波长为

$$\lambda = \frac{h}{m_e v} = \frac{h}{\sqrt{2m_e E_k}} = \frac{6.626 \times 10^{-34}}{\sqrt{2 \times 9.11 \times 10^{-31} \times 54 \times 1.6 \times 10^{-19}}} = 1.67 \times 10^{-10} \text{ m}$$

可见,两者符合得很好。

同年,汤姆孙(G. P. Thomson)独立发现了慢电子束穿过多晶薄膜所发生的衍射实验,实验装置示意图和衍射图样如图 18-20 所示。他的实验再次表明了电子具有波动性。汤姆孙和戴维孙由于他们的杰出工作而分享了 1937 年的诺贝尔物理学奖。

图 18-19　衍射分析用图　　　　图 18-20　电子通过多晶的衍射实验

后来,又陆续在实验中观测到中子、质子以及原子、分子等微观粒子也都具有波动性,德布罗意公式对这些粒子也同样成立。这就说明,德布罗意关于一切微观粒子都具有波动性的假设是正确的。一切微观粒子都具有波粒二象性,德布罗意公式是描述微观粒子的波动性和粒子性之间关系的基本公式。

利用微观粒子的波动性,发展了许多重要的应用。例如,研制成功了电子显微镜。电子的波长可以很短,这使得电子显微镜的分辨能力可达到 0.1nm,从而成为科学技术分析的重要工具。另外,由于低能电子波穿透深度较 X 光小,所以低能电子衍射被广泛用于研究固体的表面性质。还有,1997 年世界上第一台原子激射器研制成功,它发射的是相干的物质波,即相干的原子束,具有极好的单色性、方向性及相干性等类似激光的特性。它的问世对物理学以及某些高新技术领域将产生巨大的影响。

延伸阅读——拓展应用

原子激射器

原子激射器(atom laser)是类比光激射器(激光器,laser)取名的。激光器发射的是相

干的光波,而原子激射器发射的是相干的物质波,因而原子激射器就是一个相干原子束发生器(coherent atomic beam generator),原子束中所有的原子都处于同一量子态。因此相干性、单色性、指向性是其基本特征。

原子激射器的工作原理是将玻色原子制备成为玻色-爱因斯坦凝聚状态(缩写为BEC),即宏观数量的粒子处于相同的最低量子态的玻色系统。然后用合适的方法将BEC中的部分原子耦合出原子阱,就形成了原子激射器。目前原子气体BEC的实现要求的临界温度一般在μK量级或更低,因此只有在激光冷却和捕陷技术充分发展的今天,才得以在少数几种碱金属原子系统(Rb,Li,Na)中实现。

原子激射器的应用前景十分广阔。它可能使现有的原子钟的精度显著提高;它极有可能使人们建成桌面规模的、用于检验自然界基本力相互关系和基本对称性的装置;它还可能提高基本物理常数的测量精度。原子激射器的出现将极大地改善原子干涉等实验,促进非线性原子光学的发展,使现代原子物理学和现代光学的发展达到一个新的阶段。在技术上,原子激射器使我们能以极高的精确度将原子沉积在固体表面上,即所谓原子制版技术(atom lithography),在原子水平上操纵物质,这将导致纳米技术的极大进展,向制造单原子尺度的结构和器件迈出一大步。

原子激射器出现的开拓性意义在于,它是第一种物质波的激射器,标志着我们已经从电磁波的世界向物质波的世界迈出了第一步。

18.6 不确定关系 物质波的统计解释

一、不确定关系

不确定关系是微观粒子波粒二象性的必然结果。一般经典粒子遵守牛顿力学或相对论力学,在任何时刻都有明确的位置、轨迹、动量、能量等。但是微观粒子具有波动性,以至它的位置和动量取值都具有一定的不确定性,无法同时确定;时间和能量也是如此。那么这种不确定关系界限有多大呢?德国物理学家海森伯认为,在量子力学中,如果一个微观粒子在 x 方向上的位置不确定量为 Δx,那么动量在该方向上分量也有一个不确定量 Δp_x,它们的乘积为普朗克常量的数量级,满足如下关系式

$$\Delta x \Delta p_x \geqslant \frac{\hbar}{2} \qquad (18\text{-}38)$$

在其他方向也有同样的关系式

$$\Delta y \Delta p_y \geqslant \frac{\hbar}{2}, \quad \Delta z \Delta p_z \geqslant \frac{\hbar}{2}$$

这几个式子就是著名的海森伯坐标与动量的不确定关系式。下面我们利用电子单缝衍射实验对式(18-38)加以粗略的推导。

如图 18-21 所示,设单缝的宽度为 Δx,一束动量为 p 的电子束垂直入射到衍射屏 AB 上,电子可以从

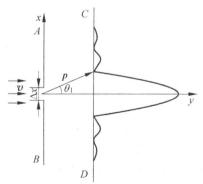

图 18-21 电子的单缝衍射

缝上的任意位置通过单缝,在接收屏 CD 上得到衍射图样。显然,电子位置在 x 方向上位置的不确定量为 Δx;通过狭缝后,由于衍射的缘故,电子运动方向偏离了,以至在 x 方向上的动量分量有了一定的取值范围,即 Δp_x 不再为零了。如果只考虑电子落在衍射主极大区域,那么电子通过单缝后的最大偏转角近似等于衍射第一级极小对应的衍射角 θ_1。再考虑衍射条纹的次级极大,因此有

$$\Delta p_x \geqslant p\sin\theta_1$$

根据单缝衍射暗条纹所满足的条件,有

$$\sin\theta_1 = \frac{\lambda}{\Delta x}$$

再利用德布罗意公式,电子的波长为

$$\lambda = \frac{h}{p}$$

得到

$$\Delta p_x \geqslant p\frac{\lambda}{\Delta x} = \frac{h}{\Delta x}$$

整理得

$$\Delta x \cdot \Delta p_x \geqslant h$$

不确定关系通常用于数量级的估计,因此可以认为上式就是海森伯坐标与动量的不确定关系式。

式(18-38)说明,由于微观粒子的波动性,其在某个方向上的动量和位置坐标不可能同时具有准确量值。如果粒子的位置确定得越准确(Δx 越小),那么其动量确定得就越不准确(Δp_x 越大);反之亦然。例如,在电子单缝衍射实验中,缝越窄,电子在接收屏上的分布范围就越宽,轨道的概念已失去意义。这不是仪器或人为测量误差造成的,而是波粒二象性的必然结果。因此,不确定关系是自然界的客观规律,是量子力学中一个基本原理。

不确定关系不仅存在于坐标和动量之间,也存在于能量和时间之间。如果微观体系处于某一状态的时间为 Δt,则其能量必有一个不确定量 ΔE,由量子力学可以推出二者之间有如下关系式

$$\Delta E \cdot \Delta t \geqslant \frac{h}{2} \tag{18-39}$$

式(18-39)称为能量和时间的不确定关系。利用此关系式可以分析原子激发态能级宽度 ΔE 和原子在该能级的平均寿命 Δt 之间的关系。平均寿命越长的能级,其能级宽度越小。由于能级有一定的宽度,这将使得两个能级之间跃迁所产生的光谱线有一定的宽度。这种由于寿命而导致谱线展宽的机制称为自然线宽,已经在实验上得到了证实。激发态的能级寿命越长,能级宽度越窄,则跃迁到基态所发射出的谱线的单色性就越好。

普朗克常量 h 是一个极小的量,因此,不确定关系只对微观粒子起作用。对宏观质点,波动性不明显,仍可用经典力学进行描述。

【例题 18-13】 已知一颗子弹的质量为 100g,在子弹运动过程中,测得某一瞬时它的位置不确定量为 10^{-6}m,求子弹速率的不确定量。

解:根据不确定关系,子弹速率的不确定量为

$$\Delta v = \frac{h}{m\Delta x} = \frac{6.63 \times 10^{-34}}{0.1 \times 10^{-6}} = 6.63 \times 10^{-27} \text{(m/s)}$$

子弹的飞行速率一般为每秒几百米,相比较而言,上述速率的不确定量是很小的,因此可以认为子弹的运动速度是确定的。这说明了对于宏观物体,可不必考虑其波动性。

【例题 18-14】 原子的尺寸约为 10^{-10} m,电子在原子中运动位置的不确定量至少为原子大小的 1/10,即 $\Delta x = 10^{-11}$ m,试求电子速率的不确定值。

解:根据不确定关系,电子速率的不确定量为

$$\Delta v = \frac{h}{m\Delta x} = \frac{6.63 \times 10^{-34}}{9.1 \times 10^{-31} \times 10^{-11}} = 7.29 \times 10^{7} \text{(m/s)}$$

由玻尔氢理论可估算出氢原子中电子的运动速率约为 10^6 m/s,可见,原子中电子速率的不确定量与电子速率取值的数量级相同。因此,对原子范围内的电子,在任一时刻没有确定的位置和速率,没有确定的轨道,这时必须用量子理论来解释电子的行为。

【例题 18-15】 一束单色光沿着 x 轴传播,其波长为 $\lambda = 500$nm,如果确定此波长的精确度为 $\Delta\lambda/\lambda = 10^{-6}$,试求光子位置的不确定量。

解:光子动量为

$$p = h/\lambda$$

依题意,动量的不确定量为

$$\Delta p = |-h/\lambda^2|\Delta\lambda = (h/\lambda)(\Delta\lambda/\lambda)$$

根据不确定关系,得

$$\Delta x \geqslant \frac{h}{\Delta p} = \frac{\lambda^2}{\Delta\lambda} = 0.5 \text{(m)}$$

二、物质波的统计解释

微观粒子具有波动性,那么描述其波动性的波函数的物理意义是什么?对此历史上曾有过多种观点和解释。1926 年玻恩提出了物质波是一种概率波的解释,现在已被人们普遍接受。玻恩认为,微观粒子的波动性反映的是粒子运动的一种统计规律。以电子单缝衍射为例。实验中,让大量电子一次通过狭缝,或者让这些电子一个一个地通过狭缝,只要电子数目足够多,都将得到如图 18-21 所示的相同的衍射图样。从粒子的观点出发,衍射的强度反映的是电子落在接收屏上的数目多少或概率大小。衍射极大处,说明电子落在该处的概率最大,而衍射极小处,电子出现的概率最小。另一方面,让我们与光波的衍射作个比较,在光学中,从波动的观点来说,波的强度正比于波函数振幅的平方。这两种说法应该是等价的,因此我们说,描述电子的波函数振幅平方自然与电子出现的概率成正比,所以,玻恩把物质波称为概率波。为此,他与德国物理学家博特共同获得了 1954 年诺贝尔物理学奖。

那么,如何确定微观粒子在各种相互作用下的波函数呢?1924 年奥地利物理学家薛定谔提出了一个方程,解决了这个问题,创立了量子力学。为纪念他的贡献,我们现在称这个方程为薛定谔方程,它是量子力学中最基本的一个方程。薛定谔因此荣获 1933 年诺贝尔物理学奖。

本章小结

一、黑体辐射

1. 能谱曲线的两个规律

斯特藩-玻耳兹曼定律：黑体的辐出度为 $M=\sigma T^4$，$\sigma=5.670\times 10^{-8}\text{W}\cdot\text{m}^{-2}\cdot\text{K}^{-4}$

维恩位移定律：单色辐出度最大值对应的波长满足 $\lambda_m T=b$，$b=2.898\times 10^{-3}\text{m}\cdot\text{K}$

2. 普朗克能量子假设：谐振子能量为 $\varepsilon,2\varepsilon,3\varepsilon,\cdots,n\varepsilon$

3. 普朗克热辐射公式：黑体的单色辐出度为 $M_{\lambda 0}(T)=2\pi hc^2\lambda^{-5}\dfrac{1}{e^{\frac{hc}{\lambda kT}}-1}$

二、光电效应

1. 光具有波粒二象性，光是一束光子流

光子能量 $E=h\nu$，动量 $p=\dfrac{h}{\lambda}$，质量 $m=\dfrac{p}{c}=\dfrac{E}{c^2}=\dfrac{h\nu}{c^2}$

2. 光电效应方程：$h\nu=\dfrac{1}{2}mv_m^2+A$，光电效应红限频率满足 $A=h\nu_0$

三、康普顿效应

1. 在 X 射线散射实验中，散射光中除了有波长与入射线波长 λ_0 相同的成分外，还出现了一种波长变长的成分，这种现象称为康普顿散射。散射光中波长变长的成分可以用光子与自由电子的弹性碰撞解释。满足能量守恒和动量守恒。

2. 康普顿散射公式：$\Delta\lambda=\lambda-\lambda_0=2\lambda_c\sin^2\dfrac{\varphi}{2}=\dfrac{h}{m_0 c}(1-\cos\varphi)$，其中 φ 为散射角；$\lambda_c=\dfrac{h}{m_e c}=0.0243\text{Å}$ 为电子的康普顿波长。

四、氢原子光谱与玻尔理论

1. 里德伯公式：$\tilde{\nu}=R\left(\dfrac{1}{m^2}-\dfrac{1}{n^2}\right)$，$R$ 为里德伯常数。$\tilde{\nu}=\dfrac{1}{\lambda}$ 称为波数

2. 玻尔氢原子理论的三个基本假设：定态假设；频率条件；角动量量子化条件

3. 氢原子中电子的轨道半径：$r_n=n^2\dfrac{\varepsilon_0 h^2}{\pi me^2}=n^2 r_1$，$n=1,2,3,\cdots$

其中玻尔半径 $r_1=\dfrac{\varepsilon_0 h^2}{\pi me^2}=0.529\times 10^{-10}\text{m}$

4. 电子的运动速率：$v_n=\dfrac{1}{n}\dfrac{e^2}{2\varepsilon_0 h}=\dfrac{1}{n}v_1$，$n=1,2,3,\cdots$

$$v_1 = \frac{e^2}{2\varepsilon_0 h} = 2.18 \times 10^6 \text{ m/s}$$

5. 氢原子能级：$E_n = -\frac{1}{n^2}\frac{me^4}{8\varepsilon_0^2 h^2} = \frac{E_1}{n^2}, n = 1, 2, 3, \cdots, E_1 = -13.6 \text{ eV}$

6. 跃迁时，吸收或发射光子的能量 $h\nu = E_n - E_m$，其中频率 $\nu = \frac{c}{\lambda} = c\tilde{\nu}$

7. 处于 E_n 能级的氢原子的电离能 $= |E_\infty - E_n| = |E_n| = \frac{13.6 \text{ eV}}{n^2}$

五、德布罗意波

微观粒子具有波粒二象性，满足德布罗意假设，粒子的波长为 $\lambda = \frac{h}{p} = \frac{h}{mv}$

六、不确定关系

1. 位置与动量的不确定关系：$\Delta x \Delta p_x \geq \frac{\hbar}{2}, \hbar = \frac{h}{2\pi}, h = 6.626 \times 10^{-34} \text{ J·s}$

2. 能量与时间的不确定关系：$\Delta E \cdot \Delta t \geq \frac{\hbar}{2}$

3. 概率波：物质波是概率波，它描述粒子在空间中被找到的概率。

习题

一、选择题

1. 在加热黑体的过程中，其最大单色辐出度（单色辐射本领）对应的波长由 $0.8 \mu m$ 变到 $0.4 \mu m$，则其辐射出射度（总辐射本领）增大为原来的（　　）。
   (A) 2 倍　　　　(B) 4 倍　　　　(C) 8 倍　　　　(D) 16 倍

2. 下面 4 个图中，哪一个正确反映黑体单色辐出度 $M_{B\lambda}(T)$ 随 λ 和 T 的变化关系？（已知 $T_2 > T_1$）(　　)。

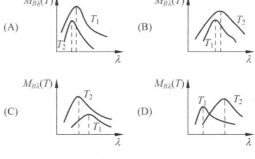

图 18-22　习题 2 用图

3. 用频率为 ν 的单色光照射某种金属时,逸出光电子的最大动能为 E_k;若改用频率为 2ν 的单色光照射此种金属时,则逸出光电子的最大动能为( )。

  (A) $2E_k$ (B) $2h\nu - E_k$ (C) $h\nu - E_k$ (D) $h\nu + E_k$

4. 当照射光的波长从 4000Å 变到 3000Å 时,对同一金属,在光电效应实验中测得的遏止电压将( )。(普朗克常量 $h = 6.63 \times 10^{-34}$ J·s,基本电荷 $e = 1.60 \times 10^{-19}$ C)

  (A) 减小 0.56V   (B) 减小 0.34V   (C) 增大 0.165V   (D) 增大 1.035V

5. 在康普顿散射中,如果设反冲电子的速度为光速的 60%,则因散射使电子获得的能量是其静止能量的( )。

  (A) 2 倍   (B) 1.5 倍   (C) 0.5 倍   (D) 0.25 倍

6. 光子能量为 0.5MeV 的 X 射线,入射到某种物质上而发生康普顿散射。若反冲电子的能量为 0.1MeV,则散射光波长的改变量 $\Delta\lambda$ 与入射光波长 λ_0 之比值为( )。

  (A) 0.20   (B) 0.25   (C) 0.30   (D) 0.35

7. 要使处于基态的氢原子受激发后能发射莱曼系(由激发态跃迁到基态发射的各谱线组成的谱线系)的最长波长的谱线,至少应向基态氢原子提供的能量是( )。

  (A) 1.5eV   (B) 3.4eV   (C) 10.2eV   (D) 13.6eV

8. 要使处于基态的氢原子受激后可辐射出可见光谱线,最少应供给氢原子的能量为( )。

  (A) 12.09eV   (B) 10.20eV   (C) 1.89eV   (D) 1.51eV

9. 电子显微镜中的电子从静止开始通过电势差为 U 的静电场加速后,其德布罗意波长是 0.4Å,则 U 约为( )。

  (A) 150V   (B) 330V   (C) 630V   (D) 940V

(普朗克常量 $h = 6.63 \times 10^{-34}$ J·s)

10. 如果两种不同质量的粒子,其德布罗意波长相同,则这两种粒子的( )。

  (A) 动量相同   (B) 能量相同   (C) 速度相同   (D) 动能相同

11. 设粒子运动的波函数图线分别如图 18-23 所示,那么其中确定粒子动量的精确度最高的波函数是哪个图?( )

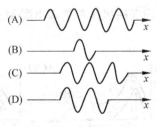

图 18-23 习题 11 用图

12. 关于不确定关系 $\Delta p_x \Delta x \geq \hbar (\hbar = h/(2\pi))$,有以下几种理解:

(1) 粒子的动量不可能确定;

(2) 粒子的坐标不可能确定;

(3) 粒子的动量和坐标不可能同时准确地确定;

(4) 不确定关系不仅适用于电子和光子,也适用于其他粒子。

其中正确的是( )。

(A) (1),(2)　　(B) (2),(4)　　(C) (3),(4)　　(D) (4),(1)

二、填空题

13. 测量星球表面温度的方法之一,是把星球看作绝对黑体而测定其最大单色辐出度的波长 λ_m,现测得太阳的 $\lambda_{m1}=0.55\mu m$,北极星的 $\lambda_{m2}=0.35\mu m$,则太阳表面温度 T_1 与北极星表面温度 T_2 之比 $T_1:T_2=$_____。

14. 若太阳(看成黑体)的半径由 R 增为 $2R$,温度由 T 增为 $2T$,则其总辐射功率为原来的_____倍。

15. 光子波长为 λ,则其能量为_____;动量的大小为_____;质量为_____。

16. 当波长为 3000Å 的光照射在某金属表面时,光电子的能量范围从 0 到 $4.0\times10^{-19}\text{J}$。在作上述光电效应实验时遏止电压为 $|U_a|=$_____V;此金属的红限频率 $\nu_0=$_____Hz。(普朗克常量 $h=6.63\times10^{-34}\text{J}\cdot\text{s}$;基本电荷 $e=1.60\times10^{-19}\text{C}$)

17. 康普顿散射中,当散射光子与入射光子方向成夹角 $\phi=$_____时,散射光子的频率减小得最多;当 $\phi=$_____时,散射光子的频率与入射光子相同。

18. 在 X 射线散射实验中,散射角为 $\phi_1=45°$ 和 $\phi_2=60°$ 的散射光波长改变量之比 $\Delta\lambda_1:\Delta\lambda_2=$_____。

19. 氢原子基态的电离能是_____eV。电离能为 $+0.544\text{eV}$ 的激发态氢原子,其电子处在 $n=$_____的轨道上运动。

20. 欲使氢原子能发射巴耳末系中波长为 4861.3Å 的谱线,最少要给基态氢原子提供_____eV 的能量。(里德伯常量 $R=1.097\times10^7\text{m}^{-1}$)

21. 令 $\lambda_c=h/(m_e c)$(称为电子的康普顿波长),其中 m_e 为电子静止质量,c 为真空中光速,h 为普朗克常量)。当电子的动能等于它的静止能量时,它的德布罗意波长是 $\lambda=$_____λ_c。

22. 在 $B=1.25\times10^{-2}\text{T}$ 的匀强磁场中沿半径为 $R=1.66\text{cm}$ 的圆轨道运动的 α 粒子的德布罗意波长是_____。(普朗克常量 $h=6.63\times10^{-34}\text{J}\cdot\text{s}$,基本电荷 $e=1.60\times10^{-19}\text{C}$)

23. 如果电子被限制在边界 x 与 $x+\Delta x$ 之间,$\Delta x=0.5\text{Å}$,则电子动量 x 分量的不确定量近似地为_____kg·m/s。(不确定关系式 $\Delta x\cdot\Delta p\geqslant h$,普朗克常量 $h=6.63\times10^{-34}\text{J}\cdot\text{s}$)

24. 已知基态氢原子的能量为 -13.6eV,当基态氢原子被 12.09eV 的光子激发后,其电子的轨道半径将增加到玻尔半径的_____倍。

三、计算题

25. 恒星表面可看作黑体。测得北极星辐射波谱的峰值波长 $\lambda_m=350\text{nm}(1\text{nm}=10^{-9}\text{m})$,试估算它的表面温度及单位面积的辐射功率($b=2.897\times10^{-3}\text{m}\cdot\text{K}$,$\sigma=5.67\times10^{-8}\text{W}/(\text{m}^2\cdot\text{K}^4)$)。

26. 已知垂直射到地球表面每单位面积的日光功率(称为太阳常数)等于 $1.37\times10^3\text{W}/\text{m}^2$。

(1) 求太阳辐射的总功率;

(2) 把太阳看作黑体,试计算太阳表面的温度。

(地球与太阳的平均距离为 1.5×10^8 km,太阳的半径为 6.76×10^5 km,$\sigma=5.67\times10^{-8}$ W/(m$^2\cdot$K^4))

27. 用辐射高温计测得炼钢炉口的辐射出射度为 22.8 W·cm^{-2},试求炉内温度。(斯特藩常量 $\sigma=5.67\times10^{-8}$ W/(m$^2\cdot$K^4))

28. 频率为 ν 的一束光以入射角 i 照射在平面镜上并完全反射,设光束单位体积中的光子数为 n,求:

(1) 每一光子的能量、动量和质量;

(2) 光束对平面镜的光压(压强)。

29. 以波长 $\lambda=410$ nm (1 nm $=10^{-9}$ m)的单色光照射某一金属,产生的光电子的最大动能 $E_k=1.0$ eV,求能使该金属产生光电效应的单色光的最大波长是多少?(普朗克常量 $h=6.63\times10^{-34}$ J·s)

30. 波长为 λ 的单色光照射某金属 M 表面发生光电效应,发射的光电子(电荷绝对值为 e,质量为 m)经狭缝 S 后垂直进入磁感应强度为 B 的均匀磁场(如图 18-24 所示),今已测出电子在该磁场中作圆运动的最大半径为 R。求:

(1) 金属材料的逸出功 A;

(2) 遏止电势差 U_a。

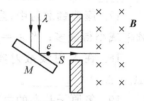

图 18-24 习题 30 用图

31. 已知 X 射线光子的能量为 0.60 MeV,若在康普顿散射中散射光子的波长为入射光子的 1.2 倍,试求反冲电子的动能。

32. 用波长 $\lambda_0=1$ Å 的光子做康普顿实验,求:

(1) 散射角 $\phi=90°$ 的康普顿散射波长是多少?

(2) 反冲电子获得的动能有多大?

(普朗克常量 $h=6.63\times10^{-34}$ J·s,电子静止质量 $m_e=9.11\times10^{-31}$ kg)

33. 波长为 $\lambda_0=0.500$ Å 的 X 射线被静止的自由电子所散射,若散射线的波长变为 $\lambda=0.522$ Å,试求反冲电子的动能 E_k。(普朗克常量 $h=6.63\times10^{-34}$ J·s)

34. 在氢原子中,电子从某能级跃迁到量子数为 n 的能级,这时轨道半径改变 q 倍,求发射的光子的频率。

35. 已知氢光谱的某一线系的极限波长为 364.7 nm,其中有一谱线波长为 656.5 nm,试由玻尔氢原子理论,求与该波长相应的始态与终态能级的能量。(里德伯常量 $R=1.097\times10^7$ m^{-1})

36. 处于基态的氢原子被外来单色光激发后发出的光仅有三条谱线,问此外来光的频率为多少?(里德伯常量 $R=1.097\times10^7$ m^{-1})

37. 氢原子发射一条波长为 $\lambda=4340$ Å 的光谱线。试问该谱线属于哪一谱线系?氢原子是从哪个能级跃迁到哪个能级辐射出该光谱线的?(里德伯常量 $R=1.097\times10^7$ m^{-1})

38. α 粒子在磁感应强度为 $B=0.025$ T 的均匀磁场中沿半径为 $R=0.83$ cm 的圆形轨道运动。

(1) 试计算其德布罗意波长;

(2) 若使质量 $m=0.1$ g 的小球以与 α 粒子相同的速率运动,则其波长为多少?

(α 粒子的质量 $m_\alpha = 6.64 \times 10^{-27}$ kg,普朗克常量 $h = 6.63 \times 10^{-34}$ J·s,基本电荷 $e = 1.60 \times 10^{-19}$ C)

39. 已知第一玻尔轨道半径 a,试计算当氢原子中电子沿第 n 玻尔轨道运动时,其相应的德布罗意波长是多少?

40. 质量为 m_e 的电子被电势差 $U_{12} = 100$ kV 的电场加速,如果考虑相对论效应,试计算其德布罗意波的波长。若不用相对论计算,则相对误差是多少?

(电子静止质量 $m_e = 9.11 \times 10^{-31}$ kg,普朗克常量 $h = 6.63 \times 10^{-34}$ J·s,基本电荷 $e = 1.60 \times 10^{-19}$ C)

41. 假如电子运动速度与光速可以比拟,则当电子的动能等于它静止能量的 2 倍时,其德布罗意波长为多少?(普朗克常量 $h = 6.63 \times 10^{-34}$ J·s,电子静止质量 $m_e = 9.11 \times 10^{-31}$ kg)

42. 同时测量能量为 1keV、作一维运动的电子的位置与动量时,若位置的不确定量在 0.1nm (1nm $= 10^{-9}$ m)内,则动量的不确定量的百分比 $\Delta p/p$ 至少为何值?

(电子质量 $m_e = 9.11 \times 10^{-31}$ kg,1eV $= 1.60 \times 10^{-19}$ J,普朗克常量 $h = 6.63 \times 10^{-34}$ J·s)

43. 一维运动的粒子,设其动量的不确定量等于它的动量,试求此粒子的位置不确定量与它的德布罗意波长的关系(不确定关系式 $\Delta p_x \Delta x \geqslant h$)。

习题答案

第11章 稳恒电流的磁场

1. (D); 2. (D); 3. (D); 4. (B); 5. (C); 6. (C); 7. (D); 8. (B);

9. (B); 10. (B); 11. (B); 12. (A);

13. $-B\pi r^2\cos\alpha$; 14. $\dfrac{\mu_0 Ia}{2\pi}\ln 2$; 15. $\dfrac{\mu_0 Idl}{4\pi a^2}$, $-k$(z轴负方向);

16. 6.67×10^{-7}T, 7.2×10^{-7}A·m²; 17. $\mu_0 hi/2\pi R$; 18. 0;

19. $\dfrac{\mu_0\omega q}{2\pi}$; 20. 0.226T, 300A/m; 21. 铁磁质；顺磁质；抗磁质；

22. $\dfrac{mg}{2NBl}$; 23. $\dfrac{2\pi m}{Bq}v\cos\theta,\dfrac{mv\sin\theta}{Bq}$; 24. $\dfrac{mv}{qB}$; $\pi\left(\dfrac{mv}{qB}\right)^2 - S$;

25. $\sqrt{2}BIa$, y轴的正方向; 26. 0, 0; 27. $8\times 10^{-14}k$ N;

28. $\dfrac{\mu_0 I}{8R}+\dfrac{\mu_0 I}{2\pi R}$, 方向垂直纸面向里; 29. 0; 30. $\dfrac{\mu_0 I}{2\pi a}\ln\dfrac{a+b}{b}$, 方向垂直纸面向里;

31. $\dfrac{\mu_0 I}{\pi^2 R}$; 32. $\dfrac{\mu_0 a I_1 I_2}{2\pi}(2\ln 2-\ln 3)$; 33. 9.35×10^{-3}T;

34. (1) 1.3T; (2) 6.7×10^{-13}J, 2.02×10^7m/s; 35. 证明略；

36. (1) $\dfrac{\mu_0\omega q}{8\pi a}$, 方向向上; (2) $\omega qa^2/4$, 方向向上; 37. $\dfrac{\mu_0\omega\lambda R^3}{2(y^2+R^2)^{\frac{3}{2}}}$, y轴的正方向;

38. (1) $\dfrac{\mu_0 I}{2\pi a}r$; (2) $\dfrac{\mu_0 I}{2\pi r}$; (3) $\dfrac{\mu_0 I}{2\pi r}\dfrac{c^2-r^2}{c^2-b^2}$; (4) 0; 39. $\dfrac{\mu_0 I_1 I_2}{2}$, 向右

第12章 电磁感应 电磁场理论

1. (A); 2. (D); 3. (D); 4. (B); 5. (B); 6. (C); 7. (B); 8. (D);

9. (C); 10. (A); 11. (B);

12. 1:16; 13. $\dfrac{\mu_0 Iv}{2\pi}\ln\dfrac{a+l}{a}$; 14. $Blv\sin\theta$, a; 15. 7.5×10^{-4}Wb;

16. $BS\cos\omega t, BS\omega\sin\omega t, kS$; 17. ②,③,①; 18. 3A;

19. 垂直纸面向内，平行纸面向下; 20. $\dfrac{\varepsilon_0\pi r^2}{RC}E_0 e^{-\frac{t}{RC}}$, 相反; 21. 5×10^{-2}T;

22. (1) $Nlv\dfrac{\mu_0 Ia}{2\pi d(d+a)}$; (2) $-250N\mu_0 l\ln\dfrac{d+a}{a}\cos 100\pi t$; 23. $\varepsilon=\dfrac{1}{2}B\omega l^2\sin^2\theta$;

24. $\dfrac{3\mu_0 I\pi r^2}{2N^4 R^2}v$; 25. $\dfrac{R^2}{4}\dfrac{dB}{dt}\left(\sqrt{3}+\dfrac{\pi}{3}\right)$; 26. $\dfrac{\varepsilon_0 Uv}{x^2}$, 从右向左; 27. $\dfrac{\mu_0 I^2 l}{4\pi}\ln\dfrac{R_2}{R_1}$;

28. $\dfrac{\mu_0}{2\pi}b\ln\dfrac{d+a}{d}$; 29. $-\dfrac{\mu_0 Ig}{2\pi}t\ln\dfrac{a+l}{a}$; 30. $v=[1-e^{-\frac{(B\cos\theta)^2}{mR}t}]\dfrac{mgR\sin\theta}{(Bl\cos\theta)^2}$;

31. 5.18×10^{-8}V;　　32. $\dfrac{\mu_0 I_0 \omega b N}{4\pi R}\ln\dfrac{h^2+x_2^2}{h^2+x_1^2}\sin\omega t$

第13章　振　动

1. (C);　2. (B);　3. (D);　4. (B);　5. (D);　6. (B);　7. (D);　8. (B);

9. (D);　10. (D);

11. 2∶1;　12. 2.0;　13. π;　14. 1.2s,$-$20.9cm/s;　15. 1∶1;

16. $x=0.04\cos\left(\pi t+\dfrac{1}{2}\pi\right)$;　17. 3.43s,$-2\pi/3$;　18. $0.04\cos\left(4\pi t-\dfrac{1}{2}\pi\right)$;

19. 3/4, $2\pi\sqrt{\Delta l/g}$;　20. $T/8, 3T/8$;　21. $2\pi^2 mA^2/T^2$;

22. 4×10^{-2}m, $\dfrac{1}{2}\pi$;　23. $0.04\cos\left(\pi t-\dfrac{1}{2}\pi\right)$;

24. (1) 8πrad/s, 4Hz, 0.25s, 0.05m, $\pi/3$, 1.26m/s, 31.6m/s^2; (2) $25\pi/3, 49\pi/3, 241\pi/3$;
(3) 略;

25. (1) 不会离开; (2) $A>19.6$cm, 在平衡位置上方 19.6cm 处开始分离;

26. (1) 5N; (2) 10N, ± 0.2m;

27. (1) $x=10.6\times10^{-2}\cos[10t-(\pi/4)]$(SI); (2) $x=10.6\times10^{-2}\cos[10t+(\pi/4)]$(SI);

28. (1) $\pm 4.42\times 10x^{-2}$m; (2) 0.75s;　29. (1) 0.16J; (2) $x=0.4\cos\left(2\pi t+\dfrac{1}{3}\pi\right)$(SI);

30. (1) 0.08m; (2) ± 0.0566m; (3) ± 0.08m/s;　31. (1) 2.72s; (2) ± 10.8cm;

32. (1) $0, \pi/3, \pi/2, 2\pi/3, 4\pi/3$; (2) $x=0.05\cos\left(\dfrac{5\pi}{6}t-\dfrac{\pi}{3}\right)$;

33. (1) π; (2) $-\pi/2$; (3) $\pi/3$;

34. (1) $x=5\sqrt{2}\times10^{-2}\cos\left(\dfrac{\pi t}{4}-\dfrac{3\pi}{4}\right)$(SI); (2) 3.39×10^{-2}m/s;　35. $\dfrac{1}{2}\pi$;

36. $x=0.05\cos(7t+0.64)$(SI);　37. 略;

38. (1) $x=\sqrt{M/(M+nm)}\,l_0$; (2) $\pi\sqrt{(M+nm)/k}$;

39. $\sqrt{\dfrac{kR^2}{J+mR^2}}$;　40. 42.3min, 1.98×10^2m/s;　41. 2.00mm;

42. $\theta=0.0841\cos(3.21t+0.898)$(SI), 3.95N;　43. $\dfrac{1}{2\pi}\left[\dfrac{\sqrt{g^2+(v^2/R)^2}}{l}\right]^{1/2}$;

44. $T=\dfrac{2\pi}{\omega}=2\pi\left[\dfrac{4mL}{3(k_1L+4k_2L+2mg)}\right]^{1/2}$;　45. $T=2\pi/\omega=2\pi\sqrt{L/2g}$;

46. 0.866N;　47. $x=Ae^{-bt/2m}\cos\left[\sqrt{\dfrac{k}{m}-\left(\dfrac{b}{2m}\right)^2}\,t+\phi\right]$, 128 次;

48. 2.05×10^5N/m;　49. $x=7.81\times10^{-2}\cos(10t+1.48)$(SI);

50. (1) 314s^{-1}, 0.16m, $\pi/2$, $x=0.16\cos\left(314t+\dfrac{\pi}{2}\right)$; (2) 12.5ms;

51. $x^2+2xy+4y^2=2.7\times10^{-3}$, 左旋;

52. $s=2.0\times10^{-2}\sin100t+1.0\times10^{-2}\sin101t+1.0\times10^{-2}\sin99t$;

53. 37.8×10^{-12}F, 340×10^{-12}F;

54. (1) $U=100\cos 2000\pi t\text{V}$, $I=-1.57\times 10^{-2}\sin 2000\pi t\text{A}$; (2) $E_e=1.25\times 10^{-4}\cos^2 2000\pi t\text{J}$, $E_m=1.25\times 10^4\sin^2 2000\pi t\text{J}$, $E=1.25\times 10^{-1}\text{J}$; (3) 70.7V, $-1.11\times 10^{-2}\text{A}$, $6.25\times 10^{-5}\text{J}$, $6.25\times 10^{-5}\text{J}$, 0, $-1.57\times 10^2\text{A}$, 0, $1.25\times 10^{-4}\text{J}$

第14章 波　动

1. (B); 2. (B); 3. (C); 4. (A); 5. (C); 6. (C); 7. (D); 8. (B); 9. (C); 10. (B);

11. π; 12. $A\cos\left(\omega t+2\pi\dfrac{x}{\lambda}-4\pi\dfrac{L}{\lambda}\right)$; 13. $2\text{cm},2.5\text{cm},100\text{Hz},250\text{cm/s}$;

14. $y=0.10\cos[165\pi(t-x/330)-\pi]$(SI); 15. 5J; 16. 4; 17. $IS\cos\theta$;

18. 相同,$2\pi/3$; 19. $A\cos[2\pi(\nu t+x/\lambda)+\pi]$, $2A\cos\left(2\pi x/\lambda+\dfrac{1}{2}\pi\right)\cos\left(2\pi\nu t+\dfrac{1}{2}\pi\right)$;

20. $\dfrac{1}{2}\lambda$; 21. $452\cos\left(2\pi t\nu+\dfrac{1}{3}\pi\right)$(SI); 22. $1.59\times 10^{-5}\text{W}\cdot\text{m}^{-2}$;

23. 637.5Hz,566.7Hz; 24. $y=0.5\sin(4.0t-5x+2.64)$;

25. (1) 0.50m,200Hz,100m/s,沿x轴正向; (2) 25m/s; 26. (1) 0.12m; (2) π;

27. $y=3.0\times 10^{-2}\cos\left[50\pi\left(t-\dfrac{x}{6}\right)-\dfrac{1}{2}\pi\right]$(SI);

28. (1) $y=A\cos\left[2\pi\nu(t-t')+\dfrac{1}{2}\pi\right]$; (2) $y=A\cos\left[2\pi\nu(t-t'-x/u)+\dfrac{1}{2}\pi\right]$;

29. (1) $y=2\times 10^{-2}\cos\left[\dfrac{1}{2}\pi\left(t-\dfrac{x}{5}\right)-\dfrac{1}{2}\pi\right]$(SI); (2) $y=2\times 10^{-2}\cos\left(\dfrac{1}{2}\pi t-3\pi\right)$(SI); (3) $y=2\times 10^{-2}\cos(\pi-\pi x/10)$(SI);

30. (1) $y=A\cos\left[2\pi\left(250t+\dfrac{x}{200}\right)+\dfrac{1}{4}\pi\right]$(SI); (2) $y_1=A\cos\left(500\pi t+\dfrac{5}{4}\pi\right)$(SI), $v=-500\pi A\cos\left(500\pi t+\dfrac{5}{4}\pi\right)$(SI);

31. (1) $y=A\cos\left[\omega t-(\omega x/u)+\dfrac{1}{2}\pi\right]$; (2) $y=A\cos(\omega t+\pi/4)$, $y=A\cos(\omega t-\pi/4)$; (3) $v=-\sqrt{2}A\omega/2$, $v=\sqrt{2}A\omega/2$;

32. (1) $y_0=A\cos\left[\omega\left(t+\dfrac{L}{u}\right)+\phi\right]$; (2) $y=A\cos\left[\omega\left(t-\dfrac{x-L}{u}\right)+\phi\right]$; (3) $x=L\pm x=L\pm k\dfrac{2\pi u}{\omega},k=0,1,2,\cdots$; 33. 略; 34. $Y/100$;

35. (1) $2.70\times 10^{-3}\text{J/s}$; (2) $9.00\times 10^{-2}\text{J/(s}\cdot\text{m}^2)$; (3) $2.65\times 10^{-4}\text{J/m}^3$;

36. (1) $2.52\times 10^{-7}\text{m}$, 0.287Pa; (2) 50m; 37. 0.16W/m^2; 38. 0.464m;

39. 6m,$\pm\pi$; 40. $x=\pm\dfrac{1}{2}k\lambda(k=0,1,2,\cdots)$, $x=\pm(2k+1)\lambda/4,k=0,1,2,\cdots$;

41. $y=0.01\cos\left(4t+\pi x+\dfrac{1}{2}\pi\right)$(SI);

42. (1) $y=\sqrt{2}A\cos(\omega t-\pi)$; (2) 在半径为$A$的圆形轨道上运动;

43. (1) $y_2=A\cos[2\pi(x/\lambda-t/T)+\pi]$; (2) $y=2A\cos\left(2\pi x/\lambda+\dfrac{1}{2}\pi\right)\cos\left(2\pi t/T-\dfrac{1}{2}\pi\right)$;

(3) $x=\frac{1}{2}\left(n-\frac{1}{2}\right)\lambda, n=1,2,\cdots, x=\frac{1}{2}n\lambda, n=1,2,\cdots$;   44. 100m/s,0.10m;

45. 4.14m;   46. (1) 713Hz,597Hz;(2) 687Hz,619Hz;   47. 1.0m/s;

48. $H_y=-0.795\cos\left(2\pi\nu t+\frac{\pi}{3}\right)$A/m;

49. 1.55×10^3V·m^{-1},5.17×10^{-6}T;   50. 3.95×10^{-23}kW

第15章 光的干涉

1. (B);   2. (C);   3. (D);   4. (B);   5. (C);   6. (B);   7. (D);

8. $4I_0$;   9. 减小,减小;   10. $3\lambda/2n$;   11. $2d/\lambda$;   12. 236;   13. 1.4;

14. 539.1;   15. 8×10^{-6}m;   16. $r=\sqrt{R(k\lambda-2e_0)}$($k$ 为整数,且 $k>2e_0/\lambda$);

17. (1) 4.8×10^{-5}rad,(2) 明纹,(3) 三条明纹,三条暗纹;   18. 1.71×10^{-4}rad

第16章 光的衍射

1. (D);   2. (A);   3. (C);   4. (D);   5. (B);   6. (B);   7. (D);   8. (B);

9. (B);   10. (C);

11. 1,3;   12. 5;   13. 6,第一级明;   14. 3mm;   15. 500nm;

16. (1) $\lambda_1=2\lambda_2$;(2) λ_1 的任一 k_1 级极小都有 λ_2 的 $2k_1$ 级极小与之重合;

17. 1.65mm;   18. 5×10^{-3}m;   19. (1) 3360nm;(2) 420nm;

20. (1) 0.06m;(2) 0,±1,±2;   21. 17.1°;   22. $1.22\lambda f/a$;   23. 4918m;

24. (1) 2.24×10^{-4};(2) 看不清;

25. (1) 能看到 5 条谱线,为 0,±1,±3 级;(2) 能看 5 条谱线,为 +5,+3,+1,0,−1 级

第17章 光的偏振

1. (B);   2. (B);   3. (A);   4. (B);   5. (A);   6. (C);

7. 自然光或圆偏振光;线偏振光;部分偏振光或椭圆偏振光;   8. 3∶2;   9. 45°;

10. $\sqrt{3}$;   11. 54.7°;   12. 速度,单轴;

13.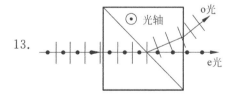

14.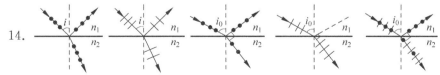

15. 45°;   16. 仰角37°,垂直入射面;   17. $\frac{I_0}{2}\cos^2\alpha$,$(\theta+\alpha)-90°$ 或 $90°-(\theta+\alpha)$;

18. (1) $i_0=48.44°$;(2) $\tan\gamma=\frac{n_1}{n_2}\neq\frac{n_3}{n_2}$,不满足布儒斯特定律,所以反射光不是线偏振光

第18章 量子物理学基础

1. (D); 2. (C); 3. (D); 4. (D); 5. (D); 6. (B); 7. (C); 8. (A);
9. (D); 10. (A); 11. (A); 12. (C);
13. 0.64; 14. 64; 15. $hc/\lambda, h/\lambda, h/(c\lambda)$; 16. $2.5, 4.0\times 10^{14}$; 17. $\pi, 0$;
18. 0.586; 19. 13.6, 5; 20. 12.75; 21. $1/\sqrt{3}$; 22. 0.01nm;
23. 1.33×10^{-23}; 24. 9; 25. 8280K, 2.67×10^{8} W/m²;
26. (1) 3.87×10^{26} W; (2) 5872K; 27. 1.42×10^{3} K;
28. (1) $\varepsilon = h\nu, p = h/\lambda = h\nu/c, m = h\nu/c^2$; (2) $2h\nu n\cos^2 i$; 29. 612nm;
30. (1) $\dfrac{hc}{\lambda} - \dfrac{R^2 e^2 B^2}{2m}$; (2) $\dfrac{R^2 eB^2}{2m}$; 31. 0.10MeV;
32. (1) 1.024×10^{-10} m; (2) 291eV;
33. 1.68×10^{-16} J; 34. $\dfrac{Rc}{n^2}\left(1-\dfrac{1}{q}\right)$; 35. -3.4eV, -1.51eV; 36. 2.92×10^{15} Hz;
37. 巴耳末系,从 $n=5$ 的能级跃迁到 $n=2$ 的能级的辐射;
38. (1) 0.01nm; (2) 6.64×10^{-34} m; 39. $2\pi na$;
40. 3.71×10^{-12} m, 3.88×10^{-12} m, 4.6%;
41. 8.58×10^{-13} m; 42. 6.2%; 43. $\Delta x \geqslant \lambda$